# 生态地理学

ECOGEOGRAPHY

秦养民　顾延生　黄咸雨　陈　旭
杨　欢　张利华　杨晓菁　党心悦　著

图书在版编目(CIP)数据

生态地理学/秦养民等著. —武汉:中国地质大学出版社,2023.5

ISBN 978-7-5625-5557-5

Ⅰ.①生… Ⅱ.①秦… Ⅲ.①生态地理学 Ⅳ.①Q15

中国国家版本馆CIP数据核字(2023)第058789号

| 生态地理学 | 秦养民　顾延生　黄咸雨　陈　旭<br>杨　欢　张利华　杨晓菁　党心悦 | 著 |
|---|---|---|
| 责任编辑:胡　萌 | 选题策划:段　勇 | 责任校对:徐蕾蕾 |

| 出版发行:中国地质大学出版社(武汉市洪山区鲁磨路388号) | 邮编:430074 |
|---|---|
| 电　　话:(027)67883511　　传　真:(027)67883580 | E-mail:cbb@cug.edu.cn |
| 经　　销:全国新华书店 | http://cugp.cug.edu.cn |
| 开本:787毫米×1092毫米　1/16 | 字数:464千字　印张:18.25 |
| 版次:2023年5月第1版 | 印次:2023年5月第1次印刷 |
| 印刷:武汉中远印务有限公司 | |
| ISBN 978-7-5625-5557-5 | 定价:48.00元 |

如有印装质量问题请与印刷厂联系调换

# 序

在当代,地球正面临着全球变暖、人口增加、酸雨、土地沙漠化、生物多样性丧失等诸多生态环境问题。这些问题涉及到地球系统的许多复杂过程,需要从宏观视角来理解和审视,生态地理学便应运而生。

1924 年,有学者就提出了地理学的生态观。到 20 世纪 70 年代,人们正式提出了生态地理学这一名词。尽管随后生态地理学得到迅速发展,但仍然是一个新兴的边缘学科,一直没有专门的教材问世。

非常可喜的是,国内一些学者很快注意到了生态地理学,并且积极推动该学科的建设和发展。中国地质大学(武汉)的顾延生教授、周修高教授等在 20 世纪末期开始了生态地理学的教学研究工作,于 1999 年面向全校开设了《生态地理学》课程,这是已知国内最早以生态地理学为名开设的专业课,并且一直延续至今,是我校地质学大类专业的主干课和地理学专业的必修课。野外实践教学也同步开设了生态地理学的内容。近年来,国内外多家单位围绕生态地理学的教学和科研工作取得了非常喜人的成绩,极大地推动了该学科的发展,但亟需推出以生态地理学命名的专门教材,以推动人才培养。

我很高兴看到这本《生态地理学》教材的问世。教材从 2016 年开始规划讨论,到今日能够完稿出版,很不容易。教材内容涉及到地表过程的水、土、气、生和岩等多种要素,涵盖了自然地理过程、地质演化和人类活动等多方面的内容。教材内容不仅涉及生态地理学的基本理论和基本方法,而且还涉及不同生物的生态地理学,包括微生物、植物和动物等;既有生态地理区系的介绍,也有关于生态地理区划和应用生态地理学等涉及规划和实际应用方面的内容阐述。特别是,微生物生态地理学这一章的内容非常新颖,将看不见摸不着的微生物放在宏观生态地理学角度进行阐述,难度特别大,作者们做了一个尝试,值得赞赏。教材图文并茂、案例新颖、行文流畅,加之彩色印刷,美观大方。我相信该教材的出版一定会让广大读者受益,并在推动人才培养和学科发展方面发挥重要作用。

# 前　言

工业革命以来,地球表层系统的许多生态环境问题日益突出。这些问题一方面表现为越来越明显的全球性特点,另一方面表现为地球多圈层的相互作用。这些问题涉及到生态学、地理学、地质学、环境科学和社会科学等学科领域。研究解决这些问题需要交叉融合多学科的知识,故一门新兴学科——生态地理学顺势而生。

作为自然地理学的一个新的学科分支,生态地理学诞生于20世纪70年代,进入21世纪后得到了迅速发展,近年来国内外一些院校也陆续开设了该门课程。但是至今尚未有面向本科生系统介绍生态地理学的专门教材。

中国地质大学(武汉)一直以来十分重视生态地理学有关的科学研究和教学工作,于20世纪末就开设了"生态地理学"课程,将其作为地球科学大类相关专业的本科生的主干课,最早由顾延生老师主讲,本教材的多位编者后来也陆续加入到该门课程的建设中来,经过20余年的实践,积累了丰富的教学经验和宝贵的素材案例。

教材主要介绍了生态地理学的概念和发展历程、生态地理学的基础理论和研究方法、全球地带性生物群的生态地理分布、生态地理区系、生态地理区划等基础理论,将当前发展最为迅猛的微生物生态地理学作为单独一章,教材最后落脚于应用生态地理学。教材内容涉及生态学、地理学、地质学、进化与分子生物地理学、生物多样性保护等学科的基础理论,介绍了诸如生态修复、生态系统观测网络、大数据和统计分析等新方法和新进展,以及政策建议和治理理念等。

教材于2016年开始筹划,联合了中国地质大学(武汉)环境科学与工程系、生物科学与技术系、生物地质与环境地质国家重点实验室的多名老师,经过多次讨论和调整,确定了教材的目录框架、人员分工和进度安排。在编写过程中,谢树成、顾延生、王红梅、朱宗敏、宋小青、王绍强、徐景田、胡超涌、郑贵洲、黄咸雨、陈旭、杨欢、张利华、李辉、杨晓菁、党心悦、郑敏、程丹丹、葛继稳、葛台明、李立青、李长安和周修高教授等或直接参与章节编写,或在讨论中提出了宝贵的指导意见和建议。本书编写得到了中国地质大学(武汉)本科生院的高度重视和大力支持,并给予了经费资助。

教材由谢树成院士作序,各位编者分工合作完成各章节的编写,全书共8章,第一章由顾延生编写,第二章由顾延生、秦养民、黄咸雨和党心悦编写,第三章由陈旭、张利华和党心悦编写,第四章由秦养民编写,第五章由陈旭、杨晓菁和秦养民编写,第六章由陈旭编写,第七章由杨欢和秦养民编写,第八章由黄咸雨、杨欢和张利华编写。全书由顾延生和秦养民统稿。杨晓菁协助完成了部分图件的重绘、编辑和专业名词索引的制作。教材主要面向高等院校地理学、生态学、地质学和资源与环境科学等专业的本科生,也可供农林科学类和师范院校相关专业使用。

生态地理学是一门很年轻的学科,编写组尽管付出了大量的努力,但是限于水平,教材中错误和疏漏之处在所难免,恳请读者提出宝贵的意见(可发送至秦养民的电子邮箱:qinym@cug.edu.cn),以便进一步修订和完善。

《生态地理学》编写组

# 目 录

第一章 绪 论 ………………………………………………………………………………… (1)
  第一节 生态地理学的概念与内涵 ……………………………………………………… (1)
  第二节 生态地理学的发展历史 ………………………………………………………… (2)
  第三节 生态地理学的研究现状与进展 ………………………………………………… (3)
  第四节 展 望 …………………………………………………………………………… (6)

第二章 生态地理学基础理论 ……………………………………………………………… (8)
  第一节 个体生态学 ……………………………………………………………………… (8)
  第二节 种群与环境相互作用 …………………………………………………………… (26)
  第三节 生物群落 ………………………………………………………………………… (39)
  第四节 生态系统 ………………………………………………………………………… (60)

第三章 生态地理学研究方法 ……………………………………………………………… (78)
  第一节 野外调查和监测方法 …………………………………………………………… (78)
  第二节 分子生态地理学研究方法 ……………………………………………………… (86)
  第三节 信息技术调查与应用方法 ……………………………………………………… (93)
  第四节 常用生态统计学方法及软件 …………………………………………………… (100)

第四章 地带性和非地带性生物群 ………………………………………………………… (108)
  第一节 热带生物群 ……………………………………………………………………… (108)
  第二节 亚热带生物群 …………………………………………………………………… (119)
  第三节 温带生物群 ……………………………………………………………………… (130)
  第四节 寒带生物群 ……………………………………………………………………… (141)
  第五节 非地带性生物群 ………………………………………………………………… (144)
  第六节 世界陆地生物群分布规律 ……………………………………………………… (160)

第五章 生态地理区系 ……………………………………………………………………… (165)
  第一节 生物区系的基本概念 …………………………………………………………… (165)
  第二节 世界动植物分布区及演化史 …………………………………………………… (166)
  第三节 植物区系地理 …………………………………………………………………… (170)
  第四节 动物区系地理 …………………………………………………………………… (185)

## 第六章　生态地理区划 …………………………………………………………（205）
### 第一节　生态地理区划的原则与方法 ……………………………………………（205）
### 第二节　生态地理区划的方案 ……………………………………………………（206）
### 第三节　生态功能区划与主体功能区划 …………………………………………（207）

## 第七章　微生物生态地理学 ………………………………………………………（212）
### 第一节　微生物的定义、特征和分类 ……………………………………………（212）
### 第二节　微生物的生态功能和作用 ………………………………………………（215）
### 第三节　微生物的生态地理分布 …………………………………………………（222）

## 第八章　应用生态地理学 …………………………………………………………（237）
### 第一节　植被和生态重建与修复 …………………………………………………（237）
### 第二节　湿地保护与恢复 …………………………………………………………（249）

## 主要参考文献 …………………………………………………………………………（259）
## 名词索引 ………………………………………………………………………………（276）

# 第一章 绪 论

生态地理学(ecogeography)的发展经历了较为漫长的过程,它是在生态学和地理学的思想、理论和方法不断融合的过程中形成的一门交叉学科。近代以来,不断变化的全球环境催生了生态地理学,在解决实际地理环境问题和人地关系矛盾中突显了生态地理学的价值。生态地理学以生态学知识和地理学知识为基础,研究现代地理环境中各种生态系统的过程、行为、成因规律及其对人地关系的影响。进入 21 世纪以后,随着研究的深入,生态地理学概念与内涵逐渐明晰,学科理论体系与研究内容日臻成熟,生态地理学迎来了全新的发展阶段。

## 第一节 生态地理学的概念与内涵

关于生态地理学的概念与内涵,国内外学者的理解不尽相同,经历了较长时间的探索与实践。美国地理学家巴罗斯(Barrows,1923)在阐述人文地理学的研究对象时首先提出地理学的生态观点。中国地理学家胡焕庸(1982)首先提出生态地理学是一门正在兴起的新学科。生态地理学研究内容包括 3 个方面:生物生态系统、非生物生态系统、人类生态系统。生态地理学的任务在于运用生态学的观点和方法,研究人地关系即人类和地理环境的关系,从而保护和改善自然环境,为人类除弊兴利。在《地理学词典》(1983)中指出,生态地理学是研究生态系统的结构、演变规律及其协调的学科,该定义侧重于自然生态系统,同时关注生态系统的层级性和尺度性。Prabhakar(2000)认为,生态地理学是研究环境对生物分布的影响和生物与环境相互作用所导致的动植物区系的传播和扩散,该定义侧重于生物地理学。王建林(2019)提出生态地理学是运用生态学和地理学的原理和方法研究各类生态地理系统的空间分布规律及其变化动态,促进气候、地理、生物三者之间协调发展的学科,该定义侧重于气候地理与生物地理。傅声雷和傅伯杰(2019)指出生态地理学是生态学和地理学的交叉学科,是研究生态系统各组分关系、生态过程的地理空间分布格局和时间演变规律及其与地理环境耦合机制的学科,该定义侧重于不同时空格局下的生态过程及其成因规律。

综上所述,生态地理学的研究对象是地球表层的地理环境系统和生态系统(含人类生态系统),具有宽广的时空梯度与生态格局。诸多学者的定义均是从本学科研究角度出发的总结,不断丰富和发展了生态地理学的概念与内涵。中国至今还没有一本正式的生态地理学教科书,可见其内涵和范畴有待进一步界定。随着学科的交叉融合与深入发展,生态地理学的学科体系必将完善,将在促进生态文明建设和人地关系协调发展中做出新的贡献。

## 第二节 生态地理学的发展历史

工业革命以来,世界科学技术快速发展,人类社会飞速进步,但同时也造成了一定程度的环境破坏和污染。尤其是近几十年来,温室效应、全球变暖、海平面上升、荒漠化、水土流失等一系列地理环境问题不断突显,全球性的生态环境退化与破坏引起了世界各国的极大关注,生态环境的保护、治理与修复已成为世界各国面临的首要紧急问题。要想正确保护生态环境,就必须正确认知生态地理,在这样的背景和共识下,各国更加注重生态地理学的教育与研究。地理学家、生态学家、环境科学家等从生态地理的角度来研究如何改善生态环境,促进人地关系和谐发展,保障人类社会可持续发展。生态地理学正是在这样的背景下应运而生,其形成和发展可以归纳为3个阶段(鲁芬等,2014;王建林,2019)。

### 一、初始萌芽阶段

18世纪中叶,瑞典博物学家林奈首次把物候学、生态学和地理学观点结合起来,描述外界环境条件对动物、植物的影响,提出了生物分类的"双名命名方法"。1851年,达尔文提出"物种起源说",强调生物进化是生物与环境交互作用的结果,自然选择学说中渗透着生态地理学的思想。这些工作和成果已实现了生态学与地理学的早期结合,这一时期(19世纪中叶以前)是生态地理学的初始萌芽阶段,为后来的生态学和地理学深入交叉融合奠定了基础。

### 二、交叉融合阶段

工业革命以来,人类加大了对资源与环境的开发利用力度,很大程度上打破了原始生态系统的自然平衡和良性循环,对生态环境问题的重视和研究迫使现代地理学出现生态研究热潮,也促进了生态学与地理学的交叉融合。19世纪中叶—20世纪80年代是生态地理学的交叉融合阶段。

19世纪末,德国地理学家洪堡创造性地利用气候与地理因子的影响来描述物种的分布规律;1923年美国地理学者巴罗斯在阐述人文地理学的研究对象时明确提出地理学生态观点;1939年德国学者特罗尔提出了景观生态学,将地理学的区域空间分析与生态学的结构功能研究相结合;1942年苏联生态学家苏卡切夫提出了生物地理群落概念,体现了生态学和地理学的融合。

20世纪50年代以来,人口、粮食、环境、资源、能源等全球性生态环境问题日益严重,生态学调查研究工作在大范围内得到开展。然而,生态学在处理生态系统以上尺度的环境问题上显得乏力,迫切需要从其他学科吸收营养,地理学在处理大尺度空间问题上体现出的优越性弥补了生态学的局限性,生态系统概念对地理学的影响日渐深入,促进了两门学科的交叉融合。这个时期生态地理学的研究对象偏重于生态系统以下尺度的动植物个体、种群和群落层次,研究成果主要集中于动物地理学、植物地理学等领域。

### 三、学科体系探索与创立阶段

进入20世纪80年代,随着以空间结构、地域分异、地理过程与生态过程为研究重心的景观生态学的全面发展,地理学与生态学在观点、思想和方法上紧密结合,并将其应用到实际工作中,形成了特色的理论和方法体系。虽然现在普遍认为景观生态学是地理学与生态学相互结合的产物,但从研究对象看,景观生态学主要研究比生态系统更高一层次而比区域尺度更低一层次的景观系统,或者说它更重视小区域尺度的研究。生态地理学则注重研究更大范围区域尺度的生态系统、景观各个组成部分之间因时间与条件不同而不断变化的最基本、最普遍的规律。20世纪90年代,我国学者张荣祖(1992)发表了《生态动物地理学的近期趋势——岛屿生物地理均衡论的启示》一文,从生态地理学的角度探讨了岛屿动物生物的分布规律。

生态学的影响和应用逐渐渗透到地理学分支学科,自然地理学和人文地理学都出现了生态方向的研究,是地理学发展的必然趋势。由于地理学向生态科学渗透,必将分化出生态地理学的边缘学科。随着人类社会系统对地理环境系统和生态系统的影响越来越大,生态地理学开始关注人类社会生态系统。从学科体系结构看,生态地理学是生态学和地理学的交叉学科,生态地理学的一级学科为地理学和生态学。因此,生态地理学应该属于新兴的二级学科,包含自然生态地理学和人文生态地理学等方向。

## 第三节 生态地理学的研究现状与进展

### 一、研究现状

作为一门新兴的交叉学科,生态地理学发展经历了漫长的过程,国外对生态地理学的研究较早,工业革命前夕已经出现了苗头。国内对生态地理学的系统研究始于20世纪80年代,近几十年来,对生态地理学的研究有了长足的发展,研究内容广泛而深入,生态地理学论著也有出版,学科体系逐步建立并完善(鲁芬等,2014;王建林,2019)。

很早以前,中国已经把生态地理环境的保护列入国家生态文明发展的核心,明确指出要建设"美丽中国、宜居地球",就必须系统研究地球生态、管理地球生态,充分了解地球生态环境保护的重要性,合理探寻生态地理环境保护对生态文明建设的重要性,详细思考自然地理环境与自然生态系统之间的关系,以此为基础建立正确的生态地理学教育研究体系。

目前,已有为数不多的国内外大学开设了生态地理学课程,如美国科罗拉多州立大学开设了"World Grassland Ecogeography"课程、缅因大学开设了"Damselfly Ecogeography"课程,中国地质大学(武汉)自1999年起为地理专业本科生开设了生态地理学课程。

### 二、研究进展

生态地理学在中国的研究受学科背景影响较大,研究内容有很大的学科倾向,当前的研究主要集中于以下两个方面(鲁芬等,2014;傅声雷和傅伯杰,2019;汪健林,2019)。

**1. 对自然生态系统的研究**

自然地理学的生态方向研究是生态地理学产生的基础,研究对象主要是自然生态系统,研究内容涉及生物生态系统和非生物系统,研究成果主要来自生物地理与生态学的交叉学科,如生态植物地理学、生态动物地理学、景观生态学等生态地理学分支学科。这些研究的共同点体现为:研究某种植物或动物的地理成分、分布特点以及对不同地区间不同地理成分的比较分析,偏重生物属性,对生态属性和地理属性及其相互作用的研究较少。总体而言,中国生态地理学研究基础薄弱,研究队伍规模小,且由生态学者和生物学者进行的研究较多,由地理学者进行的生态地理学研究相对较少。

**2. 对人类生态系统的研究**

随着人类社会系统对地理环境系统和生态系统的影响越来越广泛、深入,生态地理学开始关注人类生态系统,在地理学中人类生态系统涉及区域社会系统、文化系统、政治系统、经济系统等。一方面,生态地理学关注人类生态系统的研究表现为将这些系统生态化,构建新的生态系统并将其与自然生态系统进行比较,分析新的生态系统的组成,探索人类生态系统生态化发展之路;另一方面,生态地理学对人类生态系统的关注表现为在人文地理学各分支学科中出现的生态化研究热潮,如"产业生态化""文化地理学中对文化生境的重视""人类生态学集中体现了现代地理学的生态研究方向"等。

### 三、生态地理学研究案例分析

**1. 自然生态地理学研究案例**

生态地理学的主要特点是要反映一定空间尺度上某一生态过程的地理空间分布规律,这就要求研究者在不同区域或地点获取同一生态过程参数,最终了解此生态过程的普适性规律,如全球不同气候带森林凋落物分解和碳汇功能、中国不同陆地生态系统碳通量和碳汇功能、中国东北样带和中国东部南北样带陆地生态系统的脆弱性与适应性、中国北方草地样带的生态系统生态学等(傅声雷和傅伯杰,2019)。

1) 全球不同气候带森林凋落物分解和碳汇功能研究

森林凋落物分解常数 $k$ 值在不同气候带的空间差异及其原因是较早开展生态地理学研究的案例,从热带到温带再到寒温带,$k$ 值逐渐降低,由 4 降低至 1/64。在全球尺度模型中,凋落物分解速率和气候的关系比与土壤动物丰度和多样性的关系更密切。1990—2007年,全球森林每年总碳汇为 $(2.41±0.42)$ Pg($1$ Pg $= 10^{15}$ g,也称 Gt,10 亿 t),而热带土地利用变化每年碳排放为 $(1.30±0.70)$ Pg,所以全球森林净碳汇每年为 $(1.11±0.82)$ Pg。总结全球森林碳汇功能的变化是生态地理学研究的典型案例。

2) 中国不同陆地生态系统碳通量和碳汇功能研究

中国陆地生态系统通量观测研究网络(ChinaFLUX)的研究涵盖了热带、亚热带、温带和寒温带等气候带。ChinaFLUX研究表明:森林生态系统具有很强的碳汇功能,且中亚热带森林的碳汇功能最强,其次为温带森林和北亚热带森林。草地也具有碳汇功能,但显著低于森林生态系统。温带草原和高寒草地具有较弱的碳汇功能。农田和湿地的碳汇功能在不同区域的差异较大,半干旱地区的碳汇功能最弱,但显著高于草地生态系统。耦合机制解析表明,森林、灌丛和草地的碳密度与气候密切相关,随气温的升高而下降,随降水量的增加而增加,反映了全国尺度上生态系统碳储量和碳密度随纬度梯度或气候变化梯度的变化趋势,充分体现了大尺度下生态过程的分布格局及其成因。中国不同陆地生态系统通量和碳汇功能研究是中国至今为止最大规模的生态地理学研究范例。

3) 中国东北样带和中国东部南北样带陆地生态系统的脆弱性与适应性研究

国际地圈生物圈计划在全球共启动了 15 条全球变化陆地样带,其中 2 条在中国,即中国东北样带(Northeast China Transect,简称 NECT)和中国东部南北样带(North South Transect of Eastern China,简称 NSTEC)。中国东北样带沿着 43°30′N 设置,位于东经 112°—130°30′,北纬 42°—46°范围内;中国东部南北样带位于东经 108°—118°之间,沿线经由海南岛北上至北纬 40°,然后向东错位 8°,再由东经 118°—128°往北至国界。国家重点基础研究发展计划"全球变化影响下中国主要陆地生态系统的脆弱性与适应性研究"就是围绕这个样带开展工作。研究表明,该样带内土壤有机碳、土壤全氮、土壤有效氮、土壤全磷、土壤有效磷沿经度均呈现出东高西低的分布趋势,据此解析了降水量和温度对土壤碳、氮、磷的作用强度,建立了土壤有机碳、土壤全氮、土壤有效氮等与年降水和年均温之间的多项式回归方程。这些基于样带的研究包括大尺度下生态过程的时空格局及其影响机制,是典型的生态地理学研究案例。

4) 中国北方草地样带的生态系统生态学研究

中国北方草地样带西起新疆维吾尔自治区哈密市,东至内蒙古自治区通辽市科尔沁左翼后旗,途经新疆、甘肃、内蒙古、吉林和辽宁 5 个省(自治区)。整个样带位于东经 83°27′—120°21′,横跨 17 个经度,依次分布着高山草甸草原、荒漠草原、典型草原、草甸草原 4 个主要草地类型。样带总长度约为 4000 km,在这个样带上进行了植物群落分布、植物生理特性、土壤生态过程和微生物多样性的空间格局等研究,发现了温度和降水对植物资源地上、地下分配的相对作用关系,完善了中性、碱性土壤酸化过程理论,提出了干旱半干旱地区植物-土壤养分非同步性发展模型和土壤碳元素、氮元素、磷元素、硫元素循环对气候变化响应的非线性模型,探讨了土壤微生物多样性分布格局、种群间相互作用关系及其驱动机理在不同空间尺度和生境类型下的差异。

5) 生态地理学综合研究与应用

王建林(2019)以气候、地理、生物为三大组成要素提出了生态地理学和生态地理系统的概念,提出以生态地理系统概述、气候要素的空间分布格局及其变化动态、地理要素的空间分布格局及变化动态、生物种群的空间分布格局及其变化动态、生物群落的空间分布格局及其变化动态、生态地理系统能量流动的空间分布格局及其变化动态、生态地理系统物质循环的空间分布格局及其变化动态、生态地理系统生产力的空间分布格局及其变化动态、生态地理系统产品品质的空间分布格局及其变化动态、生态地理系统类型的空间分布格局及其变化动态为核心内容的生态地理学学科体系。

此外,张润杰和何新风(1997)将生态地理学应用于病虫害控制,认为昆虫的生态地理分布研究有助于确定植检对象,有助于入侵害虫的适性分析,有助于指导入侵危险性害虫的生物控制等。刘飞虎等(2020)对罗霄山脉地区兰科植物区系及其生态地理学特征、濒危现状与保护开展了研究。杨超振等(2022)根据稻飞虱抗性多样性在云南不同环境背景下的稻作区划中的地理分布和差异表现,探讨了云南不同生态地理环境中稻种资源稻飞虱抗性多样性的分布规律。以上研究是生态地理学向实践和应用领域的延伸,为今后生态地理学各领域的应用研究奠定了基础。

**2. 生态地理学研究案例**

生态地理学是一门综合性很强的应用学科,研究内容与人类生产生活密切相关。生态地理学出现来源于生产实践和理论分析,研究的目的之一是使人类善用生活于其中的生态系统。近年来,一些学者在理论研究基础上进行了生态地理学的应用和实践:王子今(2003)从生态地理学角度分析古代城邦兴盛发展的原因,得出秦定都咸阳、战国时期城市繁荣是充分利用地理优势和生态条件进行优化选择的过程与结果;祁新华等(2010)以广州市为例,从生态地理过程研究方向入手,综合运用生态学与地理学等分析方法,详细分析了广州市的人居环境系统演变的生态地理过程,对理解大城市边缘区演变机理与优化调控具有重要的参考价值。

# 第四节 展 望

如上所述,生态地理学教育与研究仍存在一些问题,如学科教育传播不够广泛、研究对象不够明确、研究成果不突出等,最终导致生态地理学学科地位模糊,发展缓慢。此外,受地理学影响较深刻、对生态学基础知识和地位不够重视、重自然生态系统研究、轻人类社会生态系统研究、应用研究领域较狭窄等也限制了生态地理学学科的发展。今后生态地理学需要在学科建设,生态学基础知识,人类生态系统,新技术、新方法的应用等方面继续加强(鲁芬等,2014)。

## 一、加强学科建设

生态地理学作为一门新兴的交叉学科,成果多集中于自然地理学、人类生态学、景观生态学等领域,致使生态地理学的研究对象不够明确,学科主体地位较弱、发展缓慢。未来应大力加强学科建设,进一步明确生态地理学的研究对象、研究内容、学科定位、研究方法、研究目的等,在走出其他学科"屏蔽效应"的同时,重视与地理学、生态学分支之间关系的探索和实践,探索自身独立研究和发展的方向与道路。经过多年的发展,生态地理学有望进入地理学的二级学科目录。

## 二、重视生态学基础知识应用

从生态地理学的概念可以看出,大多学者认为地理学是生态地理学产生的背景学科,是生态地理学的"母体",只有极少数学者认识到生态学基础知识在研究中的重要性,这导致了生态学和地理学在生态地理学研究中的地位不平等。缺乏生态学基础知识会给生态地理研究带来很多困难,不利于生态地理学研究水平的提高。因此,未来应更加深刻认识到生态学基础知识作为生态地理学基础来源的重要性。

### 三、注重对人类生态系统的研究

作为生态地理学研究对象的生态地理学系统,协调了生态系统和地理系统之间的关系,而作为整个系统的主体,人类生态系统更加重要。生态地理学的研究目的归根结底是让人类懂得如何善用生活于其中的生态系统,维护整个地球的地理环境系统和生态系统的平衡,重新审视人类社会经济活动对地理环境和生态系统的要求以及产生的影响与破坏。如何运用生态地理学理论进行人类生态系统的调控成为生态地理学研究的新方向。由于人类活动的强烈干预,人为因素对全球生态地理环境系统的影响赶上甚至超过了自然变化对全球生态地理环境系统的影响。目前关于生物生态系统和非生物生态系统的研究较多,而涉及人类生态系统研究的相对较少。因此,应该从生态地理学角度加强对人类生态系统的研究,加强人文社会科学方法在生态地理学研究中的应用。

### 四、加强新技术、新方法的应用

生态地理学在转向应用和实践领域研究过程中也应注意新的研究方法和新技术手段的应用。新方法、新技术在学科中的实际应用不仅可以极大程度上提高研究的效率,在一定程度上还能促进学科的整体发展。在今后的研究中,要重视联系其他学科领域中的方法和技术,发现适合本学科应用的领域,如数学建模方法和计算机技术、"5S"技术等,结合学科发展实际情况,自发研究适合本学科发展的新技术,促进新技术与生态地理学的互融互通。

**思考题:**

1. 根据生态地理学的发展简史,试述生态地理学的概念。
2. 论述生态地理学的学科地位和特点。
3. 论述当代全球主要的生态环境问题和可能的解决途径。

# 第二章 生态地理学基础理论

## 第一节 个体生态学

### 一、生物适应环境的基本原理及其机制

**1. 生态学定义及其含义**

生态学(ecology)一词最早由德国生物学家 Haeckel(1866)提出,生态学是研究生物与环境间相互关系的科学。Ecology 源于希腊词"oikos"和"logos",前者表示住所和栖息地,后者表示学科,Ecology 的原意是研究生物栖息环境的科学。关于生态学的概念有 3 个层次的理解:首先是环境因子对生物生长、发育、生存、发展的影响;其次是生物对环境的适应和改造作用;最后是生物(包括人类)处理自身利益与自然关系的"经济"策略。

**2. 生态因子及其特征**

生态因子是指环境中对生物的生长、发育、生殖、行为和分布有着直接或间接影响的环境要素。生态环境是指所有生态因子综合作用的构成。环境是指某一特定生物体或生物群体以外的空间,以及直接或间接影响该生物体或生物群体生存的一切事物的总和,由许多环境要素构成,这些环境要素称为环境因子。

1)生态因子的类型和特征

苏联生态学家谢尼阔夫(1950)将生态因子分为 5 组,分别为气候因子、土壤因子、地形因子、生物因子和人类因子。其中,气候因子也称为地理因子,包括光、温度、水分、空气、太阳辐射、季风、洋流、降雨、地形、灾害等,气候因子空间上具有纬度地带性、经度地带性和垂直地带性特征。土壤因子是气候因子和生物因子共同作用的产物,土壤因子包括土壤结构、土壤的理化性质、土壤肥力和土壤生物等。地形因子包括高山、海洋、荒漠、地面的起伏、坡度、坡向等,通过影响气候和土壤,间接影响动物和植物的生长与分布。生物因子包括生物之间的各种相互关系,如捕食、寄生、竞争和互惠共生等。人类因子主要是指人类活动对自然生态环境的影响。

2)生态因子的空间分布特征

(1)纬度地带性。由于太阳辐射量差异,从赤道到两极,整个地球表面具有过渡状的分带

性规律,如赤道、热带、亚热带、暖温带、温带、寒温带、亚寒带、寒带。

(2)经度地带性。受地球内在因素影响引起的经度地带性,如大地构造形成地貌和海洋分异引起经度地带性水分分布分异。

(3)垂直地带性。因太阳辐射和水热状况随着地形高度的不同而不同,生物和气候自山麓至山顶呈垂直地带分异的规律性变化(如温度变化:干燥空气,$-1\ ℃/100\ m$;湿润空气,$-0.6\ ℃/100\ m$)。

3)生态因子相互作用的特点

(1)综合性。生物的整个生命周期是多种生态因子综合作用的结果,每一个生态因子都是与其他因子相互影响、相互制约的,对植物的作用是环境中各因子综合作用的结果,绝非个别单独作用。

(2)非等价性。对生物起作用的诸多生态因子中必有1~2个是起决定性作用的主导因子,该因子一旦变化,就会引起其他生态因子改变。

(3)不可替代性和可调剂性。当某些因子不能满足植物需要时,可由其他因子来补偿,这种调剂作用是有限度的,不能取代其他某一些因子。

(4)直接性和间接性。众多生态因子中,有的因子对生物的生长、发育和分布起直接影响,如温度、光照、水分等,有的起间接影响,如地形和土壤类型等因子。

(5)阶段性。生物的生长、发育具有阶段性的特点,同一生态因子对一种生物的不同发育阶段所起的生态作用是不同的,生物发育的不同阶段对生态因子的需求也不相同。例如,在种子萌发期,温度决定了生命是否起始,而到了拔节期土壤的养分十分重要,成熟期则需要充分的光照。

**3. 生物与环境关系的基本原理**

1)利比希法则

德国农业化学家利比希(Justus Von Liebig)1840年提出了"最小因子法则",即"利比希法则"。每一种植物都需要一定种类和一定数量的营养物,如果其中有一种营养物完全缺失,植物就不能生存,即农作物的增产与减产与作物从土壤中所能获得的矿物营养的多少相关。

2)耐受性法则

美国生态学家Shelford于1913年提出"耐受性法则"(law of tolerance),任何一个生态因子在数量或质量上的不足或过多,即当生态因子接近或达到某种生物的耐受性极限时,该种生物将衰退或不能生存(图2-1)。每种生物对一种生态因子都有一个耐受范围,有一个生态学上的最低点和一个生态学上的最高点,两点之间的范围称为生态幅或生态价。

3)限制因子

在众多生态因子中,任何接近或超过某种生物的耐受性极限而阻止其生存、生长、繁殖或扩散的因子称为限制因子。限制因子为分析生物与环境相互作用的复杂关系奠定了一个便利的基点,有助于把握问题的本质,寻找解决问题的薄弱环节。

4)对生物产生影响的各种生态因子之间的相互关系

对生物产生影响的各种生态因子之间存在着明显的相关性,完全孤立地去研究生物对任

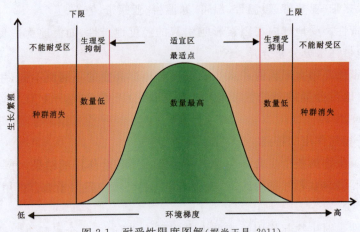

图 2-1 耐受性限度图解(据尚玉昌,2011)

一特定生态因子的反应往往会得出片面的结论。例如,很多陆地生物对温度的耐受性往往与它们对湿度的耐受性密切相关,这是因为影响温度调节的生理过程本身是由摄水的难易程度控制的。如果有两个或更多的生态因子影响着同一生理过程,那么这些生态因子之间的相互影响是很容易被观察到的。Pianka(1978)设想某种生物的适合度是相对湿度的一个函数[图 2-2(a)],该种生物在什么湿度下适合度最大取决于它所生活的小生境的温度条件,当温度适中(32.5 ℃)和湿度适中(90%)时,该种生物的适合度将达到最大。同样,沿着一个温度梯度,该种生物的适合度也会发生类似的变化[图 2-2(b)]。如果把湿度条件和温度条件结合起来考虑,可以看出,当湿度很低或很高时,该种生物所能耐受的温度范围比较窄,而中等湿度条件下所能耐受的温度范围较宽。同样,在低温和高温条件下所能耐受的湿度范围也比较窄,而在中等温度或最适温度条件下所能耐受的湿度范围比较宽[图 2-2(c)]。可见,生物生存的最适温度和最适湿度是相互关联且相互影响的(尚玉昌,2011)。

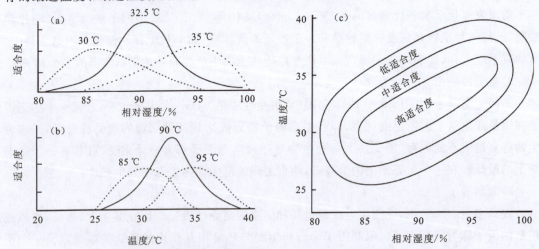

图 2-2 温度和湿度两个生态因子相互作用影响着生物的适合度(据尚玉昌,2011)
(a)相对湿度与适合度关系图;(b)温度与适合度关系图;(c)相对湿度与温度关系图
注:在极端温度和湿度下,生物的适合度均会下降。

5)内稳态生物与非内稳态生物

依据生物对非生物因子的反应或依据外部条件的变化对生物体内状态的影响,将生物分为内稳态生物和非内稳态生物。内稳态机制,即生物控制自身的体内境使其保持相对稳定,是进化发展过程中形成的一种更进步的机制,它或多或少能够降低生物对外界条件的依赖性。决定内稳态生物耐受性范围的除了生物体内酶系统的性质外,还有内稳态机制发挥作用的大小。具有内稳态机制的生物借助内环境的稳定而相对独立于外界环境,大大提高了生物对生态因子的耐受范围,如恒温动物。非内稳态生物的耐受性限度仅取决于生物体内酶系统在什么生态范围内起作用。

6)生物适应环境的机制

适应(adaption)是指生物对环境压力的调整过程。生物的适应性包括适应方式、适应组合、适应类型等。

适应方式包括形态适应、行为适应、生理适应、营养适应。形态适应包括保护、保护色、警戒色与拟态;行为适应包括运动、繁殖、迁移和迁徙、防御和抗敌;生理适应包括生物钟、休眠、生理生化变化;营养适应是指食性的泛化与特化。

适应组合是指生物对非生物环境条件表现出一整套协同适应特性,如骆驼和仙人掌对炎热干旱环境的适应。

适应类型包括趋同适应、趋异适应、胁迫适应。①趋同适应是指不同种类的生物,生存在相同或相似的环境条件下,常形成相同或相似的适应方式和途径。②趋异适应是指一群亲缘关系相近的生物有机体,由于分布区的间隔,长期生存在不同的环境条件下,常形成不同的适应方式和途径。③胁迫适应是指环境对生物体所处的生存状态产生的压力。

**4. 生物适应环境的分子机制研究**

生物适应环境的分子机制研究是通过剖析生物体在遗传和表观遗传水平,以及代谢水平的自然变异,从分子水平上研究生物被生物和非生物胁迫的响应及其繁殖策略的适应性(Laitinen,2015)。

1)环境因子与基因相互作用

基因的复制和表现要经过一系列的过程。这个过程既取决于与组成基因型的等位基因与非等位基因(基因环境),也取决于细胞质与内环境(细胞环境),还取决于外界环境。这些环境因素都能影响或改变代谢过程,具体包括环境对基因效应表现的影响、环境对基因的诱变作用、环境对基因的选择作用、环境因子对基因的调控和相关基因对低温胁迫的响应。

(1)环境对基因效应表现的影响。基因的表现不同于表达,表现的一定能表达,但表达的不一定能表现。一个基因的效应能否表现出来,首先取决于基因环境:①隐性基因的表现总是受到完全或不完全显性等位基因的影响;②等位基因的表现要受到非等位基因的影响;③基因的表现还受染色体的影响;④基因组中的调控成分,如操纵子、启动子、转座子等也影响基因效应的表现。细胞环境对基因效应表现的影响体现在以下两方面:一是基因复制、转录、翻译过程所需的能量、原料、酶、温度等条件由细胞环境提供和维持;二是某些性状受细胞质基因的控制,如核质杂种总能表现出不同于供核亲本的某些表型(马沛勤和丁秀娟,2003)。

(2)环境对基因的诱变作用。环境对基因的诱变作用发生在遗传物质不断地与外界进行物质交换和能量交换的时候。基因组中含有的转座成分，可以将其复制拷贝插入到基因组的另外一个位点，如果这个位点处于某个基因的内部，将引起基因突变。细胞环境中的pH、渗透压、自身代谢产物等对酶活性的影响，会使单核苷酸之间的连接发生故障，也会引起基因内部核苷酸顺序的改变。基因的成分还会因为外来原材料的不纯而掺杂。外界各种电离辐射和紫外线作用于生物体产生的高能粒子、自由基、胸腺嘧啶二聚体等能直接或间接引起染色体畸变和基因突变。外界温度的急剧变化也是诱发基因突变的一个因素。基于环境对基因的诱变作用，人们运用物理、化学和生物的方法进行诱变育种。但只有少数基因突变对个体的生存或人类有利，在育种中起重要作用。大多数基因突变都不利于生物的生长发育，甚至导致个体死亡。因此当前环境污染导致的突变、癌变、畸变成为了危害人类和生物界的重要隐患。

(3)环境对基因的选择作用。每个基因均是基因环境、细胞环境和外界环境相互作用的结果，这制约着生物体的形态结构或生理特性，而这些形态结构或生理特性又或多或少地影响着个体的生活力和繁殖力，这就是环境对基因的选择作用。选择作用直接作用于表型，间接作用于基因型，最终改变的是基因频率。环境在选择有利基因的同时，更重要的是选择了有利的基因组合——基因型，这是自然选择对生物进化的创造性作用。因为自然选择保留的有利基因或基因组合永远是在某个环境中的适应者，所以对基因的有害性与有利性是相对的。由于环境的选择作用，人类因破坏地球环境导致的生物绝灭、基因库丢失也会给人类和自然生态系统带来巨大损失(马沛勤和丁秀娟，2003)。

(4)环境因子对基因的调控。原核生物和真核生物之间基因表达调控的指挥系统存在着相当大差异。原核生物的营养状况、环境因素对其基因表达起着十分重要的作用。原核生物同一群体的每个细胞都和外界环境直接接触，它们主要通过转录调控，开启或关闭某些基因的表达来适应环境条件(主要是营养水平的变化)，因此环境因子往往是调控的诱导物。真核生物，尤其是高等真核生物，其激素水平、发育阶段等是基因表达调控的主要手段，营养和环境因素的影响则为次要因素。大多数真核生物基因表达调控最明显的特征是能在特定时间和特定的细胞中激活特定的基因，从而实现预定的、有序的、不可逆的分化和发育过程，并使生物的组织和器官在一定的环境条件范围内保持正常的生理功能。真核生物基因表达调控可分为两大类：第一类是瞬时调控或称为可逆调控，相当于原核生物对环境条件变化所做出的反应。瞬时调控包括某种代谢底物浓度或激素水平升降时和细胞周期在不同阶段中酶的活性和浓度调节。第二类是发育调节或称为不可逆调控，这是真核生物基因表达调控的精髓，因为它决定了真核生物细胞分化、生长和发育的全过程。根据基因调控在同一时间中发生的先后次序，又可将其分为转录水平调控、转录后的水平调控、翻译水平调控和蛋白质加工水平调控。研究基因调控应回答下面3个主要问题：①什么是诱发基因转录的信号？②基因调控主要是在哪个环节(模板DNA转录、mRNA的成熟或蛋白质合成)实现的？③不同水平基因调控的分子机制是什么？

(5)相关基因对低温胁迫的响应。低温下植物的生理生化变化是植物低温应激反应的结果。近年来，多种植物中均发现与胁迫有关的基因以及这些基因表达产物。低温胁迫下基因表达的改变可诱导合成许多新的蛋白质。如多种酶改变植物代谢途径,使植物进入抗寒锻炼;部分膜蛋白有稳定膜的作用;某些糖蛋白主要存在于液胞和细胞间隙中,具有阻止冰冻的作用,使细胞液在低温下处于过冷状态,从而维持细胞膜的稳定性,提高渗透调节能力,降低低温胁迫对细胞的伤害。而抗寒能力由植物基因决定,已分离鉴定出许多与低温胁迫有关的基因及其产物,但其具体功能尚需进一步研究。低温胁迫下植物的响应是多基因表达产生的响应综合,并非是简单累加。研究低温响应相关基因间以及它们表达的相互关系,使这些基因的表达效应达到最高,提高植物耐寒能力,延长植物耐受低温的时间,可从根本上提高植物抗寒性(郭子武等,2004)。

2)酶特性与环境相互作用

(1)酶特性与生物适应环境。根据Morita和Russel的定义,低温微生物可分为两类:一类是最高生长温度低于20℃的微生物,称为嗜冷菌;另一类是指在0~40℃可以生长的微生物,称为耐冷菌。这些微生物体内的温度与环境温度较为接近。尽管低温对生化反应有着强烈的负效应,但低温微生物在低温下却能成功地生长与繁殖,它们因此产生了各种各样的适应机制,主要是细胞膜、蛋白质、酶分子发生了组成和结构上的变化,弥补了低温对微生物生长的有害影响。

催化生物体内所有生化反应的酶是生物体适应低温环境的一种重要因素。由低温微生物产生的嗜冷酶具有以下特性:①在0~30℃,$k_{cat}$值和生理效率($k_{cat}/K_m$)比来自中温微生物的酶要高;②有限的热稳定性,可在常温下很快变性(吴虹等,2001)。

酶在低温下具有很高的催化效率,且与更松散且更具柔性的蛋白质结构相关联。因此,它们与底物结合的活化能更低,特别是在低温和常温下与大分子底物结合的活化能更低。嗜冷菌中的有些代谢酶类较中温菌在低温条件下具有较低的$K_m$,这反映了嗜冷菌细胞中的酶类在低温下具有较强的底物亲和力。嗜冷菌细胞中有些代谢酶类以不同温度特性的同工酶方式存在,这可能是嗜冷菌适应低温环境的独特方式。

嗜冷酶氨基酸序列的特征:在低温脂肪酶中,如精氨酸等稳定性残基的低数量可能有助于形成一种更具柔性的三级结构。此外,增加的甘氨酸残基可能会起到有力的促进作用,在低温催化过程中促进酶的构象改变。这些特性可能与该脂肪酶的冷适应性有关。在低温时,酶分子在结构上的一些改变,导致其致密结构变得松散,柔性加大,因此易与底物结合提高酶分子活性,但由于肽链折叠程度下降使分子处于一种较伸展的状态,降低了分子稳定性。嗜冷酶在低温时具有的独特性质(很高的催化活性和低热稳定性),使其在生物技术产业中具有相当大的潜在应用前景(吴虹等,2001)。

(2)土壤酶活性与环境因子的关系。土壤酶是指土壤中的聚积酶,来源于植物、动物和微生物及其分泌物,并且主要来源于微生物,包括存在于活细胞中的胞内酶和存在于土壤溶液或吸附在土壤颗粒表面的胞外酶。土壤酶是土壤组分中最活跃的有机成分之一,是土壤生物过程的主要调节者,参与了土壤环境中的一切生物化学过程,与有机物质分解、营养物质循环、能量转移、环境质量等密切相关,并且酶的分解作用是物质循环过程的限制性步骤,土壤酶的分解作用参与并控制着土壤中的生物化学过程在内的自然界物质循环过程,酶活性的高低直接影响物质转化循环的速率,因而土壤酶活性对生态系统功能有很大的影响。土壤酶活性是土壤中生物学活性的总体现,它表征了土壤的综合肥力特征和土壤养分转化进程,且对环境等外界因素引起的变化较敏感,因此土壤酶活性可以作为衡量生态系统土壤质量变化的预警和敏感指标。在几乎所有生态系统的监测和研究中,土壤酶活性的检测似乎成了必不可少的测定指标(万忠梅和宋长春,2009)。

特别是近几十年来,由于人口的迅速增加,以及人类对自然资源的不合理开发和利用,生态环境发生了急剧变化,全球气候变暖,土壤环境质量退化,生态环境遭到破坏。环境因子的变化(如温度、水分、pH值等)影响了土壤酶的活性,进而影响了生态系统的物质循环过程。加深理解土壤酶在生态系统中的作用、生态系统的物质循环过程以及土壤生态系统退化机理至关重要。

首先,土壤水分、空气和热量状况对土壤酶活性的影响明显:一方面与土壤微生物的活性和类型、地面自然植被的类型、土壤动物的种类和数量有显著的相关性;另一方面不同的水分条件、空气组成、热量状况也会直接影响土壤酶的存在状态和活性的强弱。土壤水分过高、过低均不利于土壤微生物和动植物的生长与繁衍,在不良水热状况下,土壤酶的来源减少,土壤酶活性降低。一般情况下,土壤湿度较大时,酶活性较高,但土壤过湿时,酶活性减弱。水分对酶活性的影响也因酶的种类而异,土壤风干会显著地降低蛋白酶、纤维素酶的活性,而脲酶、酸性磷酸酶和$\beta$-葡萄糖苷酶的活性几乎不受影响。而土壤水分增加会降低土壤多酚氧化酶和过氧化物酶的活性,水解酶的活性降低不显著。在湿地条件下,积水与土壤酶的相关性更大,它通过改变微生物群落,影响土壤酶的释放,并在还原条件下增加了诸如$Fe^{2+}$等抑制因子的浓度进而影响土壤酶活性。

其次,土壤温度对酶活性也有较大影响,土壤温度通过影响微生物的增殖而间接影响酶活性,并且通过影响酶的动力学特征而直接影响酶活性。每一种酶都有其活性的最适温度,高温和低温都不利于酶的活性。一般而言,温度过高时,土壤酶可能会变性,并丧失本身的活性;温度过低时,酶的活性会降低。但在一定范围内酶的活性会随着温度的升高而增加。通常水解酶类的活性最高适宜温度为60 ℃。研究表明,当温度由10 ℃上升到60 ℃时,土壤酶活性显著增加;但随着温度的进一步升高,脲酶迅速钝化。在150 ℃条件下加热24 h或在115 ℃条件下加热15 h,土壤酶会完全失活。温度对土壤酶活性的影响因酶和土壤的种类不同而不同,在不同温度(5~70 ℃)培养条件下,有机质含量最低的土壤在不同温度下土壤酶活性均表现出最低的酶活性,而具有相似土壤有机质含量的土壤的同种酶活性也具有相似的水平。温度对氧化还原酶活性有显著影响。在沼泽地、湿地具有冷湿效应。低温和涝灾会显著限制土壤酶活性(万忠梅和宋长春,2009)。

最后,土壤空气状况影响着微生物的种类,湿地季节性积水或常年积水,导致湿地土壤的通气不良,氧化还原电位较低,$CO_2$和$CH_4$含量高,处于缺氧状态。在显著缺氧条件下多酚氧化酶活性受到抑制,致使多酚化合物累积。而酚类物质能够抑制其他不需氧的水解酶的作用,如$\beta$-葡萄糖苷酶、磷酸酶和硫酸酯酶,进而抑制了土壤有机质的降解速率。研究表明,泥炭沼泽土壤除了表层外,通常整体缺氧,因此,需氧才有活性的酶(如酚氧化酶)几乎失活,甚至有些不需要氧的酶(如水解酶类)活性也受到了抑制,这些酶活性低可间接归因于氧对酚氧化酶活性的抑制降低了酚类物质的降解,而高浓度酚类物质能够抑制水解酶活性。土壤酶对土壤水气热状况有较为显著的响应,水文条件决定了土壤水气热状况,而水分是湿地重要的生态因子,因此湿地生态系统特有的水文状况使其土壤酶活性必然有别于其他生态系统(万忠梅和宋长春,2009)。

(3)土壤酶活性与酸碱环境。土壤 pH 值强烈影响有机大分子物质的生物降解和矿化过程,并以两种方式对酶活性产生影响:一是通过影响微生物种类而影响微生物释放酶的数量和种类;二是直接影响土壤酶参与生化反应的速度。$H^+$ 浓度可以改变酶反应基点和土壤吸附的酶的稳定性,有些酶促反应对 pH 值变化很敏感,甚至只能在较窄的 pH 值范围内进行,并且由不同微生物分泌出的催化同一反应的酶的活性最适 pH 值也不同。因此,对土壤酶的研究必须考虑土壤酶酶促反应的最佳 pH 值范围。尤其是对污染土壤进行酶修复的研究,如重金属污染土壤的酶修复,更要强调 pH 值的分析设定,pH 值会影响污染物质存在的形态(万忠梅和宋长春,2009)。

(4)土壤酶活性与土壤有机质。土壤有机质是土壤中酶促底物的主要供源,不仅是土壤固相中最复杂的系统,也是土壤肥力的主要物质基础。土壤有机质的来源、种类、组成、数量、堆积方式都是影响有机质转化的因素。对于森林、草原、湿地生态系统而言,较多的有机质输入来源于凋落物。植物残体(含凋落物和根系脱落物)可通过植物残体的腐解释放酶进入土壤,也可通过对土壤动物和微生物区系的作用而间接影响土壤酶活性。土壤有机质含量显著影响着土壤酶的活性。土壤酶可以吸附在有机物质上,一系列的土壤酶(如脲酶、二酚氧化酶、蛋白酶以及水解酶等)都曾以"酶-腐殖物质复合物"的形式从土壤中提取出来,这些提取物中的酶依然有活性,在某些情况下,还有较强的抗分解能力和热稳定性,说明土壤有机质与土壤酶活性之间存在着非常密切的关系,但相关性因酶的种类不同而不同。研究表明,有机质、全氮、全磷、碱解氮、速效磷与脲酶、碱性磷酸酶活性呈显著或极显著相关,而蔗糖酶、多酚氧化酶与所有肥力因素相关性均不显著。

### 二、生物个体水平适应环境

生物个体水平适应环境的内容包括个体通过各种形态、生理、生物化学的机制去适应不同环境的过程、环境对生物的塑造作用、生物对环境的改造作用。生物个体水平适应环境主要研究个体发育、系统发育及其与环境的关系。生物与环境的关系主要包括生物与气候的关系(生态气候学)、生物与光的关系、生物与温度的关系、生物与水的关系、生物与营养物的关系等。

**1. 生物与气候的关系**

气候决定生物获得多少热量和水分,影响植物所能捕获的太阳能的多少,直接控制植物、动物的分布和数量。温度和降水是与生物地理格局相关的两个常见气候变量。温度可以提供支持生命生物化学反应所需的热量(不可以过热)。水分之所以重要,是因为植物体总质量的 80%~90% 是水。这两种因子的环境梯度是明显的。首先,纬度梯度从热带森林,到亚热带—温带森林,到北方森林,再到极地苔原,反映了随纬度增加,气温不断降低。降水是影响植被分布的第二个因素。热带地区,随着年降水量的递减,植被类型从雨林变换到季节性森林、热带稀疏草原再变换到荒漠(图 2-3)。在温带地区,森林随降水量的减少而被草原、灌丛和荒漠取代(Bonan,2009)。

图 2-3 表明气候环境首先影响的是群落组成和生态系统结构。事实上,气候变化会改变种间竞争关系、生态系统过程(如净初级生产力、物质分解)和养分矿化过程,进而改变生态系统结构和生物地球化学循环。陆地植被及其生态系统也可以通过能量流动、水分、动量、$CO_2$及其对辐射产生重要效应的气体的交换来影响气候。群落组成和生态系统结构的变化也会改变地表特征,如反照率、粗糙度、气孔生理特征、叶面积指数、根深和有效养分,进而改变地表能量流动、水循环和生物地球化学循环。因此,气候变化所引起的生态系统结构和功能的改变反过来又影响气候变化。

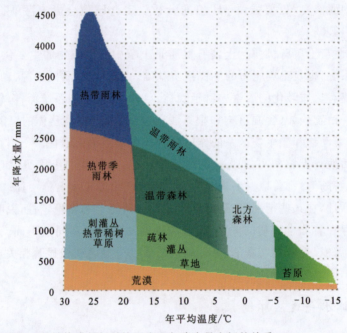

图 2-3　地球主要植被构成与年平均温度和年降水量之间的关系(据 Whittaker,1975 年改绘)

生态系统和气候的耦合作用在长时间尺度上是连续的,从分钟到季节,甚至几千年。在短时间尺度上,季节性的出叶和衰老过程会改变光谱的吸收、能量在潜热与感热上的耗散以及 $CO_2$ 的摄取。这些变化又会影响大气的温度、湿度和 $CO_2$ 季节性变化。落叶林的季节性出叶和衰老会改变感热通量、潜热通量,进而改变地表气候。美国东部的春天气温在出叶前后截然不同。Schwartz 和 Karl(1990)对美国东北部和中北部 13 个监测点长期气温观测研究发现,在春天出叶前后,日最高气温升高率从 0.31 ℃/d 变为 0.17 ℃/d(图 2-4)。出叶后,气温日升高率至少降低了 0.07 ℃/d。

**2. 生物与光的关系**

1)光质变化对生物的影响

光是由波长范围很广的电磁波组成的,主要波长为 150~4000 nm,分紫外光、可见光和红

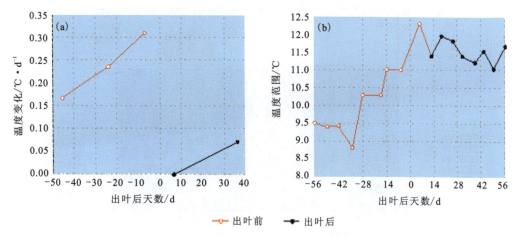

图 2-4　春季植物出叶对美国东部气温的影响(据 Schwartz and Karl,1990;Schwartz,1996)
(a)日最高温度增加与出叶的关系;(b)气温日较差与出叶的关系

外光 3 类,波长在 380~760 nm 之间的是可见光,波长小于 380 nm 的是紫外光,波长大于 760 nm 的是红外光。不同波长的光对生物有不同的作用,只有可见光才能在光合作用中被绿色植物利用转化为化学能。植物的叶绿素是绿色的,主要吸收波长为 620~760 nm 的红光和波长为 435~490 nm 的蓝光。陆地植物能够吸收或反射掉大部分光,但水体中由于水对光有很强的吸收和散射作用大大限制了海洋透光带的深度,光谱成分随海水深度发生变化,红外光在表层几米深处被完全吸收,紫光和蓝光灯短波光容易被水分子散射,不能到达很深海水中,结果在较深海水中只有绿光。海洋植物的光合作用对不同光色具有明显的适应性。表层植物(如绿藻类)的色素与陆生植物类似,主要吸收蓝光和紫光;分布于较深水的植物(如红藻类)能在光合作用中有效地利用绿光(图 2-5)。

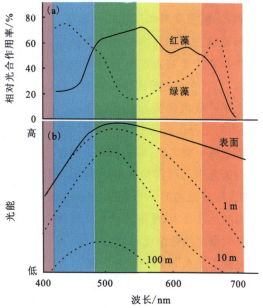

图 2-5　绿藻和红藻对不同光色的相对光合作用率(a)和不同波长的光,其光能随海水(纯)深度的变化示意图(b)(据尚玉昌,2011)

2)光照强度对生物的影响

光照强度具有明显的季节性变化特征,对美国新泽西州某橡树-松树森林的研究显示,冠层光照强度在冬季最低,而在夏季最高(图 2-6)。光照强度的季节性变化对群落外貌与结构、生产力与动物活动具有显著影响。

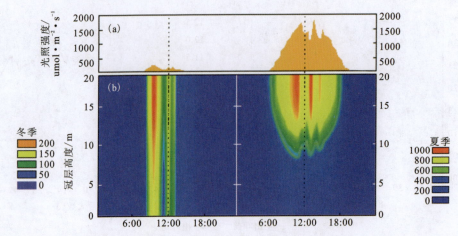

图 2-6 光照强度在某橡树-松树森林中的季节变化(据 Schäfer and Dirk,2011)
(a)光照强度在森林冠层上部的日变化;(b)光照强度在冬季和夏季的特征

光补偿点是指光合作用强度和呼吸作用强度相交处的光照强度。光饱和点是指当光照强度达到一定水平后,光合产物不再增加或增加很少,该处的光照强度即为光饱和点。

(1)光照强度对水生植物的影响。光照强度在赤道地区最大,随纬度的增加而减弱,光照强度随海拔的增加而增强。光照强度对水生植物的影响表现在海洋表层的透光带,只有在透光带内植物的光合作用量大于呼吸消耗量。在透光带的下部,植物的光合作用量刚好与植物的呼吸消耗量相平衡之处,即补偿点。海洋表层的透光带与海洋地貌和水体清澈度有关,在清澈的海水和湖水中,补偿点可以深达几百米,浮游植物密度很大或含有大量泥沙颗粒或污染的水体,透光带可能限于水下 100 m(图 2-7)。

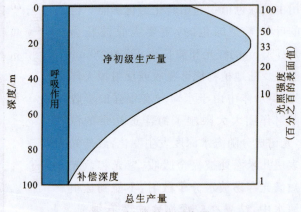

图 2-7 海洋表层透光带结构示意图(据尚玉昌,2011)

(2)光照强度对陆生植物的影响。光照强度对陆生植物的影响表现在光补偿点(compensation point,简称 CP)和光饱和点上(saturation point,简称 SP)(图 2-8)。根据光合作用速率与光照强度的关系植物可分为阳地植物和阴地植物。适应于强光照地区生活的植物称为阳地植物,这类植物补偿点的位置较高,其光合速率和代谢速率都比较高,常见种类有蒲公英、蓟、杨、柳、桦、槐、松、杉和栓皮栎等。适应于弱光照地区生活的植物称为阴地植物,这类植物的光补偿点位置较低,其光合速率和呼吸速率都比较低。阴地植物多生长在潮湿背阴的地方或密林内,常见种类有山酢浆草、连钱草、观音坐莲、铁杉、紫果云杉和红豆杉等。很多药用植物如人参、三七、半夏和细辛等也属于阴地植物。

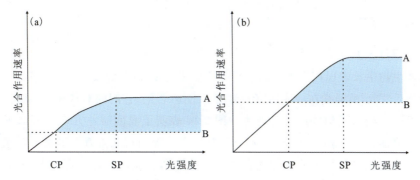

图 2-8 阴地植物(a)与阳地植物(b)的光补偿点、光饱和点示意图(据曹凑贵和展茗,2019)
A:光合作用;B:呼吸作用;CP:光补偿点;SP:光饱和点; 净初级生产量

不同波段的光照对生物的影响不同,近年来较为受关注的是与紫外线辐射有关的生态效应。紫外线(UV)是一种波长较短、能量较高的电磁辐射,根据紫外线波长范围可分为紫外线 A(UV-A,315~400 nm)、紫外线 B(UV-B,280~315 nm)和紫外线 C(UV-C,200~280 nm)。紫外线辐射在高山、亚高山地带和高纬度地区较为强烈,生活在这里的灌丛、草甸和针叶林等对紫外线辐射具有较强的适应性,大多数植物的叶片呈莲座状、片状或披针形,以减少接触紫外线辐射的面积(图 2-9)。

图 2-9 不同生活型的植被对紫外线(UV-B)辐射透射率的影响(据 Munk,2009 年修改)

紫外线辐射对生物的影响是多方面的。对于植物来说,适当的紫外线辐射可以促进光合作用,帮助植物生长和繁殖。但是过量的紫外线辐射对植物也会造成伤害,如抑制光合作用、破坏叶绿素和损伤 DNA 等。植物通常会采用产生紫外线吸收剂和增加表皮厚度等方式适应紫外线辐射。在海洋中,紫外线辐射可以杀死浮游生物和无脊椎动物,对海洋食物链的结构和功能产生影响。此外,紫外线辐射还可以破坏海洋中的有机物,释放出营养物质,促进海洋生物的生长和繁殖。然而,由于人类活动导致的臭氧层破坏,紫外线辐射对海洋生态系统的影响变得更加复杂。紫外线辐射对人体也可产生伤害,紫外线辐射能刺激皮肤细胞产生黑色素,从而使皮肤变黑,这些黑色素可以吸收更多的紫外线,减少对皮肤组织的伤害,但长期暴露在强烈的紫外线下会增加患皮肤癌的概率。

### 3. 生物与温度的关系

1）三基点温度及其生态学意义

温度影响生物生长表现在三基点温度相关的生理生化反应，温度对生物的影响首先表现在分子水平的酶活性上，酶通常在一些适宜的温度下工作，否则，它们的形状和活性就会被破坏。

极端温度通常会减弱植物的光合速率。图 2-10 表明了温度对北方森林苔藓 *Pleurozium schreberi* 和沙漠灌木 *Atriplex lentiformis* 光合速率的影响。北方森林苔藓和沙漠灌木都会在狭窄的温度范围内进行最大速率的光合作用。一旦高于或低于这个温度范围，植物就会进行低速率光合作用。北方森林苔藓和沙漠灌木对温度有不同的反应，它们在不同的温度区达到最大光合作用速率。北方森林苔藓在大约 15 ℃时达到最大光合作用速率，而沙漠灌木则在 44 ℃时达到最大光合作用速率（图 2-10），这说明二者光合作用时有不同的适宜温度。15 ℃时，北方森林苔藓的光合作用速率处于最大值，而沙漠灌木的光合作用速率仅是北方森林苔藓最大值的 25% 左右。44 ℃时，沙漠灌木光合作用速率最大，而北方森林苔藓可能已经死亡。这种生理上的不同，很明显地反映了物种生存环境的不同，也可能揭示了物种的演化历史。

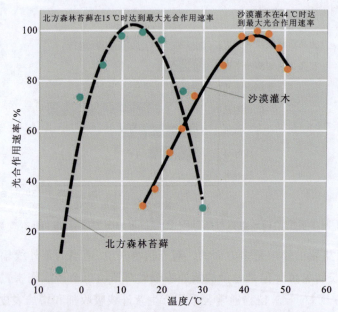

图 2-10　北方森林苔藓和沙漠灌木的三基点温度及适宜温度分布（据 Molles and Barker，1999）

低温对生物的生长发育也是不利的。低温是影响植物产量和分布的一个重要环境因素。低温胁迫不仅会导致植物光合作用速率的降低，影响产量，严重时还会造成植株的死亡。在低温胁迫实验处理条件下，当温度低于 15 ℃时，黄瓜、大豆、番茄和菠菜等作物的光合作用速率受到显著限制，而当温度到达 0 ℃时，黄瓜的光合作用几乎停止（图 2-11）。在低温冷害条件下，叶绿素的合成受到抑制，植物的光合作用强度下降。低温冷害使细胞失水，造成气孔阻力增加，使二氧化碳的吸收受阻，植物有氧呼吸降低，无氧呼吸增加，乙酸、氯原酸等有毒物质不断积累,大量有机物质被消耗,导致植物弱苗或死苗。事实上,低温胁迫在生物整个发育过程中均能造成不利的影响。例如,春季在我国北方发生的"倒春寒"等异常降温现象,会给小麦、玉米、水稻、棉花、黄瓜、番茄等农作物造成冷害或寒害,作物出现苗弱、植株生长缓慢、叶片黄化、局部坏死、花粉发育迟缓、空壳率增加、坐果率降低等形态特征的变化,光合速率明显降低,导致产量降低和品质下降。在南方,春季低温冷害使早稻烂秧死苗。热带植物遭受冷害后,细胞会失水,代谢紊乱,水分和营养物质的运转受到抑制。例如橡胶、椰子、香蕉、咖啡和可可等植物在遭受冷害后叶片枯萎,果实凋缩,果皮生斑或变黑,果肉褐变而不能食用。

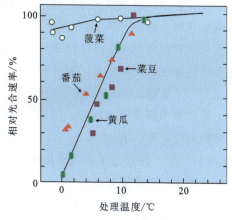

图 2-11 温度对不同植物光合作用效率的影响
(据 Schulze et al.,2019)

2)极端温度与细菌的代谢活动

细菌似乎已经适应了所有温度范围,从南极附近寒冷的水到沸腾的热泉均有分布。然而各种细菌都需在适宜的生长温度范围内生长。当外界温度明显高于适宜生长温度时,细菌将被杀死;如果低于或高于细菌的适宜生长温度范围,细菌代谢活动将受到抑制。南极嗜冷细菌的最佳温度和热泉嗜热细菌的最佳温度都有一个相对较窄的范围(图 2-12)。

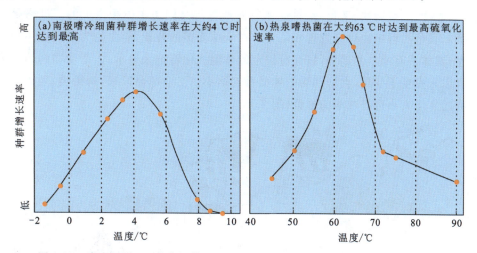

图 2-12 嗜冷细菌(a)、嗜热细菌(b)温度耐受范围比较(据 Molles and Barker,1999)

Moritia(1975)研究了温度对生活在南极附近水域嗜冷海洋菌群增长的影响。该研究在一个恒温箱中用 80 h 隔离并培养繁殖了其中一种细菌 *Vibrio* sp.(弧菌属)。在这个实验中,恒温箱的温度范围在 $-2 \sim 9$ ℃之间。实验结果表明,在 4 ℃时,*Vibrio* sp. 的菌群增长最快。当高于或者低于这个温度时,菌群增长率就会降低。在温度接近 $-2$ ℃时,*Vibrio* sp. 菌群处于增长阶段,而温度超过 9 ℃时,*Vibrio* sp. 的菌群不再增长[图 2-12(a)]。

另外一些微生物可以在很高的温度下生存,所有被研究过的热泉都持续地发现了微生物。这些喜爱高温或者说是嗜热微生物在高于40 ℃的环境中生长。最喜爱高温的微生物叫极端嗜热微生物,它们的适宜生存温度超过80 ℃,有的甚至高达110 ℃。Brock 等(1978)在黄石公园对一些嗜热菌和极端嗜热微生物进行了深入研究。*Sulfolobus* 是古生菌的成员,它主要通过氧化硫获取能量。Mosser 等(1974)将 *Sulfolobus* 氧化硫速率作为 *Sulfolobus* 代谢活动的一个指标。*Sulfolobus* 菌群增长的最佳温度在63~80 ℃之间,适宜温度与产生微生物的特殊泉水温度密切相关。例如,一株来自59 ℃泉水的微生物遭隔离后,在63 ℃时有最高的硫氧化速率。在大约10 ℃的温度变化范围内,*Sulfolobus* 可保持较高的硫氧化速率[图 2-12(b)]。超过这个温度变化范围,硫氧化速率就会降低(Molles and Barker,1999)。

3)生物对极端温度的适应

从个体水平上来看,温度对生物的影响主要体现在形态、生理和行为等方面。对动物而言,温度会影响其代谢速率,在外貌上体现为四肢、耳朵、尾巴等功能性状的改变。例如,生活在寒冷地区的恒温动物,其体表的突出部分(如四肢末端、尾巴、外耳和鼻子等)有明显缩小的趋势。这一现象被称为阿伦定律(Allen's rule)。动物身体突出部分缩短有利于保持体温,延长则有利于散热。例如,生活在寒冷地区的北极狐,其外耳很小;而生活在热带北非地区的耳廓狐有犬科动物中最大的外耳,占到体长的1/3;而生活在温带的赤狐,其外耳大小介于二者之间。阿伦定律也得到了实验证实,把小鼠分别饲养于15.5~20 ℃和31~33.5 ℃的环境中,前者的尾巴明显缩短。温度也影响生物的体型大小,生活在寒冷地区的恒温动物,其个体体积、体重一般较生活在温暖地方的个体大。这一现象称为贝格曼法则(Bergmann's rule)。如北极熊、驼鹿、北美野牛、叉角羚、科迪亚克棕熊等都是同类中体积最大的。贝格曼法则后来在鸟类和其他类群中也得到发现和证实。在全球变暖的背景下,生物为了适应不断升高的地球温度,其体积有缩小的趋势,以保持恒定的体温。化石记录显示,大型动物的体型大小在晚更新世以来发生了变化,大型动物的体型普遍缩小。工业革命以来,两栖类、鸟类和海洋鲸类等动物的体型大小也有减小的趋势(图 2-13)。

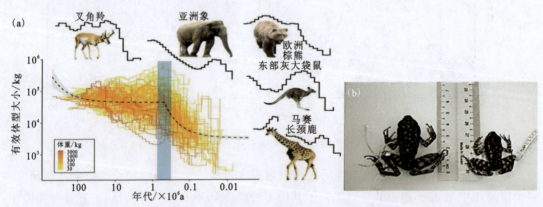

图 2-13 晚更新世以来大型动物的体型大小变化趋势(a)和近百年来两栖类动物的体型缩小(b)
(据 Bergman et al.,2023)

气候变化还加剧了传染病和非传染性疾病(如毒蛇咬伤)的风险。气候灾害会逼近人类与致病生物之间的距离,使人类患病率大大增加。气候变化导致全球变暖、海平面上升,也使干旱等自然灾害发生的概率增加。这些灾害进一步增大了由细菌、病毒、动物、真菌、植物传播或导致的传染病的发生概率(图 2-14)。

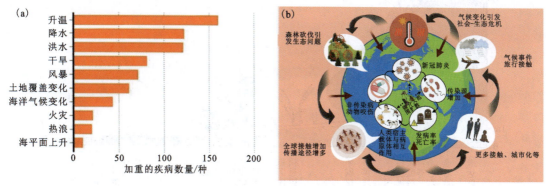

图 2-14　全球变暖、干旱、火灾和海平面上升等气候灾害导致的疾病加剧
(据 Prillaman et al.,2022,Choudhary et al.,2024)

在列出的 375 种传染病中,气候变化使 218 种(58%)传染病变得更严重了。如果算上非传染性疾病(如植物和真菌过敏原增加引发的哮喘、毒蛇咬伤或昆虫叮咬),气候变化导致的疾病变严重的种数上升至 277 种。例如,气温上升和降雨扩大了蚊子的活动范围,导致了登革热、基孔肯雅热和疟疾的暴发。同时,热浪让更多人参与水上活动,造成肠胃炎等水传播疾病的多发。此外,气候变化还让一些病原体的毒力增强了,或是加快了它们的传播速度。比如,高温增加了携带西尼罗河病毒蚊子的存活率和叮咬率。这些灾害还会使人产生精神压力,导致免疫力下降和营养不良等,减弱了人类对抗传染病的能力。

**4. 生物与水的关系**

水具有重要的生理生态作用,生命起源于水环境,水是生物新陈代谢的介质,是生物体不可缺少的组成成分,是生物代谢过程中的重要原料。水保持植物的固有姿态,保持动物体内水分平衡,水还能调节体温。植物在水梯度上可分为水生植物和陆生植物。水生植物又可分为沉水植物、漂浮植物、浮叶植物和挺水植物;陆生植物在水分梯度上可分为湿生植物、中生植物和旱生植物。

土壤水分状况对植物类型和分布有显著影响,例如,在也门北部的干热河谷中,在很小的围观尺度上土壤水分的变化明显影响植被类型。随着地面起伏、土壤含水量变化较大,植物类型呈现出湿生、中生和旱生的分布规律(图 2-15)。

根据水平衡与渗透压调节方式的不同,水生动物可分为 3 种:等渗动物、高渗动物、低渗动物(Molles and Barker,1999)。

(1)等渗动物。等渗动物体内和体外的渗透压相等,水和盐以大致相等的速度在体内外之间扩散。通过排泄作用失水,通过食物、饮水、代谢水获得水,通过泌盐器官排出多余的盐分。

(2)高渗动物。高渗动物体内的渗透压高于体外,水从环境中向体内扩散,体内的盐分向外扩散,通过排泄作用排出多余的水,盐分通过食物和组织摄入。

(3)低渗动物。低渗动物体内渗透压低于体外,水分向外扩散,盐分进入体内。通过食物、代谢水和饮水获得水,通过多种多样的泌盐组织排出多余的盐分。

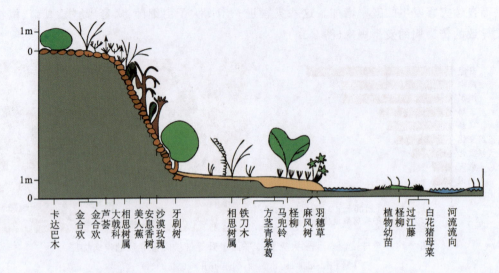

图 2-15　也门北部干热河谷植物类型随土壤水分状况的分布示意图（据 Deil and Müller-Hohenstein,1985）

**5. 生物与营养物的关系**

1）土壤营养元素及其功能

土壤为植物生存提供了 20 种必需的营养元素。除了 C、H、O 主要来自空气和水外，其他 17 种存在于土壤的无机盐中。20 种必需的营养元素包括大量元素（C、H、O、N、P、Na、K、Ca、Mg、S、Cl）和微量元素（Fe、Mn、B、Co、Cu、Mo、Zn、I、Se）。这些元素缺一不可且不可替代，但可以在一定范围内相互补偿。

大量元素 C、H、O 是生物的基本构成元素；Ca 是心脏、骨骼、外壳的主要成分；P 参与能量传递；Mg 与酶反应速率、叶绿素组成、蛋白质合成有关；S 是蛋白质成分；Na 影响酸碱平衡和渗透压等；K 参与渗透压与离子平衡等，对植物茎和细胞壁构造有显著作用，植物茎杆的坚硬度与 K 的供应有关；Cl 参与电子传递，作用同 Na；N、P、Ca、S 是植物细胞核和原生质的成分，是细胞生长发育的物质基础。

微量元素 Fe 参与叶绿素生产、输氧和电子传递，是蛋白质的构成部分；Mn 参与电子传递、脂肪酸合成酶激活、生殖、生长；B 参与细胞分裂，花粉萌发，糖、水代谢，维持输导组织；Co 与反刍动物合成 $B_{12}$ 有关；Cu 参与光合作用；Mo 是固氮菌催化剂；Zn 与形成生长激素、酶系统组成有关；I 与动物的甲状腺代谢密切相关；Se 与维生素 E 关系密切，可防止反刍动物白肌病；Mn、Fe、Co 与叶绿素的形成有关，同时直接参与光合作用；Cu、Zn、B、Mn 能提高植物的抗寒性、抗热性和抗旱性。

这些元素受土壤 pH 的显著影响（图 2-16），不同元素的丰度在 pH 梯度上的差异较大，对植物生长具有较为明显的影响。土壤盐分过高（如盐碱地）会对植物产生胁迫，造成生理干旱。田间喷洒 NaCl 实验结果显示，随着喷洒溶液浓度的不断提高，不同作物的耐盐性逐渐降低（图 2-17）。

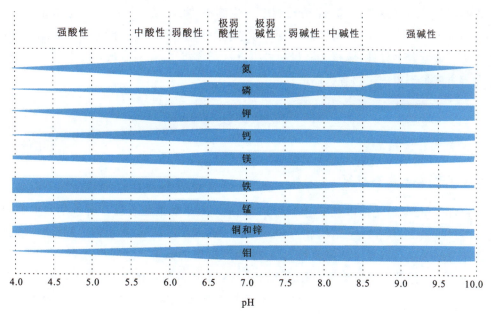

图 2-16　植物必需元素有效性在土壤 pH 梯度上的分布特征（据 Lambers et al.,2008）
注：条带宽度表示营养元素的有效性程度。

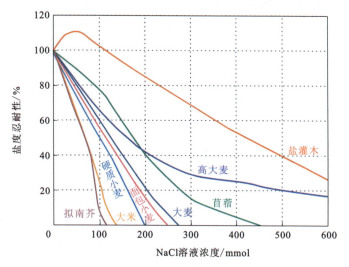

图 2-17　外源喷施 NaCl 溶液对作物耐盐性的影响（据 Munns and Tester,2008）

2）生物的营养方式

生物的营养方式有两大类分别是自养和异养。自养有光能自养和化能自养两种方式。光能自养是指植物和藻类利用 $CO_2$ 或碳酸盐为碳源，借助光能，合成有机物释放 $O_2$ 的过程。化能自养是指化能细菌从外界吸收无机物，利用化学能，合成有机物的过程。异养生物包括动物和腐生类型的细菌、真菌等。

原核生物虽然有细胞，但是没有细胞核或细胞器，包括细菌和古生菌。古生菌属于原核生物，可以从基本结构、生理学和其他生物特征等方面与细菌区分开来。虽然古生菌的第一次发现与极端环境联系在一起,但是现因它在生物圈,尤其是海洋圈的广泛传播而被熟知。大多数植物能进行光合作用,所有的真菌与动物均属于异养生物。相比之下,原核生物比其他生物更具有营养多样性,原核生物包括可以进行光合作用、化能合成以及异养的物种,是生物界营养方式最丰富的生物有机体。

## 第二节 种群与环境相互作用

### 一、种群及其基本特征

种群(population)是指占有一定空间和时间的同种个体的集合体。种群的特点是同种个体能相互进行杂交,具有一定结构和遗传特性等。种群不是同种个体的简单叠加,是通过种内关系组成的一个有机统一体或系统,是一个自我调节的系统。通过系统的自动调节,种群能在生态系统内维持自身稳定性。作为系统还具有群体的信息传递、行为适应与数量反馈控制的功能。种群不仅是自然界物种存在、物种进化、物种关系的基本单位,也是生物群落、生态系统的基本组成成分,同时,还是生物资源保护、利用和有害生物综合管理的具体对象。一个物种,由于地理隔离,有时不只有一个种群。

自然界生物体大小与种群密度、营养级有关,即种群密度随着有机体大小增加而降低。生物越小,单位面积个体的数目越多,营养级越低,密度越大。如果对自然界的生物种群密度进行估算,会发现土壤或水中的细菌群超过 $10^9$ 个$/cm^3$,浮游生物的生物密度通常超过 $10^6$ 个$/m^3$,大型动物与鸟类的数量可以被认为平均小于 1 个$/km^2$。生物体的种群密度与个体大小存在着高度相关性。通常,动物密度与植物数量随着个体大小的增长而减小。个体小的动植物通常比个体大的具有更高的种群密度,这说明个体大小与种群密度之间的负相关性,且这种联系提供了很有价值的信息。例如,有一定个体大小的水生无脊椎动物往往有更高的种群密度,通常比陆生无脊椎动物高一个或者两个数量级(图 2-18)。哺乳动物往往比相似个体大小的鸟类有更高的种群密度。

伴随着植物个体大小的增长,植物的种群密度逐渐降低。但是,在个体大小、种群密度分布有关的细节中,植物与动物有些许不同。一个树种的大小和密度可以在生命周期里发生大范围的变化。例如,巨杉 *Sequoia gigantea* 是世界上最大型的树,从小树苗开始生命活动,细小的树苗可以在很高的密度中存活,伴随着个体长大,种群密度逐渐降低,直到树进入成熟期,最终生活在低密度。在种群的种内关系中,把这个过程称作自疏法则。在植物群落中,个体大小与密度的关系呈现出动态的变化。尽管植物生长的过程各不相同,图 2-19 表明植物大小与种群密度之间存在一个可预测的关系。

### 二、气候与种群的分布

地球上很少有环境没有生命活动,也没有一个简单的物种可以忍受所有的地球环境,地球上物种的分布受到多种条件的制约,对于每一个物种而言,有些环境过于炎热,有些过于寒冷,有的盐分过多,有的在其他方面不适合。与此同时,生物有机体会进行生理、结构、行为的

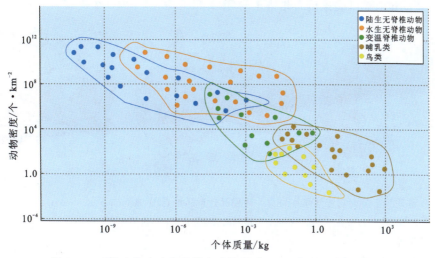

图 2-18　动物个体大小与种群密度的关系（据 Molles and Barker,1999）

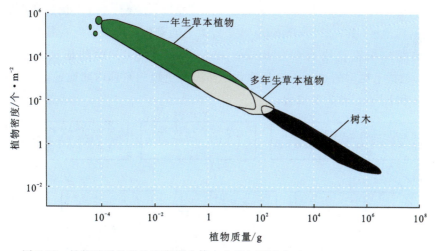

图 2-19　植物种群的平均密度随个体大小增加而减小（据 Molles and Barker,1999）

进化来作为环境变化的补偿,有机体通过调节身体温度、水分含量以及不同搜寻食物的方式获取相对高水平的能量来作为时空变化的补偿。但是有机体在环境变化中可以获取补偿的多少受到很多条件的限制。从某种角度上说,能量约束和物理环境限制了种群分布。如在某一时刻,环境变化的代谢补偿会占用很多生命体能量。

**1. 澳大利亚气候格局与袋鼠分布**

澳大利亚的 3 种大型袋鼠分布覆盖了该国大部分地区,但没有一种袋鼠生活在澳大利亚的北部地区。北部地区对于东部灰袋鼠太过炎热,对于红袋鼠太过于湿润,对于西部灰袋鼠夏季过于炎热、冬季过于干燥。气候通常通过其他因素（诸如粮食生产、供水、栖息地）间接影响物种分布。气候也会影响竞争对手和寄生虫、病原体的发病率。不论气候造成怎么样的结果,在很长一段时间内,气候与物种分布的关系是稳定的。至少在过去的一个世纪,东部灰袋鼠、西部灰袋鼠和南部红袋鼠分布是稳定的(图2-20)。

图2-20　澳大利亚气候格局与3种袋鼠分布区示意图(据Molles and Barker,1999)
(a)东部灰袋鼠分布区；(b)南部红袋鼠分布区；(c)西部灰袋鼠分布区

**2. 植物分布与湿度、温度梯度**

脆菊木属(*Eneclia*)植物是一种有短柔毛叶子的植物,主要分布于美国加利福尼亚南部到北部的狭窄沿海地区(图2-21)。*Eneclia* 叶子短柔毛的变化与加利福尼亚海岸东部物种沿着降水、温度梯度分布直接吻合(Ehleringer and Clark,1988)。内陆地区,柔毛不发达的 *E. california* 被柔毛更多的 *E. actoni* 所取代。离海岸更远的东部内陆地区, *E. actoni* 依次被 *E. frutescens* 和 *E. farinosa* 所取代。

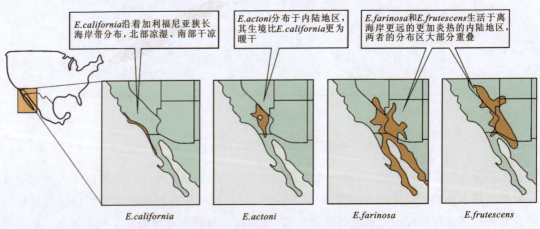

图2-21　美国西南部4种脆菊木属植物的分布示意图(据Molles and Barker,1999)

物种分布的地理限制与温度、降水变化相一致。*E. california* 分布的海岸环境相对凉爽。*E. actoni* 占领的环境相对温暖而干燥。*E. frutescens* 和 *E. farinosa* 占领区域降水量与 *E. california* 和 *E. actoni* 占领区域降水量相似,而 *E. frutescens* 和 *E. farinosa* 分布的环境则更加炎热。

叶子短柔毛的变化并不与 *Encelia* 物种生存的大气候完全一致。*E. frutescens* 的叶子与沿海物种 *E. california* 一样几乎没有柔毛。但是,*E. frutescens* 在世界上一些最炎热的地区与 *E. farinosa* 一起生长。因为柔毛较稀疏,*E. frutescens* 叶子比 *E. farinosa* 的叶子吸收更多的太阳辐射。然而,在相近的环境下,两个物种的叶子温度却接近相同。$E.\ frutescens$ 是如何避免变得过热的呢?这是因为 $E.\ frutescens$ 会进行高速率的蒸腾作用和冷却效应,叶子不会过热。

这两种灌木生活在世界上最热、最干旱的沙漠地区,蒸发冷却解决了一个生态难题但是也造成了另一个难题,$E.\ frutescens$ 是从什么地方获得足够的水分对它的叶子进行蒸发冷却? $E.\ frutescens$ 和 $E.\ farinosa$ 的分布区域覆盖了较大的地理范围,并且形成了独特的微生境。$E.\ farinosa$ 主要生长在高坡地,而 $E.\ frutescens$ 主要生长在季节性河道或沙漠流水区。径流渗透到深层土壤中,增加了 $E.\ frutescens$ 对土壤水分的可利用性。这说明尽管物种生活在相同的大气候环境下,但是由于局部微气候差异,实际经受着不同的生境。

**3. 湿度梯度与植物分布**

Whittaker(1956)研究了 2 座山脉树种的分布状况与湿度梯度的关系。Whittaker 和 Niering(1965)研究了美国亚利桑那州南部圣卡塔利娜山(Santa Catalina)植物沿着湿度梯度、高程的分布状况(图 2-22)。这些山脉在靠近图森(Tucson)的索诺兰(Sonoran)沙漠中拔地而起,像是棕黄色沙漠中的一个绿岛。索诺兰沙漠地区的典型植被包括仙人掌、木馏油小灌木,它们生活在沙漠的周围和低山坡上。其中,西南向斜坡自底部的潮湿峡谷向上存在湿度梯度,山顶是最干旱的部分,由混合针叶林主导,墨西哥矮松树($Pinus\ cembroides$)达到一个峰值,亚利桑那浆果鹃($Arbutus\ arizonica$)在中部海拔地区达到一个峰值,而道格拉斯冷杉($Pseudotsuga\ menziesii$)生活在该峡谷底部的潮湿环境。亚利桑那浆果鹃和道格拉斯冷杉沿着湿度梯度均是成群分布的,且在斜坡的不同位置上产生丰度峰值,这些表明每一个物种对环境有不同的需求。

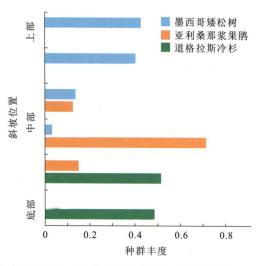

图 2-22 亚利桑那州圣卡塔利娜山 3 种树丰度分布与水分梯度关系(据 Whittaker and Niering,1965)

Whittaker(1956)还研究了美国东北部大烟雾山(Great Smoky Mountain)3 种相似树种沿着湿度梯度的分布状况。大烟雾山西南朝向的山坡谷底湿润、顶部干燥,存在一个湿度梯度(图 2-23)。沿着这个湿度梯度,铁杉(*Tsuga canadensis*)集中分布在湿润山谷底部,越往上,铁杉的密度会急剧降低。同时,红枫(*Acer rubrum*)生长在山坡中部区域,有着最高的密度,而表山松(*Pinus pungens*)主要生长在顶部的最干旱区域。大烟雾山上的 3 种树分布也反映了植物对水分的不同需求(图 2-23)。

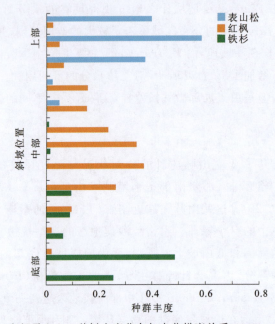

图 2-23　大烟雾山上 3 种树丰度分布与水分梯度关系(据 Whittaker,1956)

## 三、种群的散布与多型

### 1. 种群的散布

大多数生物会在一生的某个阶段进行散布,它们会永久性地或季节性地离开自己生活的环境去寻找更适宜的生境,这个过程就称为种群的散布。种群的散布主要影响因素有气候的变化、资源的短缺、生境的恶化、近交的负面效应等。

北美洲在 1.6 万年前开始,随着气候变暖和冰川北撤,一些生活于冰期环境的生物开始向北撤退,温带森林树木(枫树和铁杉)在向北撤退时在湖泊沉积物中留下了孢粉记录。孢粉记录表明,北美洲东部的森林树木随着冰川北撤的速度为 100~400 m/年,这个速度和北美洲大型哺乳麋鹿向北撤退的速度类似。这两种树木向北撤退的速度是不同的,枫树(*Acer* spp.)扩散速度快,在大约 6000 a.BP 已经达到现今分布区的东北边界,而铁杉(*Tsuga canadensis*)在 2000 a.BP 左右才达到现今分布的西北边界(图 2-24)。

### 2. 种群的多型

由于环境因素的影响,一个物种通过分裂选择可以同时在同一个栖息地中产生几个不同的形态型,种群内个体在形态、生殖力、体重、色斑,以及其他生理生态习性上产生差异,产生

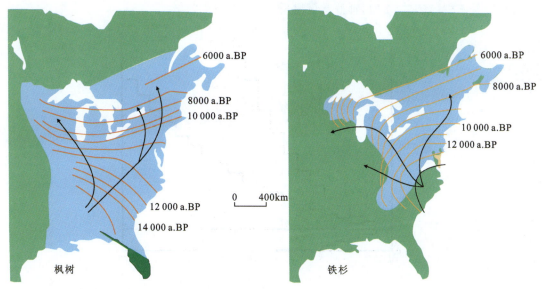

图 2-24　北美洲 2 种树木随冰川北撤向北扩散示意图（据 Molles and Barker，1999）

种群内的不同生物型。这种现象通常是由环境诱发的，如浅色形态的美洲虎（典型形态）和深色形态的美洲虎（南美种群中约有 6%）、英国工业黑化现象与桦尺蠖的多态现象。英国曼切斯特工业中心在 19 世纪中叶以前捕获的桦尺蠖都是灰白色的，1850 年第一次捕到了黑色蛾，此后黑色的桦尺蠖在曼切斯特和其他工业区的数量逐渐增多，占整个种群数量的 95% 以上。工业污染之前，树干上覆地衣，呈灰白色，灰白色蛾栖息在树干上得到保护，鸟类主要取食颜色较深的蛾类。工业污染后，地衣死亡，树干被煤灰染色，灰白色蛾类易被鸟类取食，而深色、暗色蛾类得到保护，随着污染的加重，蛾类的颜色越来越深，最终形成稳定的黑色型桦尺蠖种群。

### 四、种群的增长

#### 1. 种群几何增长模型

在资源充分（无限的环境）的情况下，世代不重叠种群，种群的增长不受密度制约，是增长率不变的离散增长模型即几何增长模型。

模型前提条件：增长率不变，无限环境，世代不相重叠，种群没有迁入和迁出，没有年龄结构。

数学模型为：

$$N_t = N_0 R_0 t$$

式中，$N_t$ 为时间 $t$ 处的种群个体数；$N_0$ 为种群初级时的个体数量；$R_0$ 为净生殖率，表示每过一个世代的种群数量增长倍数，即 $R_0 = N_{t+1}/N_t$。

模型行为为几何级数式增长，种群的增长曲线为"J"形（图 2-25），又称为 J 型增长。该模型适用于一年一个世代，一个世代只生殖一次的种群。当 $R_0 < 1$ 时，种群数量下降；当 $R_0 = 1$

时,种群数量不变;当 $R_0>1$ 时,种群数量增长。

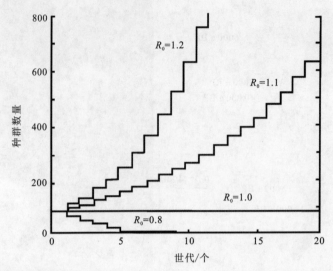

图 2-25　种群的几何级数增长模型(种群起始数量为 100 时,4 个不同的 $R_0$ 值下的种群增长行为)

(据尚玉昌,2011)

**2. 种群指数增长模型**

1)数学模型及其行为

在资源充分(无限的环境)的情况下,世代重叠的种群(连续种群),种群的增长可以用指数增长模型描述。

模型前提条件:无限环境,增长率不变化,世代重叠,种群没有迁入和迁出,具有年龄结构。

数学模型为:

$$N_t = N_0 e^{rt}$$

式中,$N_t$ 为时间 $t$ 处的种群个体数;$N_0$ 为种群初级时的个体数量;$r$ 为瞬时增长率;$t$ 为间隔或世代的长度。

模型行为为指数增长,种群的增长曲线为"J"形,又称 J 型增长。当 $r<0$ 时,种群数量下降;当 $r=0$ 时,种群数量不变;当 $r>0$ 时,种群数量增长(图 2-26)。

2)指数增长的例子

(1)古生态记录的指数增长。孢粉记录被用来预测英国冰后期 3 类树木种群的增长。Bennett(1983)通过计算湖相沉积物中 3 类树种的孢粉颗粒数量预测了树群大小与增长状况。通过计算每年每平方厘米的沉积孢粉颗粒数目,Bennett 重建了周围树木种群密度的变化。该研究揭示了英国冰后期 3 种树木种群增长的有趣现象。孢粉记录表明,伴随树种最初出现的 400~500 年,树木种群为指数增长[图 2-27(a)],如苏格兰松(*Pinus sylvestris*)首次在 9500 a. BP 出现于研究湖泊的孢粉中,其丰度也呈指数增长。

(2)灰斑鸠的缓慢指数增长。在 20 世纪,灰斑鸠(*Streptopelia decaocto*)扩大了其历史分

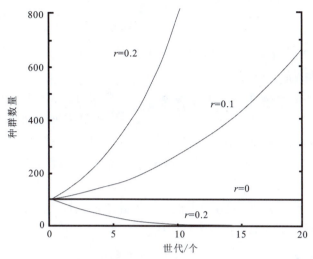

图 2-26　种群指数增长模型(种群起始数量为 100 时,4 个不同的 $r$ 值下的种群增长行为)

(据尚玉昌,2011)

布范围,到达西欧。当鸟类扩张了它的新领土后 10 年甚至更久,其种群数量呈指数增长。例如,1955—1972 年,扩张到大不列颠群岛的灰斑鸠增长呈典型的指数曲线[图 2-27(b)]。灰斑鸠的种群数量曲线表明,在 1955—1964 年灰斑鸠呈现高速率增长,在 1965—1970 年,增长速率开始放缓。这个减速说明在 1965—1970 年,该入侵种群受到了一些环境制约,因而环境制约被纳入另一个种群增长的模型,即种群逻辑斯谛增长模型。

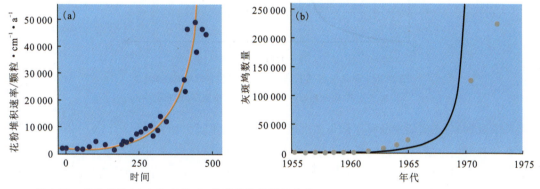

图 2-27　苏格兰松(a)和灰斑鸠(b)种群的指数增长曲线(据 Bennett,1983;Molles and Barker,1999)

### 3. 种群逻辑斯谛增长模型

该数学模型由比利时学者 Verhulst 在 1838 年建立,种群的逻辑斯谛增长是指随着资源的消耗,种群增长率变慢,并趋向停止,因此,自然种群常呈逻辑斯谛增长。种群的增长曲线为"S"形,种群停止增长处的种群大小通常称为环境容纳量(用 $K$ 表示),即环境能维持的特定种群的个体数量。

模型前提条件:增长率变化,有限环境,有一个环境条件所允许的最大种群值,即环境容纳量($K$),世代重叠,增长率是随种群的密度增加而变化。

数学模型为：
$$N_t = K/\{1+[(K-N_0)/N_0]\times e^{-rt}\}$$

式中，$N_t$ 为时间 $t$ 处的种群个体数；$N_0$ 为种群初级时的个体数量；$r$ 为瞬时增长率；$K$ 为环境容纳量；$t$ 为间隔或世代的长度。

模型行为较复杂，该曲线在 $N_t=K/2$ 处有一个拐点，在拐点上，增长率达到最大，在拐点前，增长率随种群密度增加而上升，在拐点后，增长率随种群密度增加而下降。因此，曲线可划分为以下 5 个阶段：①开始期（潜伏期）（$N_t>0$）；②加速期（$N_t\to K/2$）；③转折期（$N_t=K/2$）；④减速期（$N_t\to K$）；⑤饱和期（$N_t=K$）。种群逻辑斯谛增长曲线可简单地描述成"S"形曲线（图 2-28）。

逻辑斯谛模型是渔业、林业、农业等实践领域中确定最大持续产量的主要模型，模型中参数 $K$ 和 $r$ 已成为生物进化对策理论中的重要概念。

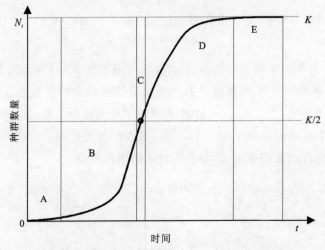

图 2-28 逻辑斯谛增长曲线的 5 个时期（据尚玉昌，2011）
A. 开始期；B. 加速期；C. 转折期；D. 减速期；E. 饱和期

Gause（1934）在实验中获得了酵母菌群[图 2-29(a)]和原生动物[图 2-29(b)]"S"形增长曲线。其他种群也记录到相似的增长行为，包括藤壶[图 2-29(c)]和非洲野水牛[图 2-29(d)]。在一个特定的环境下，承载能力只能支持特定数量的物种。Connell（1961）研究的藤壶种群增长行为表明，藤壶种群的承载能力大多由新藤壶附着在岩石上的可利用空间和数量决定。Sinclair（1977）提出，非洲野水牛的承载能力多由疾病和可食草数量决定。酵母菌以糖为食并产生酒精，当酵母菌的种群密度增加时，环境的糖分越来越少，而酒精越来越多，酒精对酵母菌是有害的。最后，酵母菌被它们自己生产的酒精所限制。对于大多数物种来说，承载能力由复杂的相互作用决定，如食物、寄生虫、疾病、空间等。

## 五、种群的生活史对策

生活史对策是指生物在进化过程中，对某一些特定的生态压力所采取的生活史或行为模式，也称为生态对策。常见的生态对策有 r-对策和 K-对策等。

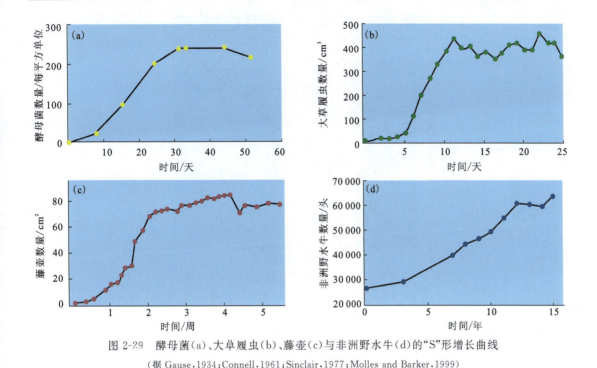

图 2-29　酵母菌(a)、大草履虫(b)、藤壶(c)与非洲野水牛(d)的"S"形增长曲线
(据 Gause,1934;Connell,1961;Sinclair,1977;Molles and Barker,1999)

　　r-对策:生活在条件严酷和不可预测的环境中,种群死亡率通常与密度无关,种群内的个体常把较多的能量用于生殖,而把较少的能量用于生长、代谢和增强自身的竞争能力。采取r-对策的生物称为 r-选择者,通常是短命的,生殖率很高,可以产生大量的后代,但后代的存活率低,发育快,成体体形小。

　　K-对策:生活在条件优越和可预测环境中,种群死亡率大多取决于密度相关的因素,生物之间存在着激烈的竞争,因此种群内的个体常把更多的能量用于除生殖以外的其他各种活动。采取 K-对策的生物称为 K-选择者,通常是长寿命的,种群数量稳定,竞争能力强,个体大但生殖力弱,只能产生很少的后代,亲代对后代有很好的关怀,发育速度慢,成体体形大。

　　r-对策和 K-对策特征比较:因为 r-对策种群和 K-对策种群的基本特性不同,前者种群数量不稳定,后者种群数量稳定,所以它们的增长曲线存在明显差异。其中,r-对策种群只有一个稳定平衡点 $S$,没有绝灭点,这样的种群在数量极低时也能回升到稳定平衡点 $S$,并在 $S$ 点上下波动,这就是许多有害生物(如农业害虫、鼠类、蟑螂和杂草等)很难灭光的原因。与此相反,K-对策种群有 2 个平衡点,一个是稳定平衡点 $S$,另一个是不稳定平衡点 $X$(又为绝灭点)。当种群数量高于或低于平衡点 $S$ 时,都趋向于 $S$。但在不稳定平衡点处,当种群数量高于 $X$ 时,种群能回升至 $S$;种群数量一旦低于 $X$ 时,该种群必然走向绝灭,这正是当前地球上许多珍稀濒危动、植物所面临的问题。因此,对于 r-对策种群而言,天敌因素(生物防治法)对种群数量的控制作用微不足道,因为天敌的繁殖速度往往赶不上受控种群的繁殖速度(图 2-30)。

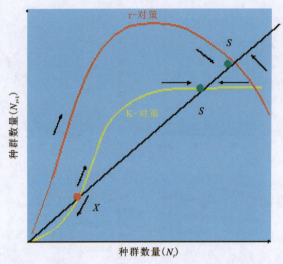

图 2-30　r-对策和 K-对策种群增长曲线比较(据尚玉昌,2011)
注:X 为不稳定平衡点或灭绝点,S 为稳定平衡点。

## 六、种群竞争关系

**1. 种内竞争类型**

最常见的种内关系之一是同种个体间发生的种内竞争,由于同种个体通常分享共同资源,种内竞争可能会很激烈。通过降低拥挤种群个体的适合度,既可以影响基础过程,如繁殖力和死亡率,进而调节种群大小,还可以使个体产生行为适应来克服或应付竞争,如扩散和领域性。从个体看,种内竞争可能是有害的,但对整个种群而言,种内竞争淘汰了较弱的个体,保存了较强的个体,种内竞争可能有利于种群的进化与繁荣。

**2. 最后产量恒值法则**

Donald(1951)对三叶草(*Trifolium subterraneum*)密度与产量进行研究发现,在一定范围内,当条件相同时,不管一个种群的密度如何,最后产量差不多总是一样的,这就是最后产量恒定法则。可用数学公式 $Y=Wd=K_i$ 表示,$W$ 为植物个体平均质量,$d$ 为密度,$Y$ 为单位面积产量,$K_i$ 为常数。最后产量恒值法则说明在高密度情况下植株之间的光、水、营养物的竞争十分激烈,在有限的资源中,植株的生长率降低,个体变小。

**3. Yoda-3/2 自疏法则**

如果播种密度进一步提高,随着高密度播种下植株的继续生长,种内对资源的竞争不仅影响植株生长发育的速度,而且影响植株的存活率。在高密度的样方中,有些植株死亡,于是种群开始出现"自疏现象"。自疏导致密度与生物个体大小之间的关系在双对数图上具有典型的 $-3/2$ 斜率,这种关系叫作 Yoda$-3/2$ 自疏法则。该法则已在大量的植物和固着性动物如藤壶和贻贝中发现。自疏法则可用 $W=Cd^{-\frac{3}{2}}$ 表示。其中,$W$ 为植物个体平均质量;$C$ 为常数;$d$ 为密度(图 2-31)。

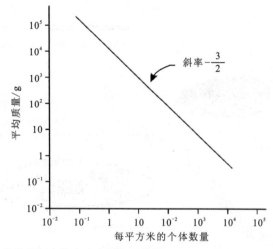

图 2-31　植物密度与个体大小之间负相关性(Yoda-3/2 自疏法则)(据尚玉昌,2011)

**4. 种间竞争关系**

种间竞争是指在不同种个体间发生的竞争。种间竞争一般有两种作用方式：相互干扰性竞争和资源利用性竞争。他感作用就是种间竞争的一种相互干扰性竞争方式，指的是某些植物能分泌一些有害化学物质，阻止其他物种的植物在其周围生长，这种现象称为他感作用，或叫异株克生。例如，北美的黑胡桃(*Juglans nigra*)抑制离树干 25 m 范围内植物的生长，其根抽提物含有化学苯醌，可杀死紫花苜蓿和番茄类植物。种间竞争最有名的例子就是高斯竞争排除假说。

1) 高斯竞争排除假说

美国生态学家 Grinnell 于 1917 年在《加州鸫的生态位关系》中指出："在同一地区，肯定不会有两个物种具有相同的生态位关系。"后来，苏联生态学家高斯(1934)为验证这一原理，用原生动物草履虫做试验，同年将结果发表于专著《生存斗争》。高斯首次用实验的方法观察了两个具有相同生态位物种的竞争现象。他将在分类和生态上极相近的两种草履虫[双小核草履虫(*Paramecium aurelia*)和大草履虫(*Paramecium caudatum*)]作为实验材料，以一种杆菌为饲料进行培养。当单独培养时，两种草履虫都能出现典型的逻辑斯蒂增长曲线。当混合在一起时，开始两个种群都有增长，但双小核草履虫增长快些。16 天后，只有双小核草履虫生存，大草履虫完全消亡。由实验条件分析，两种草履虫之间只有食物竞争而无其他关系。大草履虫的消亡是因为其增长速度(内禀增长率)比双小核草履虫慢。因为食物竞争，增长快的物种排挤了增长慢的物种，这就是当两个物种利用同一食物资源时产生的竞争排斥现象。近代生态学家用竞争排斥原理对高斯假说进行了简明精确的表述：两个生态位完全相同的物种不可能同时同地生活在一起，其中一个物种最终将被另一个物种完全排除(图 2-32)。

2) 协同进化(co-evolution)

(1) 协同进化的概念。一个物种的进化必然会改变作用于其他生物的选择压力，引起其他生物也发生变化，这些变化反过来引起相关物种的进一步变化，这叫作协同进化。

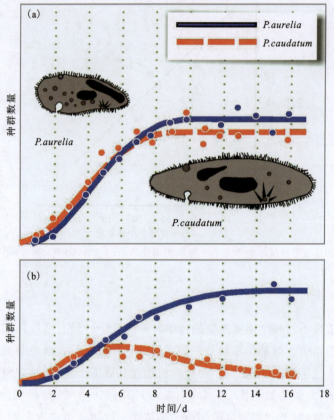

图 2-32　高斯竞争排除原理实验示意图(据 Gause,1934)
(a)单独培养;(b)混合培养

(2)协同进化的类型。协同进化关系常见于捕食者和猎物之间、昆虫与植物之间、大型食草动物与植物之间、互利共生物种之间、植物与其传粉者之间等。一方面,食草动物能引起植物的防卫反应,如产生更多的刺(机械防御)或化学物(化学防御);另一方面,食草动物亦在进化过程中产生了相应的适应性,如形成解毒酶等,或调整食草时间避开有毒化学物。研究表明,大型食草动物(有蹄类)可以影响植物群落结构和物种的多样性,且中等程度地啃食可以提高植物生产力(图 2-33)。地质资料表明,自昆虫传粉起源之后,被子植物的多样化过程与其传粉昆虫的进化之间表现出密切的相互关系,花的生物学特征和一些昆虫传粉者的形态、行为等方面的多样化相适应。互利共生是指不同物种个体间的一种互惠关系,可增加双方的适合度。互利共生的类型包括种植和饲养的互利共生(如白蚁和真菌)、有花植物和传粉动物的互利共生(如蜜蜂和植物)、动物消化道中的互利共生(反刍动物和胃纤毛虫)、高等植物与真菌的互利共生(根瘤菌)、动物组织或细胞内的共生体(纤毛虫和藻类)等。互利共生对地球生命演化具有重要意义,如果没有真核生物的互利共生,地球上的生命多样性将退回到 14 亿年前,从人到原生动物将不复存在(Molles and Barker,1999)。

(3)协同进化的意义。①促进生物多样性的增加。很多植食性昆虫和寄主植物的协同进化促进了昆虫多样性的增加;遗传连锁性状有关基因在分子水平上的协同进化促进了遗传隔

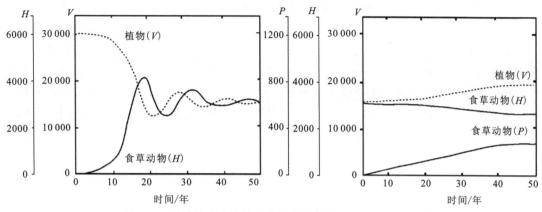

图 2-33 植物与食草动物种群间的动态模型(据尚玉昌,2011)

离并导致物种分化。②促进物种的共同适应。主要体现在众多互惠共生实例中,比如传粉昆虫与植物的关系(昆虫获得食物,而植物获得交配的机会),蚜虫与蚂蚁的关系(蚜虫获得蚂蚁的保护,蚂蚁获得食物——蚜虫的蜜露),昆虫和内共生菌的关系(两者相互获得生活必需的特殊的营养物质)。③基因组进化方面的意义。细胞中的线粒体基因组的形成可能源于胞内共生菌的协同演化(内共生起源理论),核基因组中"基因横向转移"现象也可能来源于内共生菌协同进化的结果。④维持生物群落的稳定性。众多物种与物种间的协同进化关系促进了生物群落的稳定性。另外,众多并不是互惠共生的协同进化关系,比如寄生关系、猎物-捕食关系的形成等,共同维持了生态系统的稳定性。

## 第三节 生物群落

群落(community)是在特定空间或特定生境下,生物种群有规律的组合,它们之间以及它们与环境之间彼此影响,相互作用,形成具有特定形态结构与营养结构的,执行一定功能的集合。群落生态学(community ecology)是研究聚集在一定空间范围内的不同种类的生物与生物之间、生物个体之间的关系,分析生物群落的组成、特征、结构、功能、分布、演替及群落分类、排序等问题。

在自然界,处于同一群落中的物种具有大致相似的生活方式,或对环境有大致相同的要求,物种与物种之间以及物种与环境之间相互影响,关系密切。

有关生物群落的性质,生态学界一直存在两派观点,一派认为群落是客观存在的实体,是一个有组织的生物系统,就像生物有机体或种群那样,该学派被称为机体论学派(clements model)。机体论依据是任何一个生物群落都要经历一个从早期的先锋阶段到相对稳定阶段的发育过程,这个过程就好像生物有机体的生活那样会经历诞生、生长、成熟和死亡的发育历程。此外,一些物种具有明显的依附性,只能在一定的群落环境中才能生存,而不能在别的群落中生长,因此,强调群落的物种组成和结构具有稳定性、整体性的特点,认为群落是一个自然单位,具有明确的边界,不同群落之间是间断的、可分的、独立存在的、可重复出现的。而另一派认为群落并非自然界存在的实体,而是生态学家为了便于研究,从一个连续变化着的植被连续体中,人为确定的一组物种的集合,被称为个体论学派(individualistic model)。个体论的依据是群落的存在、组成及结构依赖于特定的生境条件和物种的选择性,由不断变化的环境所引起的群落的差异性是连续的,即群落是连续的,它们之间不具有明显的边界,人们研究的群落单元是连续群落中的一个片段。不连续的间断情况只发生在不连续的生境上,如构造、地形、水文、母岩、土壤和人类活动等的突然改变或干扰。在通常情况下,生境与群落都是连续渐变的。可以利用梯度分析与排序(如典型对应分析、冗余分析)等定量方法研究植被,证明群落并不是一个个分离的有明显边界的实体,而是在空间和时间上连续的一个系列。

## 一、群落的特征

### 1. 群落的基本特征

生物群落是在一定的空间或生境中由各种生物种群所构成的统一体,组成群落的物种之间以及它们与环境之间相互作用形成一个整体。无论群落的生物组成如何,它们都具有以下8点特征。

(1)具有一定的外貌。群落外貌是指生物群落的外部形态,它是群落中生物与生物间、生物与环境相互作用的综合反映。组成群落的物种因生活型的差异,如高度、密度、季相、叶形等的差异,在群落中分为森林、灌丛、草地、沼泽等类型,而根据外貌又可把森林类型分为阔叶林、针叶林等。

(2)具有一定的种类组成。每个群落都是由一定的植物、动物和微生物种类组成的。物种组成是不同生物群落最根本的特征,也是区分不同群落最重要的指标。一个群落中物种的组成、丰富度和每个种的多度,是度量群落多样性的基础。

(3)具有一定的结构。群落具有一定的形态结构、空间结构和营养结构。这主要取决于构成群落各物种的生活型以及它们在群落中的分布格局,例如成层性、季相、捕食者和被食者的关系等。

(4)具有一定的动态特征。生物群落是生态系统中有生命的部分,随着时间的推移,群落处于不断的变化之中。其动态特征包括短时间尺度的季节变化和年际变化,以及长时间尺度上的演替和演化。

(5)不同物种之间相互影响。群落是生物对环境长期适应的产物,组成群落的物种之间以及它们与环境之间是经过长期适应而逐渐形成的单元。群落的组成取决于两个条件:一是组成群落的物种必须适应它们所处的无机环境;二是它们内部的相互关系必须取得协调和平衡。

(6)具有一定的分布范围。受环境条件的限制,任何一个群落只能分布在特定的地段和生境中,又因环境因子的差异,不同群落的分布范围不同,其分布具有一定的规律性。

(7)形成一定的群落环境。与个体和种群不同,生物群落不但具有一定的结构,还执行一定的功能,能对其居住环境产生重大影响,形成了特定的群落环境或小气候,如温度、湿度、光照、空气状况都不同于群落外部。不同的生物群落,其群落环境有显著的差异。

(8)具有一定的范围和边界特征。在自然条件下,有的群落有明显的边界,有的边界不明显。不同群落的生境和分布范围不同,不同的生物群落都遵循一定的规律分布。

**2. 种类组成**

生物群落都是由一定的生物种类组成的,而这种物种组成的特征常常是对环境条件的反映,即群落的环境条件越优越,群落的结构就越复杂,群落中的种数越多,群落的多样性越高;反之,群落环境条件越单一,群落结构则越简单,群落中的种数越少,群落的多样性越低,少数或单一物种的数量多。根据各个物种在群落中的作用可以划分为优势种、建群种、亚优势种、伴生种、偶见种或罕见种等成员型。

(1) 优势种和建群种。组成群落的各个物种在群落中的地位和作用是不同的。那些对群落的结构和群落环境的形成起主要作用和控制作用的物种称为优势种(dominant species)。优势种往往是那些个体数量多、投影盖度大、生物量高、体积大、生活能力强的种,即优势度较高的种。例如,大兴安岭落叶松是大兴安岭针叶林内乔木层的优势种;大针茅、克氏针茅等是我国典型草原的优势种。生物群落的不同层次可以有各自的优势种。以南亚热带的马尾松林为例,其乔木层以马尾松占优势,灌木层以桃金娘占优势,草本层以芒萁骨占优势。处于优势层中的优势种对整个生物群落起着关键的构建作用,被称为建群种(constructive species),马尾松就是该群落的建群种。

(2) 亚优势种。生物群落中次于优势种但优势度较高的种被称为亚优势种(sub-dominate species),是群落中个体数量和作用都次于优势种,但在决定群落性质和控制群落环境方面也起着一定作用的物种。亚优势种往往居于较低的亚层。例如,在内蒙古温带草原上,亚优势种一般居于复层群落的下层,如针茅草原群落中的冷蒿、羊草草原中的芦苇都是亚优势种,它们对于群落的小气候、土壤以及活动在群落区域的动物能够产生较大的影响。

(3) 伴生种。在群落的种类组成中,除了有优势种之外,还有一些常见的、与优势种常相伴存在的物种,这些物种被称作伴生种(companion species)或普通种(common species)。伴生种是群落中的常见物种,它们虽然与优势种相伴存在,但是伴生种对群落的过程与功能没有决定性作用或主要影响,它们在群落中的分布具有一定的规律性。例如,在云南热带季雨林中,乔木层的伴生种有八宝树、顶果木等;在青藏高寒草甸中主要伴生种有异针茅和羊茅等;而在沼泽草甸中伴生中有苔草、华扁穗草、蓼和马先蒿等。

(4) 偶见种或罕见种(rare species)。偶见种是那些在群落中出现频率很低的物种,而且数量也很少,往往有灭绝的危险。偶见种可能是由鸟类、一些大型动物、人类带入该群落的,也可能是因为某种条件的改变而侵入群落的,还可能是处于衰退种群中的孑遗物种,如某些阔叶林中的马尾松。

**3. 物种组成的数量特征**

(1) 密度。密度(density)是指单位面积或单位空间内的个体数。一般根据样方调查结果进行统计,对乔木、灌木和丛生草本以植株或株丛计数,根茎植物以地上枝条计数。样地内某一物种的个体数占全部物种个体数之和的百分比称为相对密度。

(2) 物种丰富度。物种丰富度(species richness)是指群落中物种数量的多少。不同群落的物种数目有差别,例如单位面积内木本植物的丰富度从东北到海南越来越丰富。

(3)多度。多度(abundance)是对物种个体数目多少的一种估测指标,是单位面积内某物种的绝对数或相对百分含量。

(4)盖度。盖度(coverage)是植物地上部分垂直投影面积占样地面积的百分比,即投影盖度。植物基部的覆盖面积称为基盖度。

(5)频度。频度(frequency)是某个物种在调查范围内出现的频率或次数,指包含该种个体的样方占全部样方数的百分比。群落中某一物种的频度占所有物种频度之和的百分比被称为相对频度。对于不同的调查对象采取的频度调查方法不同,对一些大型哺乳类、鸟类、蝶类等,常采用频度来换算其数量状况。例如,在开阔地带,可乘坐汽车来测定某些大型食草动物种类的频度,如果是在森林中,可沿着一定的路线,通过鸟类的鸣唱特征判断它们的种类并测定频度,而对一些小型哺乳类、昆虫和土壤动物等,应通过捕捉、采集动物个体来统计数量。

(6)高度。高度(height)是生物群落测量中的一个常用指标,乔木可以直接测量其绝对高度,藤本植物则是测量其长度。

(7)质量。质量(weight)是用来衡量生物量大小的指标。

(8)体积。体积(volume)是对生物所占空间大小的度量。在森林群落研究中,这一指标特别重要,在林业生产中,体积是计算木材生产量的基础参考指标。

(9)重要值。重要值(important value)是指以综合数值表征群落中不同种的相对重要性的度量,是对相对密度、相对频度和相对显著度的3项指标综合度量。重要值=(相对密度+相对频度+相对显著度)/300。其中,相对密度(%)=(某种的密度/所有种的密度之和)×100%;相对频度(%)=(某种的频度/所有种的频度总和)×100%;相对显著度(%)=(某种的显著度/所有种的显著度总和)×100%;显著度是指基部盖度或胸高断面之和。

(10)均匀度。物种均匀度(species evenness)是指一群落或生境中全部物种个体数目的分配状况,反映各物种个体数目的分配均匀程度。

(11)群落的物种多样性指数包括 Alpha($\alpha$)多样性、Belta($\beta$)多样性、Gamma($\gamma$)多样性。

①Alpha($\alpha$)多样性。$\alpha$多样性是指一个特定区域或者生态系统内的多样性,群落的生物多样性一般包含两方面的含义:一是群落的物种多样性,即群落中含有的物种数,称为物种丰富度(species richness);二是用群落中各个种的相对密度测量群落的异质性,常用香农-威纳多样性指数(Shannon-Weiner diversity index)来表示,计算公式为:

$$H' = -\sum_{i=1}^{S} P_i \log_2 P_i$$

式中,$H'$为香农-威纳多样性指数;$S$为物种数;$P_i$为样品中属于第$i$个物种的个体数与总个体数的比。公式中的对数之底除可以取2外,也可以取自然对数或常用对数。如样品的总个体数为$N$,第$i$物种个体数为$N_i$,则$P_i=N_i/N$。此外,还有辛普森(Simpson)多样性指数,在生态学中常用来定量描述一个区域的生物多样性,该值越大,说明群落多样性越高。

②Belta($\beta$)多样性。$\beta$多样性又称生境间的多样性,是指沿环境梯度不同生境群落之间物种组成的异质性或物种沿环境梯度的更替速率。控制$\beta$多样性的主要生态因子有土壤、地貌及干扰等环境因素。

③Gamma($\gamma$)多样性。$\gamma$多样性是区域或大陆尺度的物种数量。即在一个区域内,一系列生境中的物种多度。$\gamma$多样性是$\alpha$多样性和$\beta$多样性的结合。

**4. 生活型**

生活型(life form)是生物对综合环境条件长期适应的外部表现形式,即依据群落的外貌特征进行区分的生物类型,是植物对相同环境条件进行趋同适应的结果。生活型包含两个方面的内容:一是生物的外貌特征,包括植株的高矮、大小、形状、叶形、分枝等;二是生物的生长年周期(一年生或多年生)。一般可以把高等植物分为乔木、灌木、木质藤本、草质藤本、多年生草本植物、一年生草本、垫状植物、肉质植物等生活型;木本植物又可分为阔叶木本植物、针叶木本植物和落叶木本植物、常绿木本植物等。

与生物的形态分类不同,生活型的划分主要是考虑植物宏观上的外貌特征而非分类特征,同一生活型的植物表示它们对环境的适应途径和适应方法相同或相似。因此,亲缘关系很近的物种可能属于不同的生活型,这是生物与环境之间以及生物与生物之间趋同适应的结果,生活型特征可以直接且深刻地反映生物和环境之间的关系。

关于生活型的划分,较为经典的是 Raunkiaer 的生活型分类系统。该系统以温度、湿度、降水量等气候和环境因子作为生活型划分的基本因素,以植物体在渡过冬季严寒、干旱、高温等恶劣环境时的适应方式为分类基础,以休眠或复苏芽所处的位置的高低和保护的方式为依据,将植物划分为高位芽植物、地上芽植物、地面芽植物、地下芽植物和一年生植物五大生活型类群。每个类群内再按植株高度、芽是否有鳞片保护、落叶或常绿、茎的种类(草质或木质)以及旱生形态与肉质性等特征划分 30 个小类。

高位芽植物(phanerophytes,简称 PH)是指在一年的不良季节中,其芽或嫩枝位于植物体距地面较高部位的植物。如乔木、灌木和热带潮湿地区的大型草本植物都属此类。地上芽植物(chamaephytes,简称 CH)指多年生枝或芽位于土壤表面以上,25 cm 高度以下,受土表的残落物保护,在冬季地表积雪地区也受积雪的保护。地面芽植物(hemicryptophytes,简称 H)指在不良季节,植物体地上部分死亡,受土壤和残落物保护的地下部分仍然活着。隐芽(或地下芽)植物(gophytes,简称 G)指更新芽位于较深土层中或水中,多为鳞茎类、块茎类和根茎类多年生草本植物或水生植物。一年生植物(therophytes,简称 T)指在气候环境适宜期生长,以种子的形式越冬或渡过不良环境的植物。

某一群落中生活型组成的百分含量被称为生活型谱,可以反映植物对环境和气候的适应和指示。在一个植物生活型谱中,高位芽植物所占比例越大,说明群落所处的气候条件越温和,越有利于植物生长和生存。相反,如果地面芽植物和地上芽植物所占比例很高,说明群落的环境条件比较寒冷或恶劣。荒漠群落则以一年生植物为主(图 2-34)。

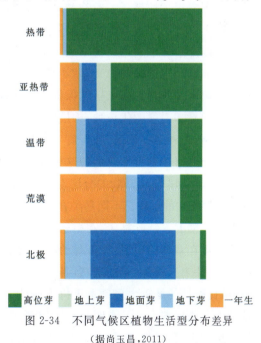

图 2-34 不同气候区植物生活型分布差异
(据尚玉昌,2011)

近年来,有关植物生活型和气候因子的关系研究不断深入,并且逐渐实现定量化研究。例如,对北非大西洋加那利群岛上植物的生活型研究发现,生活型的组成特征与温度、降水量和海拔等气候和环境因子密切相关(Irl et al.,2020)。高位芽植物主要分布在温度较高、降水丰富的岛屿东部地区,而地上芽和地面芽植物主要分布在温度相对较低、降水充沛的南部岛屿区域,地下芽和一年生植物主要分布在岛屿的高温干旱区(图2-35)。

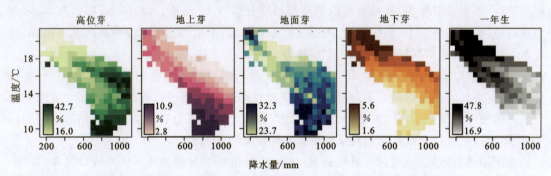

图 2-35　北非大西洋加那利群岛植物生活型分布特征及其与温度和降水量的关系(据 Irl et al.,2020)

## 二、群落的空间结构

### 1. 群落的垂直结构

群落的垂直结构(vertical structure)是指生物群落内部的不同高度光照、温度和水分条件存在明显差异,从上往下光照强度依次减弱,群落对光的利用不同而呈现成层的现象。群落的层次从上到下依次为林冠层、下木层、灌木层、草本层和地被层。群落在垂直方向上的这种成层现象极大地提高了植物利用环境资源的能力,是自然选择的结果。

位于群落上部的乔木层接受阳光的充分照射,在发育成熟的生物群落中,有10%左右的阳光可以穿过乔木层达到林下层或下木层,林下灌木层却能充分利用这些较为微弱的光能,草本层能够利用更微弱的光,草本层往下是由阴生植物或耐阴植物等形成的地被层。例如,位于亚热带的鼎湖山国家自然保护区境内,群落地上成层现象较明显,乔木可分为3层,木荷和黄杞是乔木上层的优势种;中层由厚壳桂、黄叶树和华润楠等中生和耐阴树种组成;下层成分较复杂,物种多样性高(叶万辉等,2008)。

植物群落在垂直空间上的这种成层现象为动物提供了不同的生存环境、微气候和食物资源,因此,生物群落中动物的分层现象也很普遍。许多动物虽然可同时利用几个不同层次,但总有一个最喜欢的层次。不同鸟类在树冠、林间灌木和地面的不同高度上取食和筑巢(图2-36)。在欧亚大陆北方针叶林区,在树冠层中主要有柳莺、交嘴和戴菊等;山雀、啄木鸟、松鼠和貂等主要生活在森林的中层;在森林的灌木层中主要栖息着莺、苇莺和花鼠等;两栖类、爬行类、鸟类(丘鹬榛鸡)、兽类(黄鼬)和各种鼠形啮齿类动物则主要生活在地被层和草本层;对于昆虫来说,食叶性的昆虫大多栖息于树干;步甲类、蚂蚁、隐翅目、螨类等则主要出现在地表的枯枝落叶层。稻田害虫也具有明显的分层现象,稻田上层害虫主要以稻苞虫、稻纵卷叶螟等食叶性昆虫为主;稻田中下层为水稻的茎秆层,以稻飞虱、叶蝉和螟虫为主要危害;而地下层处于淹水条件,主要是食根性害虫(如稻叶甲幼虫、双翅目幼虫等)危害最大(曹凑贵和展铭,2015)。生物群落在地下也有成层现象,乔木的根系可伸入到土壤的深层,灌木根系分布较浅,草本植物根系大都集中在土壤表层。土壤动物随深度变化也有成层现象,主要受不同深度的土壤含水量、土壤养分、土壤温度和植物根系分布特性等的影响。

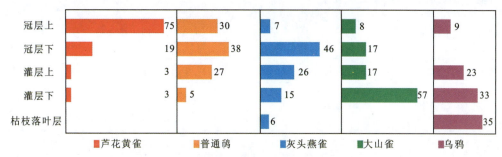

图 2-36　赤杨林中鸟类分布的成层现象(据陈鹏等,1986)

注:图中数字表示个体数。

群落在垂直方向上的成层现象在水生生物也很普遍。在水生环境中,不同深度水层的光照、温度、溶氧、养分等环境条件差异较大,有不同生态要求的水生生物在不同深度的水层占据各自的位置,这样就出现了群落中生物按深度垂直配置的成层现象。例如沉水植物、漂浮植物、挺水植物等的分层,以及两栖类、鱼类、寡毛类、无脊椎动物等水生动物的分层。

群落成层的原因和意义较为复杂,一般认为,成层结构是自然选择的结果,成层可以提高生物利用资源环境的能力。首先,群落成层使生物群落在单位面积上可以容纳更多的生物种类和数量,能够最充分地利用空间和营养物质,从而产生更多的生物物质。其次,成层不仅能缓解生物之间争夺阳光、空间、水分和矿质营养的竞争压力,而且由于生物在空间上的成层排列,扩大了它们利用环境的范围,提高了同化功能的强度与效率。再次,成层现象越复杂,生物对环境的利用越充分,提供的有机物质的数量和种类也就越多。最后,群落的成层不是相互独立的,而是各层之间在利用和改造环境的过程中相互互补。

由于成层是群落对外部环境长期适应的结果,不同环境条件下的成层复杂程度也不相同,一般在良好的生态条件下(如热带雨林群落),成层结构复杂。在极端的生态条件下(如极地苔原群落),成层构造简单。因此依据群落成层的复杂程度,可以对生境条件作出判断。此外,生物群落在垂直空间上的成层规律可以为濒危植物的保护提供参考依据,例如,对大巴山濒危植物崖柏(*Thuja sutchuenensis*)群落的研究发现,崖柏群落平均高度越矮越有利于崖柏种群的扩大和延续。群落以灌木层、乔木下层类群为主时,崖柏种群内个体数量最多。乔木层物种搭配以崖柏+多脉青冈、崖柏+川柯+小叶青冈和崖柏+马尾松+高山栎为优,灌木层物种搭配以崖柏+球核荚蒾+豪猪刺、崖柏+粉背黄栌为优(王鑫等,2017)。

生物群落的成层现象和理论还可以指导农业生产和水产养殖,例如,农业生产中的间作、套种等,就是模拟天然植物群落的成层性。在水产养殖中,为了充分利用池塘的环境资源,可以将一些经济价值高的鲢鱼、鲫鱼、鲤鱼、青鱼等同时放养在同一水域,鲢鱼和鳙鱼主要以浮游生物为食,它们生活在水体上层,是上层鱼,而青鱼和鲤鱼生活在水体的底层,青鱼主要以螺蛳等动物为食,鲤鱼的食性较广(表 2-1;骆世明等,1987),这些鱼类在水体中占据不同的深度和空间,混养可以节约成本,提高资源的利用率和经济效益。

表 2-1 淡水动物群落的垂直成层性

| 种类 | 生活层次 | 食性 | 作用 |
| --- | --- | --- | --- |
| 鲢鱼 | 上层 | 鱼苗阶段主食浮游动物,稚鱼期以后主食浮游植物 | 使水质变清 |
| 鳙鱼 | 中上层 | 主食浮游动物 | 使水质变清 |
| 草鱼 | 中层为主 | 草食 | 排泄物和吃剩的饵料有利于生物繁殖。从而有利于鲢、鳙鱼生长 |
| 团头鲂 | 中下层 | 食草与昆虫 | 提高饵料的利用率 |
| 鲮鱼 | 下层 | 杂食 | 耐低氧浓度,利用其他鱼的剩食、饵料和排泄物 |
| 鲤鱼 | 下层 | 杂食 | 耐低氧浓度,利用其他鱼的剩食、饵料和排泄物 |

## 2. 群落的水平结构

群落的水平结构(horizontal pattern)是指群落在水平方向上的配置状况或水平格局,也称作群落的二维结构。陆地群落的种类组成和数量比例,在水平方向上的配置,往往是不均匀的,在多数情况下群落内各物种常呈片状分布或斑块状镶嵌。镶嵌性(mosiac)是指层片在二维空间中的不均匀配置,使群落在外形上表现斑块相间。例如,在华中地区的亚热带森林,乔木往往以香樟树为主,但是林下却形成了小叶樟、棕榈等许多交错生长的小群落和银杏等人工群落。

生物群落在水平方向上的不均匀性或镶嵌性形成的原因较为复杂:一是微气候、地形地貌和地表径流等的差异;二是土壤的差异,包括土壤质地、土壤养分,以及土壤的有机质、含水量和酸碱度等的差异;三是植物体本身的特点,包括亲代的扩散分布习性(如风布植物和动物传布植物)以及他感作用、遮阴作用和繁殖体的特点;四是动物和人类的影响,动物的喜食情况,对食物和种子的储藏,以及排泄物中的植物繁殖体等都可能会使群落在"异地"生长,造成群落更加多样,另外动物的啃食、践踏和挖洞等活动也是打破群落均匀分布的重要因素,使其在水平方向上形成许多相互嵌套的小群落。

群落交错区(ecotone)也称生态过渡带或生态交错带,是指两个不同群落交界的区域,如森林草原地带、软海底与硬海底的两个海洋群落之间、两个不同的森林类型之间或两个草本群落之间等都会形成群落交错区。两个群落的过渡带有的狭窄(如水体与陆地边缘的湖滨带),有的宽阔(如森林和草原的过渡带呈镶嵌状)。群落交错区是群落水平结构的重要体现。

在群落交错区中,生物生活的环境条件往往与两个群落的核心区域有明显区别。例如,在森林和草地的交界处,风速大,水分蒸发快,太阳辐射较强,环境较为干燥。在群落交错区中,由于某些生态因子或系统属性的差异而引起群落中生物的种群密度、生产力和多样性等的较大变化(一般都会增加)的现象,称为群落的边缘效应(margin effects)。边缘效应产生的原因有3点:首先,产生边缘效应的群落交错区是多种要素的联合作用和转换区,各要素在此相互作用强烈,常是非线性现象显示区和突变发生区,也常是生物多样性较高的区域;其次,群落交错区生态环境抗干扰能力弱,对外力的阻抗相对较低,界面区生态环境一旦遭到破坏,恢复原状的可能性很小;最后,群落交错区生态环境的变化速度快,空间迁移能力强,因而往往会造成生态系统恢复困难,在生态保护和恢复过程中应当加以重视。

当然,边缘效应并非越高越好,边缘区太大也可能产生负效应,例如农田中高秆与矮秆作物间作时,高秆作物的边缘效应明显,常增产;矮秆作物的边行常减产,出现负效应。因此,在高矮间作时采用"高要窄、矮要宽"原则,以增大正效应,减少负效应(曹凑贵,2015)。一些有害生物的边缘效应会给农业生产带来负效应,如东亚飞蝗利用水陆边缘、湖滨带、河泛区的边缘效应造成蝗灾,在旱涝灾害频繁的年份更为严重,例如新中国成立以来发生在洪泽湖地区的多次蝗灾;2020年以来,因为干旱和气候异常等原因,从非洲、阿拉伯半岛到南亚印度等地,蝗虫灾害侵袭全球多个国家和地区,造成严重的粮食减产。

**3. 影响群落结构的要素**

生物群落结构的形成是群落对环境长期适应的结果。这种结构具有一定的稳定性,并非一成不变的,受很多生物和非生物因素的影响,其中最为突出的因素有生物因素(如竞争、捕食、寄生等)、干扰、空间异质性等。

1) 生物因素

生物因素主要包括竞争和捕食,在种间竞争中,如果竞争的结果引起物种间的生态位分化,将使群落中物种多样性增加。而如果竞争的结果导致劣势种被淘汰或排斥,则会使生物多样性降低。在捕食关系中,泛化种的捕食在一定程度上可以提高多样性,但是过度捕食会导致多样性的降低。而特化种的捕食对象如果为优势种,会释放更多的生态位,群落的生物多样性将会增加;如果捕食对象为劣势种,则会导致一些物种灭绝,将会降低物种的多样性。

捕食影响生物多样性的典型例子有东非的塞伦盖蒂草原放牧系统。McNaughton(1985)研究发现,土壤养分和降水刺激了植物生长并间接影响了食草动物的分布,食草动物同样也影响了水平衡、土壤养分和植物生产,而且在一定范围内,放牧可以增加初级生产量。在塞伦盖蒂草原西部的围栏保护和开放对比实验中发现,大型食草动物仅用4天就消耗了大约85%的植物生物量,放牧停止一个月,围栏中的生物量(未被啃食)减少了,而围栏之外的生物量却增加了,这说明捕食增加了许多草类的生长速率,这也是草类对放牧做出的反应,称为补偿增长,而且,在中等捕食强度条件下,生物量补偿增长是最高的(图2-37)。显然,轻微放牧对植物生产补偿是不足的,而过度的放牧会减弱植物生物量恢复的能力。

当然,竞争作用和捕食作用也可能同时发生交互作用,以两种具有竞争关系的植物——入侵种空心莲子草和本土近缘种莲子草,以及两种捕食者——生防昆虫莲草直胸跳甲和本地昆虫虾钳菜披龟甲为研究对象,进行混合种植和取食实验(董青青等,2022),发现植物的竞争作用显著改变了土壤细菌的群落结构,降低了绿弯菌和化能异养型细菌的相对丰度,增加了酸杆菌的相对丰度。同时,植物竞争与昆虫取食的交互作用可以调控空心莲子草对土壤细菌群落结构、优势门类和功能类群的影响。

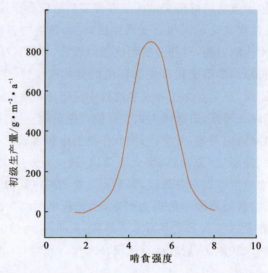

图2-37 塞伦盖蒂草原动物啃食强度与初级生产力变化示意图(据 McNaughton,1985)

2)干扰

干扰(disturbance)指平静的中断或正常过程的打扰或妨碍,是一种常见的自然现象,可以使连续的群落中出现缺口,改变群落演替的方向,影响顶极群落的稳定性。干扰的类型多种多样,有的是自然因素引起的,如地质灾害、洪涝、冰雹、大风、雷电、野火等,有的是人为干扰,如砍伐、围垦、放牧、收割、动物挖掘、践踏等。

干扰导致的群落缺口在恢复过程中,在没有继续干扰的条件下会产生两种不同的结果:一是在缺口发生小演替,即缺口会按照演替的次序和方向继续演替,物种的出现是有规律的,也是可以预测的,从几个先锋种的入侵,到中期种的演替,到顶极种的出现,发展为顶极群落。二是发生抽彩式竞争,即缺口可能被周围群落的任何一个物种侵入和占有,并发展为优势者,而哪一种先入侵并成为优胜者完全取决于随机因素。抽彩式竞争的出现需要两个基本条件:①群落中具有许多入侵(扩散)缺口能力相等、耐受缺口中物理环境能力相等的物种;②这些物种中任何一种在其生活史过程中能阻止后入侵的其他物种再入侵。在这些条件下,物种对缺口的竞争结果完全取决于随机因素,即先入侵的种取胜。当缺口的占领者死亡时,缺口再次成为空白,哪一种入侵和占有又是随机的。因此,理论上讲,群落的这种缺口和断层越多,可以同时容纳的物种就越多,生物多样性就越高。虽然小演替与抽彩式竞争都是缺口形成后的群落恢复,但是具有不同的特点。小演替的多样性开始较低,到演替中期增加,到顶极群落期往往稍有下降。而且,参与小演替各阶段的一般都有许多种,而抽彩式竞争只有一个建群种。

中度干扰假说(intermediate disturbance hypothesis)是由美国生态学家康奈尔(Connell)等于1978年提出的,该假说认为一个生态系统处在中等程度干扰时,其物种多样性最高,即中等程度的干扰能够提高生物多样性。由干扰引起的缺口越多,更多的物种可以入侵缺口,使更多的物种共存,提高了生物多样性,但是如果这种干扰的频率太低,则群落容易被顶极种所取代,发展为顶极群落,多样性不高。如果干扰过于频繁,则先锋种不能发展到演替中期,群落多样性依然较低。只有中等程度的干扰允许更多的物种入侵和定居,从而能维持较高水平的多样性。

干扰理论在生物多样性保护、农业、林业和自然保护区管理等领域有重要价值。干扰可增加群落的物种丰富度,因为干扰使许多竞争力强的物种占据不了优势,其他物种乘机侵入。因此,保护自然界的生物多样性,不能简单地去阻止干扰。事实上,干扰可能是产生生物多样性最有力手段之一。地质历史时期发生的多次重大环境突变事件、大陆聚合、构造运动以及第四纪以来的冰期-间冰期旋回和海侵海退,到今天的全球变暖,都可以看作是干扰。干扰是物种形成、进化和多样性增加的重要动力。同样,群落中因干扰而不断地出现断层、缺口、小演替等,都可能是维持和产生生态多样性的有力手段。例如,林业采伐之后形成的采伐迹地可能增加物种多样性,农业、草林业、畜牧业、渔业养殖等实践本身就包含人类干扰的过程。

3)空间异质性

空间异质性(heterogeneity)是指生态学过程和格局在空间分布上的不均匀性及其复杂性,包括气候、地形地貌、水文、土壤、生境特征等非生物环境的空间异质性和由各种复杂关系构成的生物环境的空间异质性。空间异质性越高,环境越复杂,能提供的小生境就越多,环境中共存物种数越多。高的生物多样性与环境的复杂性密切相关。

**4. 群落的动态**

群落的时间结构是指群落随时间的变化形式,包括群落在短时间尺度上的季节变化、年际变化以及在长时间尺度上发生的变化,称为群落演替,在更长的地质历史时期发生的群落变化称为演化。

1)季节动态

群落的季节动态是自然环境因素在一年中的时间节律所引起的群落各物种组成和群落外貌在时间结构上的变化,称为季相。温带地区四季分明,群落的季相变化十分显著,如在温带草原群落中,一年可有4个或5个季相,从早春到深冬,气温和降水量的季节变化明显,植物经历了发芽、抽叶嫩绿、生长、繁茂盛绿、枯黄休眠的不同季相,同时,动物的季节性变化也十分明显。例如,大多数典型的草原鸟类,在冬季都向南方迁移,有蹄类迁移到雪被较少、食物较充足的地区越冬;旱獭、黄鼠、跳鼠、仓鼠等草原啮齿类动物冬季则进入冬眠;有些种类在炎热的夏季进入夏眠。这些都是草原群落的不同季相。热带雨林季相变化很不明显,反映了所在地区气候终年炎热多雨,环境比较稳定。

在水生群落中,浮游生物、鱼类和底栖生物等的季节动态也是很明显的。以胶州湾海域为例,冬季大型底栖动物种类数最多,春季与秋季种类数相当,而夏季最少,总栖息密度呈现冬季>春季>秋季>夏季的变化趋势。温度、有机质和中值粒径是影响大型底栖动物分布特征的主要因子(全秋梅等,2020)。例如,在2014年的调查中发现,浮游生物在黄骅港海域具有很强的季节性差异(刘栋等,2022),秋季优势种仅为夜光虫(*Noctiluca*),其他季节均为多种浮游动物共存,4个季节浮游动物物种多样性总体呈夏季>春季>冬季>秋季的变化趋势,浮游动物群落结构在35%相似度水平上可划分为冬季、春季、夏季和秋季4组,季节差异显著。不同浮游动物对温度、盐度和营养盐等环境因子的响应各异。冬季浮游动物群落的主要影响因素是溶解氧和磷酸盐,春季则是氮磷营养盐,夏季、秋季则为温盐和氮磷营养盐。

与自然条件下生物群落的季节动态不同的是,近年来人类活动驱动的季节动态也越来明显。例如,王亚娟等(2022)对通辽市科尔沁榆树疏林草原的放牧强度研究显示,榆树疏林草原草本层生物量在7—9月达到生长高峰期,在重度放牧条件下,草本层总生物量显著高于中度和轻度放牧,而多年生禾草生物量显著低于轻度和中度放牧,优良牧草生物量随放牧强度的增加而减少,猪毛蒿等一、二年生植物生物量随放牧强度的增加而增加。这样的例子还有很多,如捕捞、收割、放牧、踩踏、狩猎等,都体现了人类活动对群落季节动态的强烈干扰。

2)年际变化

环境气候条件和人类活动的年际变化,特别是一些极端气候事件的发生会导致生物群落存在一定的逐年或年际变化现象。这种变化有时大,有时小,主要表现为群落的物种组成、各成分的多样性和数量比例、优势种的变化以及群落生产力等的变化。例如,云南异龙湖冬季水鸟群落从2016年11月—2019年3月发生了较大变化,物种数呈先增加后减少的变化趋势。冬季水鸟物种数及个体数呈逐年增加趋势,2016—2019年鸟类个体数量增加超过2倍,变化最显著的为雁形目,数量增加了3倍多(图2-38)。物种数、香农-威纳多样性指数和辛普森多样性指数逐年增加。导致多样性差异的重要因素可能是异龙湖内生境结构的差异。鸟类群落多样性指数变化显著的生境为水域和沼泽。

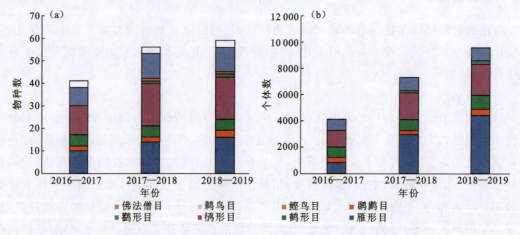

图 2-38 异龙湖冬季水鸟群落物种类(a)及个体数(b)年动态变化(据马国强等,2021)

天鹅洲长江故道鱼类群落在2010—2011年物种为31种,而2015—2016年物种减少为22种,减少的种类主要为长江干流繁殖进入天鹅洲故道的种类(龚江等,2018)。2010—2011年天鹅洲故道小型鱼类优势种为短颌鲚(*Coilia brachygnathus*)、贝氏䱗(*Hemiculter bleekeri*)、鲫(*Carassius auratus*)、似鳊(*Pseudobrama simoni*)和银鮈(*Squalidus argentatus*);而2015—2016年优势种为黄尾鲴(*Xenocypris davidi*)、䱗(*Hemiculter leucisculus*)、短颌鲚和鲫鱼4种,在年际尺度上,鱼类的群落结构发生了明显变化。

**5. 群落演替**

群落演替(community succession)是指在自然群落中,一个群落被另一个群落所取代的过程,即群落的物种组成、群落结构和群落环境向一定方向产生有顺序的变化过程。演替是群落对环境长期适应而产生的累积变化,其主要标志是群落的优势种或全部物种的变化。

演替过程中,最早定居下来的物种称为先锋种(pioneer species),而最初形成具有一定结构和功能的群落称为先锋群落(pioneer community)。在经过一系列的演替阶段后,群落与周围环境取得平衡,此时物种组合相对稳定,群落演替渐渐变得缓慢,演替最后阶段的群落称顶极群落(climax community)。

对于群落演替的规律性,具有以下共识:①演替具有一定的方向性和顺序性,随时间变化经历从简单到复杂、从低级到高级的有序过程,因此在多数情况下是可以预测的。②演替过程是生物与环境相互作用的复杂过程,是经历多次反复之后的结果,在时间上和空间上的变化结果是不可逆的。③演替过程是生物群落自身生命活动和作用的结果,对演替起控制作用,外部环境一方面决定着演替的类型、方向和速度,另一方面受群落演替的塑造和改造。④演替是一个艰难且漫长的过程,但是并非是一个无止境的过程,当群落演替到与环境处于平衡状态时,群落变化十分缓慢,达到相对稳定的顶极群落。

根据起始基质的性质不同,可将演替划分为原生演替和次生演替。原生演替(primary succession)又分为两种情况:在裸岩、露头、采石场、沙丘等基质上开始的演替被称为旱生原生演替;从湖底、海底、河底开始的演替被称为水生原生演替。次生演替(secondary succession)是指在原有生物群落被破坏后的地段上进行的演替,如森林砍伐迹地、弃耕农田、火烧、放牧等之后发生的演替。在不利的自然因素和人为因素(如污染和过牧)干扰下,生物群落的演替也可以向反方向进行,使群落逐渐退化。群落的结构简单化和群落生产力下降,称为逆行演替。或者在人为因素的影响下,群落演替按照不同于自然发展的道路进行,这种演替称为偏途演替。

1)旱生原生演替

旱生原生演替也被称为经典演替,是从裸岩上开始,经过一系列漫长而艰难的过程。如果当地的气候和环境条件适宜于森林的生长,那么最终会发育为森林。从裸岩到森林的原生演替大致要经历地衣阶段、苔藓阶段(先锋种)、一年生草本植物、多年生草本植物阶段、灌木阶段(过渡种)、森林阶段(顶极种)。例如,发生在密歇根湖滨沙丘上的演替就表现出非常明确的阶段性、方向性和顺序性(图2-39),经历了沙滩裸地、沙丘、草本植物、松林、橡树林,最后发展到以山毛榉和槭树林为主的温带顶极群落。

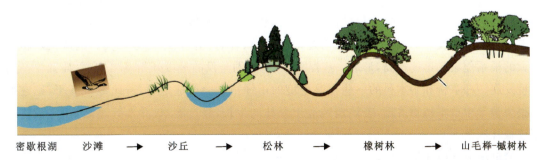

图2-39　发生在密歇根湖滨沙丘上的演替系列示意图(据Mittelbach and McGill,2019)

在演替的早期阶段,物种可以快速地占据空间,同样,物种被取代的速度也可能很快,但是随着物种对环境适应能力的提高,演替的速度会逐渐变慢,物种组成也会发生变化。例如在阿拉斯加冰河湾(Glacier Bay)发生的原生演替体现了群落发展的历史。Reiners 等(1971)对冰河湾植物群落演替期间的植物多样性变化进行了研究。该研究挑选了物理特征相似但时间尺度上显著不同的 8 个点位采样,这 8 个研究点位分布在 100 m 高程以下的缓坡上,由未分层分散无序的冰碛物组成,但不同点位的沉积年代各不相同,时间跨度在冰川撤退后的 10~1500 年之间[图 2-40(a)]。在冰河湾演替早期,物种丰富度快速增加,而在演替后期物种丰富度增加速率开始变缓,进入了平稳期。但并非所有的植物在演替时期都会增加多样性。当苔藓、苔类植物、地衣的物种丰富度在一个世纪之后进入平稳期时,高灌木和树木的多样性一直在增加,直到演替中期。到演替后期时,植物多样性又有所减少[图 2-40(b)]。相对而言,低灌木与草本植物的多样性在演替期间始终在增加。

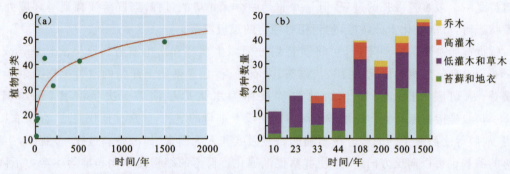

图 2-40　阿拉斯加冰河湾原生演替过程中植物种类丰富度(a)和生长型(b)的变化(据 Reiners et al.,1971)

2)水生原生演替

水生原生演替一般要经历漂浮植物阶段、沉水植物阶段、浮叶植物阶段、挺水植物阶段、沼泽湿生植物阶段、旱生草本植物阶段、木本植物阶段。漂浮植物阶段以浮萍、满江红和藻类为主,它们死亡后的残体会不断增加湖底有机质的聚积,加上接受湖岸雨水冲刷带来的颗粒物会使湖底被逐渐抬高。沉水植物以轮藻属最为常见,一般生长在水深 5~7 m 处,它们是湖泊裸地上最先出现的先锋植物。轮藻属植物的生物量相对较大,大量有机质的积累可快速抬升湖底。当水深至 2~4 m 时,其他沉水植物(如金鱼藻、眼子菜、黑藻、茨藻等)植物大量繁盛,其残体可快速垫高湖底,使湖泊日益变浅,出现睡莲等浮叶植物,浮叶植物巨大的生物量和残体可进一步抬升湖底并且迫使沉水植物向较深的湖底转移,进一步抬升湖底,为挺水植物的出现创造了良好的条件,浮叶植物逐渐被芦苇、香蒲、菖蒲、泽泻等取代。这些挺水植物庞大的根系使湖底迅速抬高,形成一些浮岛,一些被湖淹没的地段开始露出水面,向陆生植物生境发展。莎草科和禾本科的一些喜湿生境的沼泽植物会迅速定居,若此地带变干,则它们会很快被旱生草本植物占据,若该地区适于森林的生长,经过灌木、乔木等逐渐演替,最终会出现森林群落。

3)世纪演替的实例

在自然状态下,某一群落被另一群落所取代的时间较快,大约在 100 年以内,称为世纪演替。例如,在某一桦树林中出现了云杉树的幼苗,由于云杉生长迅速,其高度会很快超过桦树,能接受更多的光照而生存下来。随着时间的延长,桦树逐渐处于云杉林的下层,由于桦树不如云杉耐阴,在光照不足的条件下逐渐减少,在经过75~80年后最终形成以云杉为主的树林(图2-41)。这一群落演替过程是典型的世纪演替现象。

4) 次生演替的实例

在弃耕农田上所发生的演替属于次生演替。当耕地被废弃后,最初出现的植物一般由当地或周围的种子库或种子雨迁移定居而来,一般是该地区植物区系中典型的一年生草本植物,经过一定时期后会有二年生杂草加入,然后出现多年生草本植物群落,再经过漫长的过程后,逐渐被小灌木群落所取代,后期最终发育成适合当地气候和环境特征的顶极森林群落。

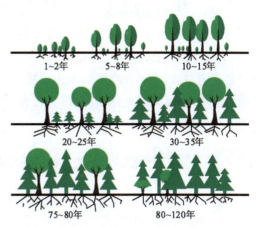

图 2-41 桦树林被云杉林更替-演替示意图
(据曹凑贵和展茗,2015)

弃耕农田上发生的演替受到许多非生物和生物因素的影响,如气候、土壤、地形、生物因子等景观特征(图2-42),它们对生境特征(光照、温度、水分、化学因子和机械组成)具有决定和塑造作用。这些因素在演替的各阶段决定了演替是否继续进行。生物因素如生长型、植物的物候特征、叶期和花期的长短、物种的生命周期和适应机制以及物种之间的竞争等都是影响群落演替的生物因素。稳定的群落结构和功能又会反馈给环境,对其生存的物理和化学环境作出改变。因此,群落演替是一个不断发生作用和反馈的复杂过程。

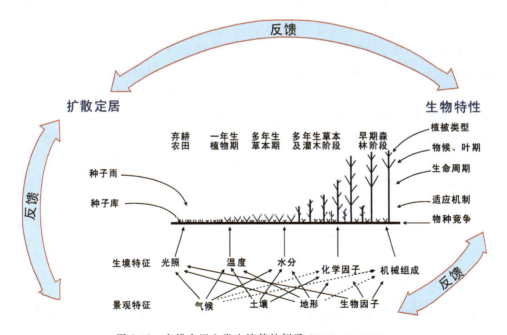

图 2-42 弃耕农田上发生演替的例子(据 Schmidt,1993)

### 5)逆行演替与生态修复

逆行演替是指在不利的自然因素和人为因素干扰下,生物群落的演替也可以向反方向进行,使群落逐渐退化、群落结构简单化和群落生产力下降。如内蒙古草原的放牧演替就属于典型的逆向演替,在不断增强的人为干扰下,群落由早期的草甸高草草原逐步经历了由针茅草原、隐子草+狐茅+针茅草原、蒿+大戟+苔草+早熟禾草原、藜+星毛萎陵菜草原,最后成为次生裸地的退化过程(图 2-43)。

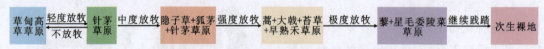

图 2-43 内蒙古草原的放牧演替示意图(据尚玉昌,2011)

在生态修复过程中,一定要考虑由群落的逆行演替带来的生态退化问题。例如,草地恢复需要考虑蒿类植物产生的他感作用带来的退化,这种退化往往是不可逆的,给草原生态恢复带来挑战。因此,一方面要注意防止过度放牧和人为破坏,另一方面要逐步去除或降低他感物种,选择优质草种,维持草原的群落稳定和生态系统健康。

### 6)演替的顶极学说

单元顶极学说(mono-climax theory)是由美国生态学家 Clements 和 Cowles 于 1916 年提出的。该学说认为演替就是在地表上同一地段顺序出现各种不同生物群落的时间过程。任何一类演替都经过迁移、定居、群聚、竞争、反应、稳定 6 个阶段,最终达到稳定阶段的群落,该群落称为顶极群落。顶极群落的形成主要取决于当地的气候条件,因此单元顶极学说也被称为气候顶极学说。多元顶极学说是由英国学者 Tansley 于 1954 年提出的。该学说认为,如果某个地段或生境上经过一系列的演替最终形成了一个稳定群落,并使演替不再继续,就可以看作是顶极群落。即一个植物群落只要在某一种或几种环境因子的作用下在较长时间内保持稳定状态,都可以认为是顶极群落,它和环境之间达到了较好的平衡。因此,除了气候顶极之外,还可以有土壤顶极、地形顶极、火烧顶极、动物顶极;同时还可以存在一些复合型的顶极,如地形-土壤顶极和火烧-动物顶极等。一般在地带性生境上是气候顶极,在别的生境上可能是其他类型的顶极。顶极-格局假说是由 Whittaker 于 1953 年提出的,该假说认为在任何一个区域内,环境因子都是连续不断变化的。因此,随着环境梯度的连续变化,各种类型的顶极群落也是连续且难以彻底分开的,从而构成一个顶极群落连续变化的格局。在这个格局中,分布最广泛且通常位于格局中心的顶极群落,叫作优势顶极或主顶极,它最能反映该地区气候特征,相当于气候顶极,在其周围形成了土壤、地形、火烧等亚顶极。

## 三、生物多样性格局与保护

### 1. 全球变化与生物多样性保护

生物多样性是地球生命经过近 40 亿年进化的结果,生物多样性关系人类福祉,是人类赖以生存和发展的重要基础。目前,全球范围内正面临生物多样性丧失和第六次物种大灭绝,全球变化背景下生物多样性在物种水平上以前所未有的速度丧失并给生态系统功能带来的严重后果(苏宏新和马克平,2010)。特别是工业革命以来,伴随着人类社会的飞速发展,地球系统的生物地球化学循环也在不断加速,人类活动引起的土地利用、气候变化、生物交流、大气 $CO_2$ 浓度增高和氮沉降加剧等,尤其是大量的工业污染物和有害废弃物累积于大气、水体、土壤和生物圈中,所有这些变化正逐渐接近并有可能超出地球系统的正常承载阈值。这些变化会伴随着全球化进程逐渐扩展到更大的空间范围,从而诱发全球变化的正反馈效应(图 2-44)。这些变化同时使得生物有机体的性状、种间关系、分布格局与生物多样性发生改变,进而影响生态系统过程和功能,并最终影响人类的生存和社会经济的可持续发展(魏辅文等,2022)。

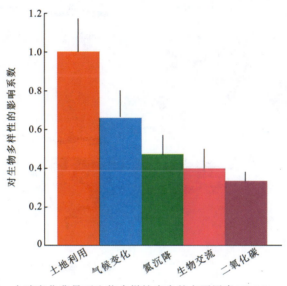

图 2-44　全球变化背景下生物多样性丧失的主要因素(据 Sala et al.,2000)

生物多样性丧失的原因是多方面的,主要是人类活动和气候变化两个方面。如人类对森林和草地的围垦使其变为农田,或在草地上造林,以及城市化、工矿活动、交通及建筑等过程是导致物种和生态系统有效栖息地破碎、散失的主要过程,也是生物多样性受到威胁的首要驱动因素。气候变化是威胁生物多样性的另一个主要因素,它一方面可以引起栖息地环境的变迁,另一方面可以引起植物、动物和微生物生理生态、物候期、生长和繁殖的响应,改变物种之间的关系和相对优势度并最终导致物种的灭绝和生物多样性的丧失(苏宏新和马克平,2010)。另外,全球尺度上生物多样性丧失的第三大因素是氮沉降,通过影响物种的生长和竞争能力等途径打破群落中原有的种间平衡关系,对生物多样性产生了严重的威胁。如果按照当前的情形继续下去,到 2100 年,全球大部分地区的物种将面临灭绝的危险,但是如果采取强有力的保护措施,会挽救许多濒危物种(图 2-45)。

生物多样性保护是国际社会一直以来不断关注的问题。联合国《生物多样性公约》第十五次缔约方大会(COP15)于 2021 年 10 月在中国昆明举办。本届大会重要任务之一是确定 2030 年全球生物多样性保护的目标,同时确定未来 10 年生物多样性保护的全球战略。我国在生物多样性保护方面取得了举世瞩目的成绩,如生物多样性保护主流化、生态保护红线、生态修复重大工程和生态效益评估等举措,不仅为我国在生态治理方面积累了宝贵经验,也为全球生物多样性保护和可持续发展提供了优质和可借鉴的中国方案。因此,未来应在以下方

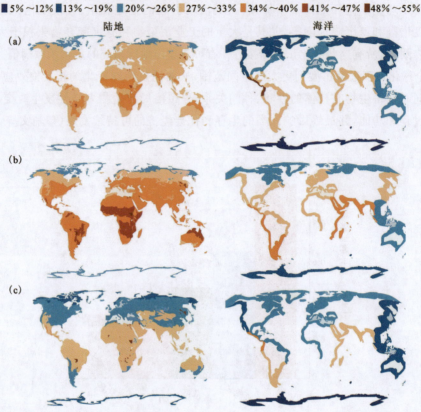

图 2-45　全球生物多样性丧失评估及预测 2100 年生物多样性变化趋势示意图（据 Isbell et al.,2022）
(a)自 1500 年以来全球物种灭绝或受威胁分布图；(b)按当前灭绝或威胁程度，到 2100 年全球生物多样性丧失情况的分布图；(c)采取有效保护措施情况下,2100 年全球生物多样性分布图

面继续努力：进一步推广中国智慧和中国方案，助力全球生态文明建设；加强公约协同增效，助力实现可持续发展目标，将生物多样性保护和国土空间规划等顶层设计相结合；拓宽资金机制，加大优先区及空缺区的保护力度，强化野外台站建设，开展长期生物多样性科学观测与研究；建立大数据平台，推进生物多样性信息共享和深度挖掘；加强遗传多样性研究与保护，建设野生动物遗传资源库；推进海洋国家公园建设，加强海洋生物多样性保护力度；加强外来入侵生物和野生动物疫源疫病研究与防控（魏辅文等，2022）。

**2. 生物多样性与稳定性的关系**

生物多样性是指地球上生物有机体的多样化程度，包括物种多样性、遗传多样性和生态系统多样性 3 个层次。对群落而言，物种多样性尤为重要。前文在群落参数中已经提到，群落的物种多样性包括物种的数目和物种分配的均匀程度两个方面。在全球环境变化、人类活动和栖息地改变等因素的影响下，既可以对群落和生态系统的功能造成影响，又可通过改变生物多样性对群落和生态系统的稳定性产生作用，从而间接影响其功能。

生物多样性和稳定性的关系是生态学研究中长期悬而未决的核心问题之一，生物多样性能否促进生物群落和生态系统稳定性曾引起很多争论。这些争论大致分为两派。

一派认为群落的多样性和稳定性呈正相关关系,即某一生境中的物种数目越多,群落的稳定性越强(MacArthur,1955;Elton,1958)。该观点认为自然群落的稳定性取决于两个方面的因素,一是物种的多少,二是物种间的相互关系和作用。以食物网中物种之间的捕食关系为例,当某一物种数量极多时,必须有大量的捕食者来分散过多的能量,同时又必须有大量被捕食物种来维持物种的数量不会下降太多或灭绝;而当某一物种数量较少时,该物种的每一个捕食者必须有大量的替代被食者,以减少其生存压力,也就是稳定性随着能量通路复杂性的增加而增强。Elton(1958)根据野外观测实验的结果,认为简单群落或生态系统具有较低的时间稳定性和抵抗入侵的能力,认为物种多样性高的群落或生态系统中不同物种相互补充能抵御自然环境中的扰动,从而增加生态系统的稳定性,这一派观点被称为 MacArthur-Elton 假说。

另一派则认为群落的多样性与稳定性无关甚至负相关(May,1972),该派研究人员通过随机矩阵理论从数学上推导得出:群落和生态系统复杂性越高(即物种多样性越高,种间关联越多、越强),物种实现稳定共存的概率就越低。该派观点认为生物多样性的产生是干扰和长期演化的结果,环境的多变性、不可测性决定和塑造了物种的多样性。

到 20 世纪 80 年代,有学者指出造成生物多样性和稳定性的关系有两种不同观点的主要原因在于人们对其概念的理解偏差(Pimm,1984),因为传统的稳定性是在静态假设下提出的。理论上对于一个有更多物种的群落,要使群落更加稳定,就需要物种间的联结变得更少,群落内种群的弹性变得更小;当一个物种丢失以后,群落内种类成分和生物量有较大变化;一个物种丢失以后的状态将保持更长的时间。因此,传统意义上一些关于稳定性的例子有可能是暂时的。当今的生态学更多强调群落的不稳定性和动态特征,传统的静态稳定性概念已经难以客观地反映生态系统的动态特征。因此,稳定性是一个多维概念,有多种不同的定义方法,衡量生态系统的恢复或保持能力需要考虑具体的干扰方式,以及不同层次或尺度(如种群、群落等)的响应差异(李周园等,2021)。还需要在稳定性的概念界定,引入多维度、多尺度指标和理论框架等方面进一步开展研究。

**3. 物种的纬度多样性梯度格局**

生物多样性一直以来是生物学及生态学研究领域的重要问题,其中物种多样性研究是生物多样性研究的核心和基础。物种的纬度多样性梯度格局(latitudinal diversity gradient)是地球上最广泛、最重要的生物多样性地理分布格局之一,即随着纬度的增加,生物群落的物种多样性有逐渐减少的趋势(图 2-46),这一论断已经成为生态地理学的经典模式而被广泛研究。早年物种的纬度多样性梯度格局主要研究陆地生物群,近年来逐渐扩展到海洋生物和化石古生物,研究对象也从传统的动植物扩展到微生物。

物种多样性在纬度梯度分布格局的形成与生物进化历史密切相关,是由多因子决定的,物理因子是第一性的,而生物间的相互关系是第二性的,能量可能是决定性因子(朱富寿,2009)。这一假设在许多生物类群中已得到验证,但其形成机制尚不十分清楚,而且也存在许多的例外情形,有学者认为该模式的成立可能与所选取的研究类群密切相关,但也受板块稳定性、地质年龄、物种关系,以及温度、降水量和风力等环境因素的显著影响。

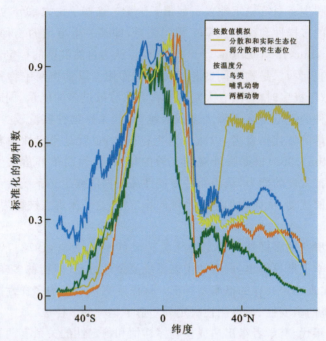

图 2-46　物种的纬度多样性格局概括图，揭示了物种数随纬度的变化趋势（据 Zhang et al.,2022a）

尽管如此，人们对物种梯度多样性的研究也取得了一些认识。例如，群落发展的时间越长，则定居的物种越多，进化的新种也越多。这是因为组成群落的物种多样性是生物长期进化的产物，在未受干扰的情况下，物种区系的发展主要取决于进化时间的长短。最典型的例子是热带地区，热带群落大都形成较早，进化时间较长，即使是在冰期来临全球气候变冷期间，温带地区的气候与生物带向低纬度方向移动，使热带群落的面积有所减少，但热带特殊的地理位置决定了其气候无季节性，温度和日长等保持相对稳定，受冰期影响很小，因此有更多的时间进行物种形成，较少的干扰会减少物种的灭绝率，这些因素都决定了热带具有全球最高的生物多样性。而温带和极地地区的生物群落在地质历史时期受冰川的强烈干扰，群落发展的时间较短，比较年轻，仍处在某次冰期以来的恢复过程中，是进化上尚未成熟的生物群落，因而多样性较低。这都说明较古老的生物群落比年轻的群落有较高的物种多样性，即使是在同一纬度带也是如此，例如俄罗斯贝加尔湖是一个古老而未受冰期影响的温带湖泊，其生物多样性远高于在同一纬度带的加拿大北部的大银湖，后者因曾受冰期的影响，仅有 4 个动物物种存在。

物种的纬度多样性梯度格局与地质构造的稳定性、古气候和地质年龄有关。大量化石记录研究表明，地层年代越古老、地质构造越稳定的地区生物多样性越高。例如，海洋腕足类生物化石的纬度多样性显示在热带或低纬度地区的多样性高于极地海洋，其多样性在晚古生代冰期（330—310 Ma）来临时急剧下降，在之后的气候适宜期迅速恢复［图 2-47（a）］。同样，白垩纪海相沉积物中的浮游有孔虫化石记录也显示出了由赤道到北极种类多样性递减的趋势［图 2-47（b）］。

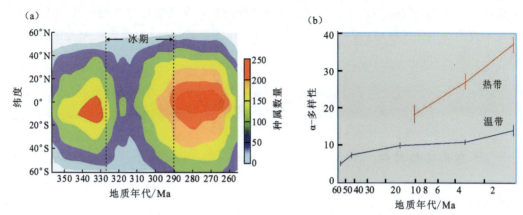

图 2-47 古生代时期海洋腕足类生物属水平上纬度多样性梯度的等值线图(a)和海洋浮游生物有孔虫多样性随地质年代的变化图(b)(据 Powell,2007;Buzas et al.,2002)

研究表明,显著的物种纬度多样性梯度格局在地球的寒冷期和温暖期均可存在,但稳定的环境条件可能对维持热带地区较高的生物多样性格局具有重要作用,而严酷或剧变的环境条件会降低物种多样性的纬度梯度。例如,在二叠纪和三叠纪之交的生物大灭绝期间,发生了诸如西伯利亚大规模的火山喷发、全球温度升高、陆地风化作用加强、陆源物质大量输入海洋、海洋缺氧等异常环境事件,导致热带地区显著的生物多样性高峰消失,生物多样性从两极向赤道没有显著区别,即物种的纬度多样性出现扁平化现象(Song et al.,2020)。然而,对有关纬度多样性梯度格局的形成机制仍未达成共识。在当今,人类活动引起生物多样性丧失将不可避免地影响了纬度多样性梯度的分布格局(Zhang et al.,2022a)。因此,应当继续探索纬度多样性格局的地理分布模式和机制研究,开展大范围的国际合作,利用海量的遗传/基因组大数据,整合开展物种多样性、生态系统多样性以及进化响应等研究。

**4. 生物多样性保护和研究方法**

群落的生物多样性是生物多样性的关键,它既体现了生物与环境之间、生物与生物之间的复杂关系,也体现了生物资源的丰富性。在全球变化背景下,包括第四纪以来的气候变化和当今全球变暖、乱砍滥伐、水土流失等人类活动的多重影响下,已经在不同空间尺度上对生物分布和生物多样性产生了深刻影响,地球上的生物多样性正面临着巨大危机已是全球性的共识,保护和管理生物多样性以防止其快速流失是全球性的重大挑战。因此,应当从生态地理学和历史地理学的角度出发,关注第四纪特别是全新世以来全球变化和人类活动对生物空间分布格局、生物多样性格局的影响(黄晓磊和乔格侠,2010)。在群落生物多样性格局研究方面,重点关注大空间尺度及全球多样性梯度、遗传多样性的地理格局、历史成因和机制等问题,以及构造运动、重大地质事件和环境灾变、生境保守性等对多样性格局形成的影响。

在生物多样性保护方法方面,除了岛屿生物地理学理论外(见第四章),泛生物地理学的轨迹分析和结点分析可以发现生物分布的一致性格局与关键地区,在多样性保护研究中也有较大的优势(黄晓磊和乔格侠,2010)。基于 GIS 或植被遥感的方法由于可视化优势突出,在确定生物多样性格局及分布预测方面也有较广的应用。此外,以基因谱系的地理格局及其演化为研究内容的系统发生学是揭示生物遗传多样性的格局及其演化机制的有效方法,该方法既可以研究遗传多样性格局,还可以揭示隐存的多样性信息,是确定保护优先地区以及进化关键单元的重要方法。

## 第四节 生态系统

### 一、生态系统的特征

#### 1. 生态系统的定义

生态系统(ecosystem)一词是由英国植物生态学家 Tansley 于 1935 年提出的,在一定的空间内,生物成分和非生物成分通过物质循环和能量流动互相作用、互相依存而构成的一个生态学功能单位,这个生态学功能单位称为生态系统。

#### 2. 生态系统的基本组成部分

生态系统有 4 个基本组成部分:①生产者,是指能利用无机物制造有机物的自养生物,主要是绿色植物,也包括一些蓝绿藻、光合细菌及化能合成细菌;②消费者,是指直接或间接利用绿色植物有机物作为食物源的异养生物,主要是指动物(草食动物、肉食动物、腐生动物、杂食动物)和寄生性生物,消费者完成有机物的转化过程,是生物圈生命活动最活跃的部分;③分解者,又称还原者,主要为细菌、真菌等微生物,也包括某些营腐生生活的原生动物,分解者完成有机物的分解过程,是生态系统不可缺少的基本成分;④非生物环境,是生态系统中生物赖以生存的物质和能量的源泉及活动的场所,包括水、无机盐、空气、有机质、岩石等。

#### 3. 生态系统的稳定性(生态平衡)

生态系统通过发育和调节达到某种稳定的状态,表现为结构上、功能上、能量输入和输出上的稳定,当受到外来干扰时,平衡将受到破坏,但只要这种干扰没有超过一定限度,生态系统仍能通过自我调节恢复原来状态。生态系统稳定性包括了两个方面的含义:一方面是系统保持现行状态的能力,即抗干扰的能力(抵抗力);另一方面是系统受扰动后回归稳定状态的能力,即受扰后的恢复能力(恢复力)。

#### 4. 生态系统的反馈作用

生态系统的稳定性调整实际上是通过反馈进行的,当系统中某一成分发生变化,它必然会引起其他成分出现相应的变化,这些变化又会反过来影响最初发生变化的那种成分,使其变化减弱或增强,这个过程就叫反馈。

## 二、生态系统的营养结构

**1. 食物链**

食物链(food chain)是指生态系统中不同生物之间在营养关系中形成的一环套一环似链条式的关系,即物质和能量从植物开始,然后一级一级地转移到大型食肉动物。食物链的类型有三大类:牧食食物链、腐食食物链和寄生食物链。

**2. 食物网**

食物网是由多个食物链彼此交织在一起形成的复杂网状营养结构。在生态系统营养结构中,许多动物在食物链上占据不止一个位置,或者说它们并不是固定在一条食物链上,这样它们就可以处在不同的营养级上,以致一条食物链有许多不同的分支,各个食物链彼此交织形成更加复杂的食物网。通过食物链和食物网把生物与非生物、生产者与消费者、消费者与消费者连成一个整体,反映了生态系统中各生物有机体之间的营养位置和相互关系。各生物成分间通过食物网发生直接或间接的联系,保持着生态系统结构和功能的稳定性。生态系统中能量流动、物质循环正是沿着食物链和食物网进行的。食物链和食物网还揭示了环境中有毒污染物转移、积累的原理和规律。

**3. 营养级**

营养级是指食物链上的每一个环节,它是每一个环节以相似方式获得相同性质食物的所有生物种的总和。营养级之间的关系已经不是指一种生物和另一种生物之间的营养关系,而是指一类生物和处于不同营养层次上另一类生物之间的关系。不同的生态系统往往营养级的数目也不相同,一般为3~5个营养级。营养结构的复杂程度也因生态系统类型不同而具有很大的差异。

**4. 生态金字塔(生态锥体)**

如果把通过各营养级的能量流由高到低用图形表示,就成为一个金字塔形,称能量锥体或能量金字塔。同样,如果以生物量或个体数目来表示,可能得到生物量锥体和数量锥体。这3类锥体合称为生态锥体。

生物量金字塔(生物量锥体)以各营养级的生物量进行比较,以生物组织的干重表示一个营养级中生物的总质量。从低营养级到高营养级,生物的生物量是逐渐减少的,但陆地和海洋生态系统的生物量金字塔形状不同,陆地生态系统为正金字塔形,而海洋生态系统为倒金字塔形,这是因为在海洋生态系统中,微小的单细胞藻类是主要的初级生产者,它们世代周期短,繁殖迅速,只能积累很少的有机物质,并且浮游动物对它们取食强度很大,因此数量很小,常表现为倒锥形的生物量金字塔(图2-48)。

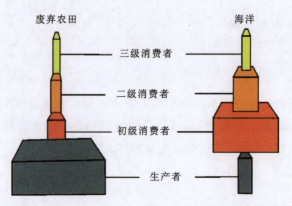

图 2-48 陆地生态系统(废弃农田)和海洋生态系统的生物量金字塔比较(据尚玉昌,2011)

### 三、生态系统的生物组分

一般把自养生物的生产过程称为初级生产,其提供的生产力称为初级生产力。把异养生物再生产过程称为次级生产,提供的生产力称为次级生产力。净初级生产量(net primary production,简称为NPP)是指在初级生产过程中,植物光合作用固定的能量中扣除植物呼吸作用消耗掉的那部分,剩下的可用于植物的生长和生殖的能量。

生产者(producer)在生物学分类上主要是各种绿色植物,也包括化能合成细菌与光合细菌,它们都是自养生物。植物与光合细菌利用太阳能进行光合作用合成有机物,化能合成细菌利用某些物质氧化还原反应释放的能量合成有机物。生产者在生物群落中起基础性作用,它们将无机环境中的能量同化,维系着整个生态系统的稳定,其中,各种绿色植物还能为各种生物提供栖息、繁殖的场所。

消费者(consumer)指依靠摄取其他生物为生的异养生物。消费者的范围非常广,包括了几乎所有的动物和部分微生物(主要有真菌),它们通过捕食和寄生关系在生态系统中传递能量。其中,以生产者为食的消费者被称为初级消费者,以初级消费者为食的消费者被称为次级消费者,其后还有三级消费者与四级消费者。同一种消费者在一个复杂的生态系统中可能充当多个级别,杂食性动物尤为如此,它们可能既吃植物(充当初级消费者),又吃各种食草动物(充当次级消费者),有的生物所充当的消费者级别还会随季节而变化。

分解者(decomposer)又称"还原者",它们是一类异养生物,以各种细菌和真菌为主,也包含屎壳郎、蚯蚓等腐生动物。分解者可以将生态系统中的各种无生命的复杂有机质(尸体、粪便等)分解成水、二氧化碳、铵盐等可以被生产者重新利用的物质,完成物质的循环。因此,一个生态系统只需分解者、生产者与无机环境就可以维持简单的运作,数量众多的消费者在生态系统中起加快能量流动和物质循环的作用,可以看成一种催化剂。

生态系统的各个组分之间是相互影响的,比如生产者制造有机物,为消费者提供食物和栖息场所;消费者对植物的花粉、种子的传播有重要作用;分解者将动植物遗体分解成无机物,供生产者重新利用,如果没有分解者,动植物的遗体、残骸就会堆积如山,生态系统就会崩溃。阳光会影响植物与光合自养微生物的分布,水是生命之源,没有空气就无法呼吸,适宜的温度是生物生存、代谢的必要条件。

### 四、生态系统的功能

地球上三大生态系统(湿地、森林和海洋)的功能包括能量流动、物质循环、信息传递等,关于三大生态系统的生态效应介绍及其服务功能具体如下。

**1. 湿地生态系统**

湿地是陆地和水生环境之间的过渡带,并兼有两种系统的某些特征。湿地是指天然或人工、永久或暂时的沼泽地、泥炭或水域地带,带有静止或流动的淡水、半咸水及咸水水体者,全世界共有湿地 $8.558×10^6$ $km^2$(包括低潮时水深不超过 6 m 的海域),占陆地总面积的 6.4%(不包括滨海湿地),湿地与森林、海洋一起并列为全球三大生态系统类型。我国湿地大约有 $5.71×10^7$ $km^2$。

湿地的生态效应包括:①调节水循环。湿地可以容纳地下水和地面水,具有排洪、蓄洪功能。②净化环境。湿地称为"自然之肾",具有在水分和化学物质循环中所表现出的功能及在下游作为自然与人类废弃源的接收器的功能。③调节气候。④提供水产,工农业用水。当前人类对湿地的影响包括围湖垦殖,水域环境严重污染,流域水土流失加剧,湖区淤积,生物资源过度开发,不合理利用、排干沼泽,兴建大型水利工程等。

**2. 森林生态系统**

森林生态系统环境效应包括以下几点:涵养水源,保持水土;调节气候,增加降雨;防风固沙,保护农田;净化空气,防治污染;降低噪声,美化景观;提供燃料,增加肥源。

**3. 海洋生态系统**

海洋生态系统环境效应包括:影响全球物质循环,为人类提供丰富的产品,对人类环境产生重大影响(调节大气水热运动,调节气候,调节大气 $CO_2$、$O_2$ 平衡和净化环境等)。

**4. 生态系统的服务功能**

由自然系统的生境、物种、生物学状态、性质和生态过程所生产的物质及其所维持的良好生活环境对人类的服务性能称生态系统服务。

生态系统服务功能主要包括有机物的生产与生态系统产品的提供,生物多样性的产生与维护,调节气候,减缓灾害,维持土壤功能,传粉播种,控制有害生物,净化环境、感官、心理和精神。

斯坦福大学研究小组的报告指出,物种多样性丧失的代价是巨大的,如鸟类减少将引起令人担忧的一系列连锁反应,扰乱自然界的降解机制、种子传播和昆虫控制。人类健康也将受影响,因为生态平衡的变化总是导致携带病毒的动物显著增加。20 世纪 90 年代印度的秃鹫数量减少了 95%,致使野狗和老鼠迅速繁殖,狂犬病患者大量增加。莱姆病有类似流感的症状,可以损害神经中枢,而北美鸽的灭绝是美国莱姆病蔓延的罪魁祸首。这是因为寄生在田鼠身上的壁虱是莱姆病的主要携带者,鸽子和田鼠的主要食物是橡树果,北美鸽灭绝使田鼠食物异常丰富,数量激增,壁虱增加。

另外,物种多样性对改善人类生存条件至关重要,物种多样性还对改良农作物和家畜有重要意义。物种的大量灭绝使人类损失了大量可以利用的生物基因。

### 五、全球陆地生态系统的生产力分布

地球各地的净初级生产量、生物量随温度和雨量的不同具有很大的差异。在陆地生态系统中净初级生产量最高的是热带雨林,热带雨林净初级生产量平均值为 2000 g·m$^{-2}$·a$^{-1}$,开阔洋盆的净初级生产量较低,平均值为125 g·m$^{-2}$·a$^{-1}$,总的来说,海洋的净初级生产量要比陆地低很多(图 2-49)。

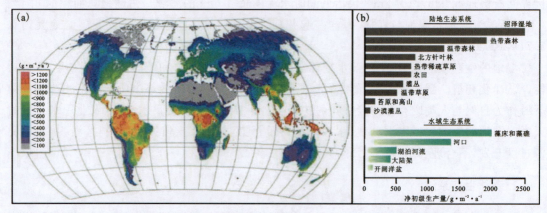

图 2-49　全球主要生态系统净初级生产量 NPP(g·m$^{-2}$·a$^{-1}$)的分布(a)及全球主要生态系统净初级生产量的排名(b)(据 Cramer et al.,2001)

**1. 陆地生态系统初级生产量的限制因素**

Rosenzweig(1968)通过绘制年净生产量与年实际蒸散量的关系图(图 2-50),预测了水分与温度对陆地初级生产速率的影响。年实际蒸散量受温度和降水影响,是一年内植物蒸发和蒸腾的总水量,测量单位为 mm。温暖的生态系统能接收大量的降水,展现高水平的初级生产量。相反,接收少量降水的生态系统十分寒冷,展现了低水平的年实际蒸散量。例如,热带沙漠和冻土带的年实际蒸散量就很低。热带森林有最高水平的净初级生产量与年实际蒸散量。干热沙漠和干冷苔原具有低水平的净初级生产量与年实际蒸散量。温带森林、温带草原、林地和高海拔森林地区展现了中等水平的净初级生产量与年实际蒸散量。图 2-50 表明实际蒸散量与陆地生态系统年净初级生产量之间具有一定意义的比例变化。

在全球范围内,陆地初级生产量主要受温度与水分控制,决定陆地生态系统初级生产力的因素往往是日光、温度、水分。在温暖、湿润的环境下,初级生产量可以获得最高速率(图 2-51)。在局部地区,营养物质的供应状况往往决定着某些陆地生态系统的生产力。

Sala 等(1988)研究发现,北美中部草原生态系统初级生产量的东西向变化与降水量有很高的一致性(图 2-52)。研究地区从密西西比州和阿肯色州的东部地区一直延伸到新墨西哥州和蒙大拿州的西部以及北达科他州到得克萨斯州的南部。东部草原研究区的初级生产量最高,西部研究区的初级生产量最低(图 2-52)。

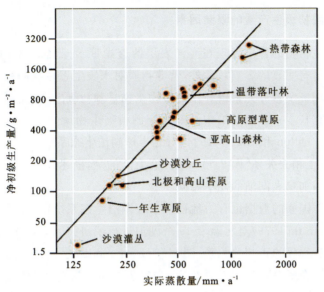

图 2-50　实际蒸散量与陆地生态系统地上净初级生产量的关系示意图（据 Rosenzweig，1968）

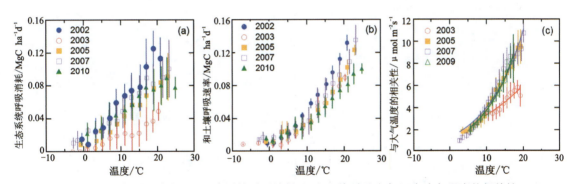

图 2-51　总初级生产力（a）、生态系统呼吸消耗（b）和土壤呼吸速率（c）与大气温度的相关性
（据 Aguilos et al.，2014）

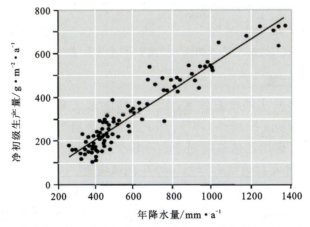

图 2-52　北美中部草原地上净初级生产量与年降水量的关系（据 Sala et al.，1988）

**2. 水域生态系统初级生产量的限制因素**

光照强度对水生植物的影响表现在海洋表层的透光带,光照强度对海洋、陆地淡水水表层透光带初级生产量有明显的影响。此外,营养物质对水域生态系统的初级生产量也有明显的影响。下面的实例证实营养元素磷与浮游植物生物量和初级生产量的关系密切。

生态学家在研究日本一系列湖泊中的磷与浮游植物生物量的定量关系时发现了它们之间有很好的相关性。Dillon 和 Rigler(1974)对北半球湖泊生态系统中磷与浮游植物生物量的关系进行了描述,呈正相关关系[图 2-53(a)]。有意义的是,描述日本湖泊磷与浮游植物生物量关系的直线斜率与加拿大湖泊的几乎相同。

来自日本与北美国家的数据也有力地证实了在湖泊生态系统中,养分尤其是磷控制了浮游植物生物数量。Smith(1979)对北温带 49 个湖泊进行了研究。研究得出的数据表明,叶绿素含量与光合作用有很强的正相关关系[图 2-53(b)]。Smith 也同样证明了总磷含量与光合速率有直接的关系。在整个湖泊生态系统中,水生生物学家通过控制养分有效性,开展了养分有效性和初级生产量关系的相关性研究。

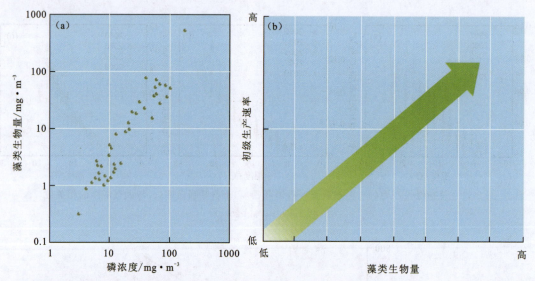

图 2-53　浮游植物生物量与磷浓度(a)及初级生产速率(b)的关系(据 Dillon and Rigler,1974;Smith,1979)

1)全湖初级生产量实验

在加拿大安大略的西北部湖泊区域,水生生物学家完成了全湖控制实验(Mills and Schindler,1987;Findlay and Kasian,1987)。在一个被称为湖 226 的湖泊中,生态学家进行了养分控制实验。实验者们用乙烯基将湖 226 分成 2 个 8 hm² 的小盆地,每个小盆地包含 500 000 m³ 的水。每一个小盆地在 1973—1980 年间被施肥。实验者们以蔗糖和硝酸盐的形式向其中一个小盆地添加了碳化合物,向另一个小盆地添加了碳、硝酸盐和磷酸盐。1980 年后,停止了湖泊施肥,并在 1981—1983 年间对湖 226 的生态系统恢复状况进行了研究。

湖 226 的 2 个实验点对养分状况都有明显的反应。在湖泊控制实验之前,湖 226 与 2 个参照湖一样,有相同浮游植物生物量(图 2-54)。但是,当实验者开始添加养分时,湖 226 的浮游植物生物量超过了参照湖泊。直到1980年末实验者停止向湖里添加养分,湖226的浮游植物生物量还保持着增加。1981—1983年,湖226的浮游植物生物量明显下降。

图 2-54 湖泊控制实验与营养元素(C+N+P)添加对浮游植物生物量的影响
(据 Mills and Schindler,1987;Findlay and Kasian 1987)

2) 全球海洋初级生产量分布

海洋净初级生产量的地理分布表明了营养元素供给对初级生产率有积极的影响。海洋学家发现,海洋浮游植物的最高初级生产量主要集中在高水平营养元素分布区域。最高初级生产率集中在大陆架边缘和上涌带区(图2-55)。大陆架边缘的营养元素主要来自陆地径流和洋盆底部沉积物的释放补充。上涌带自深处向表面携带的营养元素沿着大陆西海岸和南极洲大陆分布,图2-55用深红色展示了这些区域很高的初级生产率。相反,大洋海盆中心由于很低的营养元素供给,因而初级生产率也很低。

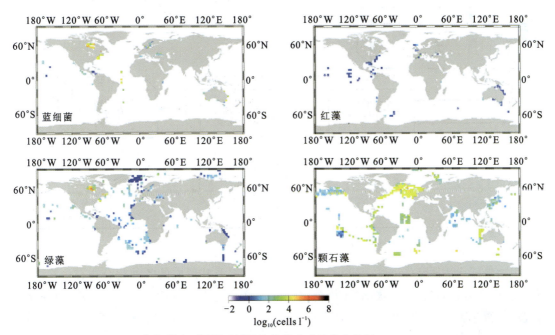

图 2-55 现代海洋中不同谱系浮游植物的丰度及分布格局(据 Zhang et al.,2022a)

不同谱系的初级生产力也因其 N、P、微量金属元素的偏好度不同而呈现不同的分布格局（Zhang et al.，2022a；图 2-55）。比如蓝细菌，具有很强的金属转运能力（包括吸收和排出），因此分布比较广泛，适应能力强；红藻和绿藻对金属的转运能力有更强的特异性，因此有较高的金属需求，从而只适应于营养丰富的环境；颗石藻等次级内共生发展的藻类金属的转运能力的特异性较弱，拥有对 Fe 和 Zn 亲和力更强的转运蛋白，因此对金属的需求较低，从而适应于寡营养环境。总之，微量金属元素对海洋初级生产力的丰度和分布十分重要。不论是古海洋还是现代海洋，海水中微量金属的生物可利用性都是影响和控制浮游植物种群结构的重要因素。

**3. 生态系统 C、N、P 循环**

生态系统的维持不仅依赖于能量的供应，也依赖于各种营养物质的供应。生物需要的元素很多，包括 C、H、O、N、P、K、Ca、Mg、S、Fe、Na 等。对生物来说，这些元素作用各不相同，缺一不可，其中 C、N、P 等元素最为重要，被称为生源要素。持续不断的物质循环和能量流动是一个生态系统长期稳定和发展的基础。能量是生态系统一切活动和过程的最终推动力，物质是构成生态系统生命和非生命组分的原材料，两者对任何生态系统来说都是缺一不可、相辅相成的。物质在生态系统中可以被反复循环利用，它在生态系统中起着双重作用，既是维持生命活动的物质基础，又是能量的载体。在生态系统中，植物从大气、水和土壤中吸收无机元素及其化合物，制造成有机物，然后有机物通过营养级进行传递。动植物有机体死亡后，经微生物分解，元素又以无机元素的形式归还到环境中，再次被植物吸收利用。因此，不同于能量的单向流动，物质是在生态系统内发生循环（图 2-56）。

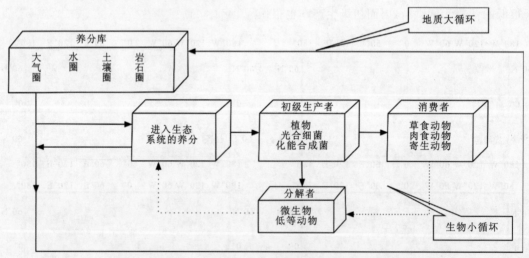

图 2-56　陆地生物地球化学循环模型（据曹凑贵和展铭，2015）

生物地球化学循环（biogeochemical cycle）是指元素及其形成的各种化合物在生物圈、水圈、大气圈和岩石圈（包括土壤圈）等圈层之间的迁移与转化（王将克等，1999）。物质在循环过程中被暂时固定、储存的场所称为库（pool）（图 2-57）。其中，交换比较快的场所被称为交换库(exchange pool)或活性库(active pool),一般为生物成分,如植物库、动物库、微生物库等生物库;容积较大,物质交换活动缓慢的库称为储存库(reservoir pool)或储藏库(storage pool),一般为非生物成分,如大气库、土壤库、水体库等环境库。库与库之间存在着相互关联的过程(pathway),包括物理过程和生物过程,调控着物质和能量的传输。物质在库与库之间的转移运动状态称为流(flow)。单位时间内,某种元素在不同库之间交换的量被称为通量(flux)。源(source)和汇(sink)是指元素在库中是净流入还是净流出。如果是净流入,则称之为该元素的汇,反之则称为源。周转率(turnover rate)和周转期(turnover time)是反映生物地球化学循环效率的2个重要指标。周转率是指系统达到稳定状态后,某一组分(库)中的物质在

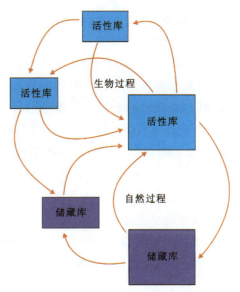

图 2-57　生物地球化学循环的基本特征
(据 Strahler,2013)

单位时间内所流出的量或流入的量占库存总量的分数值。周转期是指库中物质全部更换平均需要的时间,也是周转率的倒数(曹凑贵和展铭,2015)。循环元素的性质不同,周转率和周转期也不同。如大气圈中 $CO_2$ 的周转时间大约是一年(光合作用从大气圈中移走 $CO_2$);大气圈中分子氮的周转时间则需万年(主要是生物的固氮作用将氮分子转化为氨氮为生物所利用)。

根据储存库和物质形态不同,生物地球化学循环可分为气体型循环(gaseous cycle)和沉积型循环(sedimentary cycle)(表 2-2)。在气体型循环中,物质的主要储存库是大气圈和水圈,参与这类循环的元素具有扩散性强、流动性大和容易混合的特点。属于气体循环的元素主要有 C、O、H、N、Cl 等。气体型循环把大气和水密切地连接起来,具有明显的全球性循环的特点。在沉积型循环中,主要储存库是岩石圈和土壤圈,涉及的元素主要有 P、S 等。沉积型循环主要是经过岩石的风化作用和沉积物的分解作用,元素转变为生态系统的生物成分可以利用的营养物质。因此,沉积型循环周期很长,循环系统也不完善,具有非全球性的循环特点。

表 2-2　气体型循环与沉积型循环对比(据曹凑贵和展铭,2015)

| 主要特征 | 气体型循环 | 沉积型循环 |
| --- | --- | --- |
| 元素类型 | 有气态化合物或分子(C、O、H、N、Cl 等) | 无气态化合物或分子(P、Ca、K、Na、Mg 等) |
| 主要储存库 | 大气圈、水圈 | 岩石圈、土壤圈 |
| 循环速度 | 快 | 慢 |
| 运动方式 | 扩散 | 沉降、抬升、风化、溶解 |
| 抗干扰能力 | 强 | 弱 |
| 循环性质 | 完全循环 | 不完全循环 |

1) 碳循环

碳是生命体的重要组成部分，占活体生物干重的50%。按存在形式，碳可分为无机碳和有机碳。前者主要包括碳酸盐、$CO_2$、$CO$、$H_2CO_3$ 等，而后者包括各种有机化合物。在地球系统中，主要的碳库有大气圈、陆地生物圈、水圈（主要是海洋）、土壤圈和岩石圈（图 2-58）。大气中约有 800 Pg 碳，约占大气质量的万分之三。大气圈中的碳以气态为主，包括 $CO_2$、$CO$、$CH_4$ 及人类排放的氯氟烃（CFCs），少量以气溶胶的形式存在。海洋中的碳包括溶解无机碳（DIC）（如溶解 $CO_2$、碳酸氢根和碳酸根）、溶解有机碳（DOC）、颗粒有机碳（POC）（如海洋生物活体和残体）。海洋碳库中绝大部分是 DIC，总量为 34 000～38 000 Pg 碳，是大气圈碳库的 50 倍，是地球系统中除岩石圈外最大的碳库。海洋中 DOC 约为 1000 Pg 碳。海洋的储碳能力取决于海水温度，温度越低，储碳能力越强。陆地生物圈中的碳主要以有机碳的方式储存于生物体中，其总碳量为 500～620 Pg 碳（陈泮勤等，2004）。土壤圈的总碳量约为 2000 Pg 碳，其中三分之一以有机碳的形式储存在泥炭地中（Scharlemann et al., 2014）。

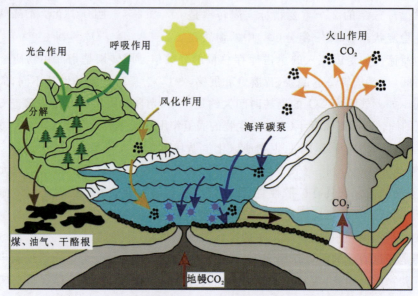

图 2-58 地球系统碳库及碳库之间的交换过程（据 Mackenzie，1999）

（1）碳循环的主要过程。根据碳在不同圈层中周转期的差异，碳的生物地球化学循环可分为两类，分别是短时间尺度碳循环（年际至百年）和长时间尺度碳循环（千年以上）。在不同的时间尺度，碳循环的过程有明显的差异。

短时间尺度碳循环的主要过程有光合作用、植物和动物的呼吸作用、大气-海水界面 $CO_2$ 的交换过程。其他过程还包括微生物的发酵作用、产甲烷作用、甲烷厌氧与好氧氧化作用。光合作用是指绿色植物（包括陆地植物、水圈的浮游植物和底栖植物）吸收大气中的 $CO_2$，利用太阳能将其合成为糖类，并进一步转化为生物组织，同时释放出 $O_2$，供其他生物地球化学过程使用。一些细菌（如紫硫细菌和绿硫细菌）生活在海水透光层的底部，利用太阳能固定水中溶解的 $CO_2$，但不释放 $O_2$。为了维持机体的活动，植物和动物还通过呼吸作用将有机分子中的能量释放出来,同时向大气排放 $CO_2$。沉积物中有机质的降解也会向大气排放一定量的 $CO_2$。

$$\text{有氧光合作用：} 6CO_2 + 12H_2O \longrightarrow C_6H_{12}O_6 + 6O_2 + 6H_2O \tag{2-1}$$

$$\text{无氧光合作用：} CO_2 + H_2O \longrightarrow CH_2O + O_2 \tag{2-2}$$

$$\text{有氧呼吸作用：} C_6H_{12}O_6 + 6O_2 \longrightarrow 6CO_2 + 12H_2O + \text{能量} \tag{2-3}$$

海洋中各种形态碳之间的循环以及碳由表层到深海的输送受控于物理过程和生物过程,即通常所说的物理泵(又称溶解泵)和生物泵。物理泵是指发生在海气界面的气体交换过程和将 $CO_2$ 从海洋表面向深海输送的物理过程。影响此过程的因素有风速、$CO_2$ 分压差及海水温度。生物泵是指浮游生物通过光合作用吸收碳及其向深海和海底沉积物输送的过程。根据浮游生物的不同作用,海洋生物泵又被分为有机碳泵和碳酸钙泵。非钙化浮游生物通过光合作用吸收 $CO_2$,合成糖类等,所产生的部分有机物通过海洋食物链进行循环,只有很少的一部分被埋在海底沉积物中,这一过程被称为有机碳泵。钙化浮游生物在钙化过程会生成碳酸钙,并释放 $CO_2$。其中,$CO_2$ 通过上层海洋释放到大气中,所产生的碳酸钙产物被输送到深海,此过程被称为碳酸钙泵。有机碳泵和碳酸钙泵对海水碳酸盐系统的作用有着完全不同的效果。在表层海水中,有机碳泵的作用是降低海水中 $CO_2$ 分压,而碳酸钙泵却是提高 $CO_2$ 分压;在深水中,有机碳的分解释放 $CO_2$,而碳酸钙的溶解却吸收 $CO_2$。

微生物的发酵作用和产甲烷作用也是能量转化的重要过程。这两个过程在厌氧条件下进行,能量转化效率比有氧呼吸过程的转化效率低。有机质的发酵过程,也称为糖酵解,它是在微生物厌氧呼吸过程中以有机质作为终端电子受体,生成各种低分子量的酸、醇和 $CO_2$,如乳酸和乙醇。

$$C_6H_{12}O_6 \longrightarrow 2CH_3CH_2OCOOH \tag{2-4}$$

$$C_6H_{12}O_6 \longrightarrow 2CH_3CH_2OH + 2CO_2 \tag{2-5}$$

产甲烷过程由严格厌氧的古菌完成,主要有两种途径,分别是 $CO_2$-$H_2$ 途径和乙酸根途径。

$$CO_2 + 4H_2 \longrightarrow CH_4 + 2H_2O \tag{2-6}$$

$$CH_3COOH \longrightarrow CH_4 + CO_2 \tag{2-7}$$

此外,一些古菌还可以利用甲基化合物,如甲醇与甲酸合成甲烷。发酵过程和产甲烷过程在碳循环过程中起着重要作用,它们将缺氧条件下的有机质彻底分解,转化为 $CO_2$,完成碳循环过程。

甲烷是仅次于 $CO_2$ 的重要温室气体,因而其消耗过程同样重要。甲烷氧化发生于有氧和缺氧条件下。有氧条件下主要是好氧细菌产生甲烷,发生于土壤、湿地等多种环境中,以 $O_2$ 为电子受体;无氧条件下主要是由古菌产生甲烷,而且常常与硫酸盐还原菌协同完成,以硫酸盐为电子受体。

长时间尺度碳循环主要涉及沉积物中的有机质以及一些富集状态下的有机质(如煤、石油和天然气),还有碳酸盐($CaCO_3$)和硅酸盐($CaSiO_3$)的风化作用,以及大规模的火山活动释放地幔来源的 $CO_2$(图 2-58)。与短时间尺度的碳循环类似,长时间尺度的碳循环也在植物中固碳。植物残体经复杂的生物和化学过程在沉积物中转变为干酪根。富含干酪根的沉积物

（烃源岩）在温度和压力的共同作用下发生裂解，产物经运移和成藏后聚集形成原油和天然气。在一些陆相环境中，如泥炭沼泽和滨海沼泽，植物残体分解速率比较慢，慢慢堆积形成泥炭，泥炭进一步演化成为煤。风化作用和地表剥蚀作用吸收大气 $CO_2$ 来溶解灰岩和其他岩石，产生大量的溶解态钙、碳及二氧化硅，这些溶解态物质可以被河流搬运输入到海洋中。海洋底栖生物和浮游生物利用溶解的钙形成钙质外壳，在此过程中释放 $CO_2$，从而将风化作用固定的 $CO_2$ 返回给大气。

（2）人类活动对碳循环的影响。大气圈中的 $CO_2$ 能够吸收地面长波辐射，提升了大气的温度，形成了所谓的温室效应（greenhouse effect）。这对维持地球大气温度处于适宜范围内具有重大意义。除了 $CO_2$，温室气体还包括 $CH_4$、CFCs、$N_2O$ 等，占比最大的是 $CO_2$ 和 $CH_4$。在工业革命之前，地球大气圈的 $CO_2$ 浓度表现出了明显的波动性。特别是在第四纪，大气 $CO_2$ 浓度与冰期-间冰期循环间关系密切。间冰期大气 $CO_2$ 浓度高，而冰期大气 $CO_2$ 浓度低（图 2-59），波动范围为 $180\times10^{-6} \sim 280\times10^{-6}$。这种自然条件下的大气 $CO_2$ 浓度变化，主要受海洋吸收、陆地和海洋生产力变化、硅酸盐风化等过程控制。

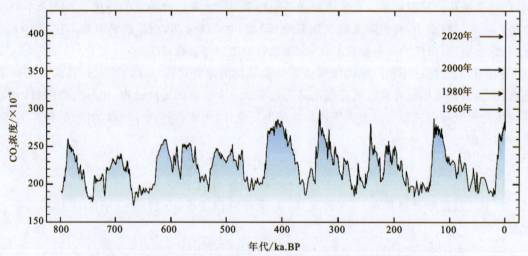

图 2-59　近 80 万年以来大气 $CO_2$ 浓度变化（据 Luthi et al., 2008）

注：数据来自南极冰芯气泡记录，1958 年以后的数据来自美国夏威夷冒纳罗亚山 $CO_2$ 含量观测站。

工业革命以来，人类活动显著地改变了全球碳循环，突出地表现在大气 $CO_2$ 浓度的快速上升（图 2-59），变化的幅度已经脱离了冰期-间冰期的节律。具体来讲，大气 $CO_2$ 浓度从 1750 年（工业革命以前）的 $280\times10^{-6}$ 上升到 2022 年 7 月的 $418.9\times10^{-6}$，上升了 50%。造成这种变化的原因包括化石燃料燃烧、水泥生产、森林毁坏。在 2010—2019 年期间，人类活动排放的 $CO_2$ 约 46% 停留在大气中，约 31% 被陆地吸收，约 23% 被海洋吸收（Friedlingstein et al., 2020）。随着海洋吸收更多的 $CO_2$，海水酸化，对珊瑚等依赖碳酸钙的生物造成了显著的影响。

不断增加的 $CO_2$ 排放造成了全球变暖，也引起了国际社会的高度重视。联合国召开了多次气候变化谈判，截至 2016 年 6 月 29 日，共有 178 个缔约方共同签署了《巴黎协定》（The Paris Agreement），长期目标是将全球平均气温较前工业化时期上升幅度控制在 2℃ 以内，并努力将温度上升幅度限制在 1.5℃ 以内。世界上不少国家提出了碳达峰或碳中和目标（简称

"双碳"目标)。2020年9月中国明确提出2030年碳达峰与2060年碳中和目标,力争2030年前$CO_2$排放达到峰值,力争在2060年前实现碳中和目标。要实现碳中和,需要在碳减排、碳封存、碳增汇等多端发力。

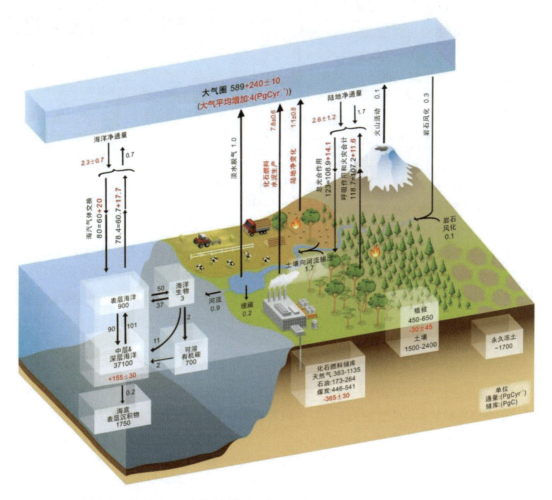

图2-60　IPCC 2013碳循环评估示意图(据IPCC 2013年第一工作组报告,有修改)

2)氮循环

氮是蛋白质(DNA)和核酸(RNA)等重要生命有机分子的主要成分。自然界中,常见的含氮化合物有氮气($N_2$)、亚硝酸盐($NO_2^-$)、硝酸盐($NO_3^-$)、氨($NH_3$)以及有机氮化合物(主要是氨基酸、蛋白质和核酸)。此外,还有氮的其他氧化物,如$N_2O$、$NO_x$(NO与$NO_2$)。虽然大气体积的79%为分子态氮,但是,自然界中仅有少部分的微生物能固定大气中的$N_2$。植物、动物和其他的微生物只能直接利用铵盐($NH_4^+$)和硝酸盐等含氮化合物。

(1)氮循环的主要过程。陆地生态系统氮循环包括固氮作用(nitrogen fixation)、氨化作用(ammonification)、硝化作用(nitrification)、反硝化作用(denitrification)及氨厌氧氧化(anaerobic ammonium oxidation)作用等过程,微生物在氮的生物地球化学循环中发挥着重要的作用(图2-61)。

地球表面的氮循环是从固氮作用开始的,固氮菌将空气中的 $N_2$ 转化为 $NH_3$。尽管闪电作用、火山喷发和电离辐射也能将 $N_2$ 转化为可供生物利用的含氮化合物,但自然界的固氮过程主要由微生物完成。能够固氮的微生物种类众多,可分为两大类:自生固氮菌和共生固氮菌。据估计,地球上每年大约固定 $1.7\times10^8$ t $N_2$,其中 $3.5\times10^7$ t 是在草地固定的,$4.0\times10^7$ t 是在森林固定的,剩余的 $3.6\times10^7$ t 是在海洋环境中固定的。共生固氮菌最常见的是与豆科植物共生的根瘤菌,还有与一些禾本科植物共生的弗氏放线菌,以及与植物共生的固氮蓝细菌。自生固氮菌种类众多,如固氮菌属、拜叶林克氏菌属、红硫菌属等。在水生环境中,蓝细

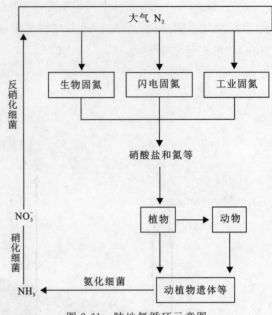

图 2-61 陆地氮循环示意图

菌中的鱼腥藻(*Anabaena*)和念珠藻(*Nostoc*)是最重要的固氮菌。

氨化作用又叫脱氨作用,是指微生物分解有机氮化物产生氨的过程。生物体有机分子上的 N 通常以还原形式存在,即以氨基形式存在,如蛋白质和氨基酸。许多植物、动物和微生物都能进行氨化作用,把氨基态的 N 转化成 $NH_3$。

$$(NH_2)_2CO + 2H_2O \longrightarrow 2NH_3 + CO_2 + H_2O \tag{2-8}$$

在酸性至中性的水环境中,$NH_3$ 以铵根($NH_4^+$)的形式存在,很容易被植物和微生物同化,用于合成氨基酸和其他含氮化合物。在碱性环境中,氨化作用产生的部分 $NH_3$ 被释放到大气中,无法被其他生物利用。

自然界中,仅有少数几种自养细菌能进行硝化反应,即将 $NH_3$ 转化为亚硝酸盐和硝酸盐的过程。硝化过程是一个绝对需要 $O_2$ 的过程,分两个独立的阶段。第一个阶段由亚硝化细菌将氨氧化成亚硝酸盐,其反应式如下。

$$2NH_3 + 3O_2 \longrightarrow 2NO_2^- + 2H^+ + 2H_2O \tag{2-9}$$

第二个阶段由硝化细菌起氧化作用,将亚硝酸分子转化为硝酸,其反应式如下。

$$2NO_2^- + H_2O \longrightarrow H_2O:NO_2 \longrightarrow NO_3^- + 2H^+ \tag{2-10}$$

能把 $NH_3$ 氧化成 $NO_2^-$ 的细菌有亚硝化单胞菌、亚硝化螺菌、亚硝化球菌、亚硝化弧菌和亚硝化叶菌。硝化细菌包括硝化杆菌。亚硝化球菌和亚硝化螺菌也能将 $NO_2^-$ 氧化成 $NO_3^-$。硝化杆菌、亚硝化螺菌、亚硝化球菌和亚硝化单胞菌可以存在于海洋中。硝化杆菌、亚硝化单胞菌、亚硝化球菌和亚硝化叶菌可以存在于土壤中。

微生物和植物吸收利用硝酸盐有两种完全不同的用途,其中一个用途是利用其中的氮作为氮源,称为同化性硝酸还原作用。

$$NO_3^- \longrightarrow NH_4^+ \longrightarrow 有机态氮 \tag{2-11}$$

许多细菌、放线菌和霉菌利用硝酸盐作为氮素营养。另一个用途是将 $NO_2^-$ 和 $NO_3^-$ 作为呼吸作用的最终电子受体,把硝酸还原成氮($N_2$),称为反硝化作用或脱氮作用:

$$NO_3^- \longrightarrow NO_2^- \longrightarrow N_2 \tag{2-12}$$

只有少数细菌能进行反硝化作用,这个生理群被称为反硝化细菌。大部分反硝化细菌是异养菌,例如脱氮小球菌、反硝化假单胞菌等。它们以有机物为氮源和能源,进行无氧呼吸。

土壤和水体在缺氧条件下,硝酸盐转化为气态氮(如 $N_2$、$N_2O$ 等),由此完成了氮循环。这是氮循环的一个重要环节,一方面可以补充大气中的分子氮,保持恒定的 $N_2$ 含量,也可以消除水体中氮的富集;另一方面反硝化作用可使土壤中作为氮肥的硝酸盐损失,降低了土壤的肥力。

除了前面提到的好氧氨氧化过程(硝化作用),近些年的研究发现一些微生物还可以在厌氧条件下氧化氨,即厌氧氨氧化作用。此过程由浮霉菌门(*Planctomycetes*)细菌完成,存在于多种环境中。由于至今未能成功分离得到纯菌株,因此尚未获得正式命名和分类。厌氧氨氧化的总反应式可以表示为:

$$NO_2^- + NH_4^+ \longrightarrow N_2 + 2H_2O \tag{2-13}$$

此过程释放的 $N_2$ 可占全球海洋固定态氮损失的 50%。

(2)人类活动对氮循环的影响。人类活动正在显著地影响着氮的生物地球化学循环。首先体现在工业固氮上,包括氮肥的大量生产和使用。过剩的氮肥从农田流失进入湖泊、河流和近海等水体,引起水域的富营养化,造成了陆地水域的水华和海洋中的赤潮。其次是工厂废气和汽车尾气的排放,使大气中的氨气和氮氧化合物($NO_x$)浓度上升,降低了空气质量,还会形成酸雨。$NO_2$ 可以改变空气的化学性质,是对流层臭氧形成的前体物质。$N_2O$ 是仅次于 $CO_2$ 和 $CH_4$ 的重要温室气体。上升到平流层的 $N_2O$ 可以破坏臭氧。人类活动正在显著地提升大气中 $N_2O$ 的浓度。

在人类对地球环境影响日益加剧的背景下,瑞典斯德哥尔摩社会生态系统应变及发展研究中心(Stockholm Resilience Centre)等从地球系统科学的角度,提出了行星边界框架(planetary boundaries),定义了人类相对于地球系统的安全操作空间,并与地球的生物物理子系统或过程相关联。通过 9 个与地球系统相关联的阈值共同定义行星边界,分别是气候变化(climate change);生物多样性的丧失率(biodiversity loss)(陆地和海洋;在 2015 年版中更新为 Biosphere integrity 生物圈完整性);氮循环和磷循环(nitrogen cycle and phosphorus cycle);平流层臭氧消耗(stratospheric ozone depletion);海洋酸化(ocean acidification);全球淡水使用(global freshwater use);土地用途的变化(change in land use);化学污染(chemical pollution);大气气溶胶负荷(atmospheric aerosol loading)(图 2-62)。在 2015 年版的评估中,4 个地球系统的特征值(气候变化、生物圈完整性、生物地球化学流动和土地用途的变化)的人为扰动水平超过了拟议的边界值。

3)磷循环

磷是生物有机体不可缺少的重要元素。首先,磷参与了光合作用过程,没有磷也就不可能形成糖。磷是生物体内能量转化必需的元素,高能磷酸化合物是细胞内一切生化作用的普遍供能物质。磷也是生物体遗传物质的重要组成成分。其次,磷还是动物骨骼和牙齿的主要

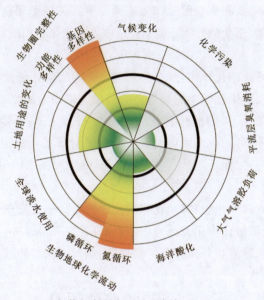

图 2-62　2015 年修订版的行星边界框架（据 steffen et al., 2015）

成分。在生物圈中，磷有 3 种状态，即有机磷化合物（如核酸、三磷酸腺苷和卵磷脂等）、可溶性磷酸盐和不可溶性磷酸盐。其中，只有可溶性磷酸盐可以被植物吸收。在中性至碱性环境中，磷与 $Ca^{2+}$、$Mg^{2+}$ 和 $Fe^{3+}$ 能形成不溶性的物质。因此，在海洋和其他水体沉积中，磷大多以不溶物的形式存在，循环速度非常慢。在土壤、水中的可溶性磷酸盐和生物体中的磷可以活跃地参与循环，但量很少。磷循环主要发生在岩石圈、水圈和生物圈，大气圈的作用比较小，磷循环是唯一几乎没有气体参与的元素循环。

(1) 磷循环的主要过程。磷的生物地球化学作用主要包括有机磷的矿化作用、无机磷的同化作用及磷的可溶化作用。有机磷的矿化作用可以将有机磷转化为无机磷，供生物地球化学过程使用。有机磷的矿化由非专一性的微生物进行，一切能降解有机物的异养微生物都可以进行，包括细菌、放线菌和真菌。矿化能力强的菌种有蜡状芽孢杆菌、多黏芽孢杆菌、解磷巨大芽孢杆菌和假单胞菌等。无机磷的同化作用是指将可溶磷酸盐通过微生物作用转变为有机磷，成为细胞的组成成分。在水生环境中，无机磷同化过程主要由藻类完成，在土壤中则由细菌来完成。磷的可溶化作用是在微生物作用下，不溶磷酸盐转化为可溶性磷酸盐的过程。微生物主要通过两种途径产生可溶化作用。第一种途径是产酸，降低 pH 值，增加磷酸盐的可溶性，如硝化作用过程中产生的硝酸和硫化作用过程中产生的硫酸，可使不溶性磷酸钙转变为可溶性磷酸氢钙。第二种途径是通过微生物化学反应，将难溶的磷酸盐转化为其他可溶性的磷酸盐。

(2) 人类活动对磷循环的影响。与其他元素的生物地球化学循环相似，磷循环也受到了人类活动的显著影响，主要体现在农业生产中大量施加磷肥。在土壤中，磷可与钙、铁、铵等离子结合，形成难溶盐，从而无法被植物利用，造成磷肥利用效率的降低。有机磷则通过作物收获而被移出农业生态系统，最终作为人类和动物的排泄物或食品加工厂的废弃物被排放到陆地水体中，引起水体的富营养化。在行星边界框架中，磷循环即将突破边界值。

**思考题：**

1. 论述光照、温度和水分的生态学意义。
2. 论述有效积温法则的内容及应用。
3. 比较最小因子法则、限制因子定律和耐受法则的主要内容，讨论它们之间的关联性。

# 第三章 生态地理学研究方法

## 第一节 野外调查和监测方法

### 一、野外调查基本方法与规范

野外调查是生态地理学研究的基本方法和重要途径,下面将从野外调查准备工作、选样原则、取样方法以及群落特征的描述和度量4个方面进行介绍。

**1. 野外调查准备工作**

1)背景资料准备

(1)调查研究前必须明确目的、要求、对象、范围、深度、工作时间、参加的人数、所采用的方法及预期获得的成果。

(2)要尽可能收集调查研究区和调查对象的相关资料,例如县志、地区名录以及研究区相关研究论文等,加以熟悉。

(3)对相关学科的资料也要收集,如地区的地质、地貌、土壤、气象和水文资料,林业、畜牧业以及社会经济发展状况等资料。

2)野外调查设备的准备

海拔表、地质罗盘、GPS、大比例尺地形图、望远镜、照相机、测绳、钢卷尺、植物标本夹、枝剪、手铲、小刀、植物采集记录本、标签、样方记录用的一套表格纸、方格绘图纸、土壤剖面的简易用品等。

3)调查记录表格的准备

(1)采用野外植被(森林、灌丛、草地等)调查的样地(样方)记录总表,对所调查的群落生境和群落特点进行记录(表3-1)。

(2)野外样地记录分表,对样地中的乔木层、乔木亚层、灌木层、草木层、藤木和附生等均适用。既适用于各类森林群落,也适用于灌丛和草地以及水生植物群落等。

**2. 选样原则**

(1)一般了解,重点深入,并设点对照。

(2)大处着眼,小处着手;动态着眼,静态着手;全面着眼,典型着手。

表 3-1  植物群落野外样地记录总表

| 调查对象 | | | | | | 野外编号 | |
|---|---|---|---|---|---|---|---|
| 记录者 | | | 日期 | | | 室内编号 | |
| 样地面积 | | | | 地点 | | | |
| 海拔 | | 坡向 | | 坡度 | | 群落高 | 总盖度 |
| 主要层优势种 | | | | | | | |
| 群落外貌特点 | | | | | | | |
| 小地形及样地周围环境 | | | | | | | |
| 分层及各层特点 | | | | 层高度 | | 层盖度 | |
| | | | | 层高度 | | 层盖度 | |
| | | | | 层高度 | | 层盖度 | |
| | | | | 层高度 | | 层盖度 | |
| | | | | 层高度 | | 层盖度 | |
| 突出的生态现象 | | | | | | | |
| 地被物情况 | | | | | | | |
| 此群落还分布于何处 | | | | | | | |
| 人为影响方式和程度 | | | | | | | |
| 群落动态 | | | | | | | |

(3)3 个一致性:外貌结构一致性、种类成分一致性、生境特点一致性。

(4)6 个特征要接近:①种类成分要接近;②结构形态要接近;③外貌季相要接近;④生态特征要接近;⑤群落环境要接近;⑥外界条件要接近。

**3. 取样方法**

1)种-面积曲线的编绘

样方调查是野外生态学最常用的研究手段。要进行样方调查,首先要确定样方面积。样方面积一般应不小于群落的最小面积。所谓最小面积,就是指能包含组成群落的大多数植物种类的最小空间。最小面积通常是根据绘制的种-面积曲线来确定的。

(1)在拟调查群落中选择植物生长比较均匀的地方,用绳子圈定一块小的面积。对于草本群落,最初的面积为 $10\ cm \times 10\ cm$,对于森林群落则至少为 $5\ m \times 5\ m$。记录这一面积中所有植物的种类。然后按照一定的顺序成倍扩大,每扩大一次,就登记新增加的植物种类。植物种类数随着面积扩大而迅速增加,面积逐步增加但物种类数增长速率降低,最终面积扩大而植物种类增加很少。

(2)样方面积扩大的方式:关于面积的扩大,目前常用的是巢式样方法。即在研究草本植被类型的植物种类特征时,所用样方面积最初为 $1/64\ m^2$,之后依次为 $1/2\ m^2$、$1\ m^2$、$2\ m^2$、

$4 m^2$、$8 m^2$、$16 m^2$、$32 m^2$、$64 m^2$、$128 m^2$、$256 m^2$、$512 m^2$，依次记录相应面积中物种的数量。把含样地总种数84%的面积作为群落最小面积。针对不同的群落类型，巢式样方起始面积和面积扩大的级数有所不同，但设计方法类似。以上获得的结果，在坐标纸上以面积为横坐标，种类数目为纵坐标作图，便可获得群落的最小面积。

(3) 群落类型与最小面积：一般环境条件越优越，群落的结构越复杂，组成群落的植物种类就越多，相应的最小面积就越大。如在我国西双版纳热带雨林群落，最小面积至少为 $2500 m^2$，其中包含的主要高等植物多达130种，而在东北小兴安岭红松林群落中，最小面积约 $400 m^2$，包含的主要高等植物40余种，在戈壁草原，最小面积只要 $1 m^2$ 左右，包含的主要高等植物可能在10种以内。

2) 样方法

样方，即方形样地，是面积取样中最常用的形式，也是植被调查中使用最普遍的一种取样技术。但其他形式的样地也同样有效，有时效率更高，如样圆。样方的大小、形状和数目主要取决于所研究群落的性质与研究目的。一般而言，群落越复杂，样方面积越大，形状也多以方形为多，取样的数目一般也不少于3个。取样数目越多，取样误差越小。野外做样方调查时，如果样方面积较大，多用样绳围起样方；如果样方面积较小，可用多个1 m的硬木条折叠尺，经固定摆放围起即可。

因工作性质不同，样方的种类有很多。①记名样方主要是用来计算一定面积中植物的多度、个体数或茎蘖数。比较一定面积中各种植物的多少，可以精确地测定多度。②面积样方主要是测定群落所占生境面积的大小，或者各种植物所占整个群落面积的大小。主要用于比较稀疏的群落。一般是按照比例把样方中植物分类标记到坐标纸上，然后再用求积仪计算。有时根据需要，需分别测定整个样方中全部植物所占的面积（面积样方）和植物基部所占的面积（基面样方）。这在认识群落的盖度、显著度中是不可缺少的。③重量样方主要是测定一定面积样方内群落的生物量。将样方中地上或地下部分进行收获称重，研究其中各类植物的地下或地上生物量。适用于草本植物群落，而森林群落多采用体积测定法。④永久样方是为了进行追踪研究，可以将样方外围明显的标记进行固定，便于以后再次在该样方中进行调查。一般多采用较大的铁片或铁柱在样方的左上方和右下方打进土中深层位置，以防位置移动。

3) 样带法

为了研究环境变化较大的地方，以长方形作为样地面积，而且每个样地面积固定，宽度固定，几个样地按照一定的走向连接起来，就形成了样带。样带的宽度在不同群落中是不同的，在草原地区样带宽度为10~20 cm，在灌木林地区样带宽度为1~5 m，在森林地区样带宽度为10~30 m。

在一个环境异质性比较突出、群落复杂多变的地区进行调查时，为了提高研究效率，可以沿一个方向，中间间隔一定的距离布设若干平行的样带，然后在垂直的方向，同样布设若干平行样带。在样带纵横交叉的地方设立样方，并进行深入调查。

4) 样线法

样线法是用一条绳索系于所要调查的群落中，调查在绳索一边或两边的植物种类和个体数。样线法获得的数据在计算群落数量特征时，有其特有的计算方法。通常根据被样线所截的植物个体数目、面积等进行估算。

5) 无样地取样法

无样地取样法是不设立样方,而是建立中心轴线,标定距离,进行定点随机抽样。无样地法取样方法有很多,比较常用的是中点象限法。在一片森林地上设立若干定距垂直线(借助地质罗盘用测绳拉好),在此垂直线上定距(比如 15 m 或 30 m)设点,各点再设短平行线形成 1/4 象限。

在各象限范围测一株距中心点最近的、胸径大于 11.5 cm 的乔木,要记下此树的植物学名,测量其胸径或圆周,记录此树到中心点的距离。同时在此象限内再测一株距中心点最近的幼树(胸径 2.5~11.5 cm),同样测量胸径或圆周,记录此幼树到中心的距离。有时也可不测幼树,每个中心点都要作 4 个象限,在中心点(或其附近)选作一个 1 m² 或 4 m² 的小样方,记录小样方内灌木、草木及幼苗的种名、数量及高度。在我国亚热带常绿阔叶林及其次生林中常采用此方法,同样该方法也可用于草地群落,只是相关的距离要根据实际情况进行调整。

### 4. 群落特征的描述和度量

1) 多优度和群聚度

多优度和群聚度相结合的打分法和记分法是一种主观观测的方法,使用时需要结合一定的野外经验。多优度等级(即盖度-多度级,共 6 级,以盖度为主,结合多度):5 级表示样地内某种植物的盖度在 75% 以上;4 级表示样地内某种植物的盖度在 50%~75%;3 级表示样地内某种植物的盖度在 25%~50%;2 级表示样地内某种植物的盖度在 5%~25%;1 级表示样地内某种植物的盖度在 5% 以下,或数量较小者;+级表示样地内某种植物的盖度很少,数量也少,或单株群。

群聚度等级(共 5 级,聚生状况与盖度相结合):5 级表示集成大片,背景化;4 级表示小群或大块;3 级表示小片或小块;2 级表示小丛或小簇;1 级表示个别散生或单生。

由于群聚度等级也有盖度的概念,在中、高级的等级中,多优度与群聚度常常是一致的,故常出现 5.5、4.4、3.3 等记号情况,当然也有 4.5、3.4 等情况。中级以下因个体数量和盖度常有差异,故常出现 2.1、2.2、2.3、1.1、1.2、+、+.1、+.2 的记号情况。

2) 物候期

物候期是全年连续定时观察的指标,群落物候反映季相和外貌,故在一次性调查之中记录群落中各种植物的物候期具有意义。在草本群落调查中则更显得重要。物候期的划分和记录方法各种各样。一般分为 5 个阶段:营养期、花蕾期、开花期、结实期和休眠期。

3) 生活力

生活力又称生活强度或茂盛度,这是需要全年连续定时记录的指标。一次性调查中只记录该种植物当时的生活力强弱,主要反映生态上的适应和竞争能力,不包括物候原因导致的生活力变化的情况。生活力一般分为 3 级:强(或盛)表示营养生长良好,繁殖能力强,在群落中生长势很好;中表示具有中等或正常的生活力,具有营养和繁殖能力,生长势一般;弱表示营养生长不良,繁殖很差或不能繁殖,生长势很不好。

4) 生活型

(1) 高位芽植物(Ph):渡过不利生长季节的芽或顶端嫩枝位于离地面较高处的枝条上。例如乔木、灌木和热带潮湿地区的大型草本植物。

(2) 地上芽植物(Ch):过冬芽位于地上 0~25 cm 处,例如高山的矮小垫状植物,干旱地区的矮小灌木及半灌木。

(3) 地面芽植物(H):过冬芽处于地面,地上部分一直枯死到土壤表面,地下部分都活着,芽常由枯叶所保护。例如大部分多年生草本植物、多数蕨类植物等。

(4) 地下芽植物(G):过冬芽处于地下或水中。如多年生的根茎、块茎、块根、鲜茎等地下芽植物,部分根茎的蕨类植物,绝大部分的水生植物,个别草质藤本植物等。

(5) 一年生植物(T):种子过冬植物。例如一年生植物,包括个别的二年生植物。

5) 树高和干高的测量

树高是指一棵树从平地到树梢的自然高度(弯曲的树干不能沿曲线测量)。通常在做样方的时候,先用简易的测高仪实测群落中的一株标准树木,其他各树则估测。估测时均与此标准相比较。目测树高有两种方法:其一为积累法,即树下站一人,举手为 2 m,然后 2 m、4 m、6 m、8 m,往上积累至树梢;其二为分割法,即测者站在距树远处,把树分割成 1/2、1/4、1/8、1/16,如果分割至 1/16 处为 1.5 m,则 1.5×16=24(m),即为此树高度。干高即为枝下高,是指此树干上最大分枝处的高度,这一高度大致与树冠的下缘接近,干高的估测方法与树高相同。

6) 胸径和基径的测量

胸径是指树木的胸高直径,大约指距地面 1.3 m 处的树干直径。严格的测量要用特别的轮尺,在树干上交叉测两个数,取其平均值,因为树干有圆有扁,对于扁形的树干尤其要测两个数。实际调查过程中,一般采用钢卷尺测量即可,如果碰到扁树干,测后估一个平均数即可,但必须要株株实地测量。如果碰到一株从根边萌发的大树,一个基干有 3 个萌干,则必须测量 3 个胸径,在记录时用括弧划在一个植株上。胸径 2.5 cm 以下的小乔木,一般在乔木层调查中都不必测量,应在灌木层中进行调查。基径是指树干基部的直径,是计算显著度时必须要用的数据,测量时,也要用轮尺测两个数值后取其平均值。一般树干基径的测量位置是距地面 30 cm 处。

7) 冠幅、冠径和丛径的测量

冠幅是指树冠的幅度,专用于乔木调查时树木的测量,严格测量时要用皮尺,丈量植株南北向和东西向树冠的最大幅度。例如,长度为 4 m,宽度为 2 m,则记录此株树的冠幅为 4 m× 2 m。然而在植物学调查中多用目测估计,估测时必须在树冠下来回走动,用手臂或脚步协助测量。特别是那些树冠垂直的树,更要小心估测。

冠径和丛径均用于灌木层和草本层的调查,测量冠径和丛径的目的在于对此群落中的各种灌木和草本植物的固化面积进行量化。冠径是指不成丛的单株散生植物的植冠的直径,测量时以植物种为单位,选择一个平均大小(即中等大小)的植冠,和测量胸径一样,记录一个直径即可,然后选一株植冠最大的植株测量直径并记录冠径。丛径是指植物成丛生长的植冠直径,在矮小灌木和草本植物中成丛生长的情况较常见,故可以丛为单位测量共同种各丛的一般丛径和最大丛径。

8) 盖度(群落总盖度、层盖度、种盖度、个体盖度)

群落总盖度是指一定样地面积内活体植物覆盖地面的百分比。包括乔木层、灌木层、草本层、苔藓层的各层植物。相互层的重叠现象十分普遍,总盖度不计算重叠部分,只计算投影覆盖地面盖度。如果全部覆盖地面,其总盖度为100%,如果林内有一个小林窗,地表正好都为裸地,太阳光直射时,光斑约占盖度的10%,其他地面或为树木覆盖,或为草本覆盖,此样地的总盖度为90%,总盖度的估测对于一些比较稀疏的植被具有较大意义。层盖度指各分层的盖度,乔木层有乔木层的盖度,草木层有草木层的盖度。实测时可用方格纸在林地内勾绘,比估测要准确。种盖度是指各层中每个植物种所有个体的盖度,一般也可目测估计。盖度很小的种,可略而不计,或记小于1%。个体盖度即指上述的冠幅、冠径,是以个体为单位,可以直接测量。由于植物的重叠现象,个体盖度之和不小于种盖度,种盖度之和不小于层盖度,各层盖度之和不小于群落总盖度。

9) 群落综合表

群落综合表包括最初形成的样地记录综合表,群落中间形成的表以及最后的群丛表。群丛表是最后的成果表,有两种,一种以结构形式排列,另一种以特征种形式排列,不管哪种形式,表头的生境特点和群落特点的若干项目都是一样的。已确定为群丛时也可以按层次结构排列,即把落叶松排乔木层第1号,杜鹃排在灌木第1号等,便于从结构上了解群丛的特征,同样可以把低存在度的、低盖度系数的种类排除在表外。

10) 生活型谱

生活型谱是按生活型类别,对任何植被类型(如群丛)中的植物种类进行归类。可以对某一植被类型的全部植物种类的生活型进行归类并形成生活型谱,记录各大类的种数和种数百分比来反映这一植被类型的生态特征。

11) 存在度等级

存在度是某种植物在某一个群落类型的各群丛个体样地中的出现率。如果各群丛个体样地面积相同,也可称为恒有度。

存在度=某种植物在同一群落类型各群丛个体样地的出现数/样地数×100%

存在度等级可以采用5级制:Ⅰ表示存在度为1%～20%;Ⅱ表示存在度为21%～40%;Ⅲ表示存在度为41%～60%;Ⅳ表示存在度为61%～80%;Ⅴ表示存在度为81%～100%。

12) 盖度系数

盖度系数是由多优度大小推算出来的数量指标,具有相对意义,先确定各个多优度等级的盖度平均数,可进行换算。

盖度系数=某种植物在各样地的盖度平均数之和/样地数×100%

在群丛表上要计算每种植物的盖度系数,以表明各种植物在群丛中的重要性。盖度系数可与群落的生活型谱结合来说明某一生活型植物的优势度。

13) 多度

多度一般是指多度百分数,又称相对多度,是植被研究中经常用的一个指标。多度要以株数为基础,即为某种植物在单位面积内的百分数,必须在同一个层次内或者相同的生长型内进行多度的计算。计算公式如下:

$$多度 = 样方内某种植物的株数/样方内各种植物的总株数 \times 100\%$$

14）频度和相对频度

频度是指某种植物出现样方数的百分率，不管样方设在群丛个体之内或之间。频度的计算公式如下：

$$频度 = 某种植物出现的样方数/样方总数 \times 100\%$$

相对频度是指一个群落中在已计算好的各个种的频度的基础上，再求算各个种的频度相对值。相对频度计算公式如下：

$$相对频度 = 某种植物的频度/全部植物的频度之和 \times 100\%$$

15）林木显著度

林木显著度是用来表示优势度的一个指标，又称为相对显著度或相对优势度。计算公式为：

$$林木显著度 = 某树种的树干基部断面面积之和/全部树种干基部断面面积之和 \times 100\%$$

16）重要值指数（DFD 和 IVI）

重要值指数用于表示混交林内上层乔木种类的各自重要程度，是 20 世纪 50 年代以后广泛使用的一种植被研究指标。重要值指数有 DFD 指数和 IVI 指数，但二者的求算方式不同。DFD 指数又称为密度、频度、优势度指数，其求算公式为：

$$DFD\ 指数 = 相对密度 + 频度 + 相对显著度$$

公式中，由于直接采用频度，而不是相对频度，其理论最大值可以等于 300。

IVI 指数，即重要值指数（important value index），其求算公式如下：

$$IVI = 相对密度 + 相对频度 + 相对显著度$$

公式中，由于采用相对频度，其和不超过 100，理论最大重要值为 100。

两个公式中的相对密度均可用相对多度代替，因为相对多度是由一定样方面积中的株数求得的，其重要性是相对的。当然，相对显著度也可用相对优势度代替。

17）林木图解

林木图解是用图的方式表示混交林中各大树种的重要性，因此，除了等级度以外，均以 V 级大树来计算。首先，把林木划分成以下 5 个等级：Ⅰ级为苗木—乔木幼苗，高 33 cm 以下；Ⅱ级为苗木—乔木，高 33 cm 以上，树干粗 2.5 cm 以下；Ⅲ级为立木—乔木，胸径 2.5~7.5 cm，Ⅳ级为立木—乔木，胸径 7.5~22.5 cm；Ⅴ级为大树乔木，胸径在 22.5 cm 以上。

计算林木图解中多度、频度、等级度、显著度 4 个指标，然后按比例绘成图解。

其中：OA＝多度，用相对多度或多度表示，指的是某树种 V 级大树株数与所有大树株数的比；OB＝频度，指的是某树种 V 级大树出现样方数与样方总数的比；OC＝等级度，指的是某树种实有等级数与 5 个等级的比；OD＝显著度，指的是某树种 V 级大树基部断面面积与样方内原有 V 级大树的基部断面面积的比。

## 二、生态系统监测网络

自中华人民共和国成立以来，根据学科发展、国民经济建设的需求和社会发展的需要，中国科学院、农业农村部、国家林业和草原局、教育部、地方政府都根据各自的实际工作需要建立了一批野外科学观测研究站。据初步统计,全国的野外观测台站有7000余个,其中研究型的野外观测台站约424个。研究领域和学科涵盖了地球科学、生物学的各个方面,涉及农业、林业、牧业、渔业等行业,农田、森林、草地、沼泽湿地、湖泊、海洋、沙漠等多种生态系统类型,具有明显的多学科特色。

我国的生态系统观测和研究网络始建于20世纪80年代,主要包括中国生态系统研究网络(Chinese Ecosystem Research Network,简称为CERN)、中国森林生态系统定位观测研究网络(Chinese Forest Ecosystem Research Network,简称为CFERN)等。中国科学院于1987年在国内率先实行野外台站开放制度,采用国家重点开放实验室的建设和管理规范对中国科学院的15个野外试验站进行了建设和管理,野外试验站的建设和实验观测的标准化,促进了生态与环境科学向定量化和过程机理研究的方向发展,并于1988年开始筹建CERN。目前CERN已拥有分布于全国各主要生态类型区的36个生态站(包括农、林、草、湿地、荒漠等生态系统类型)、5个学科分中心和1个综合中心,已成为我国重要的野外长期科学观测和试验研究平台,成为国际公认的世界上三大国家级长期生态研究网络之一(图3-1)。

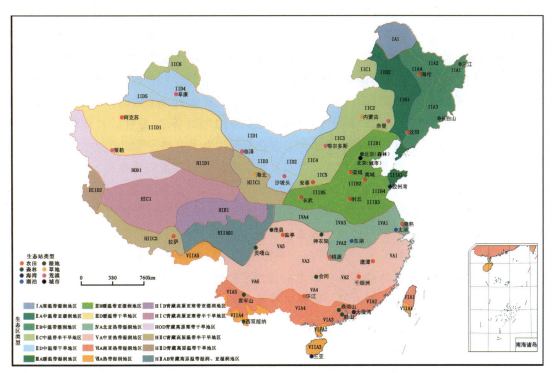

图3-1 中国生态系统研究网络生态站分布图

当前CERN科学研究的主要目标为:①通过对我国主要类型生态系统的长期监测,揭示其不同时期生态系统及环境要素的变化规律和动因。②建立我国主要类型生态系统服务功能及其价值评价、生态环境质量评价和健康诊断指标体系。③阐明我国主要类型生态系统的功能特征和C、N、P、$H_2O$等生物地球化学循环的基本规律。④阐明全球变化对我国主要类型生态系统的影响,揭示我国不同区域生态系统对全球变化的作用及响应。⑤阐明我国主要类型生态系统退化、受损过程机理,探讨生态系统恢复重建的技术途径,建立一批退化生态系统综合治理的试验示范区。

结合国际科学前沿、国家需求和自身优势,突出网络化的特色,准确把握国际科学发展的综合化、系统化和交叉渗透融合的大趋势,现阶段的主要研究方向为:①我国主要类型生态系统长期监测和演变规律;②我国主要类型生态系统的结构功能及其对全球变化的响应;③典型退化生态系统恢复与重建机理;④生态系统的质量评价和健康诊断;⑤区域资源合理利用与区域可持续发展;⑥生态系统生产力形成机制和有效调控;⑦生态环境综合整治与农业高效开发试验示范。

## 第二节 分子生态地理学研究方法

分子生态地理学的研究对象是构成生物体的四大有机物,即糖类、脂类、蛋白质、核酸。其中,糖类是多羟基醛、多羟基酮以及能水解生成多羟基醛或多羟基酮的有机化合物,可分为单糖、二糖和多糖等。虽然糖类是自然界中广泛分布的一类重要的有机化合物,在生物体中含量较多,也比较耐降解,但其结构比较单一,不具有物种特异性,因此较少被用于分子生态地理学的研究中。脂类是油、脂肪、类脂的总称,是生命体中不溶于水而能被乙醚、氯仿、苯等非极性有机溶剂抽提出的化合物,不同生物类型能产生结构独特的脂类,并且其核心碳骨架的特征性结构也能很好地长期保存在地质体中,因此脂类是分子生态地理学研究中重要的工具之一。蛋白质由多种氨基酸通过肽键缩合而成,氨基酸脱水缩合形成的多肽链经过盘曲折叠形成具有一定特殊空间结构的高分子物质,它是生命的物质基础,是有机大分子,也是构成细胞的基本有机物,是生命活动的主要承担者。它是与生命及其各种形式的生命活动紧密联系在一起的物质,机体中的每一个细胞和所有重要组成部分都有蛋白质参与。蛋白质的不同氨基酸排列顺序是由特定功能基因编码控制的,因此也携带一定的生物信息,有利于在分子生态地理学的研究中分辨特定类群的生物。但蛋白质极易降解为缺乏生物信息的游离氨基酸,因此只能用于现代分子生态地理学调查,并用于指征仍具有活性的生物。核酸是脱氧核糖核酸(DNA)和核糖核酸(RNA)的总称,是由许多核苷酸单体聚合成的储存了遗传信息的生物大分子化合物,是生命的最基本物质之一。由于核酸广泛存在于所有生命体内,并储存了丰富的生物信息,是分子生态地理学研究中不可或缺的工具之一。

### 一、环境 DNA 的研究方法

自然界中各个环境载体中都残留有大量生物残存的 DNA,提取环境 DNA,并针对目标生物类群进行扩增、分析,可以得到该生态环境中生活的生物群落结构组成信息,并可进一步分析生物的多样性等重要的生态地理学信息。

**1. DNA 的提取与质量检测**

针对各种环境样品,使用 DNeasy PowerSoil Kit(Qiagen,Inc.,Netherlands)提取生物基因组 DNA 样本,并在 $-20\ ℃$ 下保存。使用紫外分光光度计进行 DNA 浓度及纯度的检测,并进行 DNA 的定量,测量同时采用 0.8% 的琼脂糖凝胶电泳检测 DNA 的完整性,并判断 DNA

分子大小。通过以上步骤实现环境 DNA 的提取及数量和质量的检测。

**2. 聚合酶链式反应**

聚合酶链式反应(polymerase chain reaction，PCR)是一种用于放大、扩增特定 DNA 片段的分子生物学技术，它可看作生物体外的特殊 DNA 复制，PCR 的最大特点是能将微量的 DNA 大幅增加。PCR 一般针对一类生物 DNA 序列中的特定区域进行扩增复制。生物的核糖体 RNA 含有多个保守区和高度可变区，可以利用保守区域设计引物来扩增核糖体 RNA 基因的单个或多个可变区。比如针对细菌，可以选择 16S rDNA V4-V5 区进行 PCR 扩增。一个成功的引物设计通常需要经过无数次实验来确认，不同的引物不仅可以限制 DNA 被扩增的区域，还会直接影响 PCR 的效果。PCR 的过程中，在反应体系中加入正反引物，进行加热变性—退火—延伸的多次循环梯度反应。在变性与退火阶段，引物与分解成单链的 DNA 模板合成；延伸阶段，在高保真聚合酶的作用下，以 dNTP 为反应原料，以靶序列为模板，根据碱基互补配对与半保留复制原理，合成一条新的与模板 DNA 链互补的半保留复制链，经过重复循环，DNA 分子随着循环次数的增加而呈指数级增加。为了保证后续信息分析的准确性和可靠性，PCR 过程需要使用尽可能少的循环数来完成(25~30)，同时确保同批次测序样品的循环数相近。

**3. 文库构建、质检与测序**

将扩增结果进行 2% 的琼脂糖凝胶电泳检测，针对目标条带进行割胶回收，得到纯化的样本。利用 Quant-iT PicoGreen dsDNA Assay Kit 对 PCR 产物在酶标仪上进行定量测量，然后按照每个样品所需的数据量进行混样。文库构建过程首先需要进行 DNA 的双末端修复，通过 3′-5′核酸外切酶和聚合酶的共同作用修复带有突出末端的 DNA 片段，将 DNA 5′端突出的碱基切除，DNA 3′端缺失的碱基补齐，同时在 DNA 5′端加上一个磷酸基团。在修复平整的 DNA 片段 3′端单独加上一个 A 碱基，以防止 DNA 片段的自连，同时保证接头的 DNA 3′末端含有一个突出的 T 碱基，从而保证 DNA 片段和接头能够通过 A 和 T 互补配对连接，并防止接头连接 DNA 片段的过程中 DNA 插入片段彼此相连。在连接酶的作用下，加有特异性标签的接头与 DNA 片段相连。通过 PCR 扩增两端已经连有接头的 DNA 片段，PCR 应尽量使用较少的循环数，避免 PCR 扩增进程中文库出现错误。最后，通过 2% 琼脂糖凝胶电泳对文库做最终的片段选择与纯化。

利用 Picogreen 荧光染料和荧光分光光度计方法定量文库，合格的文库计算后浓度应在 2 nM 以上。取 1 μL 文库进行质量检查，验证 DNA 文库的片段大小及分布，合格的文库应该有单一的峰，无接头。最后，将合格的文库梯度稀释到上机所需要的实际量后进行上机测序。

**4. 测序数据处理与分析**

对原始数据进行质量过滤，利用软件对通过质量过滤的序列进行双端序列的连接，且不容许碱基错配，然后提取样品的有效序列。高通量测序建库过程中的 PCR 扩增会产生嵌合体序列(chimera sequence)，测序过程中会产生点突变等测序错误，为了保证分析结果的准确性,需要对上述有效序列进行进一步的过滤和去除嵌合体处理,得到最终用于后续分析的优质序列。

测序数据的进一步分析需要对得到的优质序列进行操作分类单元(operational taxonomic units,OTU)的聚类和注释。OTU是在系统发生学或群体遗传学研究中,为了便于进行分析,人为给某一个分类单元设置的同一标志。将序列按照一定的相似性分归为许多分类单元,一个单元就是一个OTU。通常在97%的相似水平下对序列进行OTU的聚类和后续的生物信息分析。

经过包括OTU聚类、OTU注释、对OTU的代表序列构建系统发育树等分析流程,基于OTU聚类和注释的分析结果,绘制稀释曲线,进行多样性指数分析,并在各分类水平上进行群落结构的统计分析和物种丰度差异分析。在上述分析的基础上,进一步对群落结构、系统发育等进行深入的统计学和可视化分析。上述常规分析流程如图3-2所示。

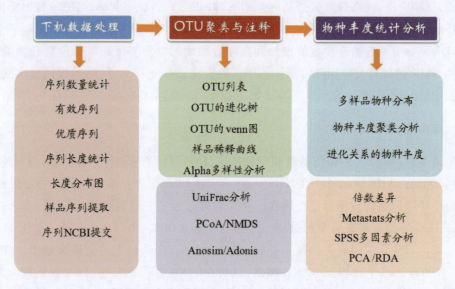

图3-2 生物信息分析常规流程汇总(图片来自于派森诺公司检测报告)

其中,常用的分析方法介绍如下。

稀释曲线(rarefaction curve)是从样品中随机抽取一定数量的序列,统计这些序列所代表的OTU数目,用随机抽取的序列数与OTU数来构建的曲线。它可以用来比较不同样品中的物种多样性情况,也可以用来说明样品的测序数据量是否足够。当曲线趋向平缓时,说明测序趋于饱和,增加数据量对于获得新的OTU帮助不大;反之则表明测序不饱和,增加数据量可以获得更多的OTU。

丰度分布曲线(rank abundance curve)通常取物种的序数为横坐标,丰度值为纵坐标,用折线或曲线把图中的点连起来,所得的曲线称为元素的丰度曲线。它可以反映样品中物种的分布规律。每条折线代表一个样品的OTU丰度分布,物种的丰富程度由曲线在横轴上的长度来反映,曲线跨度越大表示物种的组成越丰富;物种组成的均匀程度由曲线的形状来反映,曲线越平缓,表示物种组成的均匀程度越高。

Alpha 多样性是指一个特定区域或生态系统内的多样性，多样性指数是反映丰富度和均匀度的综合指标。多样性指数与以下两个因素有关：①种类数目，即丰富度；②种类中个体分配上的均匀性。常用于度量群落丰富度的指数为 Chao，它是用 Chao1 算法估计样品中所含 OTU 数目的指数，Chao1 在生态学中常用来估计物种总数，由 Chao(1984)最早提出。ACE (the ACE estimator)是用来估计群落中 OTU 数目的指数，由 Chao 提出，也是生态学中估计物种总数的常用指数之一，与 Chao 1 的算法不同。Chao/ACE 值越大，说明群落丰富度越高。常用于度量群落多样性的指数为 Simpson 指数，是用来估算样品中微生物多样性的指数之一，由 Edward Hugh Simpson 于 1949 年提出，在生态学中常用来定量描述一个区域的生物多样性。Simpson 指数值越大，说明群落多样性越低。另一个常用的是香浓指数，它与 Simpson 指数都常用于反映 Alpha 多样性。香浓指数值越大，说明群落多样性越高。

Beta 多样性是不同生态系统之间多样性的比较，利用各样品序列间的进化及丰度信息来计算样品间距离，反映样品间是否有显著的微生物群落差异。其中，UniFrac 分析是基于各样品序列间的进化信息的差异来计算样品间的差异，可以反映样品在进化树中是否有显著的微生物群落差异。UniFrac 分析包括非加权(unweighted) UniFrac(只计算样品的物种进化差异)差异分析和加权(weighted) UniFrac(计算样品的物种进化和丰度差异)差异分析。PCoA (principal coordinates analysis)是一种研究数据相似性或差异性的可视化方法，对一系列特征值和特征向量进行排序后，选择主要排在前几位的特征值，PCoA 可以找到距离矩阵中最主要的坐标，结果是数据矩阵的一个旋转，它没有改变样品点之间的相互位置关系，只是改变了坐标系统，通过 PCoA 可以观察个体或群体间的差异。NMDS(nonmetric multidimensional scaling,非度量多维尺度分析)是一种将多维空间的研究对象(样本或变量)简化到低维空间进行定位、分析和归类的分析方法，也是一种保留对象间原始关系的数据分析方法，常用于比对样本组之间的差异。

主成分分析(principal components analysis,PCA)也称为主分量分析，是揭示大样本、多变量数据或样本之间内在关系的一种方法。该方法利用降维的思想，把多指标转化为少数几个综合指标，降低观测空间的维数，以获取最主要的信息。PCA 是一种简化数据集的技术，它的实质是一个线性变换，这个变换把数据变换到一个新的坐标系统中，使得任何数据投影的第一大方差在第一个坐标(称为第一主成分)上，第二大方差在第二个坐标(第二主成分)上，依次类推。主成分分析经常用来减少数据集的维数，通过 PCA 可以观察个体或群体间的差异。

此外，根据 OTU 的分析结果，还可以得到各样品在各分类水平上(门、纲、目、科、属)的物种组成比例情况，反映样品在不同分类学水平上的群落结构。使用统计学的分析方法，观测样品在不同分类水平上的群落结构。将多个样品的群落结构分析放在一起对比时，还可以观测其变化情况。根据研究对象是单个或多个样品，结果可能会以不同方式展示。通常使用较直观的饼图或柱状图等形式呈现。

## 二、古 DNA 的研究方法

DNA 不仅在现代样品中存在，随着实验技术的不断发展，科学家已经能从考古标本中提取出古代生物的 DNA,比如在已经灭绝的马科生物化石(Higuchi et al.,1984)、埃及木乃伊(Pääbo,1985)和早至中新世的木兰科植物(Golenberg,1990)中提取到了古 DNA。尽管现经过实验室模拟和重复性实验探究,科学家普遍认为古 DNA 的保存时限不超过 10 万年,因此古 DNA 的研究会明显受时间限制(赖旭龙,2001)。并且越古老、保存越不好的样品的古 DNA 含量越低,需要多次 PCR 扩增才能检测出微量的古 DNA,因此也容易在扩增过程中出错,产生很多假象,分析起来需格外小心。

### 1. 样品的预处理

由于古 DNA 样品长时间暴露在环境中,容易受到环境 DNA 的污染,包括细菌、古菌、真菌及人为采集过程中的污染。古 DNA 本身含量很低,微小的污染就会影响最终的结果,因此去除样品表面的污染是必要且非常重要的一步。常用的方法为刮去样品表面 1~2 mm,然后使用紫外线照射,并用次氯酸钠清洗。而对于牙齿这种较小且异常珍贵的化石样品,要尽可能保证在对样品本身伤害最小的前提下进行去污染的预处理,因此通常采用硅胶包裹、切割牙根、钻取牙齿内部、收集粉末的方法(徐智等,2006)。

### 2. 实验过程中的其他特殊处理

碱基脱氨一般会对古 DNA 的测序分析造成较大的影响,因此一般会用尿嘧啶-N-糖基化酶(uracil-N-glycosylase,UNG)去除古 DNA 样品中的胞嘧啶脱氨产物。溴代-N-苯甲酰甲基噻唑也是一种古 DNA 研究中常用的化合物,它可以用于去除古 DNA 中的交联,使不能扩增的古 DNA 模板顺利被扩增。此外,由于古 DNA 一般会存在较为严重的缺陷,通常会使用古 DNA 的修复酶进行处理,或利用一些避开 DNA 缺陷的聚合酶来进行扩增,但古 DNA 的损伤机制尚未研究透彻,该方法仍存在问题,还需继续探索(徐智等,2006)。

## 三、脂类的研究方法

脂类具有来源和分布广泛、在地质体中可以稳定保存、结构多样蕴含了环境信息和生物信息等特点。来自活体生物的脂类一般是两性分子,称为完整极性脂类(intact polar lipid,IPL),拥有一个疏水性的核心骨架和一个具有亲水特性的极性头基。其中疏水的核心骨架不溶于水,但可以溶于有机溶剂,而极性头基是亲水的,可以溶于水。当生物死亡后,完整极性脂类沉积在环境载体中,经过一定的降解作用,其极性头基会脱落,从而只以核心脂类(core lipid,CL)的形式保存在地质体中。

尽管环境样品中大多数仅保存了降解后的核心脂类,但不同生物的核心脂类不同,通过分析核心脂类的结构特征也能反映一定的生物学信息,如来自植物叶片叶蜡的长链正构烷烃,来自真核生物的甾类化合物,来自细菌的藿类化合物和来自古菌的甘油二烷基链甘油四醚化合物等。另外,由于生物体适应环境变化(如温度、pH 值和降水量的变化)的过程中可以调节自身脂类的细微结构,同一类脂类化合物的结构变化也能反映丰富的环境信息。

以温度变化这一环境信息为例,许多生物倾向于随环境温度的降低而升高其脂类的不饱和度,如颗石藻合成的长链烯酮,随着温度的降低,颗石藻合成的长链烯酮上的碳碳双键数也会增加;有的生物可以通过改变其脂类碳链长度来适应温度的变化,如浮游藻类合成的长链二醇一般碳数范围为 28~30,当温度升高时,结构为 C30 1,15-diol 含量也会增加;有的生物可以通过改变其脂类上的环状基团数量来适应温度变化,如海洋浮游奇古菌合成的一系列环数不同的特征性细胞膜脂——类异戊二烯型甘油二烷基链甘油四醚化合物,随着温度的升高,奇古菌细胞膜上的含环化合物越多;很多生物还能通过调整脂类骨架上的甲基数量或异构化程度来适应温度变化,如某类细菌合成的一系列含有不同甲基数量的特征性细胞膜脂——支链型甘油二烷基甘油四醚化合物,随着温度的升高,该类细菌为了维持其细胞膜的稳定性并减少细胞膜的流动性,会通过减少其烷基链上的甲基数量来实现对细胞膜正常生理功能的调控,又如某些革兰氏阴性菌产的 3-羟基脂肪酸,温度越低,该类菌产生的反异构 3-羟基脂肪酸含量越多。

除了温度这一环境因子之外,脂类能反映的生态地理学信息还有很多,比如降水量、环境 pH 值、干湿古气候、湖泊水位、环境氧化还原条件、大气二氧化碳分压、异养微生物呼吸作用、功能性微生物群落结构等。脂类记录了如此丰富的信息,是生态地理学研究中不可忽视的一环。下文将对脂类在生态地理学中的研究方法进行介绍。

**1. 脂类的抽提与前处理**

用于抽提脂类的样品一般都是环境样品,包括土壤、海洋或湖泊沉积物、泥炭、石笋、湖水或海水、植物残体等。大多数样品在抽提处理之前均需冷冻干燥。石笋由于材质特殊,需要经过酸解后用玻璃纤维滤膜过滤出颗粒物质,将滤膜冻干后再进行后续处理。湖水或海水也需用玻璃纤维滤膜过滤出悬浮颗粒后,将滤膜冻干再进行后续处理。

样品冻干后用陶瓷碾钵将样品碾成粉末(滤片样品除外),并用 60~200 目的筛子除去植物根茎、粗颗粒砂石等杂质,碾磨后的样品均匀混合,放于 500 ℃ 烧过的干净铝箔纸中备用。研磨过程中为避免相邻样品间交叉污染,碾钵使用前必须用超纯水洗干净,再用吹风机吹干,最后用二氯甲烷淋洗一遍碾钵内壁和研杵,筛子也需用超纯水洗净,并吹风机吹干。

一般样品使用超声波水浴进行类脂物的萃取。有的样品也会根据实验需求的不同或样品特质的不同而选择其他的抽提方法,如需要抽取完整极性脂类时则必须使用 Bligh/Dyer 法,需要抽提 3-羟基脂肪酸时则常使用酸消解法,其他常用的抽提方法还有微波萃取、加速溶剂萃取(accelerated solvent extraction,ASE)等。

将所得到的提取液用旋转蒸发仪在 40 ℃ 的温度下缓慢除去溶剂,浓缩后使用氮气吹干剩余试剂。在样品中加入 1 M 氢氧化钾的甲醇溶液(其中甲醇溶液中甲醇与超纯水的体积比为 95∶5),并密封瓶盖,在 80 ℃ 下加热 2 小时。皂化后的样品静置至室温后用正己烷萃取至少 6 次,每次用滴管吸取上层液体,直至上层正己烷没有颜色为止。将几次萃取的正己烷合并,并用氮气吹干,进行层析柱分离。

柱层析洗脱溶剂分别为正己烷与甲醇,正己烷淋洗得到烷烃组分,甲醇淋洗得到极性组分(包含脂肪酸、脂肪醇、醚类等极性化合物)。柱层析完成后,将两个组分的样品放在氮气下吹干。需要抽提反映活体生物的完整极性脂类的样品在使用改良后的 Bligh/Dyer 法进行萃取,其柱层析洗脱试剂为乙酸乙酯和甲醇,实现核心脂类和完整极性脂类的分离。后续 IPL

组分还需在70℃下密封酸解24小时,从而裂解IPL中的极性头基,以方便上机测试。

脂类经过抽提萃取、富集、分离后,一些组分可以直接上机测试,一些极性较大的组分,如脂肪酸和脂肪醇等,会影响仪器寿命和测试效果,因此不能直接上机测试,在进行仪器分析前,需要经过一些衍生化处理,常用的衍生化手段有甲酯化、硅烷化、乙酰化等。

**2. 脂类的检测**

用于脂类检测的仪器和方法有很多,目前最常使用的有两大类,即气相类(gas)和液相类(liquid),其中气相常用的仪器又分为气相色谱仪(gas chromatography,GC)和气相色谱-质谱联用仪(gas chromatography-mass spectrometry,GC-MS)。气相类主要以气体为流动相,液相类则以液体为流动相。

气相色谱仪和气相色谱-质谱联用仪要求检测的脂类是气体或者是能够在300℃左右顺利气化的化合物,因此一般要求化合物的相对分子质量小于500。在色谱柱中,根据不同的脂类在固定相和流动相中的分配系数不同的原理,通过梯度性逐渐加热,不断改变不同系列化合物在两相中的分配,各个化合物随着流动相依次流出,并送入检测器,从而实现不同结构化合物之间的分离。一般烷烃组分就可以用气相色谱仪来检测,如需化合物的半定量,则需要在进样前向样品中额外加入一定量的标样。

除了上述介绍的色谱技术原理之外,现代仪器也常将色谱与质谱联用,如气相色谱-质谱联用仪和液相色谱-质谱联用仪(Liquid Chromatography-Mass Spectrometry,LC-MS)。这些联用仪器的色谱部分如前所述,对化合物的分离有很好的效果,质谱部分的优势在于对脂类化合物的分子结构具有很好的鉴定能力。质谱分析的原理是各个化合物在离子源中进行电离的同时可以产生不同质荷比的带电粒子,不同质量的离子经过加速电场的作用形成离子束进入质量分析器,再利用适当的电场磁场,在空间和时间上按照离子质荷比的大小进行分离,并得到质谱图。一般常用的质谱仪包括四极杆质谱仪、飞行时间质谱仪、离子阱质谱仪、傅里叶变换质谱仪等。

被气化的生物小分子一般用气相色谱仪和气相色谱-质谱联用仪检测,而对于分子量较大、难以气化、不易挥发的极性化合物,如甘油二烷基链甘油四醚化合物(GDGTs)的检测需要在液相色谱-质谱仪(LC-MS/MS)上实现。通过提取离子色谱(EIC)模式下相应化合物峰积分出的峰面积相对于标样峰面积的比值来实现化合物的半定量。

**3. 脂类单体同位素的检测**

除了检测不同脂类化合物的含量之外,能指示生物生理代谢和生态功能的另一个重要的方面是获得脂类单体同位素特征。随着技术的发展,现在科学家已经可以实现单个脂类化合物同位素的检测,从而更有针对性地研究某类生物的代谢特征。其原理是先通过气相色谱将不同脂类化合物一一分离开来,再使用同位素比值质谱仪依次对化合物进行碳或氢同位素的检测。一般检测单体碳同位素的组成使用气相色谱-燃烧-同位素比值质谱仪(GC-C-IRMS),检测单体氢同位素的组成使用气相色谱-热转换-同位素比值质谱仪(GC-TC-IRMS)来实现。

脂类单体碳同位素可以提供诸多信息,比如反映植被类型变化(如C3和C4植物)、微生物代谢途径(如自养或异养),指示古大气二氧化碳分压,重建古气候古环境等。脂类单体氢同位素则可以反映植被的光合作用类型、生态类型、降水量等重要信息。

## 第三节 信息技术调查与应用方法

空间信息技术(geoinformatics)是空间技术、传感器技术、卫星定位与导航技术、计算机技术、通信技术相结合,多学科高度集成地对地球表层空间信息进行采集、处理、管理、分析、表达和应用的现代信息技术的总称,主要包括遥感(remote sensing,简称为 RS)、地理信息系统(geographic information system,简称为 GIS)与全球导航卫星系统(global navigation satellite system,简称 GNSS)三大技术。

### 一、遥感技术

遥感技术是指依据电磁波理论以及气球、风筝、飞机、飞船、卫星等高空遥感平台的各种传感器(可见光传感器、红外传感器、微波传感器等)对远距离地球表层目标所发射和反射的电磁波信息进行收集、处理及可视化成像,在对图像进行畸变校正、融合与增强、拼接与裁剪等预处理的基础上,通过模式识别、专家系统、遥感图像处理软件等对图像光谱特征、纹理特征、地物形态、地理位置等进行综合分析,从而实现对地球表层目标特征信息以及与目标相关的地形、覆盖等环境信息进行探测和识别的一种综合技术。20 世纪初的遥感技术以航空摄影为主,气球、风筝、飞机等遥感平台和摄影技术相结合实现了从空中对地面进行摄影成像。1957 年 10 月 4 日,苏联发射了世界上第一颗人造地球卫星,从此遥感技术进入航天遥感时代,人造地球卫星、探测火箭、宇宙飞船、航天飞机等遥感平台和多光谱扫描仪、高光谱成像仪、合成孔径雷达等遥感器相结合使人类开始从太空对地球进行观测;以卫星遥感为主的现代遥感技术在经过 60 多年的发展后,具备了多平台、多传感器、多角度、多分辨率、多时相、多要素等基本特征,其获取地球表层目标动态空间信息的数据类型多、速度快、周期短、范围广、信息量大,且不受地面交通、自然条件等因素的限制。近 10 年来,在互联网时代的大背景下,遥感技术和人工智能、大数据、物联网、云平台等技术相结合建立了基于机器学习、计算机视觉等人工智能的卫星遥感应用体系,成为航天遥感技术发展的新趋势(赖积保等,2022)。随着国家科研经费投入的不断加大,中国在遥感学科和应用领域得到了空前的发展,整体的遥感技术水平迅速跻身世界大国的地位(梁顺林,2021)。在此发展背景下,遥感技术在生物群落类型及植被地带性遥感调查、物种性状及物种多样性遥感分析、生态系统时空演变及生态功能区划遥感分析等方面得到了广泛应用。

**1. 植被群落类型及植被地带性遥感调查**

基于遥感数据、地面调查数据、植冠光谱特征、图像纹理标志、植被物候等多源数据提取常绿-落叶针叶林、常绿-落叶阔叶林、荫生矮林、荒漠-旱生灌丛、草原、草甸、草本沼泽等群落的时空分布特征既是植被遥感的主要研究内容,也是生态地理学研究的主要任务。群落类型的遥感解译依赖于植物冠层及植物叶片的电磁辐射特征,上表皮层及其下的栅栏组织的叶绿素成分决定了植物可见光谱特征(0.45 $\mu m$ 蓝波段和 0.67 $\mu m$ 红波段的叶绿素强烈吸收谱带形成吸收谷,0.54 μm 附近形成绿色窄反射峰);内部的海绵组织决定了植物近红外强反射光谱特征(0.74 μm 附近的反射率急剧增加,在 0.74~1.3 μm 之间由叶子细胞壁和细胞空间间隙的折射率不同形成宽反射峰);植物的含水性则决定了短波红外的光谱特征(1.4 μm、1.9 μm、2.7 μm 处由叶内水分子形成 3 个吸收带,1.6 μm 和 2.2 μm 处由植物叶片厚度及其内部结构性差异形成反射峰)。由于不同群落类型叶片的色素含量、细胞结构、含水量不同,其光谱曲线形态会存在一定的差异,可以依据叶片新老变化、叶片水分变化及组分含量变化、植冠稀密变化、植物物候变化等引发的波谱数据差异来分析群落类型及其分布特征。中国科学院地理科学与资源研究所在 2017 年启动的国家基础资源调查专项项目"中国南北过渡带综合科学考察"研究中基于高分一号、高分二号、资源三号等高分辨率遥感数据、数字表面模型(DSM)数据、遥感地面调查数据和样方调查数据获得了包含 6 个植被型组(针叶林、针阔混交林、阔叶林、灌丛、草甸和栽培植被)、12 个植被型和植被亚型(温带针叶林、温带草甸、温带落叶阔叶、果树园等)、52 个植被群系组、群系和亚群系(高山杜鹃灌丛、太白红杉林、华山松林、山杨林、板栗林等)的秦岭太白山地区 1:5 万的植被类型图。

植被的地带性反映了植被群落的温度生境、湿度生境、水热生境等条件,因此植被地带性分布特征的遥感分析主要依赖于对植被地理学生境的图像分析过程,将图像的地理单元位置、地貌形态特征、气象及气候环境因子、植被指数信息、物候信息进行综合分析可以实现植被地带性划分与植被地理区划的解译。张萍等(2022)基于高分二号遥感影像、数字高程模型(DEM)数据及考虑地形约束因子的图像分割法分析了云南大理苍山植被的垂直分布格局。刘月等(2022)基于 landsat 遥感影像、DEM 数据、主成分分析法和气象数据分析了 1986—2016 年武夷山国家公园草甸、竹林、针叶林、针阔混交林、常绿阔叶林等植被群落的垂直分带特征及各群落对气候变化的响应机制。

**2. 物种性状及物种多样性遥感分析**

物种性状遥感监测包含同种生物种群或生物个体的形态、生理、物候、运动等性状的监测(任渭等,2022)。激光雷达(light detection and ranging,简称为 LiDAR)可以快速、准确地获取地物的三维点云数据,因此可以获取个体到种群的树高、冠幅、胸径、材料体积、枝干形状等形态学信息(Pinton et al.,2021)。植被叶绿素含量变化是表征植物群落生理状态、生态过程和固碳能力的重要参量,植被叶绿素含量遥感分析是通过高光谱遥感数据反演大气参数,并利用大气辐射传输模型计算大气光学特性,从而将遥感数据的星上辐射亮度转换为地表辐射亮度信号,然后基于地表辐射亮度和地面实测数据建立的叶绿素反演模型或利用生态模型获得区域植被叶片叶绿素的时空分布图。在考虑了叶面积指数和冠层非光合物质等结构参数对叶片叶绿素含量影响的基础上,基于 MERIS 卫星遥感数据和 MODIS 遥感数据分别生成了两套全球植被叶片叶绿素含量月合成图(图 3-3),为全球植被生产力、物种生理性状、光合作用强度及植物群落分布特征等分析提供了数据源(Xu et al.,2022)。

植被物候特征是物种性状的监测内容之一,但是单一卫星遥感数据的光谱信息和纹理信息对区域植被群落类型的识别能力有限,近年来借助于遥感植被物候参数提取结果进行不同植被群落的空间识别成为植被遥感的重要研究方向(张贵花等,2018)。植被遥感大大提高了

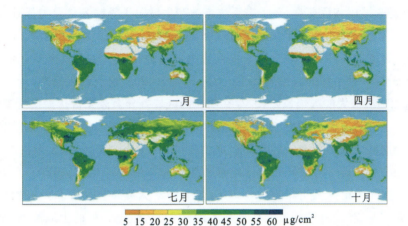

图 3-3　基于 MERIS 卫星数据生成的全球植被叶片叶绿素含量月合成图(Xu et al.,2022)

植被群落类型的识别精度。基于多光谱遥感数据波段运算(如加、减、乘、除)方式获得的植被指数是植被物候遥感分析的常用特征参数,当前遥感应用领域已经定义了归一化标准差植被指数(NDVI)、绿度指数(GI)、增强型植被指数(EVI)等在内的 40 多种植被指数(Pavel et al.,2022)。物候期时间节点判定是通过寻找植被指数时序数据的季节生长曲线变化速率的极值点来确定,常用的有阈值法、滑动平均法和求导法三大类。其中阈值法主要是通过设置植被指数的经验阈值来确定植被生长季开始或结束的日期,如植被指数上升速率变化最大处视为生长季开始时间,下降速率变化最大处视为生长季结束时间;滑动平均法是基于植被指数时序曲线与其滑动平均值曲线的交叉点确定物候期关键时间点,当所在区间的极大值和振幅满足给定阈值条件后,判断该升高和降低区间为一个生长周期过程;求导法通过对平滑后的植被指数时序数据求二阶导数得到曲率变化率,进而通过寻找曲率变化率的极值来确定物候期关键节点。目前,由不同植被指数生成的遥感植被物候专题产品,如 MODIS 全球物候产品 MLCD、美国的 MSLSP 遥感物候产品、澳大利亚的 TERNAusCover 遥感物候产品、欧洲的 PPI 物候产品、三江源国家公园物候产品(王旭峰,2020)等在区域植被物候及植被群落分析研究中发挥着越来越重要的作用。除植被指数外,归一化差值积雪指数(NDSI)、叶绿素/胡萝卜素指数 CCI(chlorophyll/carotenoid index)、光化学反射率指数 PRI(photochemical reflectance index)、归一化差值物候指数 NDPI(normalized difference phenology index)、植物物候指数 PPI(plant phenology index)等也在植被物候参数提取中得到了应用,丰富了遥感物候参数提取途径。

Asner 和 Martin(2016)提出了光谱组学,将植物冠层性状、分类/系统发育与其光谱学特征联系起来,为物种多样性的遥感研究提供了理论基础。随着遥感平台和遥感器类型的不断丰富和性能的不断提升,卫星遥感数据在物种多样性监测研究中得到越来越多的关注,并在一定程度上填补了物种多样性地面监测的时空覆盖数据空白。基于遥感的物种分布/丰度模型(species distribution models/species abundance models,简称为 SDMs/SAMs)提供了一种替代性的、在较大时空尺度上的物种分布与丰度估算方法(Salvador et al.,2019)。MODIS、Landsat、Sentinel、GF 等系列卫星数据提供的气候、地形、碳水循环(如植被绿度和蒸散发)、能量平衡(如地表温度和反照率)等生态系统参数和生境因子等输入信息与样地调查、植物标本、哺乳动物、鸟类等物种多样性数据进行耦合,通过该模型可以为入侵物种、珍稀物种的分布与丰度以及区域物种多样性分布格局提供更为准确的参考。如用该模型分析北美未来气候变化情景下 7465 种植物的灭绝风险(Zhang et al.,2017)。研究结果发现,近 1/3 的物种在 21 世纪末将面临着极大的灭绝风险,并存在明显的区域差异。激光雷达提供的三维点云信息能够精细地记录群落的树冠尺寸、结构、拦截光线和遮蔽邻近树木能力等个体信息,其与高光谱遥感相结合能够获取更为准确的群落组成结果(Zhao et al.,2018)。无人机高空间分辨率的遥感数据则在草地群落组成研究中得到越来越多的应用(Conti et al.,2021)。由德国马克斯·普朗克动物行为研究所建立的 movebank 动物运动免费数据库存储了全球范围的海量动物个体点位跟踪生成的矢量数据,生态学家将其与遥感大数据获得的土地覆盖、土地利用、植被覆盖等信息相结合可以用来进行生态演化格局、生物迁徙规律、外来物种入侵等问题的研究。太空辅助动物研究国际合作组织通过野生动物互联网跟踪技术将大量微型发射器安装到动物身上,再由国际空间站的天线收集数据,在全球范围内实现了动物多样性的实时监测,开启了动物追踪监测、致命疾病暴发监测、濒危野生动物行为监测等工作的新时代。

**3. 生态系统时空演变及生态功能区划遥感分析**

植被覆盖度和土地覆盖类型是反映陆地生态系统结构与生态系统水平分布特征的关键指标,目前全球主流植被覆盖度遥感产品以 300~1000 m 空间分辨率、5~10 d 时间分辨率为主,时间覆盖范围各不相同。以多光谱为代表的被动光学卫星遥感是目前土地覆盖类型调查的主要数据源,SAR、高光谱、LiDAR 等其他类型的遥感数据多作为辅助数据。目前全球主流土地覆盖遥感产品包括 Esri 全球 10 m 土地覆盖数据(2017—2021 年)、中国的 GlobalLand30 土地覆盖数据产品(2000 年、2010 年、2020 年 3 个版本)、MODIS 的 500 m 全球土地覆盖(MCD12Q1)产品(2001—2020 年)、欧盟的全球 1 km Global Land Cover 2000 土地覆盖产品、马里兰大学与美国地质调查局合作生成的全球 30 m Global Land Survey 土地覆盖产品等。

能够反映生态系统物质生产、能量流动和信息传递等功能的遥感产品包括叶面积指数产品(leaf area index,简称为 LAI)、光合有效辐射分量产品(fraction of absorbed photosynthetically active radiation,简称为 FAPAR)、蒸散发产品(evapotranspiration,简称为 ET)、总初级生产力和净初级生产力产品(gross/net primary production,简称为 GPP/NPP)、生物量产品(Biomass)等(任湉等,2022)。其中 GPP/NPP 是反映初级生产力的直接指标,而 LAI、FAPAR、ET 是反映初级生产力的间接指标,这些产品的时空分异特征是生态功能区划和生态环境质量评估的重要因子。生态系统干扰通常会导致生态系统的功能突然偏离其正常动态,其类型既包括水、火、雪、病虫害等造成的自然灾害,也包括砍伐、放牧、土地利用结构改变等人为干扰(陈利顶和傅伯杰,2004),目前公开的星载遥感数据能够在区域和全球尺度进行长时间序列的生态系统干扰及恢复研究,并通过探测植被绿度、叶面积以及水分的变化来反映如火灾、土地利用变化、砍伐等干扰的强度与范围及其造成的生物量和冠层结构的变化。

## 二、地理信息系统技术

地理信息系统是在计算机硬件和软件的支持下,运用地理信息科学和系统工程理论,对地球表层(包括大气层)空间中的地理分布数据进行采集、储存、管理、运算、分析、显示和描述的技术系统,一般由计算机、地理信息系统软件、空间数据库、分析应用模型、图形用户界面及系统人员组成。20世纪50年代,电子计算机科学的兴起和发展使人们能够用计算机来收集、存储、处理和分析各种与空间和地理分布有关的图形和属性数据,并直接为管理和决策服务,为地理信息系统的问世奠定了基础。1968年加拿大建成了世界上第一个用于自然资源管理和规划的地理信息系统——加拿大地理信息系统(canada geographic information system, GIS,简称为CGIS),此后10年间地理信息系统在国际上迅速发展,许多国家先后发展了自己的地理信息系统,用于处理城市数据和地区性数据。同时,与地理信息系统有关的组织和机构纷纷建立,地理信息系统相关的学术交流活动日益频繁。20世纪80年代,由于计算机性价比的提高和计算机网络的建立,地理信息系统软件的数据输入、存储和分析处理能力大大增强。地理信息系统开始与卫星遥感技术相结合进行全球沙漠化、全球变化等全球性问题的分析。20世纪90年代后,地理信息系统产业逐渐成熟,各个国家投入巨大的人力和财力在各行各业广泛开展地理信息系统的研究与应用,地理信息系统成为现代社会最基本的服务系统。

地理信息系统的基本功能包括数据输入及预处理功能、数据编辑功能、数据存储与管理功能、数据查询与检索功能、数据分析功能、数据显示与结果输出功能、数据更新功能等,可以基于各种地理信息模型将输入计算机的地球表层目标地物的空间数据与属性数据进行分析,并将不同时间序列的查询与分析结果以声、图、文一体化的方式展现出来。在地理信息系统蓬勃发展的大背景下,地理信息系统在生态环境监测数据管理、生态风险评估、生态系统演变模拟等领域应用得越来越广泛。

**1. GIS 支持下的生态环境监测数据管理**

在 GIS 的支持下建立生态环境信息系统,全国或区域的生态环境监测数据的采集、存储、传输、处理分析、信息发布、质量控制、维护等都可以基于一个系统进行自动化处理。首先,将通过遥感、传感器、地面站等方式获得的生态环境要素动态监测数据输入到 GIS 数据库实现生态环境监测海量数据的存储与管理,可以通过设定各种容量值、数据预处理、数据误差校正等方法保证生态环境数据的准确性,避免把采集到的错误数据引入到数据库中,提高数据质量(庄辉,2022)。其次,利用 GIS 强大的空间分析功能对生态环境实时信息进行管理和编辑,生成各种空间分布和统计图像,从而将不同空间和时间序列的生态环境问题具体化,如利用GIS 的空间数据内插法可以将生态环境监测获得的某个生态指标离散数据生成该生态指标的空间分布图,准确反映该指标的区域分布状况。利用 GIS 的三维可视化功能还可以将抽象的生态环境调查数据转变为三维图形,进行空间、地面、水下三维可视化展示,并按照生态环境三维动态变化趋势对环境监测参数和野外采样进行定量设计,形成智慧化管理模式,提供更直接的生态治理服务。在 GIS 中嵌入 HTTP 和 TCP/IP 标准的 WebGIS 的发展使通过Internet 发布具有空间特征的生态环境数据成为可能,实现了更广泛的区域共享,如基于

WebGIS的河南省草地资源信息管理系统集草地数据信息化管理、草地数据地图可视化、草地基础地理信息服务和应用、指标数据统计和分析、文档资料管理等功能于一体(图3-4),实现了河南省草地生态信息的共享和互动操作。

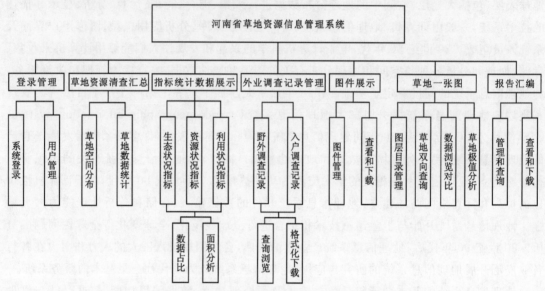

图3-4　河南省草地资源信息管理系统主要功能(据翟皓等,2019)

### 2. GIS支持下的生态风险评估和生物群区分布模拟

生态系统在为人类提供各项服务的同时,自身也面临着各种风险。自2000年以来,GIS开始应用于流域或区域生态风险评估,评估工作流程是利用GIS的空间叠加分析和栅格计算功能建立同一区域的土地利用数据、植被指数、气象数据的空间插值数据、灾害易发性数据、土壤侵蚀数据、人口密度/交通密度等社会经济数据、高程和坡度数据等的空间联系,并按照一定的权重进行空间计算,生成生态风险指数图,再利用GIS的地统计学方法进行生态风险指数的空间结构分析和空间可视化表达,完成生态风险的全面分析和评估(王昌博等,2021;王舒等,2022)。

GIS数字化、空间插值、聚类分析等功能支持下的植被群落演替和生物群区分布模拟是GIS技术在生态系统演化研究中的另一个应用,黄康有(2009)在GIS软件支持下对多源植被信息、气候因子等进行空间分析,并与CARAIB等碳水循环模型相结合,构建了具有空间表达详尽等特点的区域生物群区分布模型,完成了中国29个生物气候群组(BAGs)和19个生物群区的潜在分布及演化趋势的模拟和显示。

### 三、全球导航卫星系统

全球导航卫星系统(global navigation satellite system,简称为GNSS)是由一个或多个卫星星座及其支持特定工作所需的增强系统组成,能够准确提供地球表面或近地空间点、线、面要素的三维坐标、运动速度以及时间信息的空基无线电导航定位系统,具有全天候、高精度、自动化、高效益等特点,包括美国的全球定位系统(global positioning system,简称为 GPS)、中国的北斗卫星导航系统(beidou navigation satellite system,简称为 BDS)、俄罗斯的格洛纳斯卫星导航系统(global navigation satellite system,简称为 GLONASS)、欧盟的伽利略卫星导航系统(GALILEO)等。美国 GPS 是最早的 GNSS 系统,1973 年开始研制,1993 年投入使用,由 24 颗卫星组成,分布在 6 个轨道平面,民用定位精度为 10 m。俄罗斯的 GLONASS 于 20 世纪 80 年代初开建,1995 年开始使用,目前有 24 颗卫星工作,分布在 3 个轨道平面,水平定位精度为 16 m。欧盟的 GALILEO 于 20 世纪 90 年代提出,有 30 颗卫星工作,分布在 3 个轨道平面,免费定位精度为 6 m。中国的 BDS 于 20 世纪 80 年代开始建设,全球导航系统于 2020 年开通,目前有 45 颗卫星工作,分布在 3 个轨道平面,全球水平定位精度为 10 m。

GNSS 系统包括空间段、控制段和用户段 3 部分。其中,空间段由卫星或航天器组成,用于传输包含卫星轨道、位置、传输时间的导航电文;控制段由地面监测站和主控中心组成,用于跟踪卫星信号、收集伪距测量数据、大气信息、校正信息以及进行卫星控制;用户段是指 GNSS 接收机,用于计算接收机点位(图 3-5)。GNSS 基本工作原理是分布在地球上空的多颗导航卫星不停地发射可用来求算地球表层某点精确位置与精密时间的导航电文,空间定位系统接收机接收来自导航卫星的信号,导航仪根据星历表信息求得每颗卫星发射信号时在太空中的位置,测量计算卫星发射信号的精确时间,然后对已知的空间定位卫星的瞬时坐标和信号到达该点的时间进行计算,求得卫星至空间定位系统接收机之间的几何距离,在此基础上计算出用户接收机天线所对应的点位。

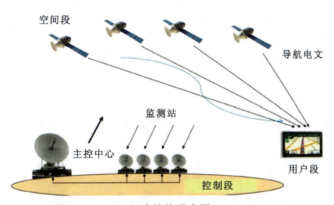

图 3-5　GNSS 组成结构示意图(据李新等,2021)

随着信息时代的发展,传统的生态环境监测和管理向高新技术方面发展,GNSS 也广泛应用于生态环境调查、生态灾害应急管理、物种保护等领域。GNSS 在生态调查中可以辅助完成样地的定位和复位、群落边界勘查、面积测算等野外数据采集(庞丽峰等,2019),确定野生群落和物种区域等指标的经纬度和高度信息以及指导生态工程的施工与测量。在生态灾害应急管理方面,GPS 可以用于生态系统干扰样点(有害生物样点、火点等)定位、精准生态灾害布兵、实时测量生态灾害分布面积、辅助灾情评估等,如基于森林防火人员调度指挥系统将 BDS 和 GPS 结合在一起使用,提高了定位精度,避免了通信盲区,为防火指挥部门的定位、导航、通信、指挥、调度提供了决策依据(陈俊等,2012)。基于 GNSS 的传输系统可以为抢险救灾提供实时、稳定的信息,如风速仪、风向仪、大气温度计、大气湿度计、大气压力计、辐射传感器、土壤温度仪、土壤湿度仪等传感器全天候现场监测获取的生态地理要素数据可以通过卫星通信终端传输到中国的北斗卫星,再由北斗卫星将监测数据传回到地面控制中心,此网络不依靠地面网络,即使重大地质灾害造成移动基站受损、无线网络瘫痪。该系统也可以通过卫星回传数据,从而提升生态灾害的精准服务水平。在物种保护方面,搭载 GNSS 定位模组的追踪器,可帮助科研人员利用 GNSS 卫星信号持续追踪、记录濒危物种及其捕猎者的实时位置,获取珍稀物种的行动轨迹,更好地掌握物种的活动规律(Arablouei et al.,2022),为珍稀物种的保护提供依据。

## 第四节 常用生态统计学方法及软件

### 一、聚类分析

在生态地理学研究中,聚类分析是对生态学数据的简化,使其具有结构性,并生成分类图。聚类分析的目的是对数据集(物种或环境因子数据)按其属性数据所反映的相似关系进行分组,使同组内的样品尽量相似,而不同组的成员则尽量相异。聚类分析可以分为硬划分(hard partition)和模糊划分(fuzzy partition)2 种。硬划分是指总体划分为不同的部分,每个对象或者变量必须且只能归属于某一组,对象归属身份信息只能是二元数据(0 或 1)。模糊划分对象归属身份信息可以是连续的。聚类分析有助于探索隐藏在数据背后的属性特征。目前大部分聚类分析方法都是基于关联矩阵进行计算,因此结合研究对象的特征,选取合适的相似系数显得尤为关键。在数量分类中,应用最为广泛的相似系数是欧氏距离,它属于距离系数的一种,是一种相异系数,计算公式为:

$$d_{jk} = \left[ \sum_{i=1}^{p} (X_{ij} - X_{ik})^2 \right]^{\frac{1}{2}} \tag{3-1}$$

式中,$d_{jk}$ 为两个样品之间的距离;$j$ 和 $k$ 为样品编号;$X_{ij}$ 和 $X_{ik}$ 为物种 $i$ 在样品 $j$ 和 $k$ 中的数量;$p$ 为物种物。

假设表 3-2 为某地植物调查结果,调查了 3 个样方 3 个物种出现的频数。

表 3-2 某地植物 3 个样方 3 个物种出现的频数统计表

| 物种类型 | 样方 1 | 样方 2 | 样方 3 |
| --- | --- | --- | --- |
| 物种 a | 1 | 10 | 20 |
| 物种 b | 20 | 5 | 1 |
| 物种 c | 5 | 20 | 8 |

根据欧氏距离方法,3 个样方的相异系数为:

$$d_{12} = [(1-10)^2 + (20-5)^2 + (5-20)^2]^{1/2}$$

$$d_{13} = [(1-20)^2 + (20-1)^2 + (5-8)^2]^{1/2}$$

$$d_{23} = [(10-20)^2 + (5-1)^2 + (20-8)^2]^{1/2}$$

目前常用的聚类分析方法包括单连接聚合聚类、平均聚合聚类、Ward 最小方差聚类和地层约束聚类等。

单连接聚合聚类也称为最近邻体分类,该方法聚合对象的依据是最短的成对距离(或最大的相似性)。即一个组选择另一个组融合的依据是看与哪个组在所有可能成对距离中最短。将一个对象与一个分类组的距离定义为该对象与这个分类组中距离最近的一个对象之间的距离,两个分类组的距离定义为两个组中距离最近的两个对象间的距离。单连接聚合聚类方法的基本流程是:一对对象连接第 3 个对象,成为新的一组,再连接另外一个对象,直到所有对象都被连接完毕为止。

平均聚合聚类是一种基于对象间平均相异性或聚类簇形心的聚类方法。通常,该方法中一个对象加入一组的依据是这个对象与该组每个成员之间的平均距离。两个组聚合的依据是一个组内所有成员与另一个组内成员之间所有对象对的平均距离。

Ward 最小方差聚类是一种基于最小二乘法线性模型准则的聚类方法。分组的依据是使组内平方和(方差分析的方差)最小化。聚类簇内方差和等于聚类簇内成员间距离的平方和除以对象的数量。组内平方和的计算是基于欧氏距离,但 Ward 最小方差聚类并不要求输入的数据一定是欧氏距离矩阵。

此外,在地理环境变化研究中,为了解生物群落随时间变化趋势及其主要演化阶段,通常采用地层约束聚类,该方法是用于地层研究具有邻接约束的聚类方法,其原理与 Ward 的最小方差聚类类似,以时间为分割的节点。一般在统计每个样品中主要优势属种含量后,以图谱的形式依据地层深度或时间顺序排列显示优势种上下层位变化特点和规律,通过地层约束聚类划分生物组合带,从而探讨生物群落的演替阶段和生态环境演化历史等科学问题。目前,最常用的地层约束聚类制图软件是 Tilia,该软件是 20 世纪 90 年代初由美国孢粉古生态学者 Eric Grimm 博士开发的,相比于传统的孢粉手工绘图,Tilia 软件因具有成图准确、精美、易修改、效率高和电子化等优点,受到古生态学者的普遍欢迎(舒军武等,2018)。

重庆市葱坪国家湿地公园木龙湖硅藻组合地层约束聚类结果表明,硅藻组合可以明显分成两个组合带。组合带 I 以底栖 *Staurosira construens* var. *venter* 占绝对优势,1955 年以来组合带 II 中,该种明显减少,*Navicula cryptotenella* 和其他附生类型硅藻明显增多。

## 二、排序分析

排序分析是将样方或生物属种排列在一定的空间,使得排序轴能够反映一定的生态环境梯度,进而揭示物种分布与环境因子的关系。因此,排序也称为梯度分析,简单的梯度分析是研究生物在某一环境梯度(如 pH 值)上的变化,也就是一维排序。复杂的梯度分析是揭示生物在多个环境梯度上的分布状况,在此情况下绘制所有变量组合下的二维散点图非常烦琐,且不直观。排序分析的重要目的是生成可视化的排序图,将多维空间内的数据点尽可能排列在可视化的低维空间,使得前面几个排序轴尽可能包含数据结构变化的主要趋势。下面主要介绍两种非约束排序方法[主成分分析(principal component analysis,简称为 PCA)和除趋势对应分析(detrended correspondence analysis,简称为 DCA)]和两种约束排序方法[冗余分析(Redundancy analysis,简称为 RDA)和典范对应分析(canonical correspondence analysis,简称为CCA)],其中约束排序同时使用了物种和环境因子数据,排序轴的生态指示意义十分明确,有助于解释生物分布的内在规律。

主成分分析:如果一个数据矩阵(如多个样方调查的物种百分含量数据)中每个变量(物种)数值都符合正态分布,这样的矩阵可以称为多元正态分布矩阵。该数据的第一主成分设定在多维空间内能够展示最大方差的方向。可以想象为一个椭圆体最长的方向,接下来的轴彼此正交,并依次缩短,所在方向也是椭圆体最长的方向。对于含有 $p$ 个变量的矩阵,最多可以获得 $p$ 个主成分。

主成分分析需要数据满足以下条件:①数据矩阵中变量的量纲相同,一般要求在分析之前,对变量进行标准化或者对数转换;②矩阵数据不能倒置;③协方差或者相关系数必须用定量变量才能算出;④二元的数据(0或1)也可以进行主成分分析;⑤物种有-无数据进行主成分分析前,可以用Hellinger转化或弦转换对数据进行预处理;⑥变量箭头之间的夹角代表变量之间的相关性。

长江中游8个典型湖泊沉积物硅藻组合的主成分分析结果(图3-6)表明,第一主成分PCA1和第二主成分PCA2共同揭示硅藻组合方差的50.9%。PCA1左侧优势种多为中营养属种,而右侧多为耐营养属种,反映了营养水平由左向右侧上升。PCA2轴下方优势种多为浮游种或兼浮游种,而上方则为底栖种,由下至上,水体中光照条件变好,底栖种增多。PCA分析结果很好地区分了3种不同类型湖泊硅藻的组成差异。

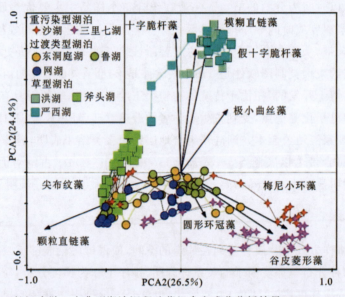

图3-6 长江中游8个典型湖泊沉积硅藻组合主成分分析结果(据 Chen et al.,2022)

在一个足够长的环境梯度(如水位)取样,梯度两端的样方之间共有种很少,从环境梯度的最低值到最高值,样方与第一个样品间的差异会越来越大。此时,梯度并不呈线性趋势,在一个二维的对应分析排序图上会产生弓形梯度。为去除弓形效应,需要将第一排序轴划分成几个长度相等的区间,在每一个区间内对第二轴的坐标值进行中心化,进行除趋势对应分析。DCA计算的数据矩阵第一轴梯度长度具有重要意义,一般认为,物种百分含量组合数据的第一轴梯度长度,或者称物种更替标准差单位(standard deviation units of species turnover,简称为 SD)可以指示物种对环境梯度是线性响应还是单峰响应,一般认为 SD>4 时,物种对环境梯度的响应是单峰模式,可以选用典范对应分析探索物种组合与环境因子间的关系。如果 SD<4 时,则可以用冗余分析开展约束排序。

RDA 是响应变量矩阵与解释变量矩阵之间的多元多重线性回归分析。RDA 的排序轴实际上是解释变量的线性组合,RDA 的目的是寻找能最大限度解释响应变量矩阵(物种组合数据)变差的一系列解释变量(环境因子)的线性组合,因此 RDA 是被解释变量约束的排序。在约束排序过程中,环境因子矩阵控制排序轴的权重(特征根)、正交性和方向。排序轴解释或模拟物种组合数据矩阵的变差。此外,RDA 还可以检验物种组合矩阵与环境因子矩阵线性相关的显著性。

CCA 与 RDA 的基础算法原理相似,只是在排序迭代过程加入与解释变量的加权回归分析。总体上,很多特征与 RDA 一样。CCA 排序图内样方点之间的距离依然是近似卡方距离。在 CCA 三序图中,物种在典范轴的排序位置反映其生态梯度上的最适点,这样使得物种组成的生态解释更加直观和容易。CCA 排序图中物种用点表示,可以结合上述聚类分析结果,画出直观的物种分组图。因此,自 20 世纪 80 年代开始,CCA 一直是生态学家最青睐的分析方法之一。

在 CCA 排序图中(图 3-7),物种点之间的距离是卡方距离(chi-square distance),可以代表不同物种空间分布差异,且从物种点到环境因子箭头的投影点的位置次序可以代表这些物种在该环境因子最适值(optima)的排序。如沿 CCA1 轴左右两端的硅藻属种分别偏好湿润洼地和干旱藓丘生境[图 3-7(a)]。而样方之间的距离代表样方之间的差异程度,例如孤山屯泥炭地样品与金川泥炭地的相近,而与园池的样品差异较大。环境因子箭头的长短可以代表环境因子对于物种数据的影响程度(解释量)的大小,例如海拔和水位埋深两个环境因子长度较长,说明这两个环境因子对硅藻组合方差的解释份额较大。箭头之间夹角可以表示环境因子之间的相关性,如溶解有机碳与电导率夹角为锐角,表明两者正相关;铵根离子与电导率夹角为 90°,说明两者无相关关系;电导率与海拔夹角为钝角,说明两者呈负相关关系。

目前,Šmilauer 和 Lepš(2014)开发的 Canoco 软件包,在生态学及相关领域基于排序方法的多变量统计分析中应用最广,其中 4.0 版本、4.5 版本和 5.0 版本在 Canoco 软件包 ISI Web of Science 上已经被引用超过 11 000 次。最新的 5.12 版本除可以开展 DCA、CA、CCA、DCCA、PCA、RDA 等排序分析,以及约束排序方法的 Monte Carlo 置换检验外,新版本中主坐标分析(principal coordinates analysis,简称为 PCoA)功能更强,增加更多距离度量,同时增加了 principal coordinates of neighbor matrices(PCNM)、non-metric multidimensional scaling(NMDS)分析,还可以输入物种功能属性特征与谱系树数据进行分析。

### 三、转换函数模型

环境要素(如气温、降水等)定量重建研究一直是过去全球变化研究中的热点与难点,这对于认识古环境演化规律、模拟和预测未来环境变化趋势具有重要意义。近年来,古湖沼学者基于湖泊水生生物与理化环境因子面上调查,系统地开展了包括水体盐度、总磷浓度、气温

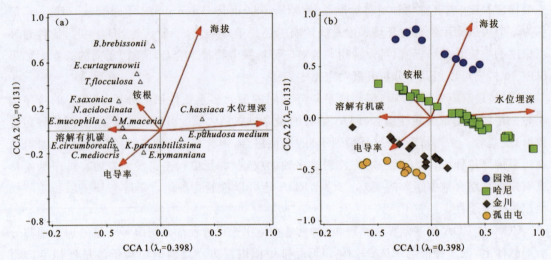

图 3-7　长白山地区泥炭地硅藻与环境因子 CCA 排序图（据 Chen et al.,2022）
(a)物种-环境因子；(b)样品点-环境因子

和水位的定量重建工作，并取得了丰硕的研究成果。转换函数模型构建的基本思路：对区域内多个样点开展调查，建立现代生物组合与环境因子的数据库，利用多元统计分析方法，分析并提取影响现代生物分布的显著环境变量，并判识两者之间的线性和非线性关系，然后选择不同的多元回归分析手段，在对环境推导值与观测值间误差、推导能力等比较的基础上，获得合适的转换函数模型，最后根据沉积物中生物组合数据，对关键环境要素进行定量重建，并对重建结果进行评估（图 3-8）。在构建转换函数之前，至少满足以下基本条件：①现代物种和环境因子数据库包括 $n$ 个样点（一般在 40 个以上）、$m$ 个属种和 $p$ 个环境变量（要求 $m>n$）；②样点的选取必须在一定区域内体现出最大的环境梯度。

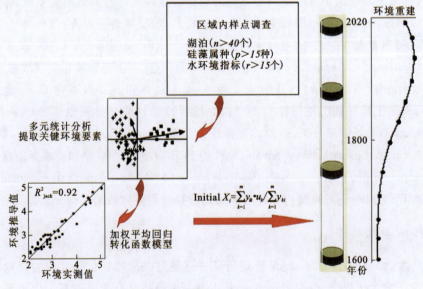

图 3-8　转换函数研究技术思路图（据羊向东等，2020）

目前，常用的转换函数模型有加权平均（weighted average，简称为 WA）包括 4 种变型：典型回归加权平均（WA classical deshrinking，简称为 WA.cla）、反向回归加权平均（WA inverse deshrinking，简称为 WA.inv）、典型回归耐受值降权加权平均（tolerance downweighted WA classical deshrinking，简称为 WA.cla.tol）和反向回归耐受值降权加权平均（tolerance downweighted WA inverse deshrinking，简称为 WA.inv.tol）（李鸿凯等，2013）。

以典型回归加权平均方法为例，该方法是基于属种在环境空间中占据不同的生境范围的理论上发展而来的。该理论的前提条件是生物对环境变量的响应呈单峰响应特征，最大百分含量出现在环境梯度的中间值附近。因此，以生物百分含量做权重对样品点环境指标值进行加权，新环境指标值的平均值及标准偏差对应着属种的最适值及耐受值。得到所有属种对某一环境变量的最适值后，将属种的最适值作为权重，对沉积物中生物组合的各属种百分含量进行加权，得到过去生物生长时环境变量的对应数值。计算公式如下：

$$u_k = \sum_{i=1}^{p} y_{ik} x_i / \sum_{i=1}^{p} y_{ik} \tag{3-2}$$

式中，$u_k$ 为属种 $k$ 的环境最适值；$x_i$ 为采样点 $i$ 的环境变量值；$y_{ik}$ 为属种 $k$ 在采样点 $i$ 的百分含量。

$$X_t = \sum_{k=1}^{p} y_{tk} u_k / \sum_{k=1}^{p} y_{tk} \tag{3-3}$$

式中，$X_t$ 为第 $t$ 个沉积物样品的环境推导值；$y_{tk}$ 为属种 $k$ 在第 $t$ 个沉积物样品中的百分含量。

转换函数模型建立后，还需要通过对比不同模型的预测均方根误差（root mean square error off prediction，RMSEP）和相关系数 $R^2$ 选取最优模型。RMSEP 反映了预测值与实测值的偏差，$R^2$ 反映了预测值与实测值的相关性。因此，模型的 RMSEP 值越小，相关系数 $R^2$ 越大，则该转换函数模型的预测能力就越高。此外，还需要对模型进行交叉验证，交叉验证方法采用留一法（leave-one-out，LOO）和留组法（leave-group-out，LGO）。LOO 交叉检验会每次从数据集中删除一个样品，然后用剩余的样品重新建立转换函数来预测删除样品的环境因子，如此重复，直到每一个样品都被删除一次。LGO 交叉检验会每次从数据集中删除一组样品，然后建立转换函数进行检验。如果交叉验证得到的预测均方根误差越小并且相关系数 $R^2$ 与验证之前的 $R^2$ 越接近，则代表模型推导能力越好（Juggins and Birks，2012）。

在我国，古生态研究者已经建立了包括青藏高原、西北、西南和长江中下游地区湖泊的生物转换函数数据库，在华中地区和东北地区建立了湿地有壳变形虫转换函数。这些转换函数被成功应用到不同区域湖泊和湿地水体的盐度、营养浓度、水深、温度等环境要素的定量重建中（图 3-8）。Wang 等（2011）基于青藏高原近 80 个湖泊表层沉积硅藻-环境数据库的分析，通过典型对应分析，揭示出电导率（或盐度）是影响高原湖泊硅藻分布的显著环境变量，利用加权平均-偏最小二乘法（WA-PLS），建立了硅藻-电导率（盐度）转换函数，并对西藏沉错和纳木错过去百年来的盐度变化进行了定量恢复。研究结果表明，小冰期结束以来至 20 世纪末，随着区域增温，湖水盐度逐渐增高，与多年观测的水位持续下降对应。2000 年之前，浮游硅藻丰度增加和盐度的升高，一方面与升温引起蒸发量的增加有关，另一方面与冰融水增多导致流域营养物质的输入增加有关。

在长江中下游地区,浅水湖泊普遍面临富营养化问题,由于缺乏长期监测记录,目前对湖泊自然状态下的营养背景值及营养演化历史了解较少。为揭示富营养化的原因与趋势,评估强烈人类活动前的营养本底值,我国学者利用长江中下游近90个湖泊的硅藻、摇蚊、有壳变形虫和水质的调查数据,分别构建了它们与湖水总磷浓度的转换函数模型。基于沉积钻孔的生物化石数据,先后对10个以上不同营养类型湖泊进行了过去百年来湖水总磷浓度的定量估算(Dong et al.,2016)。基于不同定量模型获得的总磷值,在变化趋势和幅度上具有一致性。研究发现,近百年来,这些湖泊富营养化普遍发生在1950年以后,尤其是1980年以来一些重要湖泊(如太湖和巢湖)的富营养化程度进一步加重。研究显示,长江中下游地区湖泊总磷本底值维持在50 $\mu g/L$左右,湖泊由草型向藻型转变的总磷阈值在80～110 $\mu g/L$之间。综上,研究区浅水湖泊普遍具有较高的营养背景值,在富营养化湖泊治理中,对营养消减目标的设定应该从历史演变的过程中去寻找参照系。

### 四、生态学数据空间分析

生物群落一般在多种尺度上具有空间结构,这种多尺度空间结构由多层次生态过程引起。一方面,外界环境变量(大气温度、降水、风、土壤氮磷元素含量等)控制生物群落。如果这些外界环境变量具有空间结构性,那么它们的格局也会体现在生物群落分布上。例如,沙漠中植物呈斑块状分布,这与沙漠中湿润区域分布相一致。另一方面,生物群落内种间和种内的相互作用也影响生物群落的空间结构,例如次级生产者对初级生产者的捕食作用和种间竞争等,也可以引起生物群落的空间自相关。此外,历史事件(例如火山、地震和人类刀耕火种)也可以形成特殊的空间结构。空间分析的目的之一是区分上述空间结构的来源并建立模型。

一般而言,空间接近的两点比随机抽取的两点之间环境要素或物种组成具有更高的相似性(正相关)或更相异(负相关)。对于具有空间相关的物种数据,如果已知样方的位置和生物过程,在某种程度上就可以通过相邻样方的值预测目标样方的值。由于受空间自相关的影响,样方值之间彼此并不随机独立,这样就违背了样本独立性的统计假设。或者说,每新增一个样本并未带来一个新的自由度。因此,在分析具有空间相关的数据时,参数检验的自由度往往会被高估,导致结果偏向"自由"的一边,即导致零和假设经常被错误地拒绝。

空间分析中有很多方法可以检验空间相关是否存在,同时可以度量空间异质性(生态过程或格局在区域间的变化)的强度和广度。空间相关检验不仅可以验证生态数据中是否存在空间相关,而且可以直接获得空间相关信息,并在统计分析中应用这些信息。考虑生态数据具有多尺度属性,例如中国南北植被分带是宽尺度(1000 km范围以上)植物群落分异,而在泥炭地藓丘-洼地微地貌的苔藓和维管束植物的分布是微尺度(10 m范围之内)植物群落分异。这要求在宽尺度到微尺度上,都能够为空间结构建立模型。为了在上述的排序分析中实现这一目标,必须构建能够模拟所有尺度的空间结构变量。目前,邻体矩阵主坐标分析(PCNM)及其衍生的一系列方法就可以满足这一目标(图3-9,Borcard et al.,2014)。PCNM计算步骤一般为:①构建样方之间的欧氏距离矩阵,距离越大意味着2个样方之间的交流越难。②消减距离矩阵规模,只保留一定规模的邻体之间的距离,选取相邻样方的阈值,阈值取决于样方的坐标。大部分情况下尽可能选短的距离,但需要保证所有样方都必须被小于或等于阈值的长度所连接。③计算消减距离矩阵的主坐标分析(PCoA)。④保留具有 Moran 指数大于期望值 $I$ 的正空间相关特征向量。⑤使用保留的特征向量作为空间解释变量,与物种数据进行多元回归或者排序分析。

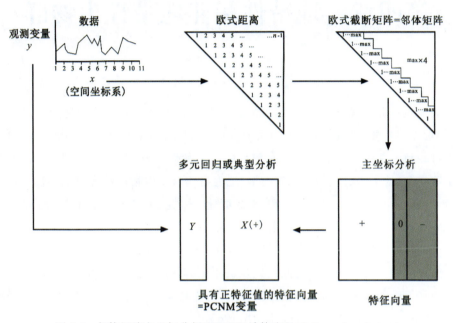

图 3-9　邻体矩阵主坐标分析(PCNM)计算流程(据 Borcard et al.,2014)

聚类分析、排序分析、转换函数以及空间分析可以在一些专业软件(SPSS、Tilia、Canoco、C2 等)上完成统计和制图。近年来,R 语言平台快速发展,其统计制图功能具有强大、开放免费等优势,在年轻学者中应用推广迅速。与此同时,统计分析学者陆续开发并更新相关软件包为生态数据统计分析带来巨大便利。对于初学者而言,由高等教育出版社出版的《数量生态学——R 语言的应用》(中文版第二版)十分适用,该书中有原始数据、R 语言代码,并对统计分析和制图结果进行了详细的解释说明。

**思考题:**

1. 简述生态地理学主要的野外调查方法。
2. 论述生态统计学中的排序分析法。

# 第四章 地带性和非地带性生物群

全球陆地生物群受气候、洋流、季风等因素的影响,其分布有明显的地带性,例如热带雨林、亚热带常绿阔叶林、草原和寒温带针叶林等,被称为地带性生物群(zonobiome),也被称为显域生物群。地带性生物群的分布具有较大的规模和带状分布的特点。但是,在一些地区,由于受土壤类型、地下水、地表水、地貌类型、地表岩性以及生物活动等非地带性因素影响,同样的生物类群见于不同气候带的相似土壤上,称为隐域生物群或非地带性生物群(azonobiome),如草甸、沼泽、盐生、水生等生物群。

陆地上的显域性生物群主要受控于气候特征。生态学家、气候学家和地质学家试图建立植物、动物、微生物等与气候因子之间的定量关系(如转换函数等)。与转换函数或公式等分析植被类型和气候条件关系的方法相比,目前人们普遍采用较为直观醒目的瓦尔特气候图法(walter climate diagram)(Walter and Lieth,1967)。

根据气候、植被特征、分布范围和物种组成等特点,显域性植被主要分为12大类。热带生物群,包括热带雨林、热带季雨林、萨瓦纳(热带稀树草原)和红树林;亚热带生物群,包括亚热带常绿阔叶林、亚热带常绿硬叶林、竹林和荒漠;温热带生物群,包括温带夏绿阔叶林、温带草原和寒温带针叶林;寒带生物群主要是苔原。隐域性植被主要有沼泽和草甸。

## 第一节 热带生物群

### 一、热带雨林

**1. 气候和环境特点**

热带雨林(tropical rain forest)主要是在赤道地区发育和分布的一种植被类型,常绿喜温,乔木高于30 m,富有厚茎的藤本植物和木质及草本的附生植物。热带雨林的气候特点是常年高温,降雨充沛,年平均降水量在2000 mm以上,多时可达4000~6000 mm,有的地区甚至可达10 000 mm。无明显的季节变化,全年雨量分配均匀,空气相对湿度常年在95%以上,甚至饱和。平均温度在20~28 ℃之间,一般在30 ℃左右,温差小。在赤道附近,最热月与最冷月平均温差小于5 ℃。日照量一般不少于10 h,高温高湿的环境条件对热带雨林发育有重要意义。

热带雨林生物群分布区的典型土壤类型为砖红壤和红壤。在高温和高湿环境下,风化作用和淋溶作用强烈,大部分可溶性的离子流失,土壤有机质含量少,在一些地区会见到几米到十几米厚的风化壳,土壤因富含 $Al_2O_3$ 和 $Fe_3O_4$ 而呈棕红色,壤质或黏质,缺少盐基和植物养料,土壤呈酸性,pH 值一般在 4.4~5.5 之间,土壤生物化学循环活跃,物质周转速率快。

**2. 热带雨林的植被特征**

1)物种极为丰富

热带雨林是地球上生物多样性最高的地区,是全球最大的生物基因库,物种组成非常丰富,孕育了世界上大部分的动植物物种。热带雨林的物种在东南亚达 4 万种(每公顷有 400 种乔木,1 $hm^2$ = 666.67 $m^2$);南美洲有 4.5 万种;西部非洲有 1 万种(每公顷 100 种)。热带雨林的另一特点是种类多而单种个体较少,而且通常没有优势种。

2)成层复杂

热带雨林群落的成层现象十分复杂,除了大致可分为乔木层、灌木层和草本层之外,也可以分为多个亚层,层与层之间常因树木种类繁多、灌木较高而难以彻底分开,界线不明显。乔木层的高度一般可在 30~40 m 之间,其中巨高位芽和大高位芽植物占很大比例。树干高大整齐,有些乔木高达 80 m,树皮很薄、光滑且具有一定光泽。

3)茎花现象

在热带雨林,许多植物(如可可树、木奶果等)直接在无叶的木质茎上开花结果。一般认为这是热带雨林下层小乔木得不到充分阳光和空间的一种适应,或者是一种原始性状。有观点认为雨林乔木开花结果所需养分储藏在主茎干和大枝里,茎花现象是便于养分输送,减少能量消耗的一种生理适应。具有茎花现象的植物在热带雨林中较为普遍,有 1000 余种,是热带雨林的一个重要特征。

4)空中花园

热带雨林的另一大景观是藤本植物和附生植物发达。藤本植物常常木质化。热带雨林由于具有既潮湿又高温的环境条件,其高大树冠在空间垂直方向上形成了比其他森林更大的空间容量,为其他生物提供了多样化的落脚点和微环境。因此,藤本攀缘植物和附生植物的种类与数目众多,在高大乔木的树冠和枝杈上布满了各色附生植物和藤本攀缘植物,形成了热带雨林中独特的"空中花园"景象。

木质藤本往往长达数十米,缠绕在高大乔木的茎干和树枝之上,以这种最经济的方式攀缘到光照充分的上层,迅速生长到成熟。这类藤本植物具有很好的生态适应性。草质藤本植物的茎干枝条细小而富有韧性,大部分在林下郁蔽的阴暗潮湿环境中发育,生活环境与木质藤本有很大的不同,生物量也相对较小,在群落中的地位和作用也不显著。

附生植物在热带雨林中随处可见,它们附着在其他植物的茎干上,但并不从植物身上汲取养分,而主要从空气、降水和落在树枝上的肥料中获取养分。这种附生的生活方式不仅能够使它们获得更多的光照和养分,也有利于其繁殖体的传播。热带雨林中的附生植物种类繁多,主要有蕨类植物、地衣、苔藓、仙人掌、凤梨类和兰科植物等,如兰科植物有 70% 作为附生植物生长在树上。巢蕨(*Neottopteris nidus*)是生活在热带雨林中的一种典型的附生草本植物。它们附生在树干上,形状就像一个大鸟巢,有利于收集周围的树叶、小昆虫和鸟类的粪便等变成养料。

5) 绞杀植物

在热带雨林中生活着一类介于藤本植物和附生植物之间的过渡类型植物,它们通过其根系或发达的枝条附着缠绕在其他植物体上,与被绞杀植物争夺养料和水分,对被附生植物的生长造成阻碍、限制,甚至致其死亡,这类植物被称为绞杀植物或半附生植物。较为常见的绞杀植物如桑科的榕树(*Ficus microcarpa*),它们的种子多被鸟或别的动物带到棕榈树、铁杉树等树干上,发芽后长出气生的根系紧紧包围树干并向下扩展,直到伸入地面下变为正常根系,隔断了棕榈树、铁杉树等被绞杀植物的水分供给,导致被绞杀植物因营养和水分不足而逐渐死亡。

6) 板根现象

板根(plank buttresses root)亦称为"板状根",是指热带雨林木本植物所特有的板状不定根或气生根,是植物适应热带气候条件而形成的一种特殊生态现象。板根由离地面或恰在地面的粗大侧根外向次生生长发育而来,高3~4 m,有的甚至高达十几米,呈扁平或三角形的板状。板根在土壤浅薄的地方更易形成,成为高大乔木的一种附加支撑结构。板根从土壤中吸收水分、养分,供应地上部分生长,也对植物地上部分具有强大的支撑作用。

7) 生产力水平

常年高温多雨、日照充足等因素为热带雨林的生产力积累创造了优越条件。热带雨林具有很高的净初级生产力,每年每平方米产生的干物质可达2.2 kg。整个热带雨林生物群每年可提供 $3.74 \times 10^{10}$ t 干物质,是地球所有生态系统类型中最高的。

**3. 热带雨林的动物特征**

1) 种类丰富,树栖占优势

在热带雨林,动物种类非常丰富,物种高度分化,但每种的个体数却较其他植被类型中的要少,优势种也不明显。动物大多体色鲜丽、形态奇特,不乏单科单属单种的珍稀物种,许多古老类群在这里也得到了很大的发展,如两栖类、爬行类和无脊椎动物。

热带雨林动物以树栖攀缘生活的种类占绝对优势。树栖动物除了大量的鸟类(鹦鹉、犀鸟、缝叶莺、织布鸟和蜂鸟)、灵长类、啮齿目(如巨松鼠、鼯鼠、树豪猪)、贫齿目(树懒、小食蚁兽)和有袋目外,两栖类和爬行类也有很多树栖种(如飞蛙、树蛙、鬣蜥、避役和飞蜥等)。在热带雨林树栖食物链的作用下,很多肉食性类群在形态结构上也演化出适应树栖攀缘生活的特征。

热带雨林的地栖动物种类和数量都很少,且体形偏小,适应密林生活。林下阴暗潮湿、草本植物稀少、藤本植物根系密集交织,这都不利于那些挖掘穴居动物生存和大型食草动物活动。

2) 分层明显

热带雨林植被高大茂盛,小生境多样,为动物提供了有利的栖息环境和活动场所,动物的分层现象较为明显。蝙蝠和鸟类(如冠鹰雕、巨嘴鸟)组成的食虫和食肉类群主要生活在林冠层以上空间,如生活在我国和东南亚热带雨林的大狐蝠(*Pteropus vampyrus*),以雨林上层花蜜、水果和鲜花为食,它们缺乏回声的能力,用敏锐的视力来探测食物来源。林冠层中间主要生活着各种鸟类、食果蝙蝠、植食性和杂食动物。林冠层以下空间主要由一些可攀缘的动物(如蛛猴、考拉、树懒)、鸟类、食虫蝙蝠以及以树干附生植物为食的昆虫组成。地面上则生活着少量灵长类生物(如王疣猴)、大型哺乳动物(如蜜熊)和小型地面动物。

3)生活习性

热带雨林动物的生命活动无明显季相,动物可全年活动,无冬眠、夏眠现象和储藏食物的习性,无明显换毛期,繁殖季节也不固定,季节性迁移现象很少。但是,由于白天温度高,且昼夜温差大,昼伏夜行的种类较昼出活动的种类多,昼夜活动分化明显。在食性方面,狭食性的种类多,贫齿目的比例较高,这与热带雨林充足的食物资源和优越的环境条件有关。此外,寄生、共生现象也较为普遍。物种种群密度变化与生物因子(食物资源、猎物和天敌等)密切相关。

由于树木生长茂盛密集、森林郁蔽,不利于快速奔跑,生活在地面的生物多采用躲藏与隐蔽的方式来逃避天敌,而许多食肉动物则采用伏击的方式捕食。

**4. 热带雨林的分布**

热带雨林主要分布在赤道低海拔区域,包括南北纬 5°—10°的热带气候地区。在大陆迎风边缘山区可分布到南北回归线之间。根据海拔不同,热带雨林可分为 3 类,即热带低地雨林(海拔低于 1200 m)、东南亚热带山地雨林(又分为较低山地雨林和云雾林 2 类)以及印度尼西亚和亚马孙流域的热带沼泽雨林。

热带雨林在世界上主要分布于刚果盆地、亚马孙河流域、马来群岛以及中美洲的东侧。其中,美洲热带雨林的面积最大,超过 $3\times10^6$ km²,以亚马孙河流为中心,向西扩展到安第斯山的山麓,向东止于圭亚那,向南达玻利维亚和巴拉圭,向北则到墨西哥南部及安的列斯群岛。非洲的热带雨林面积不大,约为 $6\times10^5$ km²,种类也较为贫乏,但特有种的数目多。主要分布在刚果、马达加斯加岛的东岸等。亚洲热带雨林主要分布在东南亚地区的菲律宾群岛、马来半岛、中南半岛的东西两侧、斯里兰卡和中国西南部。

中国热带雨林的分布面积较小且不连续,主要分布在海南岛山地海拔 500 m 以下的迎风坡地或沟谷,以及台湾南部、云南南部的低山丘陵地带和西藏东南部的低山河谷等。中国的热带雨林虽然不如赤道地区的典型,也受到一些学者的质疑,但是学者们普遍认为其仍然具有热带雨林的一些性质和特征。

**5. 生态功能和价值**

热带雨林在维护生物多样性、食物供给、涵养水源、调节气候、吸收二氧化碳、释放氧气、净化空气等方面发挥着重要作用,是维持地球碳氧平衡的重要力量,被人们称为"地球之肺"。热带雨林地区的生物多样性极高,以亚马孙流域为例,仅 0.08 km² 左右的取样地块上,就可发现 4.2 万种昆虫,植物种类的密度达 1200 种/km² 以上,地球上 1/5 的动植物都生长于此。亚马孙热带雨林所储蓄的淡水占地表淡水总量的 23%。人类有 1/4 的药物源于热带雨林的动植物。已查明的 3000 种植物有抗癌功能,其中 70% 生长在热带雨林。至少有 2500 种潜在的新水果和蔬菜生长在热带雨林中,人类 80% 以上的食物(包括咖啡、腰果、可可等)都来自热带雨林。此外,热带雨林提供了工业生产中使用的橡胶、油漆和树胶等各种资源。

但是,在人类活动的强烈影响下,热带雨林遭到乱砍滥伐、火烧、放牧、农业围垦、工业原料过度采集等干扰,面积萎缩严重,土地利用方式发生变化,这导致世界上已有 34% 的热带雨林遭到破坏。其中超过半数的破坏行为发生在南美洲的亚马孙雨林以及周边地区。全球热带雨林面积不断萎缩,森林质量和固碳能力持续下降。近 100 年来,全球已经有超过 20% 的热带雨林完全消失,另外还有 10% 的热带雨林正在遭受着高温、干旱和烈火的考验。在人类活动和气候变化的背景下,全球热带雨林火灾频发,仅在 2019 年 8 月,亚马孙热带雨林共发生 2.8 万多起火灾,连续三年高于历史平均水平。在 2020 年 8 月至 2021 年 7 月之间,亚马孙热带雨林的面积缩小了 10 476 km$^2$,这也是过去 10 年内亚马孙雨林遭受的最大破坏。亚马孙热带雨林所吸收的二氧化碳,已经低于所排放的二氧化碳数量,已经成为了一个"碳源"。

人类对热带雨林的破坏会造成一系列严重后果,会威胁生物多样性,使得一些动植物濒临灭绝。温室气体排放增加,干扰碳氧平衡,加剧全球的温室效应,两极冰川融化,海平面上升,造成沿海低地被海水淹没。森林的过度砍伐导致水土流失,加剧干旱和土壤贫瘠,造成粮食危机和贫困等。

尽管如此,有关人类活动对热带雨林的影响研究仍然较少,特别是长时间尺度的研究相对缺乏。例如,在非洲西部热带雨林开展的一项 50 万年来的古植被和古气候重建研究表明,在选取的 6 个驱动因素(水分可用性、火灾、食草动物密度、温度、温度季节性和大气 $CO_2$ 浓度)中,大气 $CO_2$ 浓度的变化不会推动热带地区千年尺度的木本覆盖变化,而水分的长期变化,以及水分可用性和火灾活动是决定树木覆盖的最重要因素。这些研究极大地推动了人们对热带雨林生态特征和功能的认识。因此,各国政府、自然保护组织以及联合国教科文组织等应加大对热带雨林的科学研究力度,加强生态教育,加强立法,建设热带雨林自然保护区、自然保护地和国家公园,加大科研、科普和宣传的投入,从经济、社会、教育等方面全方位保护热带雨林。

## 二、热带季雨林生物群

**1. 气候和环境特点**

热带季雨林(tropical monsoon)是分布在热带地区、常年高温、有周期性干湿季节交替的森林植被类型。与热带雨林的气候相比,热带季雨林区的水热条件变幅较大,具有明显的旱季,降水量少,温差大。雨热同期,交替明显。年平均温度 25 ℃ 左右,年降水量 1000~1800 mm,旱季长达 3~5 个月,其间的月降水量不超过 100 mm,有时在 50 mm 以下。雨季主要集中在 5 月至 10 月。

热带季雨林的土壤类型以砖红壤为主,其次为红壤和石灰土。因温度和降水量均比热带热淋地区低,土壤中的分解作用、淋溶作用和生物地球化学循环速率变慢,土壤有机质含量较热带雨林高,落叶等森林凋落物也较厚。

## 2. 植被和群落特征

热带季雨林的主要特征是旱季部分落叶或全部落叶,有明显的季相变化。这是因为热带季雨林群落主要由较耐旱的热带常绿和落叶阔叶树种组成,多数林木在旱季落叶,在雨季来临时大部分植物发叶开花。因此,热带季雨林又被称为"雨绿林"。与热带雨林相比,热带季雨林群落的树高度较低,植物种类较少,结构比较简单,群落的优势种较明显,热带季雨林中板状根和老茎生花等现象不普遍。但藤本植物较多,以木质藤本为主。热带季雨林的多数植物选择在 2—5 月的旱季开花,在 8—9 月和 11 月—翌年 3 月结果。

乔木根据老叶脱落和新生叶片生长的时间,分为落叶(叶全部脱落后再长新叶)树种、半落叶或叶交替型(叶的脱落时间与新叶萌生十分接近)树种和常绿(新叶长出后老叶才脱落)树种。在热带季雨林乔木层的上部,落叶阔叶树多于常绿阔叶树,而在乔木层的下部,常绿阔叶树多于落叶阔叶树。乔木层的高度一般在 25 m 以下,灌木层和草本层不发达。

落叶季雨林和半落叶季雨林的分布主要受降水量的影响。例如,在我国,落叶季雨林主要分布在年降水量为 1000 mm 左右的海南岛西部沿海台地和滇南的干热河谷盆地,这些地区的旱季持续时间长、气候干热,而半落叶季雨林则主要在年降水量 1300~1800 mm 的半湿润至湿润气候区分布,落叶树种的比例降低,群落外貌更接近热带雨林的特征。

热带季雨林通常为混交林,这与其生活的环境具有从热带雨林气候向干旱气候过渡的特点有关。尽管如此,热带季雨林的热带特征仍然十分明显,主要表现在其生活型特征上。热带季雨林的生活型以木本高位芽植物为主,占 70%~80%,其中落叶乔木所占比例较大。热带季雨林的叶片形态大多仍然保持明显的热带特征。

## 3. 热带季雨林的动物特点

热带季雨林是介于热带和亚热带地区之间的典型植被,其环境特征具有明显的过渡性特征,因此,热带季雨林中的动物兼有热带雨林和亚热带常绿阔叶林的成分,在种类组成上与热带雨林有明显差别,数量也远不如热带雨林丰富。但是,因为高大乔木数量较少、植被覆盖度降低,生境相对开阔,大型兽类比热带雨林多。同时,由于旱季降水稀少,不利于爬行类和两栖类动物的活动,因此它们的种类和数量明显减少。亚洲热带季雨林的代表动物有独角犀(2 种)、印度野牛、原鸡、叶猴等。一些物种与热带雨林所共有,如熊狸(*Arctictis binturong*),广泛分布于东南亚和我国云南一带,栖息在高大乔木上,善于攀爬跳跃,主要以果实、鸟卵、小鸟及小型哺乳动物为食。我国热带季雨林内还有云豹(*Neofilis nebulosa*)、坡鹿(*Cervuseldi*)、白臂叶猴(*Pygathrix nemaeus*)、白鹇(*Lophura nythemera*)等珍稀动物。

## 4. 热带季雨林的分布范围

热带季雨林在亚洲、非洲、美洲的热带季风区均有发育,其分布具有不连续的特点,主要包括东南亚、中南半岛、非洲西部、南美洲北部和加勒比海等地区,其中以东南亚地区受热带季风显著影响的地带最为典型。在中国,热带地区受到东亚季风、印度洋季风的控制,以及西太平洋副热带高压的影响,热带季雨林可以延伸到华南和西南的北回归线附近,分布范围包括台湾、海南、广东沿海、藏南和滇西南等地区。热带季雨林的成分过渡特征明显,包含了许多与热带雨林相似的物种,但群落结构简单,植物多具有喜阳耐旱的适应性特征。热带季雨林的典型乔木包括龙脑香科的青梅、望天树,木棉科的木棉,还有桑科的榕树等。

**5. 热带季雨林的特色资源**

热带季雨林的面积虽然不如热带雨林大,分布也不连续,却是热带季风区的主要森林植被类型。热带季雨林的气候和环境条件,特别是水热条件、土壤特性和干湿季节变换特点,对引种和栽培热带名贵珍稀苗木和热带作物具有重大意义。事实上,热带季雨林出产许多名贵和珍稀树种(如狭叶坡垒和四数木等),另外还有少许柚木和紫檀等珍贵树种,以及橡胶树、香蕉、胡椒、剑麻、荔枝、杧果、海岛棉等水果和经济作物。前文提及的独角犀、印度野牛、原鸡、叶猴、熊狸是热带季雨林的特色动物。热带季雨林是全球宝贵的动物资源库。

## 三、萨瓦纳生物群

**1. 气候和环境特点**

萨瓦纳(savanna)又称为热带稀树草原,是指在热带夏雨型气候条件下形成的多年生高大草本植物占优势的乔木或灌木散生的热带草原植被。萨瓦纳形成的气候特点是热带夏雨型气候条件,雨季和旱季交替明显,年降水量在 250~2000 mm 之间,且集中于夏季,旱季持续的时间为 4~6 个月,甚至比雨季持续的时间长,但地区之间差异较大。旱季月均温度为 10~20 ℃,雨季月均温度为 20~30 ℃。萨瓦纳占全球陆地面积的 20% 左右,在非洲、大洋洲和南美洲各占其土地面积的 65%、60%、45%,其中,以非洲萨瓦纳最为典型。

**2. 植被特征及影响因素**

热带萨瓦纳与热带地区其他植被类型相比,突出特征是草本植物占优势,草本层发育完好,草高达 1~3 m。萨瓦纳有连续大片的禾草生长,偶尔被乔木和灌木打断。但灌木不连续,乔木散生,树高可达 10~20 m,根系庞大,树皮厚,树干肥大,内储存了大量水分,树冠大且呈伞形(如木棉科的猴面包树,*Adansonia digitata*)。叶片多、坚硬且叶面与光线平行,芽有芽鳞,种子也有厚皮保护,禾草大多由 $C_4$ 型植物组成。这些是与耐旱和耐火相适应的生态特征。

乔木的生长主要受降水量或水分影响,同时地形、土壤和动物活动等因素也以各种复杂方式产生影响。此外,放牧和人类活动等也对萨瓦纳的成分、动态、发展、结构和分布产生深刻影响。

热带萨瓦纳的草丛间有红壤。土壤肥力普遍较低,但小尺度或局部微环境的差异较大,特别是植被凋落物的贡献会改变土壤养分。乔木的发达根系可以吸取土壤深处的矿物质养分,其枯枝落叶在树木附近分解并释放出养分,提高了土壤肥力。此外,动物的活动也会显著改变土壤的有机质含量,例如白蚁通过摄食和消化凋落物,在其蚁丘中积累了大量的矿物质养分,可以被部分乔木和灌木所吸收。

土壤水分也是影响萨瓦纳的一个关键环境要素,特别是在旱季降水不足的情况下,土壤水分的重要性尤其明显。根据旱季持续的时间和土壤的含水量特征,将旱季持续 5～7 个月的萨瓦纳称为干性萨瓦纳,旱季持续 3～5 个月萨瓦纳的称为潮湿萨瓦纳。在非洲毗邻沙漠的地带,旱季持续时间在 8～10 个月,植物大多进化出更加耐旱的适应性特征,叶片大多进化成刺,根系发达,为多刺高灌丛或刺疏林。与水分有关的因素如降水量、母岩的持水性、地形特征、土壤质地和厚度等都会影响萨瓦纳的植被特征。

### 3. 萨瓦纳的动物特征

热带萨瓦纳草原动物群明显不同于热带雨林和热带季雨林。热带萨瓦纳以食草动物占优势,以地栖种类为主,穴居、善跑类型突出,其中穴居动物以啮齿类占绝对优势(如金毛鼹)。啮齿类动物的数量对萨瓦纳植物的消耗量十分巨大,它们作为生态系统的一级消费者,是许多肉食性动物的主要食物来源。萨瓦纳的大型食草兽类的数量多,动物大多具有集群的生活习性,且随着旱季和雨季的交替具有季节性迁移的特点。在开阔地带,生活着许多善于奔跑和跳跃的大型食草动物,如非洲象、长颈鹿、犀牛、四角羚(亚洲)、印度羚、角马、河马、非洲野牛、斑马,以及袋鼠(澳洲)、跳兔和跳鼠等。以食草动物为食的食肉动物的种类和数量十分丰富,如斑鬣狗、狮子、南美胡狼、非洲野犬、猎豹等。

热带萨瓦纳的植食性昆虫种类丰富,以白蚁、蚁和蝗虫为主,数量极多。由于降水量少,旱季持续时间长,土壤干裂,两栖类的种类和数量都很少,爬行类主要有非洲鳄、蟒蛇、黑曼巴蛇、犰狳等。

### 4. 萨瓦纳的分布与类型

热带萨瓦纳的分布很不均匀,在非洲的面积最大,其中以撒哈拉沙漠南部最为发育,散生乔木主要有伞状金合欢(*Acacia spirocurpa*)和猴面包树;其次是澳大利亚,以桉树和金合欢最为常见。在美洲的巴西高原、委内瑞拉和圭亚那等地也有萨瓦纳的分布,主要有纺锤树(*Cavanillesia arborea*),近年来遭到了严重破坏。在亚洲,热带萨瓦纳仅在中南半岛及东南亚地区有少量分布。

由于殖民、滥杀和保护不力等原因,许多非洲萨瓦纳动物的大规模死亡,种群数量迅速下降,一些物种甚至因此而灭绝。北非白犀(*Ceratotherium simum*)曾经生活在乌干达、南苏丹、中非共和国及刚果的草原上,被世界自然保护联盟濒危物种红色名录列为极危等级。目前北非白犀在全球仅存最后两只雌性个体,因此,从理论上讲,北非白犀已经走向灭绝。巴巴里狮子(*Panthera leo leo*)曾生活在摩洛哥、阿尔及利亚、埃及、突尼斯、利比亚等国的萨瓦纳草原和沙漠地带,在古代遭受人类的捕杀,在 1925 年灭绝。

## 四、红树林生物群

### 1. 环境特点

红树林(mangrove)是分布在热带海滩上的一类常绿乔木或灌木植物群落,主要由红树科植物组成。适宜于风浪平静和淤泥深厚的海滩,是陆地向海洋过渡的特殊生态系统,其生境可概括为有周期性淹水的潮间带或滨海湿地。在海水相对平静的海湾内或河口地区红树林最为发育,从陆地搬运来的大量沉积物和淤泥在这里沉积,富含营养盐和有机质,有利于红树植物的扎根和生存。红树林的土壤为滨海盐土,土壤含盐量较高,红树植物已演化出适应性特征,其根系发达,甚至能在海水中生长。

**2. 植被和群落特征**

1)物种组成相对单一

周期性的淹水、通气不畅、土壤高盐等极端环境不利于大多数植物生存,因其种类组成相对单一,以红树类为主的植物才能生长。尽管全世界红树科的植物有120种,但是有相当部分生活在内陆,生活在红树林生态系统中的约有30种,主要是红树属、木榄属和角果木属。灌木和草本植物有使君子科、紫金牛科、海桑科、马鞭草科、茜草科和大戟科等种类。红树林的边缘滩涂或陆地还会生长有臭茉莉、金蕨、老鼠簕和盐角草等耐旱耐盐植物,以及少量伴生植物,如海刀豆、厚藤、鱼藤等。

2)板根和支柱根发达

红树林上涨的海滨湿地经常有台风或海浪入侵,发达的板根和支柱根可以使得红树林能抵抗海岩风浪的侵袭。这些都是对滨海多风高浪环境的生态适应。

3)呼吸根

红树林土壤含水量高,通常处于饱和或者淹没在海水之下,通气不良。植物根外表通常有大皮孔,内有海绵状通气组织,便于通气。

4)胎生现象

胎生现象是红树林对高盐环境生态适应的另一种特殊现象,即种子在还没有离开母树的果实中就开始萌发,随后和果实一起下落或脱离果实坠入淤泥,在几小时内即可扎根生长成为独立的植株。

5)耐盐耐旱特征

红树植物的细胞内渗透压较高,有利于从海水中吸收水分,且可以随外界环境渗透压的变化而调节,同一种红树植物,其细胞内渗透压随生境不同而不同。红树植物还具有泌盐功能,体内具有可排出多余盐分的腺体。无排盐功能的植物叶片往往肥厚且革质化,上有茸毛,表皮光亮,细胞渗透压高。

**3. 红树林的分布**

红树林广泛分布在全球热带、亚热带地区,因为外貌、气候、盐度、物种组成等的差异,将分布于亚洲、大洋洲东海岸的称为东方类型,将分布于美洲、西印度群岛和非洲西海岸的称为西方类型。我国的红树林主要分布于广东、海南、福建的沿海,以及广西和台湾。绝大多数种类为中南半岛、菲律宾和印度所共有,表明它们之间有一定的亲缘关系。

**4. 生态效益和价值**

红树林生态系统是世界上生产力最高的生态系统之一,也为众多的生物提供了适宜的栖息环境,是世界上物种最多样化的生态系统之一,生物多样性资源非常丰富。红树林还是一个巨大的碳库,固碳能力远远高于我们熟知的其他森林植被类型,人类生产生活排出来的二氧化碳,都被转化成了红树林地上厚厚的一层沉积物。此外,红树林在防护海岸、净化海水、科学研究、休闲旅游和药物开发等方面发挥着重要作用(图 4-1)。

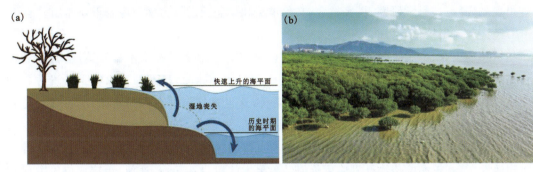

图 4-1　红树林的分布示意图(a)和滨海湿地景观图(b)(据 kirwan et al.,2023)

1)海洋生物的重要栖息地

红树林具有热带、亚热带河口地区和滨海湿地生态系统的典型特征,以及特殊的咸淡水交迭的生态环境,为众多的鱼、虾、蟹、水禽等提供了栖息和觅食的场所。红树植物的凋落物散落在泥水中被微生物分解,有利于各种浮游生物的生长,也为底栖生物提供了丰富的食物。生活在红树林中的动物大多为食腐者或海生无脊椎动物,如贝、螺、蛤和蟹类,以及一些鱼类和两栖类,比较有名的有大弹涂鱼($Boleophthalmus\ pectinirostris$)以及青斑细棘鰕虎鱼、淄鱼、杂食豆齿鳗和海蛙等。水域中有多种浮游生物,如藻类和水蚤等,吸引了各种水鸟和陆栖鸟,如绣眼瞪林鸟、鹭鸟、椋鸟。红树林中有时还有野猪、狸及鼠类等小型哺乳类出没。红树林也是很多昆虫(如蜂类、蝇类和蚂蚁)的栖息地。红树林也是候鸟迁徙的重要中转站和越冬地。

2)防护海岸

红树植物的根系十分发达,盘根错节,能有效抵御海浪和潮汐的冲击,可以起到防风消浪、促淤保滩、固岸护堤、保护农田、降低盐害侵袭等作用。发达的根系能有效地滞留陆地来沙,减少近岸海域的含沙量,对保护海岸起着重要的作用,是内陆的天然屏障。消浪林带是海岸防护林体系的重要防线。红树植物因有较强的耐盐碱、耐水泡、耐海水间歇性冲刷和抗风固土的能力,且还具有根系发达、枝干富有韧性等优点,成为消浪林树种的理想选择,红树林因此有"海岸卫士"之称。每年在大型台风袭击期间,无红树林生长的堤坝比有红树林守护的堤坝损毁程度要严重得多。

3)净化海水

红树林还具有净化海水、吸收污染物、减轻海水富营养化程度、防止赤潮发生等生态功能,能大大降低海水的污染程度,提高水质。有红树林存在的海域,几乎从未发生过赤潮。红树林每年每公顷能吸收 150～250 kg 的氮和 15～20 kg 的磷,对水体起着净化的作用。

4) 文化审美功能

红树林是地球上最具特色的湿地生态系统,是陆地生态系统和海洋生态系统之间的过渡类型,兼具二者特性,作为地球上生物多样性最高的生态类型之一,红树林已经成为林业、生物多样性、生态地理、旅游和地质古生物学等领域的研究中心,其独特的景观也成为人们向往的理想观光场所,在科学研究、科普教育、文化审美和生态旅游等方面发挥着重要作用。

5) 经济和药用价值

红树林的工业、药用等经济价值较高。红树可以为当地居民提供木材和薪炭,其根和树皮可提取丹宁,木榄和海莲类的果皮可用来止血和制作调味品,根系的提取物是名贵香料的重要原料。木榄的树皮提取物可以制作红色染料,这也是红树林名称的由来。据报道,已发现具有药用价值的红树植物近 20 种,包含木榄、秋茄、老鼠簕、榄李、海漆、木果楝、桐花树、白骨壤和玉蕊以及一些微生物(内生细菌)等,具有良好的抗菌、抗肿瘤、拒食、酶抑制、降压等多种生物活性,具有较高的药物开发应用价值。角果木的树皮在止血、通便、治疗恶疮等方面有很好的效果。榄李的叶片提取物具有较强的抗菌活性,可用于治疗鹅疮、湿疹和皮肤瘙痒等。老鼠簕的根可用于治疗淋巴结肿大、急慢性肝炎、肝脾肿大等症状。

**5. 红树林现状和保护**

近年来,受气候、污染、人类活动等影响,红树林作为海洋最重要且最丰富的生态系统,面积在日益减少。从 1980 年到 2000 年,全球红树林面积减少了 20%~35%,年均减幅在 1%以上,到 2000 年仅存约 1500 万 $hm^2$。

人类活动破坏了近海海洋生物的生长栖息环境,生物的多样性受到严重威胁,在我国已知的 37 种红树植物中,有 14 种属于濒危物种。此外,人类活动导致红树林生态系统的碳汇功能下降。外来入侵物种(互花米草和拉关木)的扩张导致红树林天然的宜林滩涂面积减少,造林成活率降低。附近海漂垃圾堆积以及水污染导致的团水虱等病虫害大量繁殖,给红树林的生态恢复带来很大的挑战,保护红树林已经成为当前迫在眉睫的重要任务。

近年来,中国政府加大了在生态环境保护领域的投入力度,特别是党的十八大以来,国家林业和草原局启动了红树林保护工程,将中国约 50% 的红树林划入自然保护区。《全国湿地保护工程规划(2002—2030 年)》《全国沿海防护林体系建设工程规划(2016—2025 年)》《全国重要生态系统保护和修复重大工程总体规划(2021—2035 年)》《全国湿地保护"十四五"实施规划(2022—2030 年)》《湿地保护修复制度方案》等规划和文件相继出台,国家对红树林湿地生态修复的投入力度不断加大,红树林保护和修复进程加速。我国红树林面积由 2001 年的 2.2 万 $hm^2$,增加到 2022 年的约 2.9 万 $hm^2$,新增约 7000 $hm^2$,成为世界上少数几个红树林面积净增的国家之一。目前我国已建立以红树林为主要保护对象的自然保护地 38 处,55% 的红树林被纳入保护范围,远高于世界 25% 的平均水平。不断完善法律法规和管理体系建设。科研部门、林草管理部门和地方政府等开展了红树林资源调查、保护修复、生态监测、科普宣教等工作,加快推进红树林保护修复和保护体系建设。强化科技支撑,制定红树林行业标准,服务"碳中和"等国家战略,一些地方的红树林保护已初见成效。

## 第二节 亚热带生物群

亚热带是位于热带和温带之间的过渡带,生物群落兼具这两个带的一些特征。在东西向上亚热带的海陆分布差异较大,降水量极不均匀,因此在大陆的东岸、内陆和西岸生物类群差异很大。根据温度,降水量,水热配置,物种组成、分布等生态地理特点,亚热带的生物群分为亚热带常绿阔叶林生物群、亚热带常绿硬叶林生物群、竹林生物群和荒漠生物群4个类型。

### 一、亚热带常绿阔叶林生物群

**1. 气候和环境特征**

常绿阔叶林(evergreen broad-leaved forest)是在亚热带地区湿润气候条件下大陆东岸发育的地带性生物群。在美洲、大洋洲、非洲及亚洲均有分布,以我国的常绿阔叶林分布面积最大,发育最为典型。

常绿阔叶林主要分布在亚热带湿润气候区,季风特征明显,四季分明,雨热同期。即夏季湿热,最热月的平均温度可达 24～27 ℃,冬季寒冷,最冷月的平均温度在 3～8 ℃,无霜期 230～270 d。常绿阔叶林分布区的年降水量在 1000 mm 以上,一些地区可达 1500 mm,空气湿度大,一般在 75%～80%。受季风影响,降水的季节性差异较大,冬季降水相对较少,但全年都较湿润。土壤以红壤、黄壤为主,呈酸性。在高温、高湿和光照充足的环境条件下,土壤的淋溶作用和生物地球化学分解作用强烈。

**2. 植被群落特征**

亚热带常绿阔叶林群落的外貌特征是终年常绿,叶片一般呈暗绿色且反光。冬季温度高于冰点,群落全年均可生长。群落结构复杂,可分为乔木层、灌木层和草本层,每层又可分为 1～2 个亚层。乔木高度可达 16～20 m,郁闭度高,以壳斗科、樟科、山茶科、木兰等为主。乔木的叶片以小型叶为主,中型叶次之,叶片革质、具有蜡层、光泽且常与光线照射方向垂直,因此也称为照叶林(laurilignosa)。亚热带常绿阔叶林的乔木一般不具有板状根、老茎开花、滴水叶尖及叶附生等典型的雨林特征。只有在南亚热带和中亚热带的南部,少数乔木具有板状根、附生苔藓和树蕨等现象。亚热带常绿阔叶林中经常混生一些裸子植物,如杉树(红豆杉、杉木、银杉等)、罗汉松和福建柏等,也混生一些落叶阔叶树种,如蓝果树、珙桐、水榆、山合欢等。受山体垂直地带性的影响,在亚热带山地也有一些温带的落叶阔叶树种,但规模都比较小。亚热带常绿阔叶林的藤本植物以常绿的木质中、小型藤本为主,厚茎的藤本较少见,绞杀植物和附生植物远不如热带雨林普遍和丰富。

灌木层较为发达,可分为 2～3 个亚层,上层被一些高大的灌木所占据,有时也伸入乔木的下层,主要有杜鹃花属和乌饭树属的一些种类;中层主要由山矾属、山茶属、柃木属、山胡椒属、栀子属和山黄皮属等组成;下层低矮灌木主要有紫金牛属、杜茎山属、虎刺属等植物。草本层和地被层物种较为简单,以蕨类及莎草科、禾本科的常绿草本植物为主。地被层主要由地衣、苔藓和蕨类植物构成。

### 3. 动物的组成和特征

亚热带常绿阔叶林的动物群也表现出明显的温带与热带群落的过渡特征或混杂性质。亚热带常绿阔叶林分布区受季风影响,从南向北季节变化逐渐明显,动物也具有明显的季相,并且出现冬眠的现象,如爬行类、两栖类及翼手目的一些属种。动物群内部优势种明显,动物在土壤中的上下迁移、在不同生境的季节迁移较为明显且频繁,种群数量有较为明显的季节性和周期性波动。

动物的种类非常丰富,包括灵长类的金丝猴和日本猴,有蹄类的白唇鹿、毛冠鹿、白尾鹿等。中国亚热带的代表性兽类有大熊猫、小麂、獐、赤腹松鼠、豪猪、猕猴等。水生和陆生的无脊椎动物以及鸟类的种类和数量都很丰富。

### 4. 分布和类型

1) 亚洲的亚热带常绿阔叶林

亚洲的亚热带常绿阔叶林主要分布在我国长江流域以南。该区域是世界上亚热带常绿阔叶林面积最大、最典型的区域。分布区域大致包括秦岭南坡、横断山脉、云贵高原、四川、湖北、湖南、广东、广西、福建、浙江、安徽南部、江苏南部的广大区域。

我国亚热带常绿阔叶林的植物区系丰富,乔木主要由壳斗科、樟科、山茶科、木兰科等组成,灌木也比较发达,主要有五味子科、八角科、金缕梅科、蔷薇科和杜鹃花科等种类。在丘陵和中山地带的亚热带常绿阔叶林内常混入一些热带扁平叶型的针叶树种有杉木、油杉、银杉、福建柏等;在中亚热带北部山地还有榧树、黄杉、金钱松等分布。日本西南部的亚热带常绿阔叶林群落以栎属和栲属等为优势种;其他种类如红楠、尖叶栲林、青冈树、天竺桂、蚊母树等群落在海边山地十分常见。

2) 非洲的亚热带常绿阔叶林

非洲的亚热带常绿阔叶林以樟科树种占优势,其中最著名的是分布在加那利群岛上的加那利月桂树(*Laurus canariensis*),其他种类如阿坡隆樟、臭木樟等也较为典型。

3) 美洲的亚热带常绿阔叶林

北美的亚热带常绿阔叶林主要分布在美国东南部和佛罗里达半岛一带,物种多样性呈现出随纬度降低而增加的趋势,以黑栎林、樟树林和美洲水青冈等为代表。南美洲大致分布在智利南部城市瓦尔迪维亚(Valdivia)以南、南安第斯山脉山脊线西侧斜坡上,面积约 $2.48 \times 10^5$ km²,群落特征与热带雨林十分相似,生产力较高,以假山毛榉为优势,被称为瓦尔迪维亚暖温带常绿雨林。

4) 大洋洲的亚热带常绿阔叶林

大洋洲亚热带常绿阔叶林主要分布在澳大利亚大陆东岸,与热带森林相连,以各种桉树、假山毛榉和树蕨等为主要成分。

**5. 利用和保护**

1）生物避难所

亚热带常绿阔叶林是在白垩纪逐渐发育，至古近纪时发育成顶极群落，历时60 Ma。其间全球发生了诸如中新世和上新世的全球变冷、第四纪气候转型，以及青藏高原抬升和亚洲内陆干旱等重大地质环境事件，许多阔叶林植物被迫向南退缩，形成不同时期的常绿阔叶林谱系。如鼠刺（*Itea*）在早渐新世时（约 30 Ma）便已存在，其在亚洲的产生和扩张与北半球在渐新世后期的降温紧密相关（Tian et al.，2021）。亚热带常绿阔叶林在青藏高原地区出现年代甚至更早，有研究认为在大规模强烈隆升之前的古近纪（约 47 Ma），在高原中部已有亚热带常绿阔叶林的分布（Su et al.，2020）。此外，亚洲季风的增强为亚热带常绿阔叶林物种遗传多样性的增加提供了良好的环境（叶俊伟等，2017）。这些重大地质环境事件的发生导致全球一些地区物种分布区的收缩或物种灭绝，但是在我国亚热带地区，受地形地貌的阻隔和湿润季风气候等的影响，亚热带常绿阔叶林生物群受第四纪冰川影响甚小，植被-气候关系自渐新世以来保持长期相对稳定，是古近纪末期东亚半干旱带退缩后亚热带常绿林向北扩展的重要生物多样性源泉（Huang et al.，2022）。在第四纪冰期来临或异常气候变化发生时，热带地区的物种可以向北迁移至亚热带，温带的一些成分向南迁移至此。因此，亚热带常绿阔叶林保留了很多古老的孑遗物种，物种非常丰富。适宜的气候条件、丰富的食物资源和优越的地理位置使得亚热带常绿阔叶林成为地球上生物的避难所。

2）资源利用和保护

亚热带常绿阔叶林的生物资源非常丰富，保留了许多古老的孑遗物种和珍稀物种，例如熊猫、金丝猴、猕猴、短尾猴、叶猴、毛冠鹿、华南虎、扬子鳄、黄腹角雉等。除此之外，常绿阔叶林区的许多树种具有很高的经济价值，在工业、果蔬、家具、造纸等方面得到广泛应用。马尾松、油茶、油桐等可用来生产油脂，漆树可生产生漆。比较出名的水果有柑橘、枇杷、荔枝、龙眼、猕猴桃等，干果类如山核桃、香榧、板栗等较为有名。还有厚朴、樟树、杜仲、喜树、五味子、栀子树等可入药。毛竹是我国亚热带常绿阔叶林区的特产。

3）古文明的发源地

亚热带常绿阔叶林是许多古文明的发源地，如东亚的照叶林文化，我国长江中下游地区的许多旧石器、新石器文化和史前文化遗址（良渚、大溪、石家河、屈家岭等）（Xie et al.，2013）。亚热带常绿阔叶林是许多亚洲国家的经济和文化发达区，也是人口密集区，长期以来受到人类活动的强烈干扰，开发时间较长，原始群落所剩无几，破坏严重。砍伐毁林、农田扩张和城镇化建设导致常绿阔叶林的面积锐减，水土流失，土地利用方式发生改变（Qin et al.，2020）。此外，酸雨、氮沉降和病虫害在我国南方也比较严重，给亚热带常绿阔叶林群落和生物多样性保护带来巨大挑战。尽管中国有世界上最典型的亚热带常绿阔叶林，但是东部地区目前残存面积仅为 35 427 km²，中国南方一些经济发达地区的常绿阔叶林已经处于严重的破碎化状态（陈方敏等，2010）。为了保护天然林，缓解木材供应量，近年来我国在天然林被砍伐地段多种植马尾松林、杉木林、云南松林等人工或半人工针叶林。因此，对亚热带常绿阔叶林的保护、生态恢复和科学管理是生态地理学家面临的一项艰巨任务。

## 二、亚热带常绿硬叶林生物群

### 1. 气候和环境特征

亚热带常绿硬叶林（evergreen sclerophyllous forest）是在地中海气候下发育的植被类型。地中海气候的特点是冬季温和湿润，夏季炎热干燥，是13种气候类型中唯一一种雨热不同期的气候类型。

常绿硬叶林分布区的年平均温度一般在15～18 ℃，冬季温度5～10 ℃，夏季温度21～27 ℃。年降水量比季风区显著减少，一般在500～750 mm，且降水集中在冬季。气候还具有霜期短，日照长，湿度小的特点。地中海气候并非地中海沿岸地区所独有，在各大陆南北纬30°—40°的西部都有这种气候，如美国加利福尼亚州沿岸、智利中部、非洲的南部开普敦地区，以及澳大利亚的西南和南部海岸等，具有这种特点的气候被称地中海气候（mediterranean-like climate）。地中海气候形成的原因是亚热带地中海气候受西风带和副热带高压的信风交替控制。冬季时，西风带南移至亚热带地中海气候区内，西风从海洋上带来潮湿的气流，加上锋面气旋的频繁活动，气候温和多雨。而夏季时，副热带高压或信风向北移至亚热带地中海气候区，气流以下沉为主，再加上沿海寒流的作用，不易形成降水，气候干燥炎热。

### 2. 植物群落特征

常绿硬叶林由常绿阔叶植物组成，但具有一些适应干旱环境的特征。叶片与阳光成锐角，躲避阳光的灼晒，叶缘常有锯齿，叶面积小或变成尖刺状，气孔深陷，叶片表面没有光泽，常有茸毛，常有分泌芳香油的腺体，以减少水分蒸发。植物具刺，根系发达。叶子坚硬革质，具有发育良好的机械组织，叶变成刺，芽很少或无芽鳞保护，如油橄榄（*Olea europaea*）。植物富含芳香族油脂，花朵鲜艳，群落具有特殊的香味。

植被结构简单，灌丛比例高，群落相对稀疏而低矮，高度一般在20 m以下，层内一般不分亚层。草本层植物生长稀疏，多为旱生类型和一年生草本植物或短命植物，以及软叶旱生植物。

### 3. 动物的组成和特征

常绿硬叶林群落中有不同群落、地形、灌丛、草本和群系之间形成的许多小尺度的微环境和多样的栖息地。因此，栖息于此的动物种类也比较丰富，尤其是鸟类，以各种鸣禽、猛禽、雉类、鸠鸽类等最为丰富。爬行类以蜥蜴类为多，其他昆虫类的种类和数量可观。动物常依植物群落而栖，物种丰富度常与植物的丰富度、盖度和分布密切相关，随着水分梯度的增长而增长。夏季高温时，邻近的半荒漠地带许多适应干热环境的动物会迁移至此。

动物在组成上具有明显的过渡性特征，有很多种类从非洲、西亚和欧洲迁移而来。例如，产于北非和直布罗陀的地中海猕猴（*Macaca sylvanus*）是分布于亚洲以外的唯一一种猕猴，也是欧洲唯一的灵长类动物。来自非洲和南亚的胡狼可以进入巴尔干半岛，豪猪和避役等热带动物也已经进入地中海地区。地中海地区的特色动物主要有黇鹿、欧洲盘羊、臆羚和北非蛮羊等。此外，翼手目种类也比较丰富。

**4. 分布和类型**

1) 地中海沿岸

常绿硬叶植被在地中海地区几乎都有分布,占有很大面积,但是破坏也比较严重。原生的常绿硬叶林群落由刺叶栎(*Quercus spinosa*)或栓皮栎(*Quercus variabilis*)构成。但是地中海地区的原始硬叶林群落几乎已被砍伐殆尽。目前比较常见的是由油橄榄、刺叶栎、欧石楠等形成的高 1.5～2.5 m 的灌丛。将这种由硬叶和石南叶状,以及帚状型植物组成的常绿灌木和矮乔木的灌丛称为马基群落(maquis)或马基亚群落。马基群落的形成是人类活动强烈干扰的产物,它是在森林采伐迹地上形成的次生植物群落。

地貌和地形条件往往决定水分分配,成为影响常绿硬叶林的组成、结构和性质的重要生态因子。例如,在地势平坦的阴坡和平原地区,因水分条件得到极大改善,常绿硬叶种类会被常绿阔叶或落叶阔叶乔木所取代,如月桂、柔毛栎和悬铃木等,这些植物种类都不具有硬叶林性质。

2) 北美西海岸

北美西部由于山脉阻隔等因素也形成了地中海气候,决定了硬叶林植被在加利福尼亚州和墨西哥西北部一带的发育,形成了与地中海的马基群落相似的植被,称为沙巴拉群落(chapparal)。植物的形态和生理特征都表现出对地中海气候的良好适应。但是这里因降水量不足(年降水量 500 mm),常绿硬叶林没有乔木。

3) 其他地区

常绿硬叶林在其他地区也有小面积的分布,但都具有一定特色,智利的常绿硬叶林与地中海的刺叶栎林相似,澳大利亚的常绿硬叶林以乔木桉树占优势。在非洲好望角有一种类似于马基群落的常绿硬叶灌丛,以山龙眼科和石南科植物为优势,高 1～4 m,被称为丰博斯群落(webs community)。在中国西南的亚热带广泛分布着由高山栎、黄背栎、川西栎等组成的山地常绿硬叶林。

**5. 利用和保护**

1) 独特的地中海文明

适宜于耕种的土地,可供放牧、游猎和薪柴的环境条件和资源,以及重要的战略地理位置,使得地中海地区很早就被开发,孕育了灿烂的文明。早期的有西亚的美索不达米亚文明和北非的埃及文明、爱琴海文明以及后来的古希腊文明、波斯文明、古罗马文明等都是地中海文明的强盛时期。地中海地区物产丰富,粮食作物主要有小麦、大麦、燕麦、玉米、水稻、高粱等,主要的经济作物有烟草、橄榄、无花果、葡萄、柠檬、柑橘和软木等。

地中海饮食也被人们所推崇,世界卫生组织(world health organization,简称为 WHO)在 1990 年发出了地中海饮食的倡议。其特点是有丰富的蔬菜和水果,还配有开胃食品和草药调料,地中海饮食的脂肪大多来自橄榄、鱼和干果等,富含糖类、纤维以及单不饱和脂肪酸。地中海饮食还含有大量的维生素 A、维生素 C 和维生素 E 等抗氧化剂,它们能够抵消自由基对细胞的破坏。淀粉类食品和菜糊状调料,加上大量绿叶蔬菜、新鲜水果等是典型的地中海饮食结构。除此之外,还有建筑、艺术、家居设计等地中海式的风格也受到人们的青睐。

2)加强保护和管理

由于长时间的开发,自然的常绿硬叶林植被很早就被毁灭,在未彻底毁坏的地方被次生的马基群落取代。土壤侵蚀、退化严重。值得注意的是,当地对常绿硬叶林野火或用火管理的疏忽导致火灾频繁发生,在当地空气干燥、风力强大和植物可燃性高的条件下,火灾已经对常绿硬叶林造成威胁。政府应当加强管理,加大植被恢复的投入力度,保护好常绿硬叶林植被。

### 三、竹林生物群

#### 1. 形态和生态特征

竹林(bamboo forest)是由竹类植物组成的单优势种群落,是亚热带的地带性生物群。一般多分布于海拔 900 m 以下的低山丘陵。在一些开阔地带,由一种或几种竹类形成规模较大的竹林。在常绿阔叶林中,竹类往往散生,是林下层的一部分。

竹子大部分时间是无性繁殖,春季长出竹笋,然后发育成新的个体,竹类的地下茎(竹鞭)非常发达,相当于一般植物的主干,地上茎相当于树枝。地上茎大部分情况下并不是独立的个体,而是连接在地下同一个地下茎之上。竹子是多年生一次开花植物,即经历多年的无性繁殖后才开花结籽繁殖一次,大部分竹子开花后死去,可由种子萌发长成新竹。但也有一些竹子(慈竹)会不定期零星开花,开花后竹子并不死去。

#### 2. 种类和分布

竹类约有 62 个属,100 多个种,竹林主要分布在亚洲和美洲,少量在大洋洲和非洲,在欧洲仅有个别引种。亚洲的竹林面积大,种类丰富,特有种属多。

竹类在中国种类丰富,划分出 27 个属,80 多个种。中国的天然竹林广泛分布于黄河流域以南海拔 100~800 m 的低山丘陵,栽培条件下其分布面积可以扩展。毛竹(*Phyllostachys pubescens*)是中国栽培悠久的竹类之一,广泛栽培于长江流域。毛竹的经济价值、文化价值、观赏价值都很高,广泛应用于经济建设和生产生活。与竹类混生的主要有山茶科、山矾科和鼠李科的植物。

#### 3. 竹林中的动物

竹林中的动物较为丰富,其所处的地理位置和类型有一定差异。除珍稀动物大熊猫外,哺乳类以啮齿类较为常见,如中华竹鼠(*Rhizomys sinensis* Gray)、银星竹鼠(*Rhizomys pruinosus*)等。以四川泸州境内的画稿溪国家级自然保护区为例,竹林及周边的哺乳动物有林狸属(*Prionodon*)、豹猫(*Felis bengalensis*)、金钱豹(*Panthera pardus*)、云豹(*Neofelis nebulosa*)、豪猪(*Hystrix brachyura hodgsoni*)、野猪、黑熊、东亚豺(*Cuon alpinus alpinus*)、黄喉貂(*Martes flavigula*)、麝、鼩鼹(*Uropsilus soricipes*)、竹鼠和鼯鼠等(解萌等,2011)。竹林中也发现少量两栖类、蛇类(如白唇竹叶青)和鸟类等。竹林中昆虫种类最为丰富,以蜘蛛目、直翅目、双翅目、半翅目和鳞翅目等为主。节肢动物在竹林的上部和下部以及土壤凋落物中均有生活，参与竹林生态系统的物质分解和元素循环。一些有害动物如竹节虫（*Gongylopus adyposus* Brunner）、一字竹笋象（*Otidognathus davidis* Eairmaire）、竹织叶野螟（*Algedonia coclesalis*）、竹笋夜蛾（*Oligia vulgaris*）、蚧壳虫等，它们的种群增长往往会对竹林和其他植被造成危害，形成森林病虫害。

### 4. 栽培史和竹文化

一些考古研究和遗址文物表明，竹在我国有非常悠久的栽培史。早在7000年前的河姆渡文化时期，我国便已开始了竹子的栽培。在湖南洞庭湖流域的新石器遗址（距今6500—5600年）的相关报道中就有关于建筑中用竹子作为材料的介绍。竹制品被用于生产生活已有5000多年的历史，如竹笋、竹篮、簸箕、箪等在浙江钱山漾遗址（距今5300—4200年）大量出土。中国人用竹筷、食竹笋已有2500多年的历史。此外，竹子还被用于大型水利工程建设，例如2200年前兴建的水利工程——都江堰就是典型的代表。竹还被用于交通、弓弩、箭矢、乐器、造纸等。竹叶还可入药，具有清热除烦、生津利尿的功效。

竹文化在中国源远流长，其作为语言文字符号最早出现在仰韶文化遗址（距今约6000年），出土的陶器上有"竹"字符号，说明"竹"字的原始符号应在此之前就已出现了。在造纸术和印刷术广泛应用之前，竹一直是传授知识、记载历史的主要载体。书简和竹器早在商代就开始使用，汉代用竹建造宫殿，晋代用竹造纸，竹笋、竹瓦、竹筏、竹薪、竹纸、竹鞋等在宋代的日常生活中已广泛使用。竹子不但在生活中为人们创造了使用价值，而且被人们赋予了浓厚的文化内涵。在中国传统文化中，竹涵盖了实物文化、景观文化及思想文化的各个方面，形成中国文化的特色和标志之一。

### 5. 竹亚科的植硅体及其应用

植硅体（phytolith）是高等植物在生理活动过程中，从土壤吸收可溶性的硅，经维管束传送，在植物细胞内或细胞间沉淀形成的具有不同形态特征的固体水合硅颗粒，大小一般介于 $20 \sim 200\ \mu m$ 之间（吕厚远等，2002）。因不同种类的植物可以产生形态不同的植硅体，较为常见的植硅体形态有短细胞型［哑铃型（含十字型和多铃型）、鞍型、短齿型、帽型］、泡状细胞型、长细胞型（各种棒型）、刺状毛发细胞型（尖型等）、维管组织（泡管等）。植硅体的形态可以鉴定和指示植被类型，被广泛应用于生态地理学、环境考古、全球变化和生态响应等领域。竹亚科木本竹子的植硅体多为扇型或鞍型（图4-2；顾延生等，2019）。

作为一种可靠的环境指示器，近年来植硅体在生态地理、环境考古和农业起源等方面取得了长足的应用。例如，利用植硅体的精细形态测量特征可以区分玉米的栽培种和野生种，这种指示性还表现在植株的一些特定部位可以产出形态稳定的植硅体，如玉米穗轴可以产出特殊的帽型植硅体，这些特征都已成为揭示人类驯化野生植物、选育农作物和农业起源的重要证据。此外，植硅体在中国北方粟类农业起源与演化研究上也有成功的应用，在出土的碳化谷壳中成功地区分出黍和粟两种重要作物。

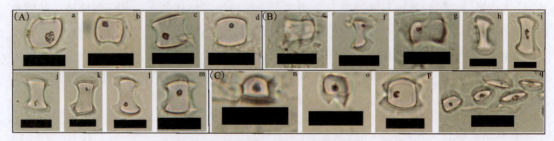

图 4-2 竹亚科植硅体的光学显微镜照片(据 Gu et al.,2016)

(A)短鞍型;(B)复合鞍型;(C)平顶鞍型。植硅体指示的竹子物种为 a. 大薄竹(*Bambusa. pallida* Munro);b、c. 撑篙竹(*Bambusa. pervariabilis*);d. 吊丝单竹(*Bambusa. vario-striata*);e、f. 小琴丝竹(*Bambusa. multiplex*);g、h. 长枝竹(*Bambusa. dolichoelada*);i. 牛儿竹(*Bambusa. prominens*);j、k. 马甲竹(*Bambusa. tulda*);l. 油勒竹(*Bambusa. lapidea*);m. 吊丝单竹(*Bambusa. vario-striata*);n. 长枝竹(*Bambusa. dolichoelada*);o. 孝顺竹(*Bambusa. multiplex*);p. 撑篙竹(*Bambusa. pervariabilis*);q. 孟竹(*Bendrocalamopsis. bicicatricata*)。比例尺为 20 μm

## 6. 生态功能

竹子具有强大的碳汇功能,中国拥有 641 万 hm² 竹林,立竹数量超过 280 亿株,竹材总蓄积量约 5 亿 t。这些竹子在中国遏制气候变化的计划中发挥着巨大的作用。自《联合国气候变化框架公约》和《巴黎协定》等气候变化框架协议签订以来,竹林碳汇在应对气候变化中的作用受到极大重视。国家碳中和碳达峰规划、碳交易体系等都将竹林及竹产品作为关键碳汇(敖贵艳等,2021)。

竹林的生态碳汇效益主要体现在 2 个方面:一是通过光合作用直接吸收大气 $CO_2$,遏制气候变化。竹子高产的特点使其成为一种效果惊人的碳汇和缓解全球变暖的重要自然手段。据估计,1 hm² 的竹子及其制品在 60 年内可储存 306 t 碳,远高于同等条件下杉木的碳储量(Kuehl et al.,2013)。二是竹制品的利用,它一方面可以储存碳,另一方面可以成为生活和工农业生产中塑料、混凝土和钢材的替代品,减少对高耗能产品的需求量。

## 四、荒漠生物群

荒漠(desert)是由旱生的、超旱生的稀疏低矮木本植物,包括灌木、半灌木或半乔木组成的不郁闭的群落,主要分布于亚热带干旱区,往北可延伸到温带干旱区。荒漠在热带、亚热带和温带都有分布,瓦尔特(Walter,1979)以南、北纬 30°为界线,将南、北纬 0°至 30°范围内的荒漠称为热带和亚热带荒漠或半荒漠,而将在南、北纬 30°以外的荒漠称为冬季寒冷荒漠或半荒漠。荒漠虽然在全球分布很广,但以亚热带面积最广、最为典型。

## 1. 气候和环境特征

荒漠分布的地方是极端干旱的大陆性气候,干旱少雨,年降水量在 200 mm 以下,有些地区年降水量不足 50 mm,一些地方甚至终年无雨。例如,位于塔克拉玛干沙漠南缘的若羌县,年降水量只有 17.4 mm,1957 年全年降水量仅有 3.9 mm;吐鲁番年降水量也只有 16.3 mm,历史极小值是 1968 年全年降水量只有 2.9 mm。由于荒漠降水少、温度高、空气干燥、风沙大和云量低,蒸发量是降水量的数倍至数十倍。冬季寒冷,年温差和日温差都很显著。

荒漠夏季十分炎热,土壤温度昼夜差异大,土壤以沙土为主。雨量少,易溶性盐类很少经历淋溶作用,土壤表层往往有石膏的累积。地表细土被风吹走,剩下砾石形成戈壁,而在风积区形成大面积沙漠。土壤厚度很薄,腐殖质含量低,可溶性盐含量高,土壤呈碱性,pH值通常在8以上,盐碱化特征明显。土壤动物、土壤微生物的种类和数量少,生物地球化学循环规模小、速率缓慢。

**2. 植被特征**

荒漠的植被覆盖度低,分布稀疏,物种贫乏,有的地段全是大面积裸地。植被的盖度小,群落分层十分简单,低矮稀疏。叶片面积大大缩小,退化成刺或完全退化,靠绿色的枝条来进行光合作用,如梭梭、花棒等。一些半乔木的一棵树上可以有多种叶形,甚至同一枝条也会长了不同形状的叶子。植物有对极端干旱环境的适应性特征,如有深植的根系和发达的贮水组织。它们的叶子变异成细长的刺或白毛,可以减弱阳光对植株的危害和水分蒸发,茎秆粗大肥厚,具有棱肋,体内水分多时能迅速膨大,干旱缺水时则向内收缩,起到保护表皮和散热降温的作用。在一些极端干旱区,植物全部集中在沟道或低地生长,这里可以集中来自汇水面积40%的降水,从而形成紧缩型植被。荒漠植物的生产力很低。

生活型多样,大致分为:①旱生或强旱生的灌木、半灌木和半乔木,叶片小而厚,根系发达,能够汲取地下水,如胡杨、红柳、沙棘、千岁兰、裸果木等,有的茎秆多有白色蜡质以反射强烈的阳光,如梭梭、白刺、沙拐枣等。②肉质植物,主要是仙人掌科(金琥)、大戟科与百合科的一些种。植物为躲避白天高温条件下光合作用的水分散失,其气孔在夜间开放,将吸收的大量 $CO_2$ 经过代谢作用转换为苹果酸储存在植物体内,白天气孔关闭,植物可将体内苹果酸分解释放的 $CO_2$ 作为光合作用的底物,这种代谢方式称为景天酸代谢(CAM),可以使肉质植物在获得 $CO_2$ 供应的同时,维持植物的水分平衡。③一年生短命植物,在湿润的季节里,它们在较短的时间内迅速完成从发芽、营养生长、开花到结果的生活周期。早春首次降水量和首次降雨时间是影响短命植物植株生长的关键因子(张玉林等,2022),它们以种子或营养器官应对不良环境,如碱蓬(*Suaeda glauca*)、尖喙牻牛儿苗(*Erodium oxyrhinchum*)和琉苞菊(*Centaurea pulchella*)等。

**3. 动物特征**

荒漠动物以小型啮齿类和爬行类占优势,还有一些鸟类和昆虫(蝗虫为主)等,它们在形态上、行为上或生理上具有很强的适应干旱环境的能力。大多数荒漠动物昼伏夜行以躲避酷热和天敌。小型荒漠动物大都善于利用洞穴或将身体埋于沙内。一些啮齿类动物只在食物中获得水分,即以植物的干种子为生,不需要饮水,它们白天在洞穴内排出很浓的尿以形成一个局部潮湿而凉爽的小环境,夜间从洞穴里出来活动。荒漠中的很多动物种类有夏眠的习性。

荒漠中的哺乳类动物多以小型化的穴居类型为主,穴居哺乳动物占到了荒漠动物的近3/4。大型哺乳动物除骆驼等少数种类外,多数种类因不能补偿由排尿导致的水分损失而不能适应荒漠环境。有蹄类大都有长长的四肢以尽可能地把身体抬离地面，皮毛发达，背部脂肪层厚，大多数有蹄类动物善于奔跑，如瞪羚、羚羊、野驴等。啮齿类的后肢长而有力，善于跳跃。荒漠动物也具有一些躲避天敌的适应性特征，如体色形成保护色（沙鼠、沙狐、沙鸡等）或者带有剧毒（荒漠蜥蜴、蛇、蜘蛛、蝎子等），这些都是防止被肉食动物吞食的形态和生理适应特征。由于长期生活于沙土上，很多动物的足和趾形成了适应性构造，脚趾间有蹼，如跳鼠等。不能掘洞的小型生物或低等生物（如蜘蛛、蜗牛、蝎子、蛇类、蚁类和蜥蜴等）生活在岩缝间、岩块下或将身体埋入沙中。荒漠中的食物资源匮乏，动物需要从食物中获取水分，动物的食性较广，例如荒漠狐、郊狼等不仅吃啮齿动物，有时也吃草本植物。动物的繁殖时间和种群数量往往与下雨的时间有关。

### 4. 分布和类型

沙漠遍布世界各大陆，因地质历史、气候、地貌、地形、植被演变和区系组成等原因使各地的沙漠群落存在一定差异。

1）非洲

非洲北部的撒哈拉沙漠，主要分布在 250 mm 等雨量线以北，西起大西洋海岸，东到红海。横贯非洲大陆北部，面积约 $9.6 \times 10^6$ km$^2$，约占非洲总面积的 32%。撒哈拉沙漠大部分地方是没有植被覆盖的石漠和砾漠，仅在北部和南部少部分沙漠分布有藜和禾本科植物。动物主要有北非刺猬、沙狐、蜥蜴、撒哈拉小沙鼠（*Gerbillus riggenbachi*）等。比较著名的有耳廓狐（*Vulpes zerda*），是世界上最小的犬科动物之一，躯体长 30~40 cm，耳长 15 cm，耳朵与躯体的比例在食肉动物中是最大的。耳朵用来散热以适应沙漠干燥酷热的气候，同时又能对周围的微小声音迅速作出反应。

南部非洲的沙漠分布相对集中，主要有卡拉哈里沙漠和纳米布沙漠，虽然临近海岸，降水量很少，但海岸大雾长期供给植物叶片凝结水，可以在一定程度上缓解由极端干旱带来的胁迫。群落以禾本科和多肉植物为主，如大戟、芦荟、青锁龙、松叶菊和低矮乔木百岁兰等。动物主要有卡拉哈里狮、猫鼬、豺狗、鬣狗、蜜獾、花豹等。

2）美洲

沙漠主要分布在美国西南部与墨西哥北部的山间盆地和山脉地区。形成以肉质植物，特别是以仙人掌科为主的"仙人掌荒漠"（cactus desert）。仙人掌种类繁多，形态各异，低矮的一般有球形、扇形、掌形或圆形，也有高达数米的巨型仙人掌，呈圆柱形、棱锥形或扁平形等多种形态。附近还有以灌木、蒿和滨藜等为主的植物群落。美国西南部沙漠还可以见到牧豆树、假紫荆、铁木、猫爪树和藜科植物。

美国西南部沙漠的主要动物除了常见的昆虫、蜥蜴、蛇和其他爬虫类外，鸟类和哺乳类也较为丰富，很多动物种类不直接饮水，而是靠取食植物的汁液或捕食其他动物获取水分。除啮齿类外，丛林狼、红猫、狐狸、北美臭鼬和大角羊等比较出名。

南美洲的沙漠主要分布在西海岸的中部地区，如阿塔卡马沙漠，面积约为 $1.8 \times 10^5$ km$^2$，这里的年均降水量小于 0.1 mm，是世界上最干燥的地区之一，被称为世界的"干极"。动植物种类贫乏，但是化石生物种类较为丰富，埋藏了侏罗纪的许多大型海洋爬行动物化石和古老的飞行爬行动物翼龙化石。

3）大洋洲

大洋洲沙漠主要分布在澳大利亚中部和西南部，动植物的种类都很贫乏，昆虫和鸟类非常稀少，植物为了吸引潜在授粉者的注意，叶片大多带着各种鲜艳的颜色，花朵都能分泌大量花蜜。产有许多珍稀的动植物，是世界上桉树的原产地，植物有澳洲沙漠豆（*Swainsona formosa*）、地肤、金合欢、木麻黄等，动物有袋鼠、针鼹、鸭嘴兽、黑天鹅等。

4）亚洲

亚洲荒漠的面积大，从亚热带到温带都有分布。主要有西亚的阿拉伯沙漠和小亚细亚荒漠、中亚的卡拉库姆沙漠、中国的塔里木盆地、准噶尔盆地、柴达木盆地、内蒙古西部地区和蒙古国的荒漠。物种比较丰富，植被主要由一些草本植物（三芒草）、小灌木、灌木和乔木组成，草本植物在冬季可作为动物和家畜的饲草，白刺、沙蒿、沙竹、芦苇、针茅较为常见。在盐碱化地带则以盐节木、盐爪爪较为常见，高寒荒漠或小灌木荒漠以西藏亚菊、沙冬青、沙拐枣、柽柳、骆驼刺等植物较为常见。动物主要有白尾地鸦、毛脚沙鸡、小沙百灵、沙蜥、三趾跳鼠、囊鼠、塔里木兔、赤狐、野生双峰骆驼等。在沙漠边缘有羚羊、盘羊、马鹿、野猪、猞猁、野马、狼、狐等。昆虫主要有蚁、白蚁、蝉、甲虫、拟步甲、蜣螂等。

**5. 利用、保护和治理**

虽然荒漠的环境严酷，生产力低，但是人类很早就开始了对荒漠的开发和利用。一些沙漠起始环境可能良好，适宜于人类的生产和生活，后来由于地质演化和气候变化等原因变成了沙漠。如环境考古研究发现非洲的撒哈拉沙漠在一万年前有许多绿洲。早期人类主要是在沙漠中采集食物，后来在沙漠周缘草地发展农业和畜牧业，近半个世纪以来在沙漠发展石油工业。这些活动降低了生物多样性，导致一些地区的物种濒临灭绝。在沙漠周缘地带的农业、畜牧业和生产生活造成了部分草场退化、水土流失、侵蚀加剧，加快了沙漠化进程。一些文明的消失很可能与恶化的沙漠环境或沙漠的扩张有关。

我国在防风治沙方面取得了显著成效，在2021年中共中央、国务院发布的《黄河流域生态保护和高质量发展规划纲要》中重点强调了继续加大沙漠治理工作的指导意见，介绍了许多生态治沙技术方法（如八步治沙法）。生物治沙的成本低，效果显著，不仅能固定流沙、减弱风蚀、改善环境，而且一些植物还具有重要的经济和药用价值，如胡枝子、麻黄、肉苁蓉等可以入药，沙棘的果实可以酿酒。除了植被恢复技术外，我国在微生物治沙方面也开展了一些积极探索，研究沙区土壤结皮微生物的结构和功能，积极发挥其在促进生态系统物质循环等方面的作用（周虹等，2020）。

在沙漠生态建设方面，近年来提出了沙漠经济的发展理念，即在遭受沙漠和沙化危害的西北地区，注重发展沙漠经济，有效地改变了生态环境，为中国沙漠综合治理展示了广阔前景。以发展林下经济为主，利用丰富的沙生资源积极培育发展沙生特色经济作物，走出一条具有沙漠特色的产业发展之路。此外，沙漠公园、彩丘、沙雕艺术、沙漠植物园等沙漠旅游产业也极具特色。

## 第三节 温带生物群

温带(temperate zone)从广义上讲是热带和寒带以外的区域,是指位于亚热带和南北极圈之间的气候带。温带气候最显著特点是冬、夏两季温差大。四季分明,但是不同的地区有一定的差异,根据温带不同地区的气候特征、生物群物种组成和群落结构等特点,将温带生物群分为暖温带夏绿阔叶林、寒温性针叶林和草原3类。

### 一、夏绿阔叶林生物群

夏绿阔叶林(summer-green broad-leaved forest)生物群是温带海洋性气候或湿润半湿润气候下发育的地带性生物群,主要分布在西欧和中欧海洋性气候条件下的温暖湿润区、北美洲大西洋沿岸和亚洲东部季风区,包括中国、朝鲜和日本。夏绿阔叶林在南半球没有适宜的生长条件,因此分布极少。

在夏绿阔叶林的生长季节,水热条件配置有利于中生植物生长。乔木一般具有宽阔的叶片,夏季盛叶,冬季落叶,因而夏绿阔叶林又称为落叶阔叶林(deciduous broad-leaved forest)。

**1. 气候和环境特点**

夏绿阔叶林分布区为海洋性气候或湿润、半湿润的大陆性气候或季风气候,夏季炎热多雨,冬季寒冷湿润,温度和降水量的季节变化明显。年平均温度一般为 5~15 ℃,最热月平均温度为 13~23 ℃,最冷月平均温度为 -6 ℃。年降水量一般在 500~700 mm 之间,有的地区可达 1000 mm 以上。全年温度超过 10 ℃ 的时段有 4~6 个月,冬季一般延续 3~4 个月。我国的夏绿阔叶林分布区气候夏热冬寒的特征比较显著,降水多集中在夏季。棕壤和褐土是夏绿阔叶林的地带性土壤,土壤的淋溶现象较为明显。

**2. 植物群落特征**

群落外貌季相变化明显。构成夏绿阔叶林群落的乔木和灌木均为冬季落叶的种类,乔木是落叶阔叶种。在春季随着气温回升,乔木树种在树叶未展开前开花,它们多为风媒花,借助风力完成传粉。进入夏季,乔木盛叶,树冠郁闭,乔木在充足的光照条件下积累大量物质,多数植物完成营养生长。秋季气温下降,叶片内叶绿素减少,叶片转黄、脱落,脱落后形成能隔热的木栓层。乔木有发达的保护组织,如厚的皮层、芽鳞片和脂类物质,以抵御冬季的严寒。乔木的种子和果实多数有翅,常在秋季成熟,借风力传播。果实大多数为坚果。乔木层可分为两个亚层,各地优势种主要有山毛榉(*Fagus*)、栎(*Qiiercus*)、栗(*Castanea*)、桦(*Betula*)、槭(*Acer*)、椴(*Tilia*)、杨(*Populus*)等属种。林下的草本植物和灌木依靠动物传粉并散布繁殖体。林中的藤本植物和附生植物都不发达。在乔木层和草本层之间有灌丛发育,往往多刺或有针状叶。

林下层的植物群落环境受乔木层影响很大,特别是光照和湿度条件随着乔木的开叶、盛叶、枯黄到脱落的交替也呈现出规律的变化,林下层群落的季相、外貌和结构也发生相应变化。具体表现为在春季林下的多年生植物会迅速萌发、抽枝开花,构成花朵众多的草本层,草本植物循序积累物质。夏季时受乔木盛叶郁闭林冠的影响,光照减弱,多年生草本植物会很快结束自己的生命周期,地上部分逐渐枯死,周围逐渐被耐阴的草本植物所取代,开花植物减少,这些草本植物会随着乔木一起进入秋季,随着乔木落叶,草本植物也逐渐干枯。

### 3. 动物的特征

夏绿阔叶林中的动物种群数量随季节变化十分明显。春季,大批候鸟迁回或过境,动物生长发育和繁殖活动达到高峰,种类和数量比冬季显著增多。动物群落产生了一系列的适应性特征,大量的候鸟会在冬季迁移到温暖的低纬度地区,其余种类(如食虫类)、大部分啮齿类和部分食肉类(如獾、熊等)有冬眠现象。大型草食性动物可以在夏绿阔叶林中常年活动。

地栖动物的种类和数量非常丰富,其中有许多种类的动物过着穴居的生活,有储藏食物的习惯。这是因为夏绿阔叶林的灌木和草本植物发达,为地面活动的动物提供了丰富的食物资源和良好的隐蔽条件。

大型草食性和肉食性动物的种类和数量较为丰富,主要有鹿、獾、狐、狼、棕熊、野猪等。鸟类大多生活在森林的中层和下层,主要有啄木鸟、柳莺、火鸡、杜鹃、灰背鸫、冠山雀、乌鸦、鹰等,它们在树杈或树洞中营巢。哺乳类动物主要有鹿、松鼠、花鼠、蝙蝠、狐、狼、狍熊等。昆虫种类很多,主要有两类:一类是咀嚼树叶的昆虫,如卷栎叶蛾;另一类是吮吸树液的昆虫,如豆蚜虫。

### 4. 类型和分布

1)欧洲

欧洲的海洋性气候条件适宜森林发育,但是由于在第四纪冰期中没有形成像东亚和北美洲那样大型的生物避难所,很多生物在冰期来临时灭绝,现存生物群的种类远比东亚和北美贫乏。

西欧由于受墨西哥湾暖流的影响,夏绿阔叶林可分布到北纬58°一线,沿大西洋海岸,从伊比利亚半岛北部,经大不列颠岛和欧洲西部,到斯堪的纳维亚半岛南部。在东部西伯利亚的针叶林与草原之间有一条狭长的夏绿阔叶林分布地带。此外,夏绿阔叶林还见于克里米亚、高加索和乌拉尔一带。欧洲夏绿阔叶林的特点是组成种类较贫乏,常形成单优群落,乔木种类很少,最具代表性的是由欧洲山毛榉(*Fagus sylvatica*)形成的阴暗阔叶林和由栎类形成的明亮阔叶林。欧洲山毛榉的竞争能力强,树冠郁蔽,夏季林下植物稀少,只有在春季放叶之前有短命植物迅速发育,被称为暗落叶阔叶林。栎林的树冠不如山毛榉那么发达,林内光照充分,林下植物发育良好,成层复杂,被称为亮落叶阔叶林。除了山毛榉和栎林外,西欧沿海地区受人类活动的影响形成了较大面积的欧石楠(*Erica*)灌丛。欧洲夏绿阔叶林中的动物种类不丰富,大部分是与针叶林共有的种类。

2)美洲

北美洲夏绿阔叶林的分布区主要约沿北纬45°以南向西经五大湖区到明尼苏达州,沿密西西比河南下到墨西哥湾,在大西洋沿岸可分布到美国的佛罗里达州。群落的组成种类十分丰富,常形成多树种的混交林。动物种类也很丰富,一些来自南方和北方的物种常常迁徙至此。

南美洲的夏绿阔叶林分布在巴塔哥尼亚高原,有以假山毛榉属(*Nothofagus*)植物为主和其他种类形成的混交林。

3)亚洲

亚洲的夏绿阔叶林主要分布在中国的东部沿海、朝鲜和日本的北部等,属于中国-日本森林植物亚区,动植物种类丰富。

中国的夏绿阔叶林构成亚洲夏绿阔叶林的主体,主要分布在辽宁南部,内蒙古东南部,河北、山西的恒山—兴县一线以南,西端可延伸至甘肃南部的徽县和成县地区,渭河平原、陕西黄土高原南部、秦岭北坡和伏牛山一带,南至淮河以北、安徽和江苏的淮北平原。

中国夏绿阔叶林在物种组成上与欧洲的显著不同,没有山毛榉林的大面积分布(仅零散分布)。群落的种类组成十分丰富。以栎属为建群种,其次为桦木属、鹅耳枥属、赤杨属、槭属、椴树属等种类。由于这些树种都是极好的建材和薪柴材料,原始林几乎已经被人类砍伐殆尽,被开垦为农田或种植人工植被,或退化为灌草丛。次生林群落中白桦、红桦、黑桦、油松、侧柏、山杨等属占比较大,成为针阔叶混交林。

值得注意的是,我国夏绿阔叶林的分布格局和影响因素较为复杂,且呈现一定的动态变化。根据我国2001—2015年间的土地覆盖和中国年度植被指数(NDVI)等数据资料,目前夏绿阔叶林在东北地区分布面积最多,占比约为36.69%,其中黑龙江省约占21.02%;华北地区占比位居第二,约为21.85%,其中内蒙古自治区约占14.25%;西南地区、西北地区和中南地区,占比分别约为13.77%、13.17%和11.17%;华东地区占比仅为3.29%,其他地区零星分布,占比约1.48%。但是,在全球变化背景下,夏绿阔叶林的分布重心正在向北方、西北或东北方向迁移,迁移距离约为50 km。NDVI值与年平均气温和年平均降水量等气候因素都表现出一定的相关性,但是经纬度、地势和海拔也是影响其分布格局的重要因子。

**5. 利用和保护**

人类对夏绿阔叶林有很长的开垦历史,该群落的分布区也是全球人口密度最大的区域,是很多文明的发源地。夏绿阔叶林因作为建筑和生活用材被长期砍伐,已被严重破坏。目前全球原始的夏绿阔叶林几乎已不复存在,现有的多为次生林。1950年世界夏绿阔叶林采伐量为$1.95\times10^8$ m³,约占总工业用材采伐量的24.1%,1970年增加到$3.61\times10^8$ m³,所占比重上升到28.3%。土壤侵蚀、水土流失等问题在夏绿阔叶林分布区也十分突出。

为了保护现有的次生林,也为了适应急剧增长的生产需求,大力发展速生落叶阔叶用材林,已成为当前的发展趋势。在意大利、法国、匈牙利和塞尔维亚等国,已经把营造速生丰产的杨树人工林作为解决木材不足问题的重要措施。我国也出台了一系列的森林保护战略,如黄河大保护等的实施将有利于夏绿阔叶林的恢复。此外,可以大力发展和应用乡土阔叶树进行碳汇造林,实现林区效益、经济效益的双赢。

## 二、寒温性针叶林生物群

寒温性针叶林(cold temperate coniferous forest),又称针叶林(taiga)或北方针叶林(boreal coniferous forest)。寒温性针叶林生物群广泛分布于北半球寒温带大陆,由耐寒的针叶乔木和耐寒动物组成的生物群。

**1. 气候和环境特征**

夏季温凉、冬季漫长而严寒,但是各地差异较大,欧亚大陆西部(挪威、瑞典、芬兰)为寒冷的海洋性气候,而欧亚大陆东部(西伯利亚)为寒冷的大陆性气候,年温差在西部较小而东部相对较大,后者在极端情况下,年温差可达100 ℃(最高温为30 ℃,最低温为−70 ℃)。寒温性针叶林分布区的年平均气温−1~3.2 ℃,7月平均气温10~19 ℃,气温有时可达30 ℃以上。1月平均气温在−20~3 ℃之间。一年中平均气温低于4 ℃的寒冷期长达6个月之久。在西伯利亚,1月平均气温低至−43 ℃,一年中日平均气温超过10 ℃以上的只有1~4个月,年平均降水量低于50 mm,十分干燥。分布区的年降水量为300~600 mm,大部分在春季降落,冬季降雪也可以补给水分,但十分有限。由于气温偏低,降水量总体上大于蒸发量。

寒温性针叶林的分布区存在很厚的冻土层,可深达85 cm,一些地方甚至形成了永冻层。这一地区的典型土壤类型为灰化土,呈酸性,凋落物层很厚,分解缓慢。

**2. 植被群落特征**

寒温性针叶林的外貌特殊,由单一树种构成针叶林,物种组成不丰富,但由于优势种的不同而各具特色。以松柏类、云杉或冷杉占优势,叶缩小呈针状,具有抗旱耐寒的结构特点,是对生长季短和低温环境的适应。

寒温性针叶林往往是由云杉、冷杉或落叶松等单一树种构成的纯林,由于优势种的差异,针叶林的外貌各具特征。云杉、冷杉等喜阴湿环境的树种,生活在较肥沃的土壤上,生长茂密,郁闭度高,林内阴暗潮湿,被称为暗针叶林(closed-canopy forest),西西伯利亚雨量较多,土壤极度潮湿、沼泽化,是世界上最大的沼泽地区,分布有最典型的暗针叶林。我国阿尔泰山的泰加林是西西伯利亚暗针叶林的延伸。而在东西伯利亚地区以兴安落叶松林和松林为优势群落,它们喜光照充足且较干旱的环境,林内植物绝大多数冬季落叶,因此群落相对较为开阔明亮,被称为"亮针叶林"(sparse-canopy forest)。世界上大多数的针叶林都属于暗针叶林,以北美洲的暗针叶林分布面积最大。

寒温性针叶林的群落结构极其简单,上层常由1个或2个树种组成,最高可达40 m,下层常有1个灌木层(各种浆果灌木)、1个草木层(悬钩子、欧洲越林等)和1个地被层。地被层植被的组成成分因当地的排水和透光情况而差异较大,在阳光充足排水通畅的群落边缘,以石松、鹿蹄草、酢浆草、苔藓和地衣为主。在地势低洼的湿地区、有地下永冻层的分布区,以及地表积水的开阔地带,针叶林往往沼泽化,以泥炭藓属(*Sphagnum*)、皱蒴藓(*Aulacomnium*)或金发藓(*Polytrichum*)等沼泽植被为优势。落叶松林是落叶性针叶林,也是大陆性最强、环境最严酷、分布最靠北的针叶林。寒温性针叶林的生长季节短,净生产量低于其他森林类型,但经济利用效率高。

### 3. 动物的特征

寒温性针叶林中的动物种类贫乏，它们对寒冷有很好的适应性，大多数哺乳动物和鸟类营巢定居生活，有的种类有积极性迁移的习性。由于受森林种子的丰歉、气候变化、野火、积雪等不同因素的影响，动物的种群数量不稳定。种群数量总体上有一定的周期性，往往与树木丰收的周期吻合，如云杉每隔2~8年丰收一次，松树每隔6~10年丰收一次，西伯利亚冷杉每隔2~5年丰收一次。很多种类的动物有储藏食物和冬眠的习性。动物的繁殖季节性明显，通常都在春夏。动物中夜行性种类少。针叶林多产大型野兽和毛皮兽，体形庞大有利于减少散热，动物多具有在雪地活动的适应特征，很多动物具有宽阔的趾爪，如松鸡趾边镶有长长的角质小齿，能有效地把握住有覆冰的树枝。一些种类如雪兔、白鼬、雪貂等的体毛在冬季变白，而到了春季冰雪融化后进入繁殖季节，幼崽的体毛大多变为与地面接近的灰黑色，有利于躲避天敌。

针叶林中也有一些动物种类是不迁徙的，冬季在雪被的保护下生存。河狸（*Castor*）是生活在针叶林中最具代表性的啮齿类，后肢粗壮有力。河狸独特的本领是筑坝，凡是河狸栖息或是栖息过的地方都有一片池塘、湖泊或沼泽。河狸总是孜孜不倦地用树枝、石块和软泥垒成堤坝，小则汇合为池塘，大则成为面积数公顷的湖泊，从而引来一些水域动物（图4-3）。河狸有时为了将岸上筑坝用的建筑材料搬运至截流坝里，不惜开挖长达百米的运河。河狸筑坝区建造的大量湖泊和池塘在应对洪涝和干旱灾害方面起着重要的调节和缓解作用，它们在汛期大量筑坝迅速存储大量的水资源，在旱季来临时将水缓慢释放到周围植被根部以缓解植物水分不足的胁迫。观测显示，河狸筑坝汇水区的蒸散量（evapotranspiration）和归一化差值植

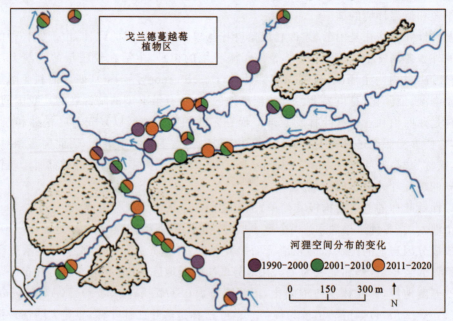

图4-3　美国弗吉尼亚州西部山地针叶林1990—2020年河狸筑坝活动区变化图

（据Swift and Kennedy，2021）

被指数（NDVI）比无河狸筑坝区分别提高了 50%～150% 和 6%～88%。当野火发生时，坝区周围植被的 NDVI 降低了 19%，无河狸活动区的植被 NDVI 降低了 58%。河狸建造区为鱼类、两栖类、爬行类、小型哺乳动物、有蹄类和水鸟提供了避难所（Fairfax and Small，2018，2020）。

寒温性针叶林的动物种类不丰富，代表性的动物有体形庞大的有蹄类，雄性具有复杂而且大的角，善于奔跑，如驼鹿、马鹿等。多数哺乳类和一部分鸟类生活在地面层，以树叶或种子为食，如松鸡、榛鸡、黑琴鸡等都直接在地面营巢。由于环境严酷，啮齿类（如松鼠、花鼠等）将食物储藏在树洞、雪下或地表附近，挖掘活动不普遍。小型鸟类、灰鼠和紫貂等一般生活在森林的上层。两栖类仅发现有北美的雨蛙。爬行类十分贫乏，以欧亚大陆的极北蝰和胎生蜥蜴为代表。针叶林下地面发育的腐殖质层中包含有螨、弹尾虫、线虫和大量昆虫幼虫等土壤动物。

**4. 分布和类型**

1）欧亚大陆

地球上现存的很多针叶林是在最后一次大冰期结束之后才生长起来的，属于较年轻的森林类型。在欧洲地区，针叶林所处的环境比较恶劣，生物种类较贫乏，生产力非常低。冰川在北欧退却得比较晚，冰期时又有很多物种消失，因此北欧地区是所有针叶林中物种最贫乏的。

从分布上来看，寒温性针叶林的经向的差异较大。在欧亚大陆西端海洋性气候明显，群落以德国云杉（又译为"挪威云杉"或"欧洲云杉"，*Picea abies*）和欧洲赤松（*Pinus sylvestris*）为优势种构成的暗针叶林为主。在东欧，以西伯利亚云杉（*Picea sibirica*）、西伯利亚冷杉（*Abies sibirica*）、西伯利亚落叶松（又译"新疆落叶松"，*Larix sibirica*）和西伯利亚松（*Pinus sibirica*）为主。在东西伯利亚，大陆性气候显著，上述种类逐渐被兴安落叶松（*Larix gmelinii*）所取代。兴安落叶松是东西伯利亚针叶林的建群种，形成明亮针叶林群落。

在我国，寒温性针叶林分布在北方最寒冷的地区，在区系地理上属于东西伯利亚成分。在东北有大面积兴安落叶松林分布，占针叶林的一半以上。我国阿尔泰山针叶林乔木层以西伯利亚云杉、西伯利亚冷杉和西伯利亚红松为优势种，在区系组成上是西西伯利亚暗针叶林的延伸，灌木层有阿尔泰忍冬和大叶绣线菊；草本层有林地早熟禾、红果越橘和多叶苔草等。雪岭云杉是天山山地针叶林带中最具代表性的森林类型。我国其他地区的针叶林主要分布在山地或亚高山地区，都能形成纯林或混交林，受水平地带性的限制，大都呈岛状分布。寒温性针叶林的分布除了受气候环境因素控制外，在微环境尺度上土壤养分状况也是一个重要的控制因素，例如在新疆喀纳斯针叶林保护区，西伯利亚云杉多分布于高氮磷比的微生境，而西伯利亚红松更加偏好低氮磷比的微生境（Liu et al.，2021）。雪豹（*Panthera uncia*）、雪貂、雪兔、紫貂（*Martes zibellina*）、黑嘴松鸡（*Tetrao parvirostris*）和黑琴鸡（*Lyrurus tetrix*）等是我国针叶林中的珍稀特色物种。

2）北美洲

北美在冰期时物种向南方退却，形成了几个避难所，物种丰富。北美洲的寒温性针叶林群落组成丰富，结构也较为复杂，经向地带性差异明显。中部地区以云杉、冷杉、真落叶松和北美短叶松等为优势种。东部地区海洋性气候加强,以球果松、树脂松、铁杉和黄杉等为优势种。北美针叶林中有一些特色动物,如阿拉斯加的科迪亚克棕熊是最大的棕熊亚种,北美的驼鹿是体形最大的鹿,加拿大的马鹿体形也很庞大,仅次于驼鹿。紫貂是针叶林中最著名的毛皮兽,河狸和水貂等也都是著名的毛皮兽。

3)针阔叶混交林

无论是在欧亚大陆还是北美大陆,针叶林和夏绿阔叶林之间存在广泛的过渡地带,往往是针叶林深入到夏绿阔叶林形成大面积的针阔叶混交林(coniferous and deciduous broad-leaved mixed forest)。在日本、中国、俄罗斯、朝鲜等季风区均有分布。混交林中的针叶树种以红松为优势种,伴有沙冷杉和紫杉和朝鲜崖柏等,阔叶树种以蒙古栎、椴、桦、榆、槭等为主。在欧洲,欧洲赤松常与栎树等形成混交林。在北美,针叶树种坚松、弗吉尼亚松、树脂松、加拿大铁杉等与阔叶树种栎属构成混交林。

**5. 利用和保护**

寒温性针叶林具有极高的观赏性和经济价值,是人类赖以生存的重要自然资源,同时也是人类破坏最严重的群落之一。北欧各国和俄罗斯是全球最大的木材供应国和加工地。在全球变化、干旱等极端气候事件和人类活动的双重作用下,寒温性针叶林面临景观破碎化、森林火灾和虫灾等多方面威胁。2012 年春季,俄罗斯贝加尔边疆区近 40 000 $hm^2$ 的原始针叶林毁于大火;2021 年夏,西伯利亚腹地雅库茨克的森林野火毁坏了 150 多万 $hm^2$ 的针叶林。针叶林虫害的发生也会导致森林大面积死亡。研究显示,过去 100 年内,林木砍伐、针叶林虫害等发生的次数和频率一直在增加,严重威胁到寒温性针叶林生态系统安全。除此之外,由于全球变暖,寒温性针叶林正在发生着重大变化,更能承受温暖天气的树种正在向北迁移,喜寒树种数量减少。原本在秋季落叶的西伯利亚落叶松正逐渐被常绿针叶树所替代。落叶松林在冬季的地表积雪会将阳光和热量反射回去,有助于保持区域的低气温。而被常绿针叶林替代后,会吸收太阳光,导致地表升温,而升温有助于常绿针叶林的扩张,导致进一步升温,进入恶性循环,造成封存在永冻层土壤中的碳分解释放,可能导致全球范围内的气候变暖(Shuman,2010)。

对于针叶林的保护,要加大监管和保护力度,加强自然保护区建设,严格管理人为用火,积极利用现代监测技术,如遥感和无人机等,加强野外观测和研究工作。在病虫害防治方面,加大监测统计,提高预测和预警能力,以生物天敌(如一些鸟类、黄鼬、蝙蝠、林蛙等)作为预防和控制针叶林病虫害的主要手段,推广天然植物药剂治虫,减少化学药剂的使用。另外,还要寻求人工种植针叶林以保护天然林地。

**三、温带草原生物群**

草原(steppe)是温带夏绿旱生性多年生草本群落类型,是指以近乎连绵不绝的禾草覆盖植物为主的植被地区。广义的草原包括在较干旱环境下形成的以草本植物为主的植被,主要包括两大类型:热带草原(热带稀树草原)和温带草原(萨瓦纳)。狭义的草原只包括温带草原。而草地(grassland)是土地利用的一个分类单元,指以生长草本和灌木植物为主并适宜发展畜牧业生产的土地。草甸(meadow)则是一种非地带性的植被类型。

草原是地球上分布最广的植被类型。其中面积最大的是欧亚草原和北美草原。欧亚草原区东西约跨 100 个经度(28°E—128°E)，从匈牙利和多瑙河下游起，往东经过西西伯利亚平原的乌克兰、哈萨克丘陵地带，向东延伸到蒙古高原和我国的阿尔泰山、塔尔巴哈台山、黄土高原、内蒙古高原和松辽平原，全长 8000 余千米，南北跨 28 个纬度(28°N—56°N)。北美草原区东西约跨 20 个经度，南北约跨 30 个纬度，从加拿大到美国中西部均有分布。南半球草原的面积较小，主要分布在阿根廷、非洲南部和新西兰的小部分地区。

**1. 气候和环境特征**

草原形成的主要原因是土壤层太薄或降水量少，低的土壤含水量使植物无法广泛生长，仅能供草本植物和耐旱植物生长。草原起源于全球气候干冷的新生代时期，而草原上的优势群落禾本科植物起源于白垩纪，在经历了强烈的造山运动、大陆漂移、海陆变迁后，地球气候发生了干旱化，禾本科植物在新生代早期才进化完成，在冰期的干冷气候条件下，逐渐形成了以禾草科植物为优势的草原群落。

温带草原主要在半湿润区或半干旱区分布，远离海洋，大陆性气候特征显著，气候干燥少雨，降雨量少而集中，冬季严寒漫长。年平均气温为 $-3 \sim 9$ ℃，最冷月平均气温为 $-29 \sim -7$ ℃。年降水量为 $150 \sim 500$ mm，一般不超过 350 mm，降水量分配不均，主要集中在夏秋两季，6—9 月降水量占全年降水量的 $70\% \sim 75\%$，干燥度为 $1 \sim 4$。气温冬冷夏热。我国温带草原夏季各月平均温度都在 20 ℃以上，而冬季各月平均温度都在 $-5$ ℃以下。

温带草原生物群的典型土壤类型为黑钙土，土壤的淋溶作用很弱，土壤剖面均有钙积层出现。土壤腐殖质含量丰富，是世界上生产力最高的地带性土壤之一。

**2. 植物群落特征**

温带草原是以禾本科、豆科和莎草科等组成的多年生禾草丛生植物群落。其中，禾本科植物中的针茅属(*Poa*)最为典型，菊科、藜科和其他杂草植物也占一定比例。生活型以地面芽植物占优势，主要有针茅、羊茅、拂子茅、落草属、早熟禾等属的种类。其次是地下芽植物，还有一年生的短命植物、半灌木和小灌木，如锦鸡儿、油蒿、沙柳和垂枝银芽柳等。

由于降水量少，植物对干旱普遍有一定的适应性，叶片小而内卷，气孔下陷，组织内渗透压高，机械组织、保护组织和地下组织发达。根系发达，分布较浅，雨后可迅速吸收水分。温带草原有明显的季相变化，在整个生长期内，植物的生长、开花时间与降水时间密切相关。

温带草原生物群的外貌为夏季绿色，群落结构简单，仅有一个草本层和一个地被层，但是其地下部分十分发育，郁闭度往往超过地上部分。由于水分不足和草本植物强大的竞争力，温带草原不成林。

根据草原的植被特点和水热条件，将草原划分为 3 个主要类型：①草甸草原是最喜湿的草原类型，以中生植物和旱生的多年生植物为建群种。②典型草原以旱生丛生禾草为建群种，伴有中旱生杂类草，有时还混杂旱生灌木和小灌木。③荒漠草原以旱生或强旱生草本植物为建群种。

### 3. 动物的特征

草原上典型的哺乳动物群落主要由啮齿类、有蹄类和食肉类组成。多为善于奔跑或穴居的类型。一些大型食草动物群栖生活,以防御肉食动物的捕食,这种集群行为是对开阔景观的保护性适应。它们常因食物品质或数量、种群的数量以及捕食者的压力而季节性地迁移。小型的哺乳动物多穴居生活,并习惯于夜间活动。一些种类具有冬眠和储藏食物的习性。夏季,大量候鸟迁移至草原,在水域附近栖息繁殖。

在种类组成上,草原动物的种类较森林贫乏。兽类中以啮齿类特别繁盛,如草地鼠、草原犬鼠、布氏田鼠(*Lasiopodomys brandtii*)、高原鼠兔(*Ochotona curzoniae*)、伊犁鼠兔(*Ochotona iliensis*)、高原鼢鼠(*Eospalax baileyi*)和旱獭属(*Marmota*)等。有蹄类的种类少,但是个体数量较多。食肉类也比较丰富。鸟类中留居的种类不多,本地鸟类有云雀(*Alauda arvensis*)、蒙古百灵(*Melanocorypha mongolica*)等,还有鸢(*Elanus*)、草原鹞(*Circus macrourus*)和鹰等猛禽。两栖类和爬行类都很少。草原昆虫的种类和数量都非常多,以同翅目、鞘翅目、双翅目、膜翅目和半翅目最为常见。

### 4. 类型和分布

1)欧亚大陆

欧亚大陆有世界上最宽广的草原,在匈牙利和多瑙河下游地区,匈牙利温带草原被称为普斯塔(puszta),以约翰针茅(*Stipa joannis*)和针茅(*S. capulata*)为建群种,常伴生有须芒草、雀麦、拂子茅等形成的灌草丛。东欧平原的草原面积最大,占欧亚大陆草原的大部分,但是几乎全被开垦为农业用地或家畜养殖牧场,这里长期以来是俄罗斯和乌克兰的谷仓之一,盛产小麦、甜菜、向日葵、玉米和粟等作物。东欧平原西部还有园艺业和葡萄种植业。

我国的草原是欧亚草原的一个组成部分,面积辽阔,类型多样,主要分为4块:东北地区湿生—中生的草甸草原,以贝加尔针茅(*Stipa baicalensis*)、白羊草(*Bothriochloa ischaemum*)和苔草(*Carex*)为优势种;内蒙古中部、黄土高原中西部和东北平原西部的典型草原,面积最大,植物组成除针茅和羊茅2个属外,还有冷蒿(*Artemisia frigida*)和百里香(*Thymus mongolicus*);内蒙古中部和宁夏一带的荒漠草原,植被除各种针茅外,出现了蓍状亚菊(*Ajania achilleoides*)、女蒿(*Hippolytia trifida*)等小半灌木;青藏高原地区的高寒草原,以紫花针茅(*Stipa purpurea*)、紫羊茅(*Festuca rubra*)和西藏苔草(*Carex thibetica*)较为常见。

欧亚草原的动物以黄鼠、草原旱獭(*Marmota bobac*)、蒙古野驴(*Equus hemionus*)、蒙原羚(*Procapra gutturosa*)、赛加羚羊(*Saiga tartaruca*)和黄羊最具代表性。食肉类以西伯利亚草原狼(*Canis lupus campestris*)、艾鼬(*Mustela eversmanii*)、虎鼬(*Vormela peregusna*)和兔狲(*Otocolobus manul*)等较为常见。爬行类和两栖类主要有丽斑麻蜥(*Eremias argus*)、白条锦蛇(*Elaphe dione*)、花背蟾蜍(*Bufo raddei*)等。鸟类以蒙古百灵、毛腿沙鸡、云雀、角百灵等最为常见。草原上猛禽的种类和数量较丰富,有鸢、草原雕(*Aquila nipalensis*)、金雕(*Aquila chrysaetos*)、雀鹰(*Accipiter nisus*)、大鵟(*Buteo hemilasius*)、毛腿鵟(*Buteo lagopus*)、隼等。

2)北美洲

北美洲草原又被称为普列利(prairie),从加拿大北纬60°线附近开始向南延伸,宽度跨越约30个纬度,降水量从东到西逐渐减少,温度则由北向南逐渐升高。优势植物为须芒草、针茅和格兰马草这3个属的一些种。与欧亚草原不同,普列利的冰草属(*Agropyron*)比针茅属更占优势。北美大陆从东到西,草原的土壤湿度逐渐降低,而干燥度逐渐增加,草原群落外貌和植被组成有所不同,依次出现高草普列利、混合普列利和矮草普列利。代表性动物有北美野牛(*Bison bison*)、叉角羚羊(*Antilocapra americana*)、多纹黄鼠、郊狼、美洲獾和草原隼、角百灵(*Eremophila alpestris*)等。草原响尾蛇(*Crotalus viridis*)是北美草原著名的爬行类(图4-4)。

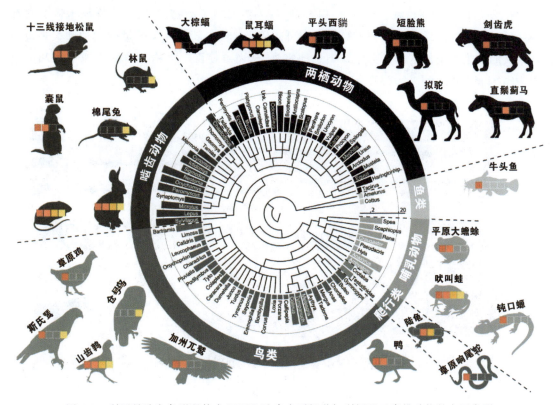

图4-4 利用骨骼宏条形码技术(BBM)重建晚更新世加利福尼亚脊椎动物的主要类群

(据 Seersholm et al.,2020)

3)南美洲

温带草原在南美洲被称为潘帕斯(pampas),分布于南纬32°—38°范围内的阿根廷中东部、乌拉圭、巴西南部,降水丰富,东北部年降水量可以达1000 mm,在西南部年降水量也有500 mm,但是蒸发量也很高,可达700 mm。潘帕斯群落的物种组成丰富,其标志性的植物为蒲苇(*Cortaderia selloana*),针茅属、早熟禾属、三芒草属等种类也很多。大美洲鸵(*Rhea americana*)是潘帕斯著名的动物。

## 5. 利用和保护

人类对草原生物群的影响是非常显著的。古 DNA 研究表明，在新仙女木事件的降温期，当地的脊椎动物多样性存在显著下降。植物的多样性在全新世早期恢复了，但是动物的多样性则没有恢复。在更新世末期有 9 种已灭绝的大型动物以及 5 种现生大型动物在北美地区消失。在末次冰期结束以后的 15 ka～13.25 ka，北美地区的冰河时代遗存的哺乳动物种群稳定存在。此后，这些动物的种群急剧下降，并在距今 13.07～12.9 ka 灭绝，这次灭绝事件发生期间气候变暖和干燥使得火灾的发生率增加。木炭记录显示，大约在 13 500 年前，火灾发生率开始增加，而人类在 16 ka～15 ka 前抵达北美太平洋沿岸，并与巨型动物共存了 2000～3000 年，然后巨型动物灭绝。尽管在这段时间内人类捕猎了动物，当时人类在该地区的数量相对较少，人类捕猎对巨型动物灭绝的影响可能较小。但是随着人类数量的增加和大规模用火，火灾的发生率增加。火灾会导致栖息地丧失，从而致使巨型动物种群的迅速下降和灭绝（图 4-5，Seersholm et al.，2020）。

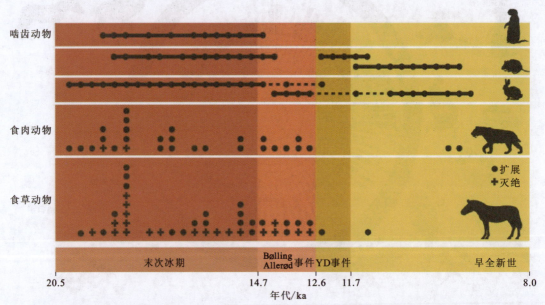

图 4-5　利用骨骼宏条形码技术（BBM）重建的晚更新世以来加利福尼亚脊椎动物多样性的变化序列
（据 Seersholm et al.，2020）

人类对草原的利用与农业、畜牧业的兴起和发展密切相关。考古遗址研究显示，早在 10 500—6000 a. BP，欧亚草原上的人类已经开始种植小麦、大麦，饲养家畜，并且在 3000 a. BP 后农牧业人群扩散交流显著增强（董广辉等，2022）。随着人口的增加和畜牧业的发展，人类对草原的过度采集，不合理的开垦、耕作、灌溉、火烧、过度放牧和粗放经营等，草原植被覆盖度降低，土壤侵蚀加剧，土壤养分流失严重。草原生态功能退化，生产力下降，有的地区发生了严重的荒漠化和盐碱化。许多肉食性动物被猎杀，导致草原鼠害蝗害也时有发生。许多野生动植物因栖息地缩小、草场退化以及被人类的过度采集和捕杀而成为濒危物种。

草原生态系统的保护价值极高,既可以提高固碳汇能力,又能推动经济发展,助力乡村振兴,实现草原大国战略。草原是一个巨大的碳库,我国草原(含草甸)碳总储量占我国陆地生态系统碳总储量的16.7%,占世界草原生态系统碳总储量的8%左右。草原土壤一旦遭到破坏,会加剧全球变暖。因此,采取合理的草原政策和科学的草原保护修复措施能够显著提高草原增汇减排能力。要加大草原的保护和恢复力度,积极发展基于生态学原理的环境友好型生态草业,大力推广草业、肉奶禽业、生物产业、生态旅游业和草-牧-科-工-贸联营体的"四业一体"生态草业,实现草原生态与经济效益的双赢(蒋高明等,2016)。积极开展牧草种草培育、改良研究,大力实施重点生态工程和草原保护建设工程,大幅提升草原固碳能力。我国目前仍面临缺少用于生态修复草种的问题,面对国家生态修复规划年需草种7万t的巨大缺口,每年需进口草种5万t左右。在此种情况下,应进一步加强种质资源收集、评价与利用,加强乡土草、草坪草及放牧型牧草的选育,建立大规模草种生产基地及成果转化渠道,完善种子质量管理体系,提高对草种的认识等(南志标等,2022),实现草原强国战略。

## 第四节 寒带生物群

### 一、苔原生物群

寒带由于接受来自太阳的能量少,气候恶劣,是一种极端环境,超出了大多数生物的生态域,限制了绝大多数生物的生长,此区域只发育了苔原生物群。

苔原(tundra)又称冻原,是以苔藓、地衣、小灌木及多年生草本植物为主形成的植被类型。苔原包括北极苔原和高山苔原两种类型。北极苔原地区位于针叶林和北极之间,它的特点是极低的温度和常年冰冻的土地。而高山苔原地区可以是世界上任何高海拔地区,甚至在热带地区,都可以发现高山苔原。高山苔原不像北极苔原那样全年冻结,但通常在一年的大部分时间里都被雪覆盖。热带高山苔原植被由各种矮灌木、草和多年生植物组成。

苔原气候是极地气候带的气候类型之一。主要分布在北半球濒临北冰洋的大陆沿岸。南半球因相应的纬度为大洋所围绕,除个别岛屿外,基本不存在苔原分布。

**1. 气候和环境特征**

北极苔原分布区全年受极地大陆气团与北极气团的控制。夏季温凉,冬季漫长而严寒,年平均温度低于0℃,最热月平均温度一般不超过10℃。有时日最高气温可升至15~18℃,但每月都有霜冻。冬季漫长,白昼短,极端最低温度可达$-40$~$-45$℃。温差很大,在极端情况下,年温差可达100℃(最高温为30℃,最低温为$-70$℃)。年降水量一般低于250 mm,大部分降水以雪的形式出现,蒸发量小,多雾,苔原分布区多属于湿润区。这种极端气候条件下只能生长苔藓、地衣和藻类等低等生物群落。

高山苔原生物群也是分布于寒冷的气候地区,夜间平均温度低于冰点。全年的降水量比北极苔原还要多,大部分降水以雪的形式出现。高山苔原也是风很大的地区,风速可超过15~30 m/s。

苔原的光照具有明显的季节差异,夏季白昼很长,很多地方为极昼或长昼,而冬季则是极夜或长夜。土壤具有深达150～200 cm的永冻层,可以阻碍上部水分的下渗,地面常常沼泽化。分布在这种土壤上面的植物常表现出生理干旱性的适应特征。土壤缺乏矿物质和营养,动物粪便和死有机体为苔原土壤提供了大部分的养分。因为永冻层的存在,即使在温暖的季节,也只有最顶层的土壤能够融化。

### 2. 植物群落特征

苔原具有极度寒冷、生物多样性低、冬季严寒漫长、生长季节短和排水不畅等特点。①苔原上生长的植物常为多年生植物,极少是一年生的。这是因为营养期太短,植物来不及完成整个发育周期。同时广泛出现营养繁殖,如蒲公英的胚珠不需经过受精,可以直接发育成生活的种子。一些植物能够在上一季节产生花芽。有的植物花芽甚至形成于两年之前,在暖季来临时立即进入开花期。植物的芽和叶常常可以在雪被下安全过冬,这些特征都是对寒冷的适应。②苔原植物具有较高的光合作用效率和更为高效的利用效率。夏季白天具有更长的光照时间,苔原植物可以固定更多的二氧化碳。一些常绿植物,包括贴地的针叶灌木(如矮桧)、具硬的扁平叶小灌木和灌木(如越橘、酸果蔓、喇叭茶)等在春季可以很快地进行光合作用,不必吸收营养生长新叶。③北极植物具有良好的水分收支平衡。植物多为匍匐型植物和垫状植物,这是抗风、保温和减小植物蒸腾的适应特征。④苔原植物的植物结构是高效率的,地下组织发达。苔原植物枝叶和地下部分的比例为1:5,地上组织很小,植物细胞可直接参与有机物的制造和贮藏。地面上的老叶具有保护茎生长点的作用。由于营养期很短,苔原植物通常生长十分缓慢。⑤苔原植物常具有大型的花和花序,勿忘草、罂粟、蝇子草的花色鲜艳,这可能与苔原的光照条件有关。⑥苔原植物种类贫乏,植物种数100～200种,在较南部地区可达400～500种。苔原植被没有特殊的科,最典型的科是杜鹃花科、杨柳科、莎草科、禾本科、毛茛科、十字花科和菊科。苔藓和地衣也很典型。苔原植被类型一般有藓类苔原、草丘苔原、藓类斑状苔原、草丛苔原和草甸苔原、地衣苔原等,与土壤类型和质地密切相关。

### 3. 动物群落特征

苔原动物具有对寒冷环境的适应性特征。①苔原动物因环境气候条件变化,动物种群数量变动常具周期性,每隔数年波动一次,如雷鸟、雪兔、旅鼠以及以它们为食的北极狐等,每隔3～4年或9～10年种群数量会波动一次。②动物对寒冷的耐受性强,大多具有较厚的皮毛,可以适应雪地生活。③季节节律明显,有迁移行为。大多数鸟类仅夏季在苔原带繁殖,冬季迁往南方;一些大型兽类(如驯鹿等)冬季也会迁往针叶林带。④有些动物(如北极狐、白鼬、雪貂、雪兔等)冬季体毛变白,多数无冬眠现象。⑤苔原动物一般具有较高繁殖力,如鸟类产卵的数目较其他地区多,并且在长昼无夜的夏季,可昼夜不停地寻食和育雏,旅鼠在雪下也能繁殖。⑥动物种类贫乏,缺少两栖类和爬行类。⑦昆虫种类很少,但双翅目昆虫(蚊蝇类)数量惊人。⑧苔原在第四纪冰期分布较广,目前处于明显衰退阶段,动物群落对人类干扰异常敏感。

苔藓生物群的代表性动物哺乳类有驯鹿、北极狐、白鼬、雪兔、北极兔、旅鼠以及生活在冰原的麝牛、北极熊；鸟类有滨鹬、雷鸟、白额雁等；昆虫种类很少，但在苔原大片的洼地和沼泽中，蠓虫（双翅目）数量惊人，雌虫可依赖植物汁生存。高山苔原动物多数与苔原和泰加林动物相似，被称"北方-高山种"。

**4. 苔原的分布**

地质学资料显示，北半球苔原分布区在第三纪以前仍然被喜暖的森林覆盖，一直到第三纪末和第四纪初气候逐渐冷干时，这些喜暖森林逐被寒温性针叶林取代，在冰川影响较小的东西伯利亚北部出现苔原，被认为是"原始北极植被"。它们从山区逐渐向平原扩散，东西伯利亚被认为是北极生物群的发源地。晚更新世以来，特别是末次冰消期的几次气候回暖事件，使苔原生物群的多样性和群落组成发生了快速转变，形成了现代苔原生物群的主要成分。研究表明，现代北极苔原植被的成分最早可追溯到 9 Ma 前的晚中新世早期，多样化速率在 2.6 Ma 前的上新世—更新世之交快速增加，并在 0.7 Ma 的更新世中期以后急剧降低。

在北半球，北极苔原位于北极和北方森林之间。在南半球，南极苔原出现在南极半岛和位于南极洲海岸附近的偏远岛屿（如南设得兰群岛和南奥克尼群岛）。在极地地区之外，还有另一种类型的苔原——高山苔原，出现在高海拔地区。

（1）欧亚大陆。在欧亚大陆的西部，受北大西洋暖流的影响，气候条件较为温和，苔原分布最为狭窄，向东随着大陆性气候和北极冰以及寒流的增强，苔原带逐渐扩大，而在东欧、西西伯利亚、中西伯利亚等地则向南大面积扩张。在亚洲东部，由于太平洋的作用，气候又较温和，这里主要发育着山地苔原。欧亚大陆的苔原在俄罗斯境内面积最大，有不同类型，从南向北可以分为灌木苔原、藓类-地衣苔原和北极苔原。植物主要有圆叶柳、极柳、越橘、葡匐柳、藓类、浆果植物、仙女木等。

（2）北美洲。主要分布在北美大陆的北部及其邻近岛屿，向南可以分布到达北纬 51°的哈得孙湾和北纬 58°的拉布拉多半岛，因此北美苔原的面积十分巨大。美洲大陆西部的阿拉斯加，气候较温和，苔原分布在较高纬度。北美洲苔原与欧亚大陆苔原的群落特征和物种组成等较为相似。这里地衣分布最为广泛，灌木呈匍匐状，以黑松萝属和石蕊属为主。草本植物以苔草属占优势，混生有早熟禾、三毛草属等。

**5. 苔原的保护**

苔原栖息地是全球最为脆弱的生态系统之一。苔原是地球上重要的碳汇，在夏季，苔原植物快速生长，并在此过程中吸收大气中的二氧化碳。但是越来越多的证据表明，随着全球气温上升，苔原栖息地可能会从储存碳转变为大量释放碳，特别是全球气候变暖使永久冻土区解冻，苔原将其储存了数千年的碳释放回大气中，成为一个巨大的碳源。因为苔原是地球上最寒冷的生态系统，苔原增温速度比地球上其他任何生物群落都要快。气候变暖正在推动苔原生态系统结构和组成发生变化，并可能产生全球性后果。世界上高达50%的地下碳储量包含在永久冻土中，预计到 2100 年，苔原地区将贡献大部分由变暖引起的土壤碳损失。一些研究资料表明，阿拉斯加有全球温度最高（夏季平均温度 10.6 ℃）和最容易发生火灾（火灾平均重现间隔约 400 年）的苔原生态系统。人类活动不但直接或间接地造成了苔原的面积收缩、冻土层融化和碳排放，也使得苔原的生物多样性降低。

## 第五节 非地带性生物群

非地带性生物群(azonobiome),又称为隐域生物群,指因受地下水、地表水、地貌部位或地表组成物质等非地带性因素影响,分布在不同的气候地带内,不能形成任何独立地带的生物群。非地带性生物群主要有草甸生物群和沼泽生物群。需要指出的是,水域生物群和岛屿生物群具有很强的地带性,但鉴于本章的内容较多,编者不再将其单列一节,而是放在本节中论述。

### 一、草甸生物群

草甸(meadow)是分布在中等湿度条件下,主要由多年生中生草本植物组成的生物群类型,是一类介于湿生的沼泽和旱生的草原之间的非地带性生物群。人们将自然界中各类草原、草甸、稀树草原等统称为草地(grassland)。

**1. 环境特点**

土壤的水分条件较充足,地下水的水位较高,地下水可沿毛管上升至地表,为草甸植物提供水分供应。土壤类型为各种类型的草甸土和黑土。

**2. 生物群特征**

草甸以多年生植物为主,主要由禾本科、莎草科、豆科、蔷薇科、菊科、蓼科、毛茛科、鸢尾科、牻牛儿苗科、唇形科等组成。生活型以地面芽植物占优势。一些一年生或二年生植物如兰芹、千里光等在草甸中也有少量出现,但它们都不是草甸的典型植物,而通常是指示了草甸的破坏和退化,或是草甸生物群处于演替阶段而尚未最终形成的标志。

水分状况的变化是草甸群落结构复杂性的重要因素,例如,旱季和雨季的变化对草甸生物群的外貌和季相影响显著。此外,地形地貌特征也会引起水分的差异,影响草甸生物群的结构。草甸植物的营养期和休眠期随气候条件的变化而改变。当气候条件有利时,草甸可全年营养生长。但在苔原、高山草甸和荒漠带的草甸,植物的营养期短,有的仅1~2个月,其余处于休眠状态。

草甸群落的水平分布和垂直分布较为明显,水平上可分为成群结构和分散结构。成群结构呈丛状分布,保持着层片的独立性,是未定型草甸的一种特征。分散结构不存在上述水平方向的层片现象。按照垂直分布草甸可分为高位禾草层、低位禾草层、矮草层、近地表植物层和苔藓地被层。

**3. 草甸动物群**

草甸动物群中的啮齿类、鸟类种类丰富,尤其河漫滩草甸的水鸟丰富。主要有大苇莺、雪雀、苍鹭、鸬鹚、雉类、鹤类、褐背地鸦、岩鸽、雪鸡,以及雁、鸭和鹰类等;兽类主要有鼠类、兔类、鼬类、岩羊、藏羚羊、雪豹和旱獭等;爬行类有锦蛇、游蛇、麻蜥、草蜥和壁虎等;两栖类有大蟾蜍等。

**4. 草甸类型**

(1)河漫滩草甸：分布在河流泛滥地上，群落在最潮湿地段为苔草类植物，在干燥的地段为双子叶植物，其间分布着禾本科植物，河漫滩草甸无乔木出现。

(2)大陆草甸：无河水、湖水和海水周期性淹浸和得不到冲积土的草甸。主要分布在森林草原带和森林带，近似于草原。在草原带可称为草甸草原。

(3)低地草甸：分布于地势较低，地下水接近地表的低洼地带，常沼泽化。

(4)亚高山草甸：分布在山地森林上界，在我国西部和西北部分布于海拔 2000～3500 m 的地区，物种以高大的禾本科植物为主，伴生有许多双子叶草本植物。

(5)高山草甸：位于亚高山草甸之上。常年低温，昼夜温差大，风强，光照强，降水多，物种主要为植株矮小，营养繁殖旺盛，旱生形态明显，或呈肉质、莲座状或垫状的铺地植被。

**5. 生态经济价值**

草甸具有较高的经济价值，是良好的牧草地和割草地，而高山草甸的经济价值更高，是牧区农牧民生存的物质基础。砍伐、开垦、放收、割草、火烧和大型交通建设等人类活动导致许多天然草甸退化，形成次生草甸。

对于草甸资源，应以保护为主，适当利用和开发，合理的经营模式和开发策略是草甸生态系统可持续发展的关键，要合理划分生态功能区、经济功能区和混合功能区。对于生态功能区应当严格封育和禁牧。在经济功能区可以采取专门集约化生产，运用施肥、灌溉和高新技术等措施，提高单位面积产值。对于混合功能区可以采取划区轮牧、承包到户等方式，提高草甸资源的利用率。在退化草甸区，应加大在表土回填与养护、土质改良、草甸苗木移植和优质牧草苗木培育等生态修复方面的科研攻关和实践。

**二、沼泽生物群**

沼泽是一种在过湿条件下形成的以湿性植物和沼生植物为优势的生物群类型。沼泽通常发育于全球各地非常潮湿或过度潮湿的地段，地表有积水并常有泥炭积累，是一种非地带性生物群。

**1. 环境特点**

土壤过度潮湿是沼泽生境的主要特点和形成条件。沼泽的形成条件和影响因素主要有：①温度不高，空气湿度大，降水量大于蒸发量。低温和过湿使微生物活动弱，有利于泥炭的积累。②地形地貌和地表组成物质。地貌会影响水分与溶解性营养盐的再分配和补给形式，地表组成物质的性质如母岩的持水性和透水性等，决定地表水渗透能力的强弱。因此，适于汇水的低洼地貌和不宜渗水的地表组成物质，加上持续的水源补给，是沼泽发育的有利条件。③具有永久冻土的区域。水分不能下渗，在季节性的融冻作用下，会促进沼泽化过程。④森林采伐地区或火烧迹地。由于失去植被的蒸腾作用，大量水分被滞留在地表，土壤容易发生沼泽化。⑤在泉水经常出露形成的地下水溢出带也容易形成沼泽。在降水量丰富的情况下，沼泽也可能分布在分水岭上，往往是河流的水源地。

## 2. 生物群特点

沼泽植物的生活型多样，乔、灌、草、苔藓等都有，多具有适应湿生的生活特征。通气组织发达，很多植物的叶、茎和根由细胞间隙和气腔系统通连，以利于在厌氧条件下满足根部通气的需要。有的沼泽植物具有不定根和特殊的无性繁殖能力。如茅膏菜和狭叶泽芹，随着泥炭堆积层的增高，可以不断在茎上长出不定根，而苔草则以分蘖节逐年上升等方式，避免植物体埋没在不断增加泥炭堆积物中。在高位沼泽，养分十分贫乏，有些植物如茅膏菜、狸藻和猪笼草等具有食虫的习性，以补充养分的不足。

沼泽植被主要有藓类的泥炭藓科，被子植物的莎草科、禾本科、狸藻科、毛茛科、天南星科、蓼科、木贼科和泽泻科等。另外还有灯芯草科、木贼科、玄参科、蔷薇科、菊科等。其中的芦苇、小蓼、苔草等是全世界广泛分布的沼泽植物。

沼泽的动物主要为各种水鸟和涉禽，主要有大苇莺、鹤、鹭、鸬鹚、雁鸭类等。由于食物贫乏，其他动物种类较少，爬行类主要有游蛇，两栖类有黑斑蛙，鱼类主要有小型鱼类，毛翅目昆虫幼虫、蚊幼虫、软体动物等。微型生物、细菌、真菌和古菌的种类丰富，特别是含有硅质壳体的原生动物生物量大，对沼泽环境有很好的适应性和干湿指示性，是沼泽湿地生态系统物质循环和食物网的重要参与者(Qin et al.,2021)，相关内容见第五章。

## 3. 沼泽类型

关于沼泽的分类，目前尚无公认的国际分类体系。根据沼泽的植被类型，将沼泽分为木本沼泽、草本沼泽和藓类沼泽等类型。泥炭积累是沼泽的普遍现象，因过度积水，处于厌氧条件下，有机残余物分解困难，引起泥炭积累。有的沼泽在发育过程中，因死亡植物残体的累积速度大于分解速度，便出现泥炭累积层，称泥炭沼泽，寒温带的大多数沼泽即属此类；有的沼泽植物残体的累积速度小于或等于分解速度，只出现一定厚度的草根层，称潜育沼泽，中国东北三江平原的大多数沼泽即属此类。

我国一些学者将沼泽发育各阶段的营养条件作为分类依据，将沼泽分为富养沼泽、中养沼泽和贫养沼泽。

(1) 富养沼泽，又称为低位沼泽，属于沼泽发育的初级阶段，基本保持原始地貌形态，大多数表面呈凹形。由地表径流、地下水和大气降水共同补给。水中富含矿物养分，pH 为 5.6～7.0。植被以莎草科嗜营养的草本植物如芦苇、香蒲、菖蒲、菱角、茭白等为主，常见于湖滨、河岸或河漫滩等地段，由水体淤浅形成。

(2) 中养沼泽，又称为中位沼泽，指在过度潮湿缺氧的条件下，植物残体分解非常缓慢，形成厚的泥炭堆积物，沼泽被缓慢抬高，逐渐远离地下水位，因此可溶性矿物质输送到沼泽表面的数量减少。沼泽植物中既有一些富养型植物，又能生长许多贫养型植物。多种苔藓植物和泥炭藓大量出现，且成大片分布。中位沼泽是介于高、低位沼泽之间的过渡类型。

(3) 贫养沼泽，又称为高位沼泽，中位沼泽随着泥炭堆积物逐渐加厚，沼泽进一步被抬升，地貌形态变为凸形，发展成高位沼泽，地下水物质不能到达沼泽表面，水源补给主要为大气降水，水中矿质含量贫乏。地表潮湿但一般无积水。植物以贫营养的泥炭藓植物为主，也会出现一些食虫植物。高位沼泽呈强酸性，pH 为 3.5～4.5。

并非所有草本沼泽都一定会发育为泥炭藓沼泽,只有在一定气候和地形条件下才会形成,高位泥炭藓沼泽只有北方欧亚大陆和北美洲潮湿寒冷区域,或者北半球较低纬度的亚高山地区才有分布。

**4. 沼泽的利用和保护**

沼泽是宝贵的自然资源,经过一定的改造可以成为牧场和肥沃的农田。沼泽中有许多可食用植物和药用植物,如地榆、沼泽疗伤草、沼泽念珠藻、沼泽蓝堇菜、慈姑、泽泻、香附等。沼泽地是纤维植物、药用植物、蜜源植物的天然宝库,是珍贵鸟类、鱼类栖息、繁殖和育肥的良好场所。芦苇和乌拉草是编织、造纸和人造纤维的原料。沼泽中的泥炭沉积物是重要的工业原料、吸附材料(泥炭砖)、农业肥料和燃料。

沼泽被誉为"地球之肾",是地球上最重要的湿地生态系统之一,具有很高的生态服务价值,具有维持全球水分平衡、涵养水源、调节气候、抗洪抗旱、净化水质、固碳和生物多样性保护等多种生态作用。此外,沼泽底部的泥炭沉积物长期处于厌氧环境,保存完好,沉积连续,保存了大量的植物化石、孢粉、微型生物和类脂肪物,还有一些沉没在其中的人尸、钱币、古木、建筑、文物、道路等遗留物,这些都是研究古环境、古气候和人类活动史的重要指标和材料(谢树成等,2023)。

人类对沼泽的开发和利用有着悠久的历史。在石器时代,沼泽附近就有人类居住(Xie et al.,2013),早期农业的起源也在沼泽附近。近代以来,随着人口增加,人类对沼泽开发不断增加,其中土地利用变化最显著的方面主要包括林地、农田扩展、泥炭挖掘、围垦、放牧、城市化和水稻种植等(图 4-6)。这些活动产生了许多生态环境问题,例如泥炭资源的不合理利用、排水围垦、放牧践踏和植物(如泥炭藓)收割,导致许多沼泽水位下降干涸,被改造为农田、牧场、药材基地、道路或旅游地,土地利用方式发生了变化,沼泽湿地的调蓄功能下降,灾害频繁,温室气体排放量增加,生态环境恶化。因此,应当重视湿地沼泽的生态修复,最大可能地发挥沼泽的碳汇功能。例如,在我国喀斯特地区亚高山泥炭湿地,当地政府利用荒山荒坡和弃耕农田广泛种植沼泽植物泥炭藓,一方面扩大了湿地面积,保护了天然湿地,另一方面带了巨大的经济效益,实现了生态保护和脱贫攻坚的双赢(Qin et al.,2021),成为生态经济的有效实现途径和林草产业发展的一个案例。

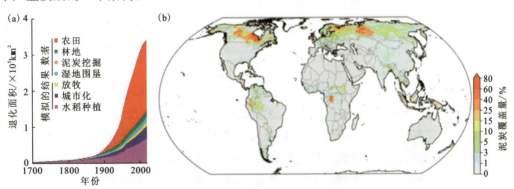

图 4-6 近 300 年来土地利用主要类型对全球湿地面积丧失的贡献(a)(据 Fluet-Chouinard et al.,2023),基于机器学习估算的全球泥炭湿地分布图(b)(据 Melton et al.,2022)

## 三、水域生物群

水域生物分布非常广泛,在淡水和海洋中都有分布,种类也十分丰富多样。由于各种水体以及同一水体内的各个部分环境条件和梯度变化多样,形成了多样的生态类群。

**1. 水域生物的主要类群**

(1)漂浮生物(neuston)是生活在水体表面或附于水体表面下的生物群。常见的漂浮动物有豉甲、蝇蝽、僧帽水母、帆水母、原生动物,以及一些蠕虫、腹足类、昆虫的幼虫和水螅等。常见的漂浮植物有单鞭金藻、海蜗牛、浮萍、槐叶萍、满江红、凤眼莲等。

(2)浮游生物(plankton),广泛生活在海洋、湖泊和河流湿地等水域的生物中,自身无移动能力,或者移动能力很弱,依靠水流或波浪在水中被动地移动。浮游生物大多体型微小,生物量大,种类多样,分布广泛,可分为浮游植物(phytoplankton)和浮游动物(zooplankton)。浮游植物是水域生态系统中重要的初级生产者,主要有硅藻、轮藻、金藻、甲藻和蓝藻等。浮游动物的经济价值较高,也是中上层水域中鱼类和其他经济动物的重要饵料,对渔业的发展具有重要意义。浮游生物如轮虫、有壳变形虫、枝角类和剑水蚤等是水域环境变化的重要指示生物。

(3)游泳生物(nekton)是能够在水中自由游泳的动物,多生活在水体的中上部,包括软体动物、鱼类、虾、龟鳖类、鲸、海豚、海豹等。游泳生物是水域生态系统中的主要消费者,经济价值较高。

(4)底栖生物(benthos)是指栖息在水底或底表的生物,分为营固着生活的(藤壶、牡蛎)、底埋生活的(沙蚕、蛏蛭、泥蚶)、水底爬行的(海星)、钻蚀生活的(海笋、凿穴蛤、钻蚀海胆)、底层游泳的等类型。底栖水生植物主要有固着生长的高等植物和附着生长的藻类等。

**2. 海洋环境及分区**

海洋水体占地球表面70%,海洋具有"三大环境梯度",即纬度、深度、沿岸至大洋的水平宽度。海洋的平均深度大于陆地的平均高度。海水的物理和化学性质具有重要的生态学意义。海水中溶解了大量营养物质,是维持海洋初级生产力的保证。海水的透光性是深海生物进行光合作用的重要条件。海水的流动性扩大了海洋生物的分布范围。海水的浮力使那些个体小、结构简单而脆弱的生物得以生存。此外,海洋还具有强大的缓冲性能和一定的净化能力,可以维持环境的稳定性。温度、深度和盐度以及水体的运动是海洋生物分布的主要限制因素。

海洋环境比陆地环境稳定,但不同海区的环境条件有一定差异,如水层部分和海底部分。水层部分可分为浅海区和大洋区。浅海区是大陆架的水体,平均深度一般不超过200 m,宽度变化较大,环境较复杂多变。大洋区是大陆缘以外的水体,是海洋的主体,理化环境条件比较稳定。海底部分包括海岸和海底。从垂直方向上看,大洋水体可以分为:上层(从表层至水深150~200 m),光照强度随深度的增加呈指数下降,温度有季节和昼夜差异,大多有温跃层;中层(上层的下限至水深约1000 m),几乎没有光线透入,温度梯度不明显,且没有明显的季节变化,常出现氧最小值和硝酸盐、磷酸盐最大值的界面;深海(水深 1000～4000 m),除了生物发光以外,几乎是黑暗的环境,水温低而恒定,水压大;深渊(水深超过 4000 m 的深海区),是海洋中黑暗、寒冷、压力最大、食物最少的区域。

**3. 海域生物群**

1)潮间带生物群

潮间带(intertidalzone)生物群是栖息于有潮区的最高高潮线至最低低潮线之间的海岸带生物群。由于此带总是交替的被海水淹没和暴露在空气,且常有明显的昼夜、月和年度的周期性变化,决定了该区域生物群具有两栖性(广温性、广盐性、耐旱性和耐缺氧性等)、节律性(活动高峰一般与高潮期一致)、分带性等生态特征。根据潮间带生物生存与分布的生境特点和基底性质,潮间带分为:①基岩海岸,是潮间带生物最丰富的区域,以各种固着生物为主,海洋植物以蓝藻、马尾藻、海带和墨角藻等为主,动物以藤壶、贻贝、牡蛎、腹足类、软体动物和蟹等最为常见;②沙质海岸,此处生物种类较少,主要有各种虾、蟹、蛤和软体动物等;③泥质海岸,沉积物富含有机质,在热带为红树林沼泽,温带为长有海草的盐沼滩,以海胆、镜蛤、泥蚶、乌蛤、虾类和甲壳动物为主;④河口地区,此处环境多变,有机质和营养盐丰富,主要有滨螺、蛎类、鳗鲡、锯缘青蟹、贻贝等。海星是潮间带生物群的关键指示性物种。潮间带是发展人工养殖海产品的重要场所(图 4-7)。

2)大型海藻场

海藻场是潮间带下区和潮下带的浅水区大型底栖海藻聚集生长的区域,底质坚硬,适合于固着器固着,光线可以达到,藻类能够进行光合作用。植物主要由棕色藻门、红藻门和绿藻门的物种组成,以巨藻、海带和马尾藻等分布最为广泛。大型海藻巨大的叶面为很多附着植物提供了生活空

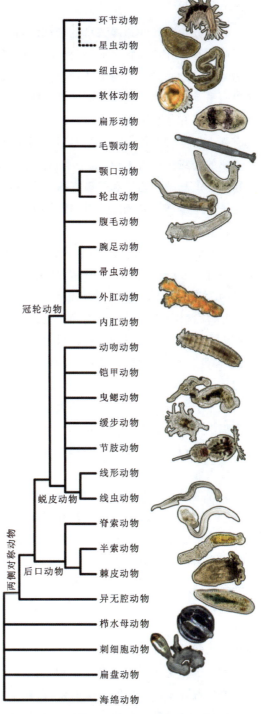

图 4-7 潮间带生物群的常见小型物种
(据 Boscaro et al.,2022)

间,也是许多动物的隐蔽场所。摄食大型海藻的动物有海胆、螺类、鲍鱼以及少数哺乳类等。大型海藻的生产力高,但只有约 10% 通过摄食进入食物网,其他 90% 是通过碎屑或溶解有机质进入食物链的。

3) 海草场

海草分布在海洋边缘狭窄的区域内,常在沿海潮下带形成广大的海草场。海草场主要由单子叶的有根开花植物组成,它们通常具有发达的根系和地下茎,物种组成较为单一,以泽泻目为主,约有 60 余种。海草的形态大都比较相似,都有长而薄的带状叶片。海草的种类在温带以眼子菜科的大叶藻属和海韭菜属最为常见;在热带海洋则以水鳖科的海鼋草属为主。

在热带和亚热带地区,海草场、珊瑚礁和红树林并称为三大典型海洋生态系统。海草场具有强大的生态功能,具有保护底质、缓解侵蚀和改善水质的作用。海草场是海洋生态系统中重要的初级生产力来源,也是生物圈中最具生产力的水生生态系统之一,为海洋生态系统食物网提供基础的物质和能量支撑。海草场也是许多海洋经济动物的栖息地。因此,海草场在促进沿海经济发展和维护近岸海洋生态系统健康等方面具有重要作用。

4) 上升流区

上升流(upwelling)是深层海水涌升到表层的过程。由特定的风场、海岸线和海底地形等特殊条件形成的称为近岸上升流,如秘鲁上升流和我国渤黄海的近岸上升流;而由海水辐散引起的称为大洋上升流。上升流区的海水通常温度较低,含氧量少,养分、盐分和密度均较高,海水流速缓慢,常因地形而异。上升流区的生物具有以下特点:①浮游植物生物量和初级生产力高,单胞藻粒径相对较大;②浮游动物中冷水性种类和数量比例增加;③群落结构简单,多样性较低;④食物网简单,食物链环节较少;⑤游泳动物(主要是鱼类)的生命周期较短,偏向于 r-选择类型。

由于上升流从深水区携带了大量的营养盐到表层,促进浮游生物大量繁盛,为鱼类等消费者提供了丰富的饵料。因此,上升流显著的海区多是著名的渔场。上升流海区的面积只占世界大洋面积的 0.1%,但是渔获量却占世界海洋鱼类总生产量的一半。

5) 大洋区

大洋区是指远离大陆架和浅海的广阔海域。大洋区的海水透光层深度一般在 200 m 以上,温度随深度的增加而下降,常有温跃层存在,即温度随深度增大而快速下降的水层,温度和密度在温跃层发生迅速变化。温跃层下方水温低,变化小,水温在 1500 m 以下基本恒定。大洋区海水的溶解氧在表层最高,在 500~800 m 之间出现最低值,此处生物呼吸耗氧量大,且缺乏交换。温跃层下层更深的海水溶氧又有增加,这主要是由富氧的南北极冷水下沉导致的,而到深海底部,氧含量又下降。大洋区的海水盐度基本恒定,但海水压力随深度变化较大,每隔 10 m 深度增加一个大气压。海洋底质呈"软泥"状,海洋底质沉积物中富含硅藻外壳或含钙质的动物外壳。

大洋区的生产者以微型浮游植物占优势,蓝细菌和固氮蓝藻在贫营养海区是重要的类群。消费者在不同深度的分层明显,在大洋上层,终生浮游动物和自游动物较为丰富,大洋中层主要是大型磷虾类和鱼类,下层以底栖类为主。

6) 深海生物

深海是一种极端环境,低温、低含氧量、压力大、盐度高是深海环境的主要特点。深海生物的生物量随深度下降而明显下降。深海面积占整个海底面积的90%以上,但其总生物量仅占海洋底栖总生物量的17%左右。深海无光线,无初级生产,底栖动物的食物依赖于真光层的初级生产。

深海生物具有多种适应性特征,许多深海动物能发光,生活在深海中上层的动物大多体色鲜艳,无脊椎动物有不少呈红色或紫红色,鱼类多深色或黑色,更深层处则多为无色。在深海中上层的鱼类眼往往很大,且像望远镜一样成筒状,方向朝上,中下层则许多鱼类眼退化,但侧线发达,嗅觉灵敏。深海生物捕食性动物不加选择的捕获被捕食者,最大可能地避免了竞争排斥。很多生物进化出了特化的捕食器官,一般口较大,牙齿尖利,有的种类甚至能利用发光器官作为诱饵捕食,常见的种类如灯笼鱼和斧头鱼等。为了适应高压环境,深海生物多数身体柔软,缺少钙质骨骼或坚硬外壳,鱼类无鳔。很多种类具有长的附肢,是对柔软底质的适应。深海生物的代谢率低,仅为相近种浅海动物的1%,细菌分解有机物的速度也很缓慢,耗氧量低。深海动物身体组织中的含水量高,而蛋白质和类脂物质的含量少,这也是代谢率低的原因之一。它们大多性成熟晚,寿命较长,有性寄生现象。有的种类往往只产为数不多且带有大卵黄的卵,孵化出的幼体依靠卵黄的营养就能很快发育成小的成体状幼体。深海底栖动物多样性水平高,生态位窄,这是因为深海环境的长期稳定性导致小生境的特化。

**4. 内陆水域生物群**

1) 环境特点

内陆水域主要包括河流、湖泊、水库、池塘、沼泽等淡水水体。内陆水体的温度波动比陆地小,但比海洋大。温度和光照随着水体深度的增加而降低或减少,水中的悬浮物或水生植物生长密度对光照影响极大。一些大的水体(如贝加尔湖等)中也会出现无光带。含氧量取决于水体的类别,流水水域的含氧量高而稳定,同时也受控于温度和含盐量。当然,盐分太低或太高对浮游生物的生长不利,氮和磷对水生生物的生长在一定范围内起限制作用。在空间分布特征上,大型淡水生物(如鱼类)往往因地理隔离形成一些地方特有种,而低等的原生动物(如有壳变形虫、纤毛虫和鞭毛虫等)、甲壳类(如介形虫)、枝角类和无脊椎动物具有很强的扩散能力,大部分种类是世界广布种。

2) 生物群组成

总体上,在水圈中,海洋动物的种数远较淡水丰富。而在植物种类上,淡水较海洋多,特别是淡水中显花植物十分发达,藻类种数也很丰富。根据水体的特征,将淡水水体分为静水生物群和流水生物群,本书分别以湖泊和河流为例介绍这两种生境的生物群特征。

(1) 湖泊生物群。湖泊是典型的静水水域,包括3个主要生物带:沿岸带、近表层水域带和深部水底带。沿岸带以有根植物占优势。如香蒲、睡莲和眼子菜,它们分别代表了挺水、漂浮和沉水有根植物。消费者多垂直分布,包括一些昆虫、甲壳类幼虫、软体动物、蠕虫、鱼类、两栖、爬行类等。近表层水域带以浮游植物占优势,常使水面呈现绿色,浮游动物种类不多但数量巨大,多为桡足类和枝角类,几乎全为永久性浮游,且具昼夜性的垂直迁移的习性,鱼类也为优势类群。深部水底带在有效光透射深度之下,仅在较大湖泊中才有出现,常见有蠕虫、软体动物等。

(2) 河流生物群。河流的流水作用依流速大小而对生物有不同的影响,高强度的水流不利于生物栖息。河流生物发展出了一些适应性特征,如具有固着或附着器官,如绿藻有长而蔓延的丝状体,动物大多数呈扁平状,并发展了特殊的钩状结构、星状或刺状的表面,一些河流动物具有吸盘。在流速较缓、底质坚硬的河段,底栖生物和鱼类的种类和数量较为丰富。

由于河流上、下游的侵蚀作用、搬运作用和沉积作用差异很大,造成流速、底质、有机质和营养盐含量差异很大,生物组成也很不相同。在河流的上游河床窄而陡峭,流水侵蚀作用强烈,底部由砾石岩块组成,泥沙和有机物质较少,溶解氧含量高,流速大。植物很少,以固着在岩石上的刚毛藻、丝藻等为主,动物多生活在岩石间的空隙中,水生昆虫、蜻蜓、蜉蝣等幼虫的数量较多,鱼类多属小型冷水鱼。河流下游河床宽、水深、水流平缓,水中有机物质和泥沙含量多。有根水生植物较多,穴居的蠕虫和蚊类的幼虫特别多,一些甲壳类、螺类和其他软体动物也有出现,鱼类的种类和数量较多。

3) 水域生态系统的保护与利用

水域是地球上占比面积最大、最为重要的生态系统类型,具有极高的社会经济价值和保护价值,人类文明的兴起和发展繁荣与水域环境密不可分,水域生态系统为人类的生存、健康和社会发展发挥着巨大的作用。但是,人类在开发和利用水域资源的同时,也造成了水域生态系统的破坏。富营养化、赤潮、海水酸化、珊瑚白化、水体污染和水生生物入侵等问题日益突出,水域生态系统的合理利用和保护迫在眉睫。

水域生态系统主要包括河湖和海洋。在河湖保护方面,2022 年 5 月,中国水利部制定印发了《关于加强河湖水域岸线空间管控的指导意见》,以加强河湖水域岸线空间管控,保障行洪通畅,改善河湖生态环境。意见要求各级管理部门要统筹发展和安全,确保防洪、供水、生态安全,兼顾航运、发电、减淤、文化、公共休闲等需求,强化河湖长制,严格管控河湖水域岸线,强化涉河建设项目和活动管理,全面清理整治破坏水域岸线的违法违规问题。

在海洋利用和保护方面,世界自然基金会发布了《WWF 海洋保护全球战略 2018—2030》。在海洋碳汇研究方面,2009 年,联合国环境规划署(UNEP)、联合国粮食及农业组织(FAO)和联合国教科文组织政府间海洋学委员会(IOC/UNESCO)联合发布了《蓝碳:健康海洋固碳作用的评估报告》。蓝碳(blue carbon)是指利用海洋活动及海洋生物吸收大气中的 $CO_2$,并将 $CO_2$ 固定在海洋中的过程、活动和机制。浮游植物固碳量与陆地固碳量相当,整个海洋碳库对于调节气候变化具有重要意义(刘纪化和郑强,2021)。

我国历来重视海洋环境保护和海洋生态建设。海洋环境保护是国家"十四五"生态环境保护规划的重要组成部分,是生态文明建设和美丽中国建设的重要内容。海洋生态环境保护,特别是近岸海域生态环境质量,一定程度上能综合反映我国污染防治和生态保护的工作成效。我国积极推动海洋碳汇研究,2013 年,中国科学家共同成立了"全国海洋碳汇联盟"(Pan-China Ocean Carbon Alliance,简称 COCA),在我国近海典型海区设立了 7 个时间序列观测站(Jiao et al.,2015)。海洋负排放是实现碳中和的重要途径,焦念志等(2021)提出了海洋负排放相关的 8 个基本路径,即:陆海统筹减排增汇、海洋缺氧酸化环境减排增汇、滨海湿地减排增汇、养殖环境减排增汇、珊瑚礁生态系统减排增汇、海洋地质碳封存、海洋碳汇核查技术体系,以及海洋碳汇交易体系与量化生态补偿机制等。在科学研究方面,还应加强海洋生物碳泵的地质演化研究,如古海洋生物碳泵记录与一些重大地质事件的关系,特别是微生物的调节作用等(谢树成等,2022)。

**5. 岛屿生物群**

岛屿是岛的总称。《联合国海洋法公约》对岛屿的定义是,指四面环水并在涨潮时高于水面的自然形成的陆地区域且能维持人类居住或本身的经济生活。对生物而言,岛屿是由于地理屏障形成的一种隔绝的环境,限制了岛屿内生物与大陆生物的基因交流。岛屿生物适应岛屿特殊的生活环境,在孤立的环境中独立进化,形成了独特的生物类群和区系。与陆地生态系统相比,岛屿生态系统具有以下特点:①明显的海洋边界和不连续的地理分布;②海域隔离降低了岛屿间的有效基因流;③不同岛屿间具有异质化的生境条件;④海洋岛屿面积相对狭小;⑤火山和侵蚀活动等随机事件使岛屿在长期的地质过程中处于动态变化中(魏娜等,2008)。因此,岛屿是研究生物进化的理想场所。

岛屿性(insularity)是生物地理所具备的普遍特征。许多自然生境,例如溪流、高山、洞穴以及其他边界明显的生态系统都可看作是大小形状和隔离程度不同的岛屿。自然保护区,国家公园,被周围的农田、工厂、城市所包围的地区都可以看作是岛屿。

1)岛屿生物的来源途径

研究表明,岛屿上的生物最初都是外来的。一些飞行动物可以靠自力飞达远端的岛屿,一些小型的鸟类、蝙蝠和飞行的昆虫,可以被动的由大风吹达岛屿,这些动物又能携带其他动物的卵、小型休眠者以及植物的果实、种子和孢子等繁殖体一起到达岛屿。很多植物具有适应长距离散布的特征,很多植物表现出某种适应,能够保证下一代从亲本处运走,这些散布机制甚至使其可能横越浩瀚的海洋。此外,植物的拓殖能力极强,只需要一个能育的种子或孢子便可迅速在岛上繁殖扩张。

但是,物种到达岛屿且成功拓殖的困难和挑战很多,受限制因素的影响。岛屿的大小、距离拓殖者来源地的远近、地形或所处地理位置等因素在控制岛屿生物多样性方面都具有非常重要的作用。岛屿生物面临着很多风险和挑战,生活在岛屿的风险要比陆地大,大的环境灾变事件(如火山爆发等)对岛屿的环境状况产生持久的影响。在岛屿上,一个物种一旦从岛屿消失后,重新侵入的机会是很小的,往往发生灭绝。有些物种成功达到岛屿后,面临着从大陆环境到岛屿环境的适应挑战。由于岛屿生物组成单一,物种之间缺乏能够维护群落稳定和缓冲物种暂时局部灭绝的各种复杂关系,一旦一个物种灭绝,就可能产生严重影响,甚至导致其他种的灭绝。

2)岛屿的生物组成特征

岛屿上的生物组成具有以下特征:①与陆地距离较近的岛屿上生物种类较多,相反,则较少。岛屿在生物组成方面与陆地的关系密切,岛屿的隔离使陆地生物的移入困难。②岛屿上生物总数比大陆上少,密度也比大陆低。较大的岛屿比较小的岛屿物种多样性高,这是因为较大岛屿的栖息地类型多样化程度相对高,适宜于更多的生物种类生存。③移入的高速度和消亡的高速度是岛屿生物组成的重要特征。由于侵入者的增多,不可避免地会带来与已定居者的竞争,导致有些生物在竞争中失败或对岛屿条件不适应变得衰落,以至消亡。④温度是制约和影响岛屿生物种类组成和多样性的主要因子,寒冷限制和减少了岛屿上脊椎动物的组成。相反,湿热使岛屿生物群落的种类多样性增加。在很冷的岛上,一些典型的爬行动物不存在。发生在更新世的大规模冰期也限制了岛屿生物群落的组成。

3)岛屿生物的适应形式和适应辐射

第一,隔离可以促使新物种的形成,因此岛屿的特有种很多。一些物种一旦在新的基地上安置下来,在岛屿内异质化生境的作用下,在岛内扩散并迅速固定,在隔绝的环境中遗传变异的逐步积累,演化发育出新的特征,形成了很多新物种或特有种。例如,在加那利群岛上分布着570种特有植物,占群岛植物区系的40%;特有植物在加拉帕戈斯群岛上的占比高达42%;中国的台湾岛上的特有植物为1139种,占岛内维管植物种类的27%;夏威夷群岛上的有花植物中高达95%的种类为特有种,20%为特有属。

大海的这种隔离作用造成了各岛屿之间在动物和植被方面的显著差异,从这种差异上可以推断出岛屿的由来。此外,全球生物分布区的任何详图均可说明岛屿在确定动物和植被类型分布的边界方面的重要性。例如,动物区系地理中著名的华莱士线,是东洋区与澳洲区的分界线之一,从爪哇岛东面的巴厘岛与龙目岛之间起,向北经加里曼丹岛、苏拉威西岛之间和菲律宾南部海面而止于太平洋(图4-8)。在华莱士线以西,岛上的生物是亚洲型的,而在华莱士线以东,尽管龙目海峡很狭窄,岛屿距离很近,但植被和动物却是澳洲型的。

图4-8 穿越东洋界和澳洲界岛屿的华莱士线示意图(据Barry and Moore,2005)

第二,由于岛屿生物种类数量少,空余的生态位多,允许适应辐射的发展。适应辐射(adaptiveradiation)是指一个世系内不同物种为了适应多样化生境,生态位和相应的生态适应增加的现象。适应辐射的结果使一个物种在进化过程中分化成多个在形态、生理和行为上各不相同的种。这是因为岛上通常植物种类较少,植被类型与结构单一,近缘种和捕食者很少或缺乏、种间竞争和捕食压力小,出现了较多的剩余生态位,一个拓殖者可以占据不同的空余生态位并演化出适应不同生境的多个物种。一个典型的例子是世界广布植物半边莲,该类植物在夏威夷岛上的竞争者兰科植物稀少,其辐射适应极为明显,岛上的半边莲有150个特有种和变种,形成了至少6个特有属,其中仅 *Cyanea* 属就包含 60 多个种,叶片形态各异,植株高度从高 9 m 的木本植物到仅高 0.9 m 的草本植物(图 4-9)。而另一属 *Clermontia* 的种,在花的大小、形状和颜色方面显示出明显差异,颜色鲜艳程度和管状的花形与鸟类授粉有关。在夏威夷群岛上,适应鸟类授粉的花较大,这可能是因为缺乏像大陆上能为此类花授粉的大型昆虫,因此,夏威夷群岛上半边莲的适应辐射是与鸟类食蜜型的辐射适应相伴进化而来的。这样的例子还有很多,在加勒比海北缘的古巴岛和海地岛分布有 6 种不同生态型的 *Anolis* 属蜥蜴,该属在牙买加岛和波多黎各岛上分别有 4 种和 5 种不同的生态型。需要指出的是,分布在不同岛上的相同生态型之间却并没有亲缘关系,即各个岛屿的生态型是适应各自岛屿环境而独立进化的。这些例子都说明适应辐射是一种广泛存在于岛屿物种进化的机制。

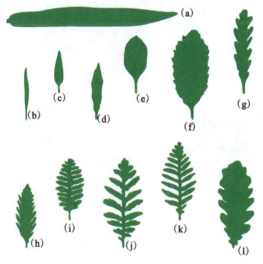

图 4-9　夏威夷岛上草本植物半边莲 *Cyanea* 属不同物种叶片的形态差异(据 Barry and Moore,2005)
(a)*C. leptostegiaadult*;(b)*C. linearifolia*;(c)*C. stictophylia*;(d)*C. angustiflora*;(e)*C. tritomantha*;
(f)*C. lobata*;(g)*C. leptostegiajuvenile*;(h)*C. solanacea*;(i)*C. shipmanii*;(j)*C. aspieifolia*;
(k)*C. grimesiana*;(l)*C. solanaceaquercifolia*

第三,在体型大小方面,岛生哺乳动物的体型大小一般与其大陆上的近亲有显著差异,有的变大,有的变小。总的来说,体型大的有变小的趋势,体型小的有变大的趋势(图 4-10)。1973 年,Leigh Maiorana Van Valen 根据前人的研究,首次提出了动物物种在体型方面遵循进化模式的理论,被称为岛屿法则(island rule)。一方面,岛生啮齿类和有袋类一般比其大陆近亲更大一些,如巨龟、巨兔等。大陆的小型物种可能在殖民岛屿后进化变大,产生了圣基尔达田鼠(比大陆祖先大一倍)、渡渡鸟和科莫多巨蜥等物种。新近纪时,在地中海梅诺卡岛上生活的帝王梅诺卡兔(又名雷氏巨兔,*Nuralagusrex*),体长可以达 75 cm,体重达 17 kg (Quintanaetal.,2014),是穴兔(*O. cuniculus*)体长的 3~4 倍。更新世时,生活在澳大利亚南部的巨型短面袋鼠(*Procoptodon*)是目前已知体型最大的袋鼠,其站高可达 2.7 m,而现生红袋鼠站立高度约为 2 m。巨型短面袋鼠体重约 200 kg,最大可以达到 240 kg(Jones et al.,2022),是最大的现生袋鼠(红袋鼠)的 3 倍(图 4-10)。有学者将岛屿生物体型增大的现象称为"岛屿巨型化"。另一方面,一些岛屿生物(如朐睛类、猬类、食肉类、偶蹄类等)的体型通常比其大陆近亲更小些,这一现象被一些学者称为"岛屿侏儒化"。化石记录表明,希腊克里特岛上曾经生活的克里特矮猛犸(*Mammuthuscreticus*),身高仅 1 m,体型 200 kg,仅约为邻近大陆祖种的 1/4,四肢的远端部明显缩短。该岛上鹿类的四肢特别短,河马的体长和身高也显著缩小,体型大小仅与家猪相当(Schilling and Rössner,2021)。古人类学研究也表明,在晚更新世,生活于印度尼西亚弗洛勒斯岛上的弗洛里斯矮人可能是最古老的人种,也是已知体型最小的人种,身高仅 1 m,体重约 25 kg(Argueetal.,2017)。对于"岛屿效应"是否普遍存在一直存在争议,最近的一些大样本数据研究为解决这一问题提供了有力证据,通过对 1000 多种脊椎动物物种的研究显示,"岛屿法则"效应在哺乳动物、鸟类和爬行类动物中普遍存在,但在两栖类动物中却不太明显,因为两栖类动物大多倾向于变大。哺乳动物和爬行类动物在较小、较偏远的岛屿上,体型变小和变大的程度更明显(Benítez-López et al.,2021)。

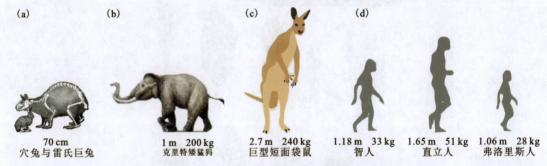

图 4-10　岛屿生物的巨型化和侏儒化现象

(据 Schilling and Rössner,2021,Benítez-López et al.,2021;Jones et al.,2022)

(a)西班牙梅诺卡岛上的穴兔与雷氏巨兔的比较;(b)希腊克里特矮猛犸;

(c)发现于澳大利亚南部的巨型短面袋鼠;(d)智人、直立人和弗洛里斯矮人的身高示意图

目前,我们尚不清楚岛屿生物体型变化的原因和机制,仅有一些推测。对于食草动物而言,较小的体型可能有利于应对食物资源供应不足的岛屿环境。而对于生活在弗洛勒斯岛上的动物和人类来说,该岛的面积只有 31 平方英里(1 英里=1 609.344 m),资源十分有限,身材变小不仅可以消耗较少的能量,也容易散热,使他们更适应当地湿热的气候。小型哺乳动物和鸟类物种变大,大型物种保持同样大小,以便在更冷、更恶劣的岛屿环境中保存热量。脊椎动物中的岛屿巨型化和侏儒化是一种普遍的模式,而不仅仅是一种进化上的巧合(Benítez-López et al.,2021)。

第四,岛屿生物的形态也出现了一些退化或分化现象。岛屿上的大部分昆虫少翅或无翅,很多种类失飞。一些植物的种子有失去其翅、冠毛或羽毛状聚伞花序的倾向,许多岛屿昆虫是无翅的。有些鸟类的翅膀也逐渐退化,直至最后消失。

第五,岛屿生物的一些性状出现了分化,岛屿生物在缺乏捕食者调控的情况下,种群过度拥挤可能触发周期性的死亡,在克里特岛发现的鹿骨床被认为是鹿种成批死亡的直接证据,其体型缩短,骨块呈畸形。欧洲矮象的头骨上有崤突,臼齿上的釉质崤变小,都与其体型矮化相关。这可能是因为在没有被捕食压力情况下,食草动物缺乏快速奔跑的进化动力。生活在西班牙梅诺卡岛上的巨兔,适应于岛上的岭地生活,肢体短而粗壮,可能是对支撑体重、行走和挖掘生活的一种特化性适应。

4) 岛屿生物的分布模式

(1) 物种数与面积的关系。

关于岛屿的面积与物种数目的关系，两者存在一定的规律性。在气候条件相对一致的一定区域内，岛屿上物种数目会随着岛屿面积的增加而增加（表4-1）。

表4-1 南太平洋岛屿面积与鸟类和被子植物属多样性的关系

| 岛屿名称 | 面积/km² | 被子植物属数 | 鸟类属数 |
| --- | --- | --- | --- |
| 所罗门群岛 | 40 000 | 654 | 126 |
| 新喀里多尼亚岛 | 22 000 | 655 | 64 |
| 斐济岛 | 18 500 | 476 | 54 |
| 新赫布里底群岛 | 15 000 | 396 | 59 |
| 萨摩亚群岛 | 3100 | 302 | 33 |
| 索科特拉岛 | 1700 | 201 | 17 |
| 汤加群岛 | 1000 | 263 | 18 |
| 库克群岛 | 250 | 126 | 10 |

注：数据来自 MacArthur and Wilson, 1963。

岛屿面积每增加10倍，两栖类和爬行动物的种类数目增加一倍，反之亦然。它们的这种关系进一步被定量化，用公式表示：

$$S = CA^Z$$

式中，$S$ 代表物种丰富度；$C$ 是物种的分布密度，即单位面积内的物种数目；$A$ 代表岛屿面积；$Z$ 为某个统计指数（取值范围为 0.05～0.37）。

$Z$ 值大小与岛屿的隔离程度和海拔高度有关。就全球陆生植物而言，$Z$ 值约为 0.22。可以看出，$Z$ 值的生物学意义很大，如当 $Z=0.5$ 时，表明岛屿距离大陆很近，只需要将岛屿面积增加4倍就可将物种数增加一倍，但是如果 $Z$ 值为 0.14 时，必须使面积增加140倍才能将物种数加倍。

岛屿上物种的丰富度取决于新物种的迁入和原来占据岛屿的物种的灭绝。这两个过程的相互消长导致了岛屿上物种丰富度的动态变化。当迁入率与绝灭率相等时，岛屿物种数达到动态平衡状态。研究表明，凡是未经扰动的岛屿，其种类与面积的关系十分规律，而经过扰动的岛屿，无论是自然扰动还是人类扰动，它们的种类与面积关系都会偏离正常分布。

(2) 物种数与距离的关系。

一般认为，海洋中遥远、单个、隔离的岛屿所维持的种类比大群岛或离大陆近的岛屿的种类少。这可以用远近不同的岛屿种类-面积曲线来证明。那么离大陆很远（或离特别大的岛屿远）的岛比离大陆近（或离大的岛屿近）的、不太隔离的岛屿生物种类少，并且种类-面积曲线的斜率也不相同。由于岛屿生物种类主要起源于大陆祖先，或者说由大陆种扩散迁移而来，隔离岛屿生物种类的极度贫乏证明了距离屏障限制了能成功拓殖的物种种类。因此，岛屿物种的多少主要由生物自身的散布能力和机制决定,例如,散布能力强的鸟类和蝙蝠在远洋海岛的种类和数量比蛙类和哺乳类多。岛屿的面积和孤立程度对岛屿生物多样性的建立具有决定意义,此外,物种到达岛屿的时间对岛屿生物多样性也同样重要。基于全球 41 个海洋群岛鸟类分子系统发育树的大样本数据研究进一步证实了这一点(图 4-11)。

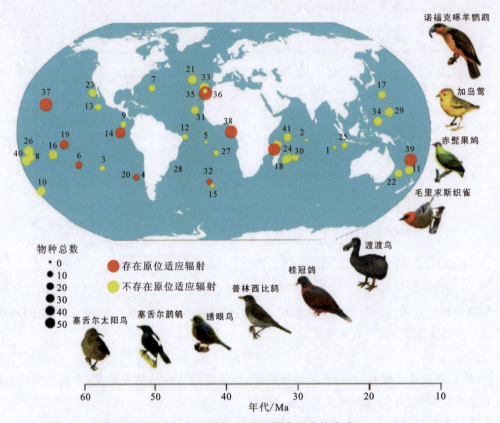

图 4-11　鸟类物种多样性与岛屿距离、面积和隔离程度的关系(据 Valente et al.,2020)

(3)物种流通。

岛屿生物的物种具有流通特征,连续的物种流通可能是岛屿的主要特征,尤其当具有高度散布机制的有机体穿越唯一的阻限到达小岛时,这种流通速度更大。岛屿上物种的拓殖速率和灭绝速率都很高,在自然条件下经过一段时间后,这两种速度可以达到动态平衡,此时岛屿的生物组成可以基本保持稳定。

5)岛屿生物地理学的平衡理论

岛屿生物地理学的平衡理论是由麦克阿瑟和威尔逊提出的,岛屿上的生物种数取决于岛屿的面积、年龄、生境的多样性、拓殖者从来源地进入岛屿的可能性和来源的丰富性,以及新种拓殖的速率和现存种绝灭速率的平衡状况。平衡理论最核心的内容是:岛屿生物种类的丰富程度取决于两个过程,即新物种的迁入或原有物种的进化和原来占据岛屿物种的灭绝。当迁入率和灭绝率相等时,岛屿物种数达到动态平衡状态,即物种的数目保持相对稳定,而物种的组成处于不断变化和更新之中。

在时间上,就新物种的增加速度而言,在岛屿生物拓殖初期,由于在新的环境中种群的拥挤效应低,物种具有很高的拓殖速率。随着时间的推移,越来越多的迁入者在岛屿上成功拓殖,新物种增加的速度会下降。同时,就物种消亡的速度而言,由于一些迁入者不能适应严酷的岛屿环境和种群的竞争压力,消亡速度会随着时间的推移而上升,两者对抗平衡的结果表现为岛屿上物种的总数基本保持不变。

在空间上,生物群落平衡点还取决于岛屿的大小和拓殖者来源的远近。在岛屿生物群落里,物种的多样性以及单个物种的多度都会随面积的增加而增加。概括来说,大岛屿比小岛屿能维持更多的物种数,离大陆距离近的岛屿比远的岛屿更能维持物种数(图4-12)。

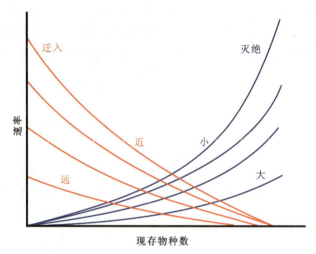

图 4-12  隔离状况和面积在维持岛屿生物平衡中的交互作用示意图(据 MacArthur and Wilson,1963)

6) 岛屿生物的保护

岛屿生物地理学的研究对象主要是针对海洋岛屿。随着岛屿生物地理学研究的进一步深入,岛屿概念的范畴已拓展到包含陆地上各种孤立的生态地理景观。岛屿生物地理学理论已广泛应用于自然保护区建设的各层面,为研究自然保护区内物种数目的变化和种群动态提供了重要的理论依据。其中,"物种-面积"关系和平衡理论在自然保护区的目标定位、功能与价值内涵等方面具有重要的指导意义。例如,在保护区的布局与周围环境关系方面,一直存在单个大面积还是几个小面积哪个更合理的争论。从生物地理学的角度来看,像自然保护地这类岛状地的布局,其原则是大的、圆形的、相近的、相连的要比几个小的、长形的、隔得远的和不相连的更为合理。

岛屿生境严酷单一,物种分布范围局限且种群数量较少,导致岛屿生物更易于濒危或灭绝。17世纪至20世纪地球上灭绝的维管植物共384种,其中,岛屿植物139种,约占36%。全球灭绝的爬行类和两栖类约90%发生在岛屿上,50%的哺乳类灭绝也发生在岛屿(Atkinson,1989)。基因流阻隔、遗传突变、瓶颈效应和稀有等位基因流失等被认为是岛屿物种更易于濒危的主要因素(魏娜等,2008),在气候变化和人类活动的影响下,包如全球变暖、动物贸易、生物入侵、乱砍滥伐、过度捕杀和生境退化等,许多岛屿物种种群缩小、近交频度增加、遗传多样性丧失、适合度下降,加剧了岛屿物种的濒危及灭绝进程。调查显示,在过去

50～100年间,由于人类将一些两栖动物作为医学实验材料(如妊娠验孕等)携带扩散,导致非洲爪蛙、牛蛙等在许多地区成为入侵种,它们体表携带的一种真菌病——壶菌病,已导致全球500多种两栖动物的种群数量急剧下降。同时,气候变化可能会改变原本不适合壶菌的栖息地环境,从而促进壶菌病的爆发,90种两栖动物已经灭绝(刘霞,2019)。

对于岛屿生物的保护,重点是对遗传多样性和进化潜力的保护。优先保护那些具有最大遗传多样性的种群和那些在种群间遗传多样性占比较大的种群。在岛屿濒危物种的种群恢复实践中,从大陆或邻近岛屿引进同种个体时,应特别注意岛屿物种与引入种之间的遗传差异,避免出现远交衰退或近交衰退的情况发生。因此,对于岛屿物种的保护既要实施个体数量和基因水平上的物种恢复工程,也要结合生境恢复,从生态系统的水平上综合考虑。此外,从政府管理层面,要改进生物安全和野生动物贸易管制,防止世界各地出现更多岛屿动物灭绝事件,加大生态监测和科学研究力度,全面了解和评估岛屿生物的灭绝风险,制订切实可行的保护措施和机制。

## 第六节 世界陆地生物群分布规律

世界陆地生物群的分布具有明显的地带性,这种分布特点与环境特别是气候因素的关系密切,其他因子如土壤对生物群的地带性分布也有显著影响,但是土壤可看作是气候作用影响的结果。由于气候在地球上的空间分布具有一定的规律性,即热量和水分以及两者的结合状况,决定了陆地生物群在空间分布上的规律性特征,主要表现在水平地带性和垂直地带性(图 4-13)。

### 一、世界陆地生物群的水平分布规律

由于太阳辐射到达地球的热量具有从南至北的规律差异,形成不同的气候带,因而也形成了从南到北不同的生物群类型。这种沿纬度方向有规律更替的生物群分布,称为生物分布的纬度地带性(zonality)。同时,在陆地相同纬度的不同区域,由于与海洋的距离、大气环流和洋流的性质等不同,各地的水分条件差异往往十分明显。水分条件的差异,使生物群的分布呈现出从沿海向内陆成带状更替的规律。生物群的这种因水分差异在经度方向上成带状依次更替的现象称为生物群分布的经度地带性(horizontalzonality)。

全球陆地植被的水平分布具有以下规律性:①在北半球,热带、寒温带和极地带的各植被带大体与纬度平行;②高纬度区和低纬度区,植被带较为单一,且具有环大陆分布的形式,表现出纬度地带性的特点;③中纬度地区,在大陆的东西岸之间植被带不相连续,由海岸向大陆干旱中心表现为经度地带性的分布;④在南北纬 40°之间的大陆东侧,由于受季风湿润气候的影响,有一个完全不存在干旱地区的区域,而在大陆的西侧情况较为复杂;⑤在亚热带,荒漠可延伸到海岸,而在南半球,荒漠仅限于海岸区;⑥在大陆西侧的其余地区,海洋气候的影响深入内陆,气候条件十分湿润;⑦南北半球植被不对称,南半球没有寒温性针叶林的分布。

将世界主要大陆的植被分布状况概括如下。

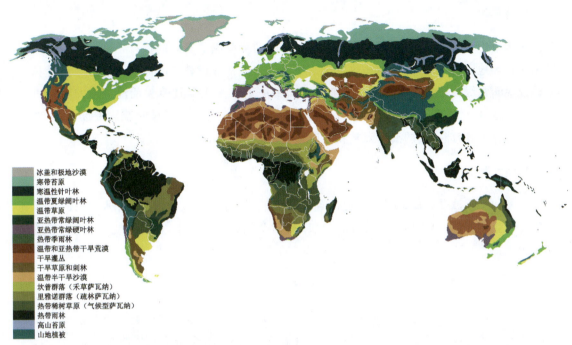

图 4-13　全球主要植被类型分布图(据 Sten Porse-Image:Vegetation.png，CC BY-SA 3.0)

**1. 欧亚大陆**

根据植被类型及其分布特点，可把欧亚大陆划分为 3 个主要的纬度地带系列。

(1) 大陆东部的太平洋沿岸系列。植被由北至南的依次为：苔原—北方针叶林—针阔叶混交林—夏绿阔叶林—常绿阔叶林—季雨林或热带雨林。夏绿阔叶林在冬季受极地大陆气团和沿岸寒流的影响，不能向内陆伸展，而常绿阔叶林在季风的作用下十分发育。

(2) 大陆内部西西伯利亚-中亚-阿拉伯系列。植被由北至南依次为：苔原—北方针叶林—温带草原—温带荒漠—亚热带荒漠。该系列热量虽然丰富，但降水量明显减少，植被以草原和荒漠为主。

(3) 欧亚大陆与非洲西部的大西洋沿岸系列。植被带从北向南依次为：苔原—北方针叶林—针阔叶混交林—夏绿阔叶林—常绿硬叶林—亚热带及热带荒漠—萨瓦纳与季雨林—热带雨林。

**2. 北美大陆**

北美大陆的植被分布地带性现象较为复杂。植被带在大西洋沿岸从北向南依次为：苔原—北方针叶林—夏绿阔叶林和亚热带森林。由于水分的减少，植被表现出一定的经度地带性，在一个很大的区域内，出现了植被从东向西有规律的更替。在北美洲西部，由于落基山脉阻挡了太平洋的湿润气团，森林仅限于山脉以西，在北美洲东部则为干旱的荒漠。

### 3. 南美洲

安第斯山脉对南美洲生物群的影响较大,在其两侧形成了不同的植被系列。在安第斯山以东的开阔地区,植被为萨瓦纳—热带半落叶林—热带常绿雨林—萨瓦纳和热带半落叶林—亚热带湿润常绿林—热带干燥疏林—亚热带草原—温带灌木半荒漠和荒漠。在安第斯山以西的狭长地区,生物群类型从北向南可分为3种类型,依次为北部干燥的亚热带荒漠、中部的常绿硬叶林带、南部湿润的温带森林和亚南极森林。

### 4. 澳大利亚

澳大利亚植被受地形、地貌、地理位置和洋流的影响,东侧气候湿润,雨林从北部热带延伸到南部亚热带,呈半环形分布,内陆地区以稀树草原和荒漠为主,西海岸更为干燥,荒漠延伸至此。

## 二、世界陆地生物群的垂直分布规律

山地的垂直地带性是生态地理中的一个较为普遍的规律,指生物群类型随海拔的增加而依次发生带状更替的现象。随着海拔增加,气温逐渐下降,氧含量和气压降低,风力增加,日照强度加强,森林的分布受到限制。植被的垂直地带性分布主要是因为海拔梯度的增加引起环境因子的显著变化。因此,只有当山地达到一定高度以后才可能出现垂直带。持之带的起始(即基带)在温带一般大于 800 m,在热带一般在 1000 m 以上。

以鄂西神农架山地垂直带谱为例,南坡比北坡的垂直带谱更为完备,从下谷坪(400 m)到神农顶(3106 m),依次出现:常绿阔叶林、常绿落叶阔叶混交林、落叶阔叶林、针阔混交林、针叶林和山地灌丛草甸。神农架山地植被垂直带谱是全球生物地理区划中东方落叶林生物地理省最完整的植被垂直带谱,在东方落叶林生物地理省具有唯一性和代表性,在较小的水平距离范围内浓缩了中亚热带、北亚热带、暖温带、温带和寒温带等生态系统特征,是研究全球气候变化背景下山地生态系统垂直分异规律及其生态学过程的杰出范例,具有重要的科学研究价值(图 4-14)。

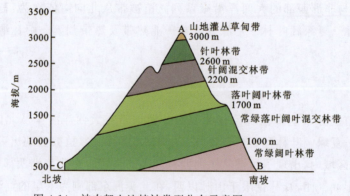

图 4-14 神农架山地植被类型分布示意图(据马明哲等,2017)

A. 神农顶,神农架遗产地最高点,海拔 3 106.2 m;B. 下谷坪,神农架遗产地南坡最低点,海拔 400 m;
C. 韩家坪,神农架遗产地北坡最低点,海拔 600 m

一般而言,山地植被垂直带的结构具有如下规律。

(1)山地植被垂直带谱与水平植被带变化有所不同。垂直带中的基带也就是当地的典型水平植被带,受大气候带的制约。山地气候垂直变化正是在此基础上发展的,并制约着植被的垂直变化。

(2)植被垂直带谱大体分为两大类:湿润气候条件下以森林为主体的植被类型和干旱气候条件下以草原或荒漠植被为代表的植被类型。

(3)植被的垂直地带更替与水平地带更替相似,但并不完全相同,具有各自特征。

各森林地带的植被垂直变化,在一定程度上类似于湿润气候条件下植被带的南北方向变化,但不是简单的复制。有些植被带是水平分布的重要组成部分,却不见于垂直带谱。例如,夏绿阔叶林带在典型亚热带以南基本退出各垂直带,寒温性(亚高山)针叶林带只限于热带以北的山地,山地苔原带局限在寒温性针叶林带山地。相反,一些山地植被带(如高山灌丛带、高山草甸带等)则在水平地带中没有分布。干旱气候地区的山地植被从当地的草原或荒漠类型向上过渡为水分条件较好的植被类型,但超过一定高度后,温度成为主要限制因子,出现相应的高山植被。即使某些水平地带植被与垂直地带植被的外貌和气候条件等特点相似,但它们在种类组成、区系性质、结构特征、生态条件,以及历史发生等方面差异很大。例如,寒温带的泰加林与亚热带亚高山(寒温性)针叶林就有明显差异,生态条件也不相同。

(4)高山植被性质因地而异。据托尔马乔夫的观点,最少分为6种类型:①高山和亚高山草甸,从阿尔卑斯山到中国华北的山地均有分布;②山地苔原见于北方针叶林带;③高山草原;④高山荒漠分布在青藏高原及帕米尔等;⑤山地旱生植被在地中海沿岸到阿富汗一带很普遍;⑥帕拉摩见于南美洲和非洲潮湿热带的高山寒冷植被(高大草本群落)。

(5)垂直带中每个植被带的海拔高度随纬度升高而逐渐降低,森林带上限高度也有近似规律。但干旱气候地区的森林带则随干旱程度加剧而升高甚至消失。垂直带中每个植被带的宽度互不相同,并且随气候差异而变化。

(6)当高大山脉走向垂直于盛行风向时,其两侧气候差异甚大,而且变化很快,这使植被垂直带谱也发生显著的差异。

(7)中纬和高纬地区,尤其是干旱地区的山地阴坡和阳坡,太阳净辐射差别很大,气温、湿度垂直变化幅度和速率不同,植被垂直带结构和位置差异显著,再加上山区微地貌和小气候分异,因而植被垂直带更为复杂。

(8)与水平方向的超地带性植被类似,垂直带中也会出现"超带(extrabelt)植被",它是特殊小生境影响的结果。这种超带植被常常出现在该植被类型"固有的"高度带之上或之下数百米的局部适宜的群落生境之中。

总而言之,山地植被带变化较快,在高度不过数千米范围内,能够见到近似于水平距离数千千米间的植被变化。开发利用山地自然资源时,植被的类型特征和垂直变化规律必须予以重视和关注。

**思考题:**

1.简述全球主要生物群的类型和分布范围。

2. 简述热带雨林生物群的环境特点和群落特征。
3. 比较亚热带常绿阔叶林和常绿硬叶林生物群的特征。
4. 简述岛屿法则的主要内容。
5. 简述全球地带性植被的水平分布规律。
6. 论述水域生物群的主要类群和保护途径。

# 第五章 生态地理区系

## 第一节 生物区系的基本概念

生物区系（biota）的概念可以从广义和狭义两个方面来理解。广义的生物区系是指许多不同生物种（科、属、种）的总和。狭义的生物区系则是指一定历史条件下形成，并在现今生态条件下存在的生物总体，或指在一定历史条件下，由于地理隔离和分布区的一致所形成的生物总体。狭义的生物区系强调的是在特定历史（生物演化历史尺度）条件下所形成，反映生物演化进程与古地理及现代自然条件间的关系。现代文献中对于"生物区系"概念的使用多是用其狭义定义。区系性能体现生物群的系统发育过程和地理隔离情况。一个生物区系中特有类群越多，特有类群的分类等级越高，说明该区域的生物区系越古老，地理隔离越久特有种越少，即区系性越强。

生物区系要和生物群区（biome，也译作生物群或生物群系）有区别。生物群区是指具有一定气候代表性的生态系统类型的区域，主要以植物功能群的特殊组合为特征，例如，北方针叶林以北方针叶树为特征。热带雨林、温带草原等都属于不同的生物群区。各特定气候类型下的不同植被类群也伴生不同的动物群，因此，生物群区概念里也包含分布于该区域的特定动物群，这与广义上的生物区系概念有一定的重合。生物群区是生物多样性适应大尺度环境变化的基本单元，可认为是生态生物地理学的范畴，而狭义的生物区系则是属于历史生物地理学的范畴。本书第四章论述的"生物群"即指此处的"生物群区"，以下均统一称为"生物群"。

世界不同地区能具有相同的生物群，例如南美洲和东南亚均有热带雨林，这两个地区雨林里的动植物群可能具有相似的外形和相同的生活方式，占据着相同的生态位，但却是由完全不同的种类所组成，因此研究世界陆地生物分布的格局，不仅要考虑现代的气候环境条件，也要考虑导致形成现有分布格局的历史地理因素，即区系性。

生物区系主要包括植物区系（flora）和动物区系（fauna），也有文献中存在微生物区系这一说法。如果进一步细分，按生物分类系统可分为被子植物区系、兽类区系、鸟类区系等；按自然区可分为澳大利亚生物区系、北美生物区系等；按行政区可分为中国生物区系、日本生物区系等；按年代可分为中生代生物区系、第四纪生物区系等。

## 第二节　世界动植物分布区及演化史

### 一、影响世界动植物分布区的因素

研究地球上的动植物分布首先必须考虑其生活环境是陆地还是海洋。陆地上的气候多变,自然环境条件复杂,存在众多影响动植物分布的地理阻隔,致使物种分化非常激烈。而海洋环境条件比陆地上稳定,且不存在陆地上的地理阻隔,因此海洋生物分布与陆地生物分布具有截然不同的地理格局,应当分别对待,这里仅关注陆地的动植物分布。

研究全球陆地动植物分布的格局,不仅要考虑现代的气候环境条件,也要考虑历史地理因素,以及随之形成的古气候环境因素。现代气候环境条件对于全球生物群分布的影响在本书第四章中已有详细论述。此处重点关注影响世界动植物分布格局的历史地理因素,即在漫长的地质年代里,伴随着生物演化历史,地球上的地理格局演变对生物分布的影响。

对于现代生物区系的形成,传统的观点认为主要是基于生物类群起源中心和物种扩散的模式,可称为"扩散学派"。较新兴的"替代学派",隔离分化生物地理学则主张生物种类的分化,或者说现代生物区系的格局主要是由于祖先种群被地理屏障隔离所致。陆地上影响动植物分布和扩散的地理隔离屏障主要包括海洋、山脉和沙漠等。大陆被海洋所分隔,而在同一个大陆内部,也常因山脉或沙漠等的分隔而产生地域差异。这些地理屏障的阻隔决定了世界生物分布格局的主要轮廓。全球地理隔离屏障的分布格局伴随着大陆漂移(板块构造运动)历史是在不断变化的。在地质活动及随之形成的生态因素的共同作用下,被隔离区域中的动植物群在很长的地质时期内相互缺乏基因交流,各自演化形成独立的区系。

### 二、大陆漂移(板块构造运动)学说

德国地球物理学家魏格纳于1912年提出大陆漂移假说(continental drift hypothesis)。这一假说认为全世界的大陆在中生代以前曾是一个统一的整体,称为泛大陆[或联合古陆(pangaea)],在它周围是辽阔的原始海洋。大约2亿年前,泛大陆开始分裂,海水侵入,逐渐形成新的海洋,分裂开的陆块各自漂移到现今的位置。其实早在魏格纳之前,一些科学家就注意到大西洋两岸大陆轮廓间的巨大吻合性,提出它们曾一度相连,后来才分开。而魏格纳基于海岸线的吻合、古生物化石的现代分布与热带地区的古冰川遗迹等多方面依据提出了正式的论断。这一学说一度引起广泛争议。20世纪50年代以来,越来越多的证据支持大陆漂移学说,如大洋两侧陆地岩性和构造等很多地质现象的高度吻合。尤其是古地磁学(paleomagnetism)的兴起为大陆漂移学说提供了新的依据。20世纪60年代,板块构造理论又赋予了大陆漂移学说新的含义。板块构造理论解释了大陆漂移的机制。大陆漂移的发生、发展过程,也就是板块形成和运动的过程,只不过前者被认为是大陆本身的漂移,而后者被看作是整个岩石圈板块的运动。

板块构造运动很好地解释了为什么在不同的大陆,特别是那些隔着大洋的大陆间,古生物区系组成或生物类群非常相似。如南极洲和非洲东南部以及澳洲南部的石炭纪、二叠纪地

层中,不仅都具有互相连接的冰川沉积,而且有着相同的煤系沉积和同种蕨类植物化石——舌羊齿属(*Glossopteris*)和圆舌羊齿属(*Gangamopteris*)。大西洋两岸无脊椎动物化石组成也十分相似。

## 三、大陆漂移(板块构造运动)历史

中生代以前的统一大陆——泛大陆大约形成于古生代的晚二叠纪(图5-1)。在古生代志留纪和泥盆纪时,已存在被称为冈瓦纳古陆(gondwana)的超级大陆,位于南极附近,包括现今的南美洲、非洲、南极洲、大洋洲和印度的陆块。稍北一点,欧洲和北美洲陆块联合成欧美古陆,位于赤道。此时的西伯利亚和中国仍然是分开的大陆。到晚石炭纪,冈瓦纳古陆与欧美古陆联合。在二叠纪中期,西伯利亚大陆与冈瓦纳古陆冲撞,碰撞抬升了乌拉尔山脉,后来又与中国陆块冲撞。到晚二叠纪,所有大陆才形成了单一的泛大陆。

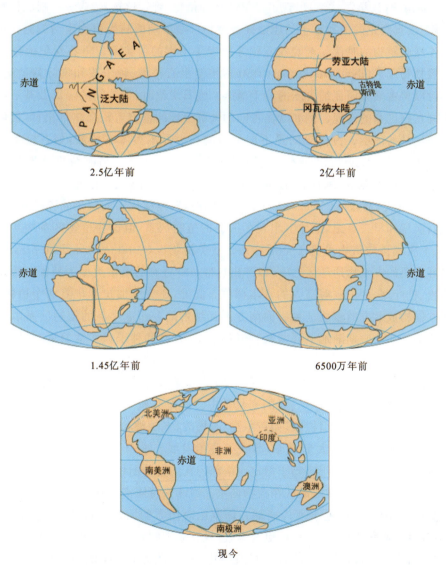

图 5-1　全球陆地变迁示意图(据 Kious and Tilling,1996)

大约2亿年前,泛大陆又开始分裂。分裂为北方的劳亚大陆(laurasia)和南方的冈瓦纳大陆两个超级大陆,两个大陆中间为古地中海(tethys)(图5-1)。距今约1.35亿年的中生代侏罗纪晚期,两个超级大陆内部分裂并发生漂移。劳亚大陆形成了北美大陆和欧亚大陆的一部分,冈瓦纳大陆则分裂为非洲、南美洲、马达加斯加、南极、澳洲、阿拉伯、新几内亚岛和印度等大陆,在移动过程中脱落下来的大陆"碎片"形成了南亚等地区的许多岛屿。阿拉伯、印度和南亚"碎片"后来"漂"过了古地中海,附在劳亚大陆上。直到第四纪初期才形成现今地球上大洲和大洋的分布格局(图5-1)。地球上的生物也随同大陆的漂移而分化,最后在各大洲分别形成不同的生物区系。

### 四、世界动植物分布的演化史

板块的运动伴随着古气候的变化,全方位地影响着地球上的生物演化与分布。在距今约4亿年的晚志留纪(或早泥盆纪)出现了最早的高等植物(维管植物)代表——裸蕨植物。裸蕨是茎轴裸露、没有真正的根和叶子的原始高等植物。最早期的陆生植物生活的时代——泥盆纪也被称作裸蕨植物的时代。至晚泥盆纪才出现了木本的树状蕨。早石炭纪地球上存在单一的鳞木蕨植物区系(lepidodendropsis flora),主要由石松类、种子蕨和楔叶蕨类组成,广布分布于当时欧美古陆和冈瓦纳古陆的若干地区。晚石炭纪时,大陆间的隔离及其不同气候条件导致不同植物区系的出现。例如欧美古陆的大部分地区覆盖着沼泽热带雨林,很像今天亚马孙河热带雨林的环境。占优势的是不同类群的高大乔木型木本树蕨,如石松类的鳞木属(*Lepidodendron*,高40 m)、封印木属(*Sigillaria*,高30 m)等。另有苛得狄属(*Cordaites*,高30 m)是针叶乔木类;芦木属(*Calamites*,高15 m)是楔叶蕨类;欧棕鸟木属(*Psaronius*,高7.5 m)是树蕨类;筋属(*Neuropteris*)是生活在这些巨树周围的较小的种子蕨类植物。

到晚石炭纪和早二叠纪,地球上出现了明显的植物区系,但这些植物区系均共有某些植物类群,某个属或科的植物可见于全部区系。欧美植物区(euramerican flora province)是这个时期全球重要的古植物地理区之一,以产出热带丛林特有的植被类型为特征。常见植物种类仍是石松、楔叶蕨、种子蕨等高大的木本树蕨。此外,还有安加拉和华夏两个植物区,与欧美植物区共同构成北方的植物区系。而南方冈瓦纳古陆及印度半岛的植物区系以舌羊齿蕨类植物占优势。这个时期陆地上裸蕨植物开始衰退,真蕨和种子蕨非常繁盛,并出现了早期的裸子植物。

在晚二叠纪和早三叠纪,原来位于大陆之间的海洋消失,漫浸在这些大陆广大区域的浅海后退,大陆气候变得干燥,这一气候的变化是中二叠纪开始全球植物区系发生巨大变化的可能原因之一。古老的乔木型树蕨,如芦木类、石松类、木贼类和苛得狄类等逐渐消失。更为耐旱的裸子植物松柏类数目大量增加,苏铁类开始发展。这一变化在北方大陆反映尤为明显。植物区系的变化到三叠纪时趋于稳定。南部冈瓦纳古陆的植物区系仍然最为独特。

进入早侏罗纪,冈瓦纳古陆地区在植物区系上继续保持隔离。侏罗纪和早白垩纪的植物区系逐渐变得彼此相似,接近于现代格局。侏罗纪时南方的冈瓦纳古陆进一步发生断裂移动,全球海洋性气候居于优势,比现代更为温暖,且气候带间差异不显著。全球裸子植物占优势,北半球银杏类分布甚广,混生松科与杉科植物,多处形成大片森林。南半球银杏稀少,以南洋杉科与罗汉松科为主。低纬度的热带亚热带气候区以本苏铁类比较繁盛。真蕨类生长于各地林中。关于白垩纪之前地球上是否有被子植物繁生,学术界曾长期存在争议。早先的古生物学界公认被子植物化石最早见于早白垩纪的热带地区,近年来的研究不断证实被子植物可能起源于早侏罗纪甚至更早(Silvestro et al., 2021; Wang and Sun, 2021)。

被子植物在白垩纪迅速多样化,重新塑造了一个此前被蕨类和裸子植物占据的世界。中白垩纪时期地球上被子植物已具有很高的多样性。中白垩纪(1.1—1.0亿年前)的岩层中已发现有木兰科、水青树科、无患子科、山龙眼科、小檗科、毛茛科、防己科以及类似樟科、莲科等被子植物的化石或花粉化石。到晚白垩纪裸子植物已居劣势,苏铁类只残留少数,而被子植物繁盛,至白垩纪末期被子植物已从占全球植物群的不足1%增加到超过50%。

白垩纪期间板块运动有所加剧。南美南部与非洲南部在早期就已分离,中期时它们的北部直接失去联系,印度板块则由南向赤道方向移动。这些变化对各地区间植物种类交流和进化带来明显的影响,如开普植物区(好望角)便是在长期孤立的形势下发展的。

从低纬度到高纬度,伴随着气候变化,全球各区系格局在不同类群的优势方面发生了变化。被子植物最早在低纬度地区占优势。到白垩纪末期,被子植物占低纬度植物群的60%~80%,但在高纬度地区植物群中仅占30%~50%。

古近纪始新世(约56 Ma)时全球气候较暖,被子植物科数增加一倍左右,已占到全球植物区系的90%以上,并有许多现代属。南北纬25°之间为古近纪赤道热带植物区系,与现代湿润气候热带植物区系很相似,主要分布在我国南部与东南沿海地带,并斜向西北,最北界延伸到英格兰(50°N)与阿拉斯加(60°N),形成古地中海古近纪植物区。

古近纪时期南方冈瓦纳古陆继续分裂移动。南温带植物区系广泛分布于南美南部、新西兰、澳大利亚东南部,其中包括山龙眼科、五桠果科、帚灯草科等在内的8个科亦见于南非。印度板块向北运动,一度位于非洲和澳洲之间,可能有一些被子植物通过印度板块在大陆间进行传播交流。但现代印度植物区系缺乏特有科,更多地近似于东南亚植物区系,被认为是在始新世末与亚洲板块碰撞连结后才由后者移入的。澳大利亚板块在49 Ma与南极板块彻底分离北移,由于新西兰早在80 Ma便已从冈瓦纳古陆分开,两地共同成分较少。南极板块向南方高纬移动,至渐新世时因气候过冷,种子植物在此绝迹。渐新世初北方气温剧降,致使温带植物区系向南迁移,此地原有的常绿种类逐渐消失。

新近纪时喜马拉雅运动强烈,高山隆起,古地中海退缩,大陆面积扩大,内陆大陆性气候更趋干旱。大气环流形势发生变化,全球普遍降温,气候带变化与界线明显,全世界植物区系和现代已很接近。在中新世(17 Ma),北非与中亚植物因陆地相接获得交流条件,逐步形成地中海西亚-中亚植物区系。15 Ma澳大利亚主体位于南回归线附近的高压带附近,形成大面积荒漠,植物类群开始分化,仅东南部保留部分南极成分,北部开始接受东南亚热带区系成分。上新世期间(12—3 Ma)北半球中纬地区植物区系变化很大,几乎已出现所有被子植物的现代属和大部分现代种。6—3 Ma期间南北美洲之间的海峡消失,植物得以沟通交流。古近纪和新近纪时期被子植物极度繁盛,是科属种分化形成的高峰期。

新近纪末与第四纪初(约2 Ma)造山运动剧烈、气候大幅度降温,新近纪植物区系深受影响,分布变化极大。更新世冰期和间冰期多次交替出现,造成植物大规模迁移。中欧和西伯利亚的新近纪植物区系成分在冰期被山地和干旱区阻挡,未能南下避难而大部绝灭,所以现代区系种类贫乏。冰期雨带向南移动,北非撒哈拉雨水充沛,森林茂密,冰期后气候变干,森林萎缩。北美亦仅在东南部和西海岸保存部分新近纪植物区系,与东亚遥遥相对构成间断分布。更新世的气候变化伴随着全球的生境变化,使各个种的不同种群经受多种自然选择压力,它们之间或孤立或接触,从而出现一些新种或变种。冰期和间冰期的交替使海平面高度上下变动约 300 m,大陆架广泛出露,白令海峡等植物传播障碍数次消失,因此欧亚与北美的高纬度地区共有种类较多。此时期中国大陆与台湾岛的植物也有多次交流。

末次冰期结束(约 11 000 年前),气候回暖,海面上升,大陆架又被海侵没入水下,岛屿植物与大陆联系中断,大陆植物逐渐向中高纬地区迁移。距今 7000—5000 年前气候最为温暖,为全新世大暖期,喜暖植物分布比现代更偏北。其后出现波动式降温,有几次降温幅度很大,引起植物分布的相应变化。但这期间人类活动的影响已经很重要,原始农业活动开始破坏自然植被,栽培植物(如水稻等)广泛传播(Li et al.,2020)。

动物的演化历程也与全球植被的演化、地质的变迁息息相关。脊椎动物中,自泥盆纪鱼类开始登陆才出现了最早的陆生脊椎动物。已知最早的两栖类来自欧美古陆。石炭纪是两栖类兴盛的时代,在石炭纪晚期出现了早期的爬行类。直到二叠纪中期,陆生两栖类和爬行类几乎全部出自欧美古陆这一大陆。但也有少数例外,如在巴西和南非发现的小型爬行类中龙属(*Mesosaurus*)几乎全是水生类型,能够越过海洋的阻限到达南方的大陆。二叠纪中期亚洲与欧美古陆融合。此时,由似哺乳类的爬行类和其他较古老的爬行类构成二叠纪动物区系的主体。到晚二叠纪,冈瓦纳古陆仍缺乏陆生脊椎动物,那时北方大陆上的陆生脊椎动物也无法越过地理阻隔来到冈瓦纳古陆。三叠纪时,南北方的大陆又已汇成单一的联合古陆,联合古陆拥有比较一致的动物区系。初龙类的爬行动物成为这个时期的优势类群,在晚三叠纪时又被其后裔恐龙取代,侏罗纪和白垩纪恐龙在地球上占据了优势。而哺乳动物则在白垩纪恐龙灭绝之后才开始大分化。白垩纪被子植物的大爆发也为哺乳动物的分化提供了栖息环境和食物及生态位。

## 第三节　植物区系地理

### 一、植物区系成分分析

植物区系是指在一定的时空范围之内,某个地区内的所有植物的集合。它是在一定自然地理环境背景下植物长期发展和演化的结果。植物区系研究不仅可以揭示植物的起源与演化,同时为有效保护和持续利用野生植物资源提供了重要科学依据(刘经伦等,2011)。通常,植物的各个分布区的形状和大小是不相同的,几乎没有两个分布区的边界完全吻合。但是有一些分布区的地理位置和轮廓比较一致,而另一些彼此没有关系,于是可以把某些基本特点相似的分布区加以归类。分布区在空间上或多或少重合的各植物种或其他分类单位就属于一定的区系成分(floristic elements)(王荷生,1992)。

根据不同原则和基本特点,区系成分可分为以下几类。

**1. 地理成分(geographic floristic element)**

地理成分根据植物种或其他分类单位的现代地理分布来划分,可以归为若干分布型(areal type)。世界上任一地区的植物区系都含有多种地理成分,共同组成世界或某一地区植物区系的分布型结构或分布型谱。在全球尺度上,地理成分分析可以揭示世界植物区系分布的地理规律及区域分异;在区域尺度上,地理成分分析可以探讨某地区植物区系的分布型结构和与其他地区植物区系的关系。地理成分分析也是进一步研究植物区系和地理环境变化历史的起始点。

**2. 发生成分(original floristic element)**

根据各类群的起源中心,可将植物区系组成种类划分为若干发生成分。按植物种的起源地划分,可以反映植物区系的发生历史。例如,间断分布于蒙新荒漠东西两端的沙冬青属是中亚地理成分,但是在系统发生上,它与中国-喜马拉雅成分的黄花木属($Piptanthus$)有共同祖先,或许与非洲南部的水花槐属($Podalyria$)更相近。因此,从发生上来划分,沙冬青属为(古地中海沿岸)古南大陆和非洲南部的成分。另外,对生叶虎耳草和仙女木都是北极-高山型地理成分,但前者起源于高山,第四纪冰期才向北极扩展,应属高山型发生成分,后者则属北极型发生成分。事实上,划分发生成分实际操作较难,只有在明确一切亲缘种及其分布区的基础上,才能确定它们的真正起源地。尽管目前还没有完全查明世界植物区系的发生成分,近年来飞速发展的谱系地理学(或称为亲缘地理学,phylogeography),利用分子标记技术揭示生物现有种群基因频率,推测物种形成演化历史,为确定世界植物区系的发生成分提供了新的有效途径。

**3. 迁移成分(migrational floristic element)**

迁移成分按植物种迁移到某一植物区系所在地的迁移路线来划分,如沿某江河流域、海岸线、山脉等迁移成分,如秦岭山脉是中国-喜马拉雅成分东西迁移的路线。确定这样成分通常也很困难,因为一个种可能由几条路线进入某一植物区系区域内。但是分析和建立迁移成分,可为研究植物区系的历史提供有价值的线索。

**4. 历史成分(historical floristic element)**

历史成分根据植物种在某植物区系区域内出现的时间来确定。地球上某些区域在古近纪以前就被植被所覆盖,而另一些较年轻区域则在最近地质时期才有植被,如曾被第四纪冰盖覆盖过的北欧、西伯利亚,随喜马拉雅造山运动形成的青藏高原,以及一些珊瑚礁岛等区域。在较古老的和较年轻的植物区系之间有各种不同的过渡。年轻植物区系区域内也有岛状分布的古老区系,或者相反。例如,在第四纪冰盖很厚的格陵兰和西伯利亚的内陆区域,存在含有古老植物区系残遗的所谓"冰原岛峰"。青藏高原东部边缘的山谷中也存在古老植物区系的孑遗。所谓"古老"和"年轻"是相对而言,代表植物区系的不同年龄。

深入分析任何植物区系的历史成分,首先需要确定不同年龄的化石植物区系,其中沉积物孢粉分析具有极大意义。用各种方法研究植物区系的年龄，常常可以指出个别植物种，或者整个植物区系的历史和迁移路线。它是研究植物区系历史地理的主要根据。例如在白令海峡通道上，湖泊沉积物记录显示，距今1.26万年左右，冰盖退缩后苔原和草甸扩张，动物沿着这一通道从亚洲迁徙至北美（图5-2）。

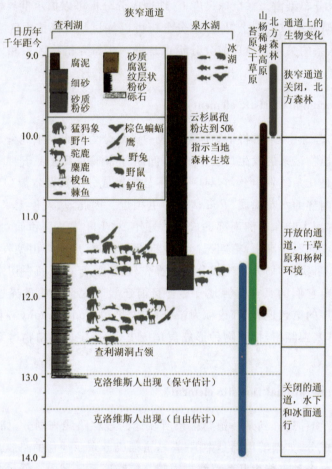

图5-2　晚冰期以来白令海峡地区冰盖退缩、植物和动物迁徙示意图（据Pedersen et al.,2016）
（动物成分根据湖泊沉积钻孔种的环境DNA分析，植物群落变化根据沉积物孢粉分析结果）

### 5. 生态成分（ecological floristic element）

生态成分是根据植物种的适应生境而划定的区系成分。这类成分对于研究一个植物区系的历史及其所经历的气候变化具有极大的意义。例如，在晚白垩世和古近纪和新近纪时期，国家一级保护植物水杉曾广泛分布于北半球。在第四纪冰期的影响下，水杉在大部分地区已灭绝，而在中国四川东部、湖北西部和湖南西北部的局部温湿山地上幸存下来，因而被称为植物界的"活化石"。

每一个植物区系区域都含有以上几种成分，不过最重要和最常用的是地理成分、发生成分和历史成分。各地区植物区系之间既相互联系，又各自独立发展。深入对比分析各地区植物区系特征,不仅可以了解各地区植物区系之间的联系,而且有助于揭示不同地区环境和自然进化史的同质性,以及多种自然生态过程间相互联系的密切程度。因而具有重要的理论和科学意义。

植物区系的统计资料提供最基本的数据,可用来剖析区系的组成特征。由于统计资料常来自不同行政单位,受面积、地理位置、环境多样性程度等因素的影响,成分比较分析应尽量遵守具有相同条件的原则。一些学者认为,调查地区标准面积不应小于 100 km²。目前不同学者对种的概念理解不同,划分的种有大小、多少的差异,不便于用种作为分类单位。相比而言,属是较为清楚和稳定的分类单位,一般用来进行区系类型统计。

地区间植物区系的相似程度可使用简单的公式计算求出,按不同的计算方法,均可获得相似性系数(similarity coefficient)。

$$K_{\text{Jaccard}} = \frac{C}{A + B - C} \tag{5-1}$$

$$K_{\text{Sørensen}} = \frac{2C}{A + B} \tag{5-2}$$

$$K_{\text{Szymkiewicz}} = \frac{C}{\min(A, B)} \tag{5-3}$$

式中,$K_{\text{Jaccard}}$ 为 Jaccard 相似性系数;$K_{\text{Sørensen}}$ 为 Sørensen 相似性系数;$K_{\text{Szymkiewicz}}$ 为 Szymkiewicz 相似性系数;$A$ 为甲地植物属的数目;$B$ 为乙地植物属的数目;$C$ 为两地共有属的数目。

这几种相似性指数的数值虽不同,但同样反映共有属数所占的比例,从而说明两地植物区系相互关系是否密切。一般来说,相似性指数的值超过 50%,则表明两地植物区系之间的关系密切。

在植物区系的比较分析中,不同区域区系组成的差异,如特有成分的构成等,也是非常重要的信息。例如,青藏高原海拔 4200 m 以上高寒植物区系种,植物种类超过 300 属、1800 余种。尽管没有特有科,特有属也相对较少,但青藏高原特有种较多,占到总数的 33% 以上,特有种是在适应寒冷干旱的特殊生境下,在新近纪青藏高原隆升到现代高度后逐渐演化而成。例如柳属是北温带广布的乔木属,在青藏高原地区有两个特有组,即青藏矮柳组和青藏垫柳组,成为匍匐或垫状的小灌木,有的体高不足 10 cm,花序通常生于枝顶,呈圆柱形或近球形,显然是在适应高原大风频繁、昼夜温差大、极度寒冷、长期干旱的恶劣环境下形成的特征(武素功等,1995)。

如果某地拥有特有科、属较多,并且与周围地区相似性很低,可以推断该地与周围地区脱离地理(生态)联系和区系交流的时间较久。达尔文曾考察过南美洲的加拉帕戈斯群岛(距南美洲大陆约 1000 km),该群岛拥有较多特有种和少量特有属。智利西部的胡安·费尔南德斯群岛(距南美洲大陆约 600 km),植物种类虽不太丰富,却有着许多特有属,甚至有一个特有科。就两者与南美洲大陆植物区系的相似性来说,前者的属相似性指标高达 98%,而后者与智利植物几乎没有亲缘关系,却和新西兰等地(向西相距约 3000 km)的植物近似。大陆漂移学说创始人魏格纳据此推测,南美洲大陆只是在晚近时期才向西漂移接近胡安·费尔南德斯群岛,后者仍然保持着南极植物区系成分。

## 二、世界植物区系

**1. 分区方法**

根据植物区系成分分析方法，把植物区系种类组成、地理成分与起源、不同等级的特有性与发展历史相似的地区合并，并按照相似程度、关系密切程度，分成若干等级，即为植物区系区划(floristic division)。某一地区的植物区系区划（或分区）是对该地植物区系研究的概括，不仅揭示了植物资源的区域分布，而且有助于深入认识区域环境演变过程。

任何分类单位的分布区是不完全一致的，但是由于某些植物类群生态需求的相似性，或者外界条件的某种限制或障碍，一些区域中植物分布区的边界非常密集。如青藏高原东部边缘和秦岭山脉，它们既是地质构造、气候的分界，又是植物东西或南北方向扩散的障碍。因而植物分布区边界密集的地方，常是相邻植物区系之间的自然分界线。借助科、属或种的分布区边界密集程度的内插法，可以在地图上绘出植物区系线（或称为区分线）。例如云南地区生物多样性丰富，而且具有复杂的分布格局。20世纪50年代日本学者田中根据柑橘种系的地理分布提出了一条从云南西北部(28°N,98°E)向东南部延伸至中国广西-越南北部湾大约(19°N,108°E)的植物地理分界线，起名为"田中线"(图5-3)。国内学者在此基础上，对滇西

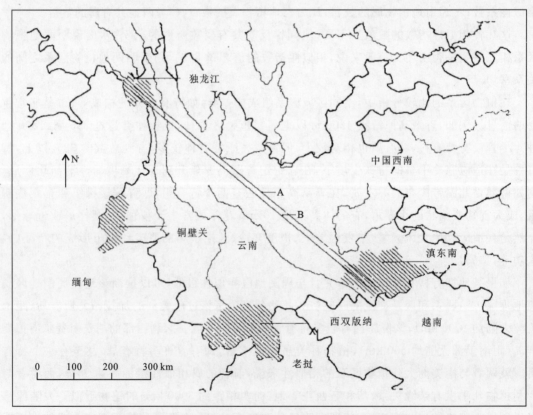

图 5-3　云南生物地理界线及西双版纳、滇东南、铜壁关、独龙江植物区系位置示意图（据朱华和闫丽春,2003）

注：A 为生态地理对角线，B 为"田中线"。

北、滇西、滇南和滇东南地区植物区系进行研究,提出了生态地理对角线,该线与"田中线"位置和走向基本吻合(朱华和闫丽春,2003)。区域地质构造演化历史表明,在印度板块往北俯冲以前,独龙江与滇东南基本上是在同样纬度上,随板块的移动变形,独龙江向北移动了4.5个纬度,而滇东南往南移动了1~2个纬度。因而,独龙江植物区系是在热带植物区系背景下演化发展而成以暖温带成分为主体的植物区系,而滇东南则是在一个亚热带更强的植物区系背景下向热带性更强的植物区系演化(李恒等,1999)。尽管目前两地相距较远,但在科、属水平具有很高的相似性,表明植物区系有密切的亲缘关系(朱华和闫丽春,2003)。

最高分区单位是植物区(kingdom)。划分区的标准是含有较多特有科,此外还有较高比例的特有种和特有属。区内根据次要差别可分为亚区、植物地区(region),划分地区的重要标志是其特有属和植物科、属的组成特点(分类结构)。再下一级分区单位为植物省(province),植物省的特有属比例较低,但仍含有一定的特有种。最小的分区单位是植物小区(district),主要根据其区系种类组成的相似性划分。分区单位越高,植物区系独立发展历史越久,特有程度越高,从而也反映出该地区自然地理环境的特殊性,尤其是与其他地区联系的历史过程和久远脉络。植物区系区划系统的建立是各分类等级(科、属、种)分布学、系统发生学研究的总结,对植物资源的保护与合理利用、生物多样性保护和全球区域整体规划等均具有重要意义。

**2. 世界植物分区**

19世纪末—20世纪初,Drude和Diels将全球划分为6个植物区,分别为北回归线以北的泛北植物区或全北植物区、赤道附近的新热带植物区、古热带植物区、南半球的澳大利亚植物区或澳洲植物区、好望角植物区或开普植物区、泛南植物区或者南极植物区。之后,各国学者对该方案进行了修订,主要在各区具体界线、亚区和地区的划分粗细程度等方面进行调整。例如,古德的区划方案包括6个植物区,3个植物亚区、37个植物地区和121个植物省。塔赫他间(1988)提出自己的新分区系统,根据高等植物(主要是被子植物)的分布,划分出6个植物区、8个植物亚区、34个植物地区和142个植物省(图5-4),其具体内容简述如下。

图5-4 世界植物区系分区示意图(据塔赫他间,1988)

Ⅰ 泛北极植物区（全北植物区，Holarktis）

泛北极植物区大体位于北回归线以北，是面积最大的植物区。特有科 30 多个，典型植物包括银杏科、粗榧科、珙桐科、悬铃木科、蜡梅科、杜仲科、五福花科、连香树科、桦木科、胡桃科、槭树科、蓼科、毛茛科、十字花科、杨柳科、蔷薇科、报春花科、龙胆科、百合科、石竹科、木兰科、樟科、壳斗科、榆科和茶科等。泛北极植物区可分为 3 个亚区，分别是北方亚区、古地中海亚区、马德雷亚区。

A 北方亚区。该亚区可划分为 4 个植物地区，具体如下：

(1)环北方植物地区。该地区是受第四纪大陆冰川覆盖和强烈影响的地方，包括地中海沿岸以北的欧洲和俄罗斯、加拿大、阿拉斯加的大部分，其总面积是所有植物地区中最大的，但却没有特有科，而且特有属也不多。特有种则大多集中在该地区南部山地。

(2)东亚地区。该地区植物种类（尤其是树种）丰富程度位居非热带地区首位，有 14 个特有科和 300 多个特有属，如杜仲科、云叶科、连香树科、昆栏树科、伯乐树（钟萼木）科、南天竹科、木通属（*Akebia*）、泡桐属（*Paulownia*）、石蒜属（*Lycoris*）、蜡梅属（*Chimonanthus*）、青荚叶属等。大量古老（或原始）的单型属和许多古老的特有科，甚至特有目在该地区保存，表明该地区是裸子植物和被子植物发展中心之一，且未受到第四纪冰期严寒的强烈影响。

(3)大西洋-北美地区。该地区有 1 个特有科和 100 多个特有属，特有种非常多，保存有许多古近纪和新近纪古老植物，与东亚植物区系极为相似，说明两地植物曾有过密切交流。

(4)落基山地区。该地区植物区系很接近环北方地区的植物区系，没有特有科，但有数十个特有属。

B 古地中海亚区。该亚区植物区系主要是在北方区系和热带区系的交接处——干涸的古地中海一带，由迁移发展而来，但大多具有北方的根源。该亚区可划分为 4 个植物地区，具体如下：

(5)马卡罗尼西亚地区。该地区为大西洋中一些岛屿，特有属 30 多个，特有种所占比例高，古老的孑遗类型相当多。

(6)地中海地区。该地区特有科仅 1 个，特有属可达 150 个，特有种占比达 50%，年轻的特有种数量超过新近纪和古近纪孑遗植物数量，与环境干旱化有关。

(7)撒哈拉-阿拉伯地区。该地区曾被划归古热带区，因发现此地 1500 种植物中以泛北极成分为主而改动，特有种不少于 310 种。

(8)伊朗-土兰地区。该地区气候干旱，无特有科，特有属和特有种很多，大部分来自藜科、伞形科、十字花科、玄参科、石竹科、蒺藜科等。

C 马德雷亚区。

(9)马德雷地区。该地区有 5 个特有科和许多特有属（如北美红杉），说明区系孤立发展很久。其中加利福尼亚植物省的特有植物达 2100 种。

Ⅱ 古热带植物区（Palaeotropis）

古热带植物区由旧大陆各热带地区组成，植物区系种类异常丰富，含 40 个特有科，如龙脑香科、芭蕉科、猪笼草科、露兜树科、姜科等。该植物区可分为 5 个植物亚区，分别是非洲亚区、马达加斯加亚区、印度-马来西亚亚区、波利尼西亚亚区、新喀里多尼亚亚区。

A 非洲亚区。该亚区可划分为4个植物地区,具体如下。

(10)几内亚-刚果地区。该地区原称为西非雨林区,植物区系极为丰富,有6个特有科,几十个特有属。

(11)苏丹-赞比亚地区。该地区有特有科3个,特有种很多。

(12)卡罗-纳米布地区。该地区位于西南非洲的干旱区,百岁兰科为单种特有科,特有种比例较高。

(13)圣赫勒拿岛和阿森松岛地区。该地区为大西洋中2个火山岛,但特有种比例非常高。

B 马达加斯加亚区。

(14)马达加斯加地区。该地区有9个特有科,约450个特有属。6500种有花植物中约90%为特有。只有27%的植物与非洲种亲缘较近,两地共有植物仅170种,表明两地脱离联系已久。

C 印度-马来西亚亚区。该亚区可划分为4个植物地区,具体如下。

(15)印度地区。该地区有100多个特有属,但缺乏原始科的特有属,表明植物区系发展历史较为晚近。

(16)中南半岛地区。该地区无特有科,特有属超过250个。

(17)马来西亚地区。该地区植物区系非常丰富,约4万种,但特有科仅2个。几个较大岛屿和马来半岛上各拥有10~60个特有属,在巴布亚特有属多达150个。种的特有化率很高,如菲律宾原始林中占84%,巴布亚9000多种植物种中有8500个特有种。引人瞩目的马来西亚山地区系包含北温带典型属,如毛茛属、悬钩子属和堇菜属,据推测温带类型800种分别从马来半岛与中国台湾岛南下迁移而来。另一迁移路线则从澳大利亚迁移而来,在菲律宾有纯澳大利亚类型植物分布。

(18)斐济地区。该地区有1个单型的特有科,15个特有属。斐济群岛本地约1250个野生自然种中,约70%是特有种。新赫布里底群岛特有种占36%,萨摩亚群岛较少。

D 玻利尼西亚亚区。该亚区可划分为2个植物地区,具体如下。

(19)玻利尼西亚地区。该地区无特有科,各群岛约有25%的特有种。有研究者认为区系亲缘关系近于美洲。

(20)夏威夷地区。该地区无特有科。自然区系包括216属(约20%为特有属)1729种和变种(约95%为特有种)。单子叶植物种类不足总数的1/5,灌木特别发达,如堇菜属(*Viola*)、老鹳草属(*Geranium*)、蝇子草属(*Silene*)及菊科、半边莲科等在别处几乎均为草本,在此却为乔木。

E 新喀里多尼亚亚区。

(21)新喀里多尼亚地区。该亚区有5个特有科,约100个特有属。2700种种子植物中约90%为特有种。有研究者认为从新近纪开始本区就已孤立。

### Ⅲ 新热带植物区(Neotropis)

新热带植物区植物种类丰富度居各区首位。特有科有 25 个,如美人蕉科、旱金莲科、巴拿马草科、凤梨科(仅种在西非)等。该植物区未分植物亚区,可分为 5 个植物地区。

(22)加勒比地区。该地区植物区系非常丰富,有 2 个特有科、500 个以上特有属。特有种比率很高。

(23)圭亚那地区。该地区特有属约 100 个。在 8000 种植物中有一半以上为特有种,起源古老,有许多孑遗植物。

(24)亚马孙地区。该地区有 1 个特有科,500 个特有属,最少有 3000 个特有种,是巴西橡胶、可可、甘薯、木薯、花生等重要经济植物的原产地。

(25)巴西地区。该地区约 400 个特有属,没有特有科。

(26)安第斯地区。该地区有 1 个特有科,可能有数百个特有属。原产经济植物很多,如金鸡纳树、烟草、番茄、马铃薯、菜豆等。

### Ⅳ 开普植物区(Cape kingdom, Capensis)

(27)开普地区。该地区为地中海式气候,面积不大但拥有 7 个特有科,210 个特有属,且多为单种属。生有 7000 种以上植物,大多是特有种。花卉超过 1000 种。

### Ⅴ 澳大利亚植物区(Australis)

澳大利亚植物区拥有 8 个特有科,570 个特有属(如桉属包括 300 多种)。特有种比例较高,但没有广布的竹类、山茶科、杜鹃花科、木贼科等。该植物区未分植物亚区,可分为 3 个植物地区。

(28)东北澳大利亚地区。该地区为森林气候,有 4 个特有科,200 个以上的特有属,4395 种植物中约有 29% 为特有种。

(29)西南澳大利亚地区。该地区为地中海式气候,有 4 个特有科,125 个特有属,全部 2841 种植物中特有种达 2472 个。

(30)中澳地区。该地区为干旱气候,特有属约 85 个,特有种占比 90% 以上。

### Ⅵ 泛南极植物区(Antarktis)

泛南极植物区拥有 10 个小的特有科和较多特有属。

(31)费尔南德斯地区。该地区有 1 个单型特有科,约 20 个特有属,195 种维管植物中 70% 为特有种。

(32)智利、巴塔哥尼亚地区。该地区有 7 个特有科,许多特有属和特有种,其中,智利中部特有属和特有种最为丰富。

(33)亚南极群岛地区。该地区仅有 2 个特有单种属,区系很贫乏,化石证明古近纪和新近纪曾有丰富植物,包括乔木等。

(34)新西兰地区(古德等划入澳大利亚植物区)。该地区无特有科,特有属 45 个。松柏类几乎都是特有种,被子植物 80% 为特有种。

海洋植物区系以藻类为主,被子植物仅有眼子菜科与水鳖科,共 12 属 30 余种。因水体环境较为均一,故仅分为 3 个植物区。北方海洋植物区和南方海洋植物区以一些褐藻为代表,种类较多;热带海洋植物区则以红藻为代表。

植物的这种分区会随着数据资料库、分析方法和手段的选择以及人们认识水平的提升而不断更新。例如,近年来有学者利用8个叶绿体和核基因片段,建立了包含12 664个被子植物属的属级系统发育树,并收集整理了主要国家和地区的植物分布资料,建立了全球被子植物分布数据库,以定量方法确立了全球植物地理区的新划分方案(Liu et al.,2023),将全球划分为8个植物区,新提出了撒哈拉-阿拉伯区,将旧热带区划分为非洲区和印度-马来区,将南极区划分为智利-巴塔哥尼亚区和新西兰区,并将开普区并入了非洲区。此外,将这些大区细分为16个亚区(图5-5)。

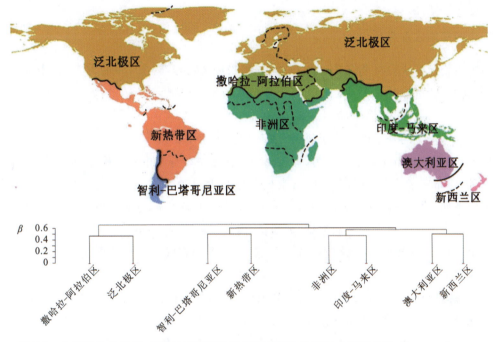

图5-5 全球植物地理区、植物地理亚区的边界和各植物地理区之间的关系(据 Liu et al.,2023)

## 三、中国植物区系

### 1. 中国植物组成

中国幅员辽阔,地跨热带至寒温带,气候类型与地貌类型复杂多样,在久远历史中环境有变迁但仍然相对稳定,与周边地区也有不同程度的联系,这些皆促使中国拥有较为丰富的植物种类。植物种类数量仅次于热带南美洲与热带东南亚。据不完全统计,我国种子植物共有357科3220属28 704种,蕨类可达31 304种(图5-6)。从统计数据看,中国的蕨类和拟蕨类、裸子植物在科和属的水平上,占全球数量的50%以上;而在种的水平上,中国占世界的比例均低于30%(图5-6)。

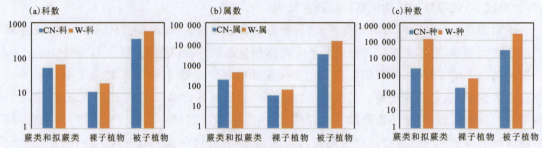

图 5-6　中国与世界维管植物统计图（据王荷生，1992；吴征镒等，2011）
CN 代表中国，W 代表世界

**2. 中国植物区系成分**

中国植物区系成分复杂多样，本书种的分类采用吴征镒等（2011）的方案，将中国种子植物 3156 属（不含世界分布属）归纳为 15 个分布型和 35 个亚型。

1）热带分布或以热带分布为主的科属

我国约有一半的种子植物属于热带分布类型，包括 194 科 1581 属 9515 多种（占总种数 40% 以上）。它们分布在各个气候带，但以热带地区为主要分布中心。例如，樟科我国约有 20 属 370 种，广布于秦岭淮河以南地区，云南最多约 18 属 180 种，长江以南的各省多在 20 种以上。个别种如三桠乌药（*Lindera obtuseloba*）、木姜子（*Litsea pungens*）等分布于晋南、山东、辽东。热带科中许多属于古老的类型（如樟科、肉豆蔻科、龙脑香科、五加科等）以及分类学上孤立的单属科（如苏铁科、买麻藤科、红木科等）。热带分布或以热带分布为主的科属主要包括以下几类成分。

（1）泛热带分布及其亚型。该类型在新旧大陆热带均有分布中心。我国约有 116 科 358 属，有的除见于分布中心外，还分布到亚热带，其中樟科的厚壳桂属（*Cryptocarya*）、豆科的黄檀属（*Dalbergia*）、梧桐科的苹婆属（*Sterculia*）、使君子科的榄仁树属（*Terminalia*）等均为我国热带亚热带主要树种。有些属的少数种类扩展分布到温带地区，如白羊草属（*Bothriochloa*）及白茅属（*Imperata*）、狗尾草属（*Setaria*）等。常见的柿属（*Diospyros*）、牡荆属（*Vitex*）、卫矛属（*Euonymus*）等，为热带残遗成分。

（2）旧世界热带分布及其亚型。该类型分布范围包括亚洲、非洲、大洋洲的三大洲热带地区，在我国约有 177 属。其中仅分布在热带的有肉豆蔻属（*Myristica*）、血桐属（*Macaranga*）、山姜属（*Alpinia*）等；分布到亚热带的有色蕉属（*Musa*）、橄榄属（*Canarium*）。只有极少数分布到温带，如楝属（*Melia*）、野桐属（*Mallotus*）、天门冬属（*Asparagus*）等。该亚类多为古老而保守的成分。

（3）热带亚洲至热带澳大利亚及其亚型。该类型是指分布在热带亚洲和大洋洲的属，位于旧世界热带地区的东翼，不见于非洲大陆。我国约有 81 科 220 属，包括桃金娘属（*Rhodomyrtus*）、樟属、五桠果属（*Dillenia*）、蒲葵属（*Livistona*）等。而香椿属（*Toona*）、臭椿属、荛花属（*Wikstroemia*）可分布到华北。山龙眼科等南半球分布科亦伸展到我国。

(4) 热带亚洲和热带美洲洲际间断分布及其亚型。该类型是指间断分布于美洲和亚洲暖温带地区的热带属,在我国有 80 属,归于 50 个科,其中无患子属(*Sapindus*)、凤眼蓝属(*Eichhornia*)等可分布到华北地区。此类型中不少属是在引种后逸生或自行归化的,如龙舌兰属(*Agave*)、破坏草属(*Ageratina*)、马鞭草属(*Verbena*)等。

(5) 热带亚洲至热带非洲分布及其亚型。该类型分布范围位于旧世界热带的西翼,包括热带非洲、印度和马来西亚。我国约有 136 属,其中约一半的属仅分布在热带,如木棉属(*Bombax*)等。分布可北达长江流域的有铁籽属(*Myrsine*)、香茅属(*Cymbopogon*)等。少数可达华北、内蒙古和东北,如杠柳属(*Periploca*)、荩草属(*Arthraxon*)、菅草属(*Themeda*)等。

(6) 热带亚洲分布及其亚型。该类型种类最丰富,共 610 属(占中国总属数的 18.7%),其中,单型属及少型属高达 413 属,约占本类成分的 2/3,表明它具有古老或原始的历史。例如龙脑香科的青梅属(*Vatica*)、无患子科的荔枝属(*Litchi*)、漆树科的杧果属(*Mangifera*)桑科的波罗蜜属(*Artocarpus*)等皆为热带重要树种。扩展到亚热带的有木兰科的木莲属(*Manglietia*)、含笑属(*Michelia*),樟科的润楠属(*Machilus*),胡桃科的黄杞属(*Engelhardtia*)等乔木,以及山茶属(*Camellia*)、柑橘属(*Citrus*)、南五味子属(*Kadsura*)等灌木和藤本植物。少数向北分布到温带,如蛇莓属(*Duchesnea*)、金粟兰属(*Chlorantus*)等。

2) 温带分布或以温带分布为主的科属

我国温带分布的种子植物约有 104 科 1575 属 13 893 种,比其他温带地区要丰富得多。其中,最重要的分布类型有以下几类。

(1) 北温带广布及其亚型。该类型是指广泛分布于欧洲、亚洲和北美洲温带地区的属,我国有 307 属,几乎包括广泛分布于北温带的所有乔木属,如柏(*Cupressus*)、桧(*Juniperus*)、松、冷杉、云杉(*Picea*)、落叶松、紫杉(*Taxus*)等裸子植物;桦(*Betula*)、鹅耳枥(*Carpinus*)、栎(*Quercus*)、山毛榉、胡桃(*Juglans*)、桑(*Morus*)、梣(*Fraxinus*)、杨(*Populus*)、柳(*Salix*)、椴(*Tilia*)、槭、榆等属的落叶乔木(其中有些属在南方尚有常绿种类)。灌木中有榛(*Corylus*)、忍冬(*Lonicera*)、杜鹃(*Rhododenron*)、蔷薇、绣线菊(*Spiraea*)、山梅花(*Philadelphus*)、胡颓子(*Elaeagnus*)等属。草本植物更加多样,如蒿、凤毛菊(*Saussurea*)、委陵菜(*Potentilla*)、乌头(*Aconitum*)、金莲花(*Trollius*)、马先蒿(*Pedicularis*)、鹿蹄草(*Pyrola*)、舞鹤草(*Maianthemum*)、百合(*Lilium*)、柳兰(*Epilobium*)、报春花(*Primula*)等,还有干旱地区的优若藜(*Ceratoides*)、棘豆(*Oxytropis*)、冰草(*Agropyron*)、针茅(*Stipa*)等,以及湿地的海乳草(*Glaux*)、菖蒲(*Acorus*)、泽泻(*Alisma*)等属。这种成分丰富多样的现象,不仅说明北温带植物区系的整体性,同时表明中国是保存这一类型最完整的地区。

(2) 东亚-北美间断分布及其亚型。该类型主要是指间断分布于东亚和北美洲温带及亚热带地区的许多属。与热带亚洲和热带美洲洲际间断分布及其亚型相呼应。此分布区是最早被植物学家认识到的间断分布区。我国共有 133 属在该分布类型中(占全国总属数的 4.1%),典型的属有铁杉属、鹅掌楸属、莲属(*Nelumbo*)等。

(3) 东亚分布及其亚型。该类型是我国最重要的分布类型之一。这种分布类型的科在我国有 48 个,其中如银杏科、昆栏树科、杜仲科、珙桐科、钟萼树科、水青树科、大血藤科等均为起源古老的中国特有科。这种分布类型的属在我国有 328 个(占全国总属数 1/10),且种类丰富多样。有些属的分布不限于温带、亚热带甚至向热带延伸,如枇杷(*Eriobotrya*)、油杉(*Keteleeria*)、粗榧(*Cephalotaxus*)、毛竹(*Phyllostachys*)、棕榈(*Trachycarpus*)、猕猴桃(*Actinidia*)、领春木(*Euptelea*)等属。有些属的分布偏于西南部(中国-喜马拉雅式变型),如栾树、溲疏(*Deutzia*)、梧桐(*Firmiana*)、台湾杉(*Taiwania*)等古老成分;还有在喜马拉雅山地上升时产生的较年轻成分,如箭竹(*Sinarundinaria*);另一些属则偏东北部分布(中国-日本式变型),如泡桐(*Paulownia*)、黄檗、锦带花(*Weigela*)、化香(*Platycarya*)、柳杉、地黄(*Rehmannia*)等属及箬竹(*Sasa*)、苦竹(*Pleioblastus*)等竹类 6 属。

(4)中亚、西亚至地中海分布及其亚型。该类型曾占有古地中海的大部分地区,因古近纪以来强烈旱化,形成独特的区系。在我国有 150 属(占全国总属数的 4.6%),主要归属于菊科、十字花科、藜科、豆科、紫草科、伞形科、禾本科等。假木贼(*Anabasis*)、梭梭、沙拐枣(*Calligonum*)、红砂(*Reaumuria*)、霸王(*Zygophyllum*)、白刺(*Nitraria*)等属,均为干旱地区常见的优势植物。但该分布类型中很多属的某些种可以见于大洋洲、北美洲、南美洲,特别是非洲,表现出与这些地区曾有多种联系。

(5)亚欧温带分布或旧世界温带分布及其亚型。该类型是指广泛分布于欧洲,亚洲中、高纬度的温带和寒温带的属。在我国有 207 属,以草本植物为主,如石竹(*Dianthus*)、麻花头(*Serratula*)、糙苏(*Phlomis*)、百里香(*Thymus*)、芨芨草(*Achnatherum*)、隐子草(*Cleistogenes*)等属。

(6)温带亚洲分布。该类型是指分布区主要集中在亚洲温带地区的属,其分布范围包含我国西南、华北、东北,以及朝鲜和日本北部。在我国有 24 科 61 属,如锦鸡儿属(*Caragana*)、杏属(*Armeniaca*)、大油芒属(*Spodiopogon*)、大麻属(*Cannabis*)、线叶菊属(*Filifolium*)等。

(7)中亚分布及其亚型。该类型是指分布于亚洲大陆内部高山、高原地带的属,多反映干旱草原和半荒漠的性质,在我国主要见于西北地区。我国共有 141 属在该分布类型中,主要为菊科、十字花科、伞形科、唇形科等。常见的有兔唇花(*Lagochilus*)、苦马豆(*Sphaerophysa*)、合头草(*Sympegma*)、沙冬青(*Ammopiptanthus*)、沙蓬(*Agriophyllum*)等属。

3)中国特有属分布

我国种子植物特有属共计 248 个(吴征镒等,2011),占全国同类总属数的 7.6%,其中单型属多达 167 个,而云南就分布有 50 多属,其中一半为云南特有。在四川、贵州各有 25~30 个特有单型属。川东-鄂西、川西-滇西北及滇东南-黔西为特有属的三大分布中心。特有的少型属共 75 属,大部分(40 多属)产于西南,其他地区较少。从起源上看,我国的特有属中一部分为古老的古近纪古热带植物区系的后裔或残遗,另一些则为古近纪以后发生的进化类型。古老的特有属包括喜树(*Camptotheca*)、串果藤(*Sinofranchetia*)、珙桐、杜仲(*Eucommia*)、青钱柳(*Cyclocarya*)、青檀(*Pteroceltis*)、独叶草(*Kingdonia*)、文冠果(*Xanthoceras*)等属。

此外,还有世界分布科 53 个,属 100 个,占全国属数的 3.2%,其中有较多的是水生或沼生植物,还有随人定居而广布的伴人性杂草等。它们大多分布在西南山区、西北干旱地区、淡水和沼泽地区。这些世界分布类型很少反映当地的区系特点,在进行区系成分分析统计时一般不予考虑。

总而言之，中国植物区系成分组成具有以下 5 个特征：①种类丰富，种的数目仅次于马来西亚和巴西；②起源古老，保存有许多残遗植物(图 5-7)；③地理成分复杂，表明与其他植物区系复杂的联系历史；④区域性强，各地理成分分布有明显的空间特点，但又互相渗透；⑤特有程度高，包括许多古老种类与新分化种类。这些区系特征与中国地质地貌演化密切相关，中生代与古近纪时中国大部气候温湿，新近纪时青藏高原迅速隆起，内陆干旱化加重，气温逐渐下降，但与周围地区间仍然有密切联系。第四纪冰期中国大部未受北方冰盖影响，只在一些山地与高原发育山地冰川，在局地形成古老植物庇护所和新物种的发祥地。南方地区更是基本保持温湿环境。环境条件的多样化，为形成丰富多彩的植物区系成分提供了基础。可见，中国的植物资源丰富多样，但对濒危和珍稀种类的保护任重道远。

图 5-7　中国代表性孑遗属(据 Huang et al., 2015)
(a)油杉属；(b)水杉属；(c)双盾木属；(d)领春木属；(e)刺榆属；(f)山桐子属；(g)鞘柄木属；(h)雷公藤属；(i)野鸦椿属

**3. 中国植物分区**

吴征镒等(2011)对各地植物区系成分和优势植被的区系组成进行综合对比分析，将我国植物区系划分为 4 个植物区，即Ⅰ泛北极植物区、Ⅱ古地中海植物区、Ⅲ东亚植物区、Ⅳ古热带植物区，进一步分为 7 个植物亚区和 24 个植物地区，详见图 5-8。

# 生态地理学

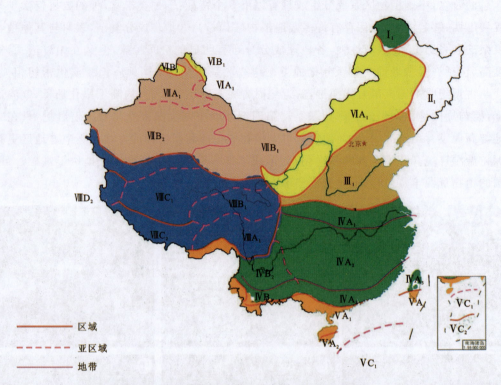

图 5-8 中国植物区系分区示意图（据吴征镒等，2011）

Ⅰ．寒温带针叶林区域
  Ⅰ₁．南寒温带落叶针叶林地带
Ⅱ．温带针阔叶混交林区域
  Ⅱ₁．温带针阔叶混交林地带
Ⅲ．暖温带落叶阔叶林区域
  Ⅲ₁．暖温带落叶阔叶林地带
Ⅳ．亚热带常绿阔叶林区域
  ⅣA．东部（湿润）常绿阔叶林亚区域
    ⅣA₁．北亚热带常绿落叶阔叶混交林地带
    ⅣA₂．中亚热带常绿阔叶林地带
    ⅣA₃．南亚热带季风常绿阔叶林地带
  ⅣB．西部（半湿润）常绿阔叶林亚区域
    ⅣB₁．中亚热带常绿阔叶林地带
    ⅣB₂．南亚热带季风常绿阔叶林地带
Ⅴ．热带季雨林、雨林区域
  ⅤA．东部（偏湿性）季雨林、雨林亚区域
    ⅤA₁．北热带半常绿季雨林、湿润雨林地带
    ⅤA₂．南热带季雨林、湿润雨林地带
  ⅤB．西部（偏干性）季雨林、雨林亚区域
    ⅤB₁．北热带季雨林、半常绿季雨林地带
  ⅤC．南海珊瑚岛植被亚区域
    ⅤC₁．季风热带珊瑚岛植被地带
    ⅤC₂．赤道热带珊瑚岛植被地带

Ⅵ．温带草原区域
  ⅥA．东部草原亚区域
    ⅥA₁．温带草原（东部）地带
  ⅥB．西部草原亚区域
    ⅥB₁．温带草原（西部）地带
Ⅶ．温带荒漠区域
  ⅦA．西部荒漠亚区域
    ⅦA₁．温带半灌木、小乔木荒漠地带
  ⅦB．东部荒漠亚区域
    ⅦB₁．温带半灌木、灌木荒漠地带
    ⅦB₂．暖温带灌木、半灌木荒漠地带
Ⅷ．青藏高原高寒植被区域
  ⅧA．高原东南部山地寒温性针叶林亚区域
    ⅧA₁．山地寒温性针叶林地带
  ⅧB．高原东部高寒灌丛、草甸亚区域
    ⅧB₁．高寒灌丛、草甸地带
  ⅧC．高原中部草原亚区域
    ⅧC₁．高寒草原地带
    ⅧC₂．温性草原地带
  ⅧD．高原西北部荒漠亚区域
    ⅧD₁．高寒荒漠地带
    ⅧD₂．温性荒漠地带

## 第四节 动物区系地理

### 一、世界动物区系地理

世界陆地动物区系和植物区系的分布反映了共同的地理屏障格局，但也存在一定的区别，主要是植物区系的地理格局与纬度所决定的气候型关系更为密切。最早对世界陆地动物区系进行分区的是英国学者斯克莱特（P. L. Sclater），他根据鸟类的分布，将世界陆地动物分为 6 个界（动物区系常称界），即古北界、新北界、埃塞俄比亚界、印度界、澳洲界和新热带界。后来英国学者华莱士对斯克莱特的观点加以修订，分为古北界、新北界、新热带界、埃塞俄比亚界（旧热带界）、东洋界和澳洲界（图 5-9）。这一分区被后来的学者采用。世界动物区系与全球植物区系的具体差异表现在北温带区域连在一起为单一的全北植物区，而在动物区系中新旧大陆是分开的。此外，南美洲和非洲的温带南端与大陆主体的植物区系有差别，被划分为独立的植物区。而动物区系中则不存在这样大陆内部的差异。

图 5-9　世界动物区系地理划分示意图（据 Wallace，1867；Schweizer and liu，2018）

近年来一些研究基于最新的全球物种分布信息，以及系统发育和谱系地理学研究证据，在上述分区系统的基础上对全球动物地理分区提出了修订意见，Holt 等（2013）曾依据全球两栖动物、非海洋鸟类和非海洋哺乳动物的分布和系统发育关系，在六界分区的基础上增加了五界，例如将旧热带界中的马达加斯加岛独立为一界，在古北界和埃塞俄比亚界之间划分出了撒哈拉-阿拉伯界，在古北界和东洋界之间划分出了中国-日本界等。尽管存在这些最新的分区方法，传统的六界分区目前仍被普遍接受并广为使用，因此本书仍以此框架进行介绍。

**1. 澳洲界**

澳洲界（Australian realm）包括澳洲大陆、新西兰、塔斯马尼亚、新几内亚、新喀里多尼亚以及附近太平洋的岛屿。澳洲界动物区系是现今所有动物区系中最古老的，在很大程度上仍保留着中生代晚期的特征。其最突出的特点是缺乏现代地球上其他地区已占绝对优势地位的胎盘类哺乳动物,保存了现代最原始的哺乳类——原兽亚纲(单孔类)和后兽亚纲(有袋类),是后兽亚纲的适应辐射中心。单孔类包括的 4 种针鼹和 1 种鸭嘴兽均仅见于澳洲界。真兽亚纲(胎盘类)仅有少数几种蝙蝠和啮齿动物。

澳洲界动物区系的特点有其地质历史上的因素。澳洲大陆与新西兰均在中生代末期与大陆相隔离,当时地球上正是有袋类广泛辐射发展时期,胎盘类哺乳动物尚未出现。在亚洲、欧洲及北美大陆的白垩纪和新近纪地层中均见到有袋类化石,澳洲有袋类的祖先起源于北方大陆,途经南美洲、南极洲抵达澳洲,澳洲大陆随后与南极洲大陆分开。当以后其他大陆上出现真兽亚纲动物时,由于海洋阻隔而不能进入澳洲大陆,这是有袋类等低等哺乳动物类群能在澳洲界保留并得到进一步发展的原因。澳洲大陆板块运动到如今的东南亚附近时,蝙蝠和啮齿类等有胎盘类才经由东印度群岛扩散到了澳洲大陆。此外,澳洲界现存的真兽亚纲动物是后来由人类带入后野化的,或者是其他偶然因素迁入的。

现存有袋类哺乳动物种类主要分布于澳洲及其附近岛屿(包括新几内亚)以及南美洲,少数生活于中美洲与北美洲。现存的有袋类动物共有 300 种左右,包括袋鼠、袋鼬、负鼠、袋鼹、袋狸等多个不同类群,其中只有不到 1/3 的种类生活在美洲。在白垩纪晚期及古近纪,有袋类遍布于世界的大部分地区。曾经在亚、欧、北美生活过的有袋类均被有胎盘哺乳动物排挤而灭绝,在这些地区只能找到化石种类。

澳洲界的鸟类有很多特有类群,鸸鹋(澳洲鸵鸟)、食火鸡和无翼鸟、琴鸟、极乐鸟及园丁鸟等均为澳洲界所特有。澳洲界的鸟类有些种类与东洋界有一定联系,一些古北界的候鸟也在澳洲界越冬。澳大利亚特有的琴鸟和主要分布于新几内亚的各种极乐鸟均以华丽的羽毛而著名,琴鸟擅长效鸣,而极乐鸟有异常优美的炫耀舞姿。澳洲界的攀禽以各种鹦鹉最为出名。澳洲界和新热带界同为鹦鹉的两个分布中心,但比新热带界更具多样性。澳洲界的鹦鹉中最有特色的是头上有冠的各种葵花鹦鹉和色彩丰富的各种吸蜜鹦鹉。虎皮鹦鹉则可能是世界上数量最多的鹦鹉。走禽类是冈瓦纳的特色鸟类,也是现存鸟类最原始的类群,在从冈瓦那大陆分离出来的澳洲、南美洲和非洲均有分布。分布于澳大利亚的鸸鹋和分布于新几内亚以及澳洲北部的鹤鸵是仅次于鸵鸟的大型鸟类。澳洲界是不会飞的鸟类的大本营,一些夜行性地栖性鸟类如几维鸟、鸮鹦鹉等均为新西兰独有。几维鸟还是新西兰的国鸟。塚雉科是澳洲界特有的雉鸡类,以独特的繁殖习性著称,并不靠体温来孵化,而是用像爬行动物那样将卵埋在地下来繁殖后代。

澳洲界蛇、蜥蜴等爬行类以及两栖类种类稀少。现存最原始的爬行动物——喙头蜥仅产于新西兰附近的小岛上。澳洲界土著的淡水鱼多是非常原始的种类,如澳洲界特有的澳洲肺鱼和一些骨舌鱼。澳洲肺鱼比非洲和美洲的肺鱼更加原始,形态差异也比较大。澳洲界以体形巨大的鸟翼凤蝶闻名于世。新几内亚是鸟翼凤蝶的分布中心,其中亚历山大鸟翼凤蝶是世界上最大的蝴蝶。其他的鸟翼凤蝶在澳大利亚和东南亚也能见到。澳洲界和东洋界的蝴蝶等昆虫具有较大的一致性,常被合称为印澳界。

澳洲界中新西兰的动物区系非常独特,新西兰没有有袋类动物。新西兰和其附近太平洋岛屿很早前就与大陆分离,比澳洲大陆更加与世隔绝,是世界上最古老的动物地理区,拥有一些更加独特的物种,物种也更贫乏,有时候被分别列为新西兰界和玻利尼西亚界。新西兰和太平洋岛屿的哺乳动物尤其贫乏,仅有蝙蝠和啮齿类,有些小岛甚至没有哺乳动物。

## 2. 新热带界

新热带界（Neotropical realm）包括墨西哥南部及其以南的美洲，大体相当于拉丁美洲以及西印度群岛。新热带界动物区系的特点是种类极为繁多且特殊。后兽亚纲（有袋类）中的负鼠目、真兽亚纲中的贫齿类（犰狳、食蚁兽和树懒）、灵长目中的新大陆猿猴（狨猴、卷尾猴和蜘蛛猴等）、翼手目中的髯蝠和吸血蝠、啮齿目中的豚鼠科等均为新热带界所特有。在其他大陆广泛分布的某些种类（如食虫类、偶蹄目、奇蹄目等）在新热带界内甚为罕见。鸟类中特有科的数量在各界中首屈一指，其中最著名的有美洲鸵鸟和麝雉。蜂鸟科虽不是新热带界的特有科（新北界也有），但种类和数量均异常丰富。爬行类、两栖类和鱼类的种类甚多，如美洲鬣蜥、负子蟾、美洲肺鱼、电鳗和电鲶等特有种类。

新热带界动物种类繁多且具有特色，这不仅是因为新热带界拥有世界上最大的热带雨林，还与历史因素有重要关系。南美洲在古近纪以前曾与南极大陆、非洲和澳洲联系在一起，因此在动物区系上还残留着这种联系，例如澳洲与南美洲均分布有袋类，南美洲、澳洲与非洲均有鸵鸟和肺鱼等。南美洲与其他大陆分离后发展了许多特有种类，如阔鼻类猿猴。至新近纪上新世末期，南美洲与北美洲大陆之间形成了陆桥从而相联结，致使两个地区的动物相互扩散渗入，形成现今的动物区系。这一扩散也被称为"大美洲扩散"或"南北美洲生物大交换"，如今南美洲大陆生活的动物中，一半的祖先是当时从陆桥到达南美洲的。

新热带界的哺乳动物的特点是缺少体形巨大的物种，史前虽然存在一些巨兽，但目前最大的物种只有中美貘。树栖的物种占绝大多数，其中尾巴能缠绕的物种远多于其他大陆，负鼠、一些阔鼻猴类、蜜熊、豪猪等啮齿类均有可以缠绕的尾巴，相比之下，虽然史前时期有不少生活在开阔地带的哺乳动物，但现存的物种不多。

新热带界哺乳动物的历史来源按先后到达的顺序可分为 3 批：第一批物种是一些具有冈瓦纳大陆特色的固有类型，包括有袋类（负鼠类）和贫齿类，还包括现在已经灭绝的南方有蹄类，到达时间为晚古新世（55 Ma 前后）。第二批物种主要包括阔鼻猴和豚鼠小目的啮齿类，来源至今尚不明确，可能是来源于早期的非洲，但是此时南美洲已经和其他大陆分离，到达时间为早渐新世（30 Ma）。第三批物种主要包括食肉目和现存的有蹄类，以及一些啮齿类。这是"南北美洲生物大交换"的结果，而原属于北美洲的墨西哥南部和中美地峡则基本上完全接受了南美洲的物种，时间为上新世之后（3.5 Ma）。

第一批哺乳动物主要有袋类和贫齿类。美洲的有袋类比澳洲的更加古老。有袋类在南美洲与世隔绝的时期曾经非常繁盛，演化成南美洲的主要食肉哺乳动物，并曾出现过体形巨大的袋剑齿虎，这些大型的肉食有袋类现已灭绝。现在美洲的有袋类都是类似负鼠的小型动物，比较接近于有袋类的早期类型，共有 70 余个现存物种，多数生活于南美洲。中美洲有 10 余个物种，北美洲仅有 1 种。有袋类主要包括负鼠目和鼩负鼠目，其中负鼠目种类较多，分布也更为广泛，其中一种北美负鼠进入了北美洲，最北到达了加拿大南部，是现存分布最北的有袋类。鼩负鼠目分布则局限于南美洲的部分地区。贫齿类和南方有蹄类基本上属于南美洲的固有类型，只在古近纪时期部分分布于其他地区。贫齿类是最原始的有胎盘哺乳动物之一，在进化的早期就和其他哺乳动物分道扬镳。在陆桥形成以后，有袋类和贫齿类则均有部分种类到达了新北界。南方有蹄类是一些独特的原始有蹄类,分属不同的目,这些动物曾经发展出非常多样的类型,有些类似马,有些类似骆驼,甚至还有些类似原始象,但是和其他大陆的有蹄类没有亲缘关系,南方有蹄类目前已经完全灭绝。

第二批哺乳动物主要包括阔鼻猴和豚鼠小目的啮齿类,也许还包括蝙蝠,它们的祖先类型曾发现于埃及,是否由非洲到达南美洲以及如何到达南美洲至今还是个谜。豚鼠小目的啮齿类种类比较多样化,有些体形较大,包括现存最大的啮齿类——水豚。史前的种类体形更加巨大,这些大型啮齿类起到了其他大陆小型有蹄类的生态作用。

第三批哺乳动物包括兔、松鼠、鼠类、犬科、熊科、浣熊科、鼬科、猫科、鹿科、骆驼科、野猪、貘、乳齿象、马等类群。不少在南美洲达到繁盛,在北美洲反而衰落或消失。食肉目到达南美洲之后显示出了极大的优势,完全排挤了之前存在的各类食肉动物。美洲豹是现代南美洲最强大的食肉动物。美洲狮则适应能力更强,是分布最广的大型食肉动物之一。到达南美洲的食肉动物中有猫科、犬科、熊科和鼬科,还有浣熊科。浣熊科除了小熊猫(现已独立为小熊猫科)分布于亚洲外,别的成员均限于美洲,大多数分布于新热带界,其中蜜熊是仅有的两种尾巴能缠绕的食肉目成员之一。奇蹄目和偶蹄目这两类北方大陆的有蹄类虽然代替了土生的南方有蹄类,但并没有形成像北方大陆那样兴旺的类群,南美洲缺乏类似其他大陆的大型有蹄类。

新热带界现存的有蹄类只有以下几个类群:奇蹄目貘科的3(或4)种貘,偶蹄目的西猯科、骆驼科以及鹿科的空齿鹿亚科。其中西猯科是美洲的特有类型,与旧大陆的猪科类似。骆驼科中的几种羊驼,为南美洲特有,同一个科中的双峰驼和单峰驼却分布于亚洲和非洲。目前最早的骆驼科动物化石出土于北美洲始新世地层,一支祖先类群自北美起源地经由白令陆桥扩散至亚洲、非洲,另一支经南北美洲生物大交换到达南美洲,而北美洲的类群均已灭绝,无现存的野生骆驼科动物(图 5-10;Scherer et al.,2013)。此外,现存有蹄类中最繁盛的牛科(牛、羊等)不出现于新热带界,也没有大象和马(在南、北美洲均已灭绝)。在豪猪亚目之外还有几类啮齿目成员到达了南美洲,其中包括衣囊鼠类、松鼠类和棉鼠类。而在北方大陆常见的食虫类在新热带界则只到达了南美洲的北部,并不是很繁盛,其中比较有特色的是濒临灭绝的沟齿鼩,这是加勒比海地区的特有物种。

新热带界拥有世界上种类最多的鸟类,特有科的数目也首屈一指,还有不少科是新热带界和新北界共有的,且不出现在其他地区。新热带界不仅本地繁殖鸟的种类居各界的首位,而且新北界的各种候鸟也在新热带界越冬。新热带界鸟类中的一个重要特征是亚鸣禽种类非常繁多,有近千种,而旧大陆亚鸣禽总和也不过几十种。新热带界的鸣禽只有来自北美的少数类群,但是种类却非常丰富。新热带界的攀禽繁盛,最具代表性的是种类繁多的蜂鸟。巨嘴鸟科、喷䴕科、林鸱科、麝雉科等都是新热带界所特有的攀禽。巨嘴鸟科有各种巨嘴鸟,这些鸟以拥有比例最大的鸟嘴而著称,是新热带界的特征物种之一。麝雉科以其幼鸟翅上有爪而著称,让人联想起始祖鸟。还有一些攀禽类虽然不是新热带界所特有,但是在新热带界的种类最为丰富。这类鸟以鹦鹉和咬鹃为代表,新热带界拥有世界鹦鹉种类的一半,其中最著名的是体形巨大的各种金刚鹦鹉。咬鹃类是一小类美丽的热带鸟类,在亚洲和非洲热带地区也有分布,但是美洲的种类远多于其他地区,其中最美丽、最著名的种类——凤尾绿咬鹃在中美洲印第安人的传统文化中占有重要地位,被当作神鸟。

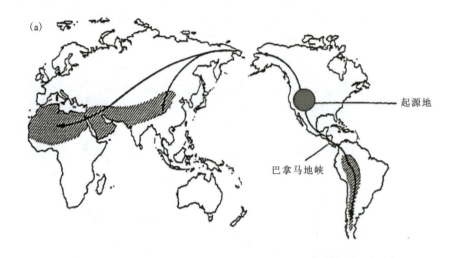

图 5-10　骆驼科动物的全球分布示意图(a)、分布于亚洲的双峰驼(b)和分布于南美洲的美洲驼(c)

(据 Sherer et al.,2013)

注：地图中的实线表示骆驼科动物可能的起源与扩散路径。

走禽类是冈瓦那大陆的特色鸟类，该类群大约于早白垩纪晚期(115 Ma—105 Ma)起源于北半球，在 80 Ma—70 Ma 时扩散至冈瓦纳大陆，现存种类全部分布于南半球(图 5-11)。在美洲的代表是美洲鸵和䳍。美洲鸵的体形比非洲的鸵鸟、澳洲的鸸鹋都要小，但外形和习性均与非洲的鸵鸟、澳洲的鸸鹋比较接近。䳍是走禽中体形最小的一类，与其他走禽不同，有一定的飞行能力，是平胸鸟类和突胸鸟类之间的过渡类型。新热带界的猛禽种类较多，其中美洲鹫类除了少数见于新北界外，其他均在新热带界。捕食性猛禽中以角雕最为出名，这是捕食性猛禽中身体最强壮的种类之一。

爬行动物中种类最多的是美洲鬣蜥，与旧大陆的鬣蜥外表相似，但分布基本局限于美洲，只有少数分布于马达加斯加岛和太平洋的一些岛屿。美洲鬣蜥中最著名的当属分布于加拉帕哥斯群岛的海鬣蜥，这是现存仅有的半海生蜥蜴。蛇类中最著名的当属森蚺(绿水蟒)，这是世界上质量最大的蛇，甚至可以捕食宽吻鳄。新热带界的蟒均属于蚺亚科，新热带界的不少蛇和蜥蜴类型也可见于新北界，比如一些响尾蛇和珊瑚蛇。新热带界拥有世界上半数以上种类的蝴蝶，其中最著名的是新热带界特有的各种闪蝶。其他著名的无脊椎动物还有食鸟蛛、行军蚁等。

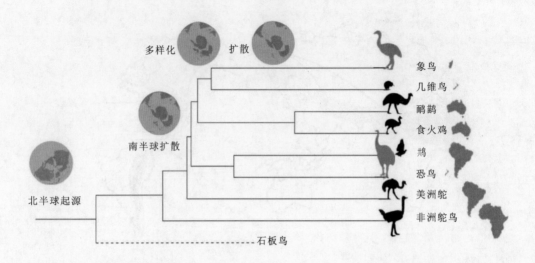

图 5-11　走禽类(平胸总目)鸟类的起源及系统发育关系示意图(据 Maderspacher,2017)

### 3. 埃塞俄比亚界

埃塞俄比亚界[Ethiopian realm,也称为旧热带界(Paleotropical)]包括阿拉伯半岛南部、撒哈拉沙漠以南的整个非洲大陆、马达加斯加岛及附近的岛屿。埃塞俄比亚界动物区系的特点主要表现在区系组成的多样性和丰富的特有类群。其中哺乳类的著名代表有蹄兔目、管齿目、象鼩目等特有目,有长颈鹿、河马、滨鼠等几十个特有科,还有如黑猩猩、大猩猩、狐猴、斑马、大羚羊、非洲犀牛、非洲象和狒狒等特有种类。鸟类中的非洲鸵鸟和鼠鸟为本区的特有目。爬行类中的避役、两栖类中的爪蟾、鱼类中的非洲肺鱼和多鳍鱼均为本区著名代表种类。埃塞俄比亚界的动物区系与东洋界拥有某些共同的动物群,例如哺乳类中的鳞甲目、长鼻目、灵长目中的狭鼻类猿猴、懒猴科和犀科等。鸟类中的犀鸟科、太阳鸟科和阔嘴鸟科等,反映出这两个界在历史上曾经有过密切的联系。此外,有些在旧大陆普遍分布的科却不见于本区,如哺乳类中的鼹鼠科、熊科、鹿科以及鸟类中的河乌科和鹟鹛科,这显然是因为长期地理隔离而限制了其他地区动物的侵入。

非洲大陆是冈瓦纳大陆中最早分离的,在约 100 Ma 与南美分开,但与欧亚大陆有交流。历史上撒哈拉沙漠与阿拉伯半岛曾比较湿润,与北方大陆间的浅海也无法阻隔非洲与北方大陆间的物种交流,这样非洲大陆的生物除了冈瓦纳类型和非洲固有类型外,又包括了大量来自北方大陆的类型,不少北方类型在非洲形成了次生的演化中心。但到约 30 Ma,欧洲和北非气候开始变干燥,非洲北部开始出现沙漠,至 2 Ma 扩大的撒哈拉沙漠完全阻隔了南北的生物交流,大象、犀牛等两大陆本来共有的生物各自分化成不同的属。印度次大陆于 130 Ma 与南极洲分开北移,马达加斯加岛包括在其中,直到 90 Ma,印度与马达加斯加岛开始分开,马达加斯加岛留在原处,即非洲附近,印度继续北移。非洲与马达加斯加岛之间在中始新世到早中新世时曾有一系列岛屿相连。原始的灵长类、食虫类、啮齿类和食肉类由此到达马达加斯加岛。之后马达加斯加岛与大陆地理隔离加剧,原始的灵长类、食虫类、啮齿类和食肉类进一步分化。马达加斯加岛的动物和非洲大陆既有一定的渊源，又有很大的不同，有些类型还与新热带界有一定的联系，常被从旧热带界独立出来单列为马达加斯加界。

旧热带界哺乳动物的最大特点是大型哺乳动物非常丰富，有大量的热带稀树草原动物群。非洲草原象和森林象是旧热带界现存的两个长鼻目物种，曾被当作非洲象的一个种，后研究证实为两个不同的物种。全球现存半数以上种类的有蹄类均分布于非洲，而现存有蹄类中最大的科——牛科，是以非洲为分布中心的。牛科中很多亚科为非洲所特有。而其他大陆常见的鹿科却不见于非洲。长颈鹿科和河马科在历史上也曾分布到别的地区，但现在是非洲特有的偶蹄目成员。旧热带界的奇蹄目成员包括犀科和马科，其中斑马是世界上现存唯一数量尚多的野生奇蹄目成员，其他种类均数量稀少，尤其犀科成员是著名的濒危物种。

旧热带界哺乳动物的特有目数量超过任何其他地区，现存的特有目有管齿目、象鼩目和蹄兔目3个目，包含许多外形奇特的物种。管齿目即土豚，以白蚁为主食。象鼩目原本被置于食虫目，但后来认为和兔形目、啮齿目的亲缘关系可能更近。蹄兔目形状似兔，但却和大象有较近的亲缘关系。旧热带界的食肉目也非常有名，不仅种类多，而且拥有一些著名的大型种类。如狮子绝大多数分布于非洲，在东洋界也有少量分布。猎豹也同样是以非洲为主要分布区。鬣狗科除条纹鬣狗可见于非洲地区外，其他种类均仅限于非洲。犬科种类中著名的有非洲野犬、大耳狐等。非洲食肉目中还有獴科，种类特别丰富，如比较著名的狐獴（也称为猫鼬）。

非洲是灵长目的演化中心，从最原始的原猴亚目到最先进的猿类都能见到，并且一直以来被认为是人类的发源地。现存与人类最接近的几种类人猿（大猩猩、黑猩猩等）均仅分布于非洲，它们的野生种群现基本都处于极度濒危状态。非洲的猴科成员中长尾猴类种类最多，但最著名的是各种狒狒。非洲的原猴亚目包括非洲大陆的懒猴下目和马达加斯加岛的狐猴下目，其中懒猴下目为旧热带界和东洋界所共有，而狐猴下目为马达加斯加岛所特有。狐猴是马达加斯加岛仅有的灵长目，也是岛上最繁盛的哺乳动物，约有50种。

旧热带界的鸟类与东洋界有很大的相似性，双方共有很多类群，非洲特有的类型也有不少，此外，这里也是很多古北界候鸟的越冬地。在具有冈瓦那大陆特色的走禽鸟类中，非洲仅存非洲鸵鸟一种，是现存体形最大的鸟类。旧热带界的爬行类中以避役（变色龙）最为出名，避役除少数种类见于欧洲和南亚之外，多限于旧热带界，其中以马达加斯加岛最为丰富。旧热带界的鱼类和东洋界、新热带界均有一定的联系，有不少共有的类群。非洲是肺鱼种类最多的地区，有3～4种，而南美洲和澳洲均只有一种。肺鱼也是具有冈瓦纳大陆特色的物种，现存种类全部分布于南半球[图5-12(a)]。早期肺鱼类群的分化时间在195—186 Ma之间。非洲肺鱼和美洲肺鱼亲缘关系比较近，均有双鳔（肺），而和只有一个鳔（肺）的澳洲肺鱼亲缘关系比较远[图5-12(b)]。

**4. 东洋界**

东洋界（Oriental realm）包括亚洲南部喜马拉雅山以南和中国南部、印度半岛、斯里兰卡岛、中南半岛、马来半岛、菲律宾群岛、苏门答腊岛、爪哇岛和加里曼丹岛等大小岛屿。

关于东洋界与澳洲界的分界线一直存在争论，问题集中在一些岛屿的归属上。华莱士（A. R Wallace）发现龙目海峡两侧（例如龙目岛和巴厘岛）和望加锡海峡两侧（例如苏拉威西

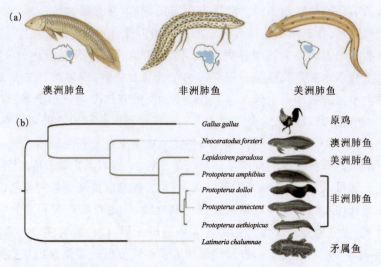

图 5-12 肺鱼的种类（a）及其系统发育关系示意图（b）（据 Zhao et al.,2021）

岛和加里曼丹岛）的动物区系有很大差异，海峡以西的巴厘岛和加里曼丹岛上的动物是典型的东洋界动物，海峡以东的龙目岛和苏拉威西岛则有在巴厘岛和加里曼丹岛上无法见到的袋貂、葵花鹦鹉、冢雉等澳洲界物种，据此划分出一条区分亚洲动物区系和澳洲动物区系的分界线，这条分界线被称为"华莱士线"，并长期被作为东洋界和澳洲界的分界线。后来，又有莱德克（R. Lydekker）在印度尼西亚东面贴近新几内亚岛划了一条"莱德克线"，这条线是很多东洋界动物向东渗透的边缘线。韦伯（M. Webber）则在"华莱士线"和"莱德克线"之间找到了一个东洋界动物和澳洲界动物的平衡线，被称为"韦伯线"。现在很多观点倾向于东洋界和澳洲界之间没有截然的界限，存在一个过渡区域——"华莱士区"。此外，东洋界和古北界之间（尤其是在我国东部地区）也存在较大的过渡带。

东洋界动物区系具有大陆区系的特征。东洋界的大部分原本是劳亚古陆的一部分，曾与欧亚大陆其他部分联系紧密，因此东洋界物种虽然丰富，但是特有科很少。东洋界的物种不少和旧热带界共有，也和古北界、澳大利亚界有一定的联系。东洋界的很多类群虽然并非东洋界所特有，但是却以东洋界为分布中心。现属东洋界的印度次大陆原本属于南方的冈瓦那古陆，但和欧亚大陆连接之后其物种已经基本上和欧亚大陆的类似，不再有南方大陆的特色。

东洋界气候温暖湿润，植被丰盛茂密，动物种类繁多。哺乳类中的树鼩目、长臂猿科、眼镜猴科、小熊猫科，鸟类中的和平鸟科，爬行类中的平胸龟科、鳄蜥科、食鱼鳄（长吻鳄）科等均为本界所特有。猩猩、猕猴、懒猴、灵猫、犀鸟和阔嘴鸟等分布虽不局限于本区，但仍为本界特色产物。其中有些种类或其近亲亦见于非洲，如非洲狮等。非洲狮在印度孟买北部卡提阿瓦半岛上仍存在，证明了本界与旧热带界的密切关系。东洋界大型食草动物类型较丰富，如亚洲象、马来貘、犀牛、多种鹿类及羚羊等。鸟类中的雉科、椋鸟科、卷尾科、黄鹂科、画眉科、鸦科、八色鸫科等的分布中心都在本界内。爬行类中的眼镜蛇、飞蜥、巨蜥、龟等在本界的数量和分布也较突出。

东洋界的灵长目种类和旧热带界非常相似，从原始类型到高等类型都有，且多数科共有。

东洋界的原始猴类包括懒猴科和眼镜猴科，其中懒猴科与非洲大陆共有，而眼镜猴科是东洋界所特有的。猴亚科的猕猴属是东洋界常见的猴类，在东洋界分布较广，并可见于临近的古北界地区，是分布最北的灵长类。疣猴亚科的叶猴属种类也较多。东洋界的类人猿包括猩猩和各种长臂猿，种类比非洲的类人猿多，但是没有非洲类人猿（黑猩猩、大猩猩等）和人类的关系密切。猩猩现仅分布于加里曼丹岛和苏门答腊岛上，长臂猿分布范围相对较广泛，这些类人猿中很多种类都处于濒危状态。

东洋界的有蹄类以偶蹄目的鹿科最具特色，盛产原始的小型鹿类，即各种麂类。东洋界的猪科种类也较为丰富。牛科的种类虽远不及旧热带界丰富，但仍可以认为是第二个分布中心，其中以牛亚科的成员最为丰富，包括各种野牛和水牛。白肢野牛和野水牛是体形较大的牛亚科成员，而产于东南亚岛屿的低地水牛等3种倭水牛则是体形很小的牛。东洋界比较有特色的啮齿目成员有松鼠科，其中会滑翔的鼯鼠亚科的大多数种类都仅限于东洋界。食肉目中以灵猫科较为常见，为东洋界和旧热带界所共有，少数种类也见于临近的古北界范围。东洋界的猫科动物很有名，著名的大型猫科动物——虎，其分布区地跨东洋界与古北界，但其种群数量也处于濒危状态，多个亚种已于近数十年内先后灭绝（图5-13）。此外，云豹是东洋界特有的大型猫科动物。中小型的猫科动物种类也很丰富，其中豹猫是最常见的小型猫科动物。东洋界也是熊类的分布中心，其中马来熊和懒熊是东洋界的特产，而亚洲黑熊是东洋界和邻近的古北界东部所共有。大熊猫是中国南方更新世动物群的代表物种，仅在东洋界和古北界的过渡地区有少量幸存。

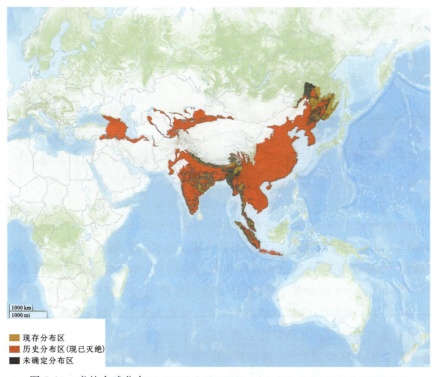

图5-13　虎的全球分布（在中国东南部地区的分布间断是因为人类活动已导致虎的
华南亚种野外灭绝，据世界自然保护联盟IUCN, 2022）

东洋界鸟类特有类群数量不多,但不少是以东洋界为分布中心,并扩展到其他地区。例如鹛类(画眉类)的分布中心是在我国西南地区,我国具有世界上近一半的鹛类物种。雉鸡类也是东洋界的特色鸟类,主要分布于东洋界,我国是世界上雉类物种最丰富的国家,也是世界雉类的分布中心。鹎类是东洋界的优势鸣禽,虽与旧热带界共有,但在东洋界的鸟类中占有重要地位。和平鸟和叶鹎是东洋界特有的鸟类。东洋界食花蜜的鸟很多,除了和旧热带界共有的太阳鸟以外,还有习性类似的啄花鸟。此外,东洋界也是古北界东部候鸟的越冬地。

东洋界的爬行动物与澳大利亚界和旧热带界都有一定的共性。东洋界有很多具滑翔能力的蜥蜴,其中以鬣蜥科的飞蜥最为有名,这是爬行动物中滑翔能力最强的类型。东洋界的巨蜥也比较有名,其中分布在澳大利亚界和东洋界过渡区域的科摩多巨蜥是现存体形最大的蜥蜴,是巨蜥中最著名最凶猛的成员。扬子鳄是短吻鳄亚科中唯一分布于美洲以外的成员,特产于东洋界和古北界交接的长江流域一带,也是鳄类现存分布最北,最耐寒的成员。

东洋界的两栖动物中3个目的成员都有代表。无足目的代表是东洋界特有的鱼螈科,这也是我国仅有的无足目代表。东洋界有尾目的成员比较稀少,无尾目比较繁盛,其中角蟾类是东洋界的特有类型,在我国的横断山区种类特别丰富。和非洲共有的树蛙科也是东洋界的代表类型,其中一些种类有发达的脚蹼,具有滑翔能力,有"飞蛙"之称。无尾目中蛙科、蟾蜍科和姬蛙科等几个比较大的科在东洋界种类都比较丰富,但在东洋界无特有的科。东洋界的鱼类中以鲤形目最具特色,是鲤形目的分布中心。其他不少鱼类类群为与旧热带界所共有,如攀鲈类等。也有少数与澳大利亚界共有的鱼类,如一些原始的骨舌鱼,包括著名的观赏鱼——金龙鱼。东洋界的蝴蝶等昆虫与澳大利亚界的昆虫有一定的共性,比如著名的鸟翼蝶、竹节虫为二者所共有。

**5. 古北界**

古北界(Palearctic realm)区域包括欧洲大陆、北回归线以北的非洲与阿拉伯半岛以及喜马拉雅山脉以北的亚洲。现今古北界区域在史前时期曾经是很多动物类群的演化中心,但很多地区在冰期受到较大的影响,目前成为大面积的寒冷和干旱区域,自然条件比较恶劣,动物种类相对贫乏。古北界的东部受到冰期的影响比较小,和物种繁多的东洋界的界限不明显,有大量的物种交流,因此物种远比西部丰富。古北界除了与旧热带界和东洋界有一定的联系外,与新北界的关系尤其密切,二者气候条件相似,在历史时期多次有陆桥相连,因此共同的种类和相对应的种类非常多,常被合称为全北界,二者在北部地区的相似性最强,代表北方温带和寒带的动物区系。全北界共有的动物类群有诸如鼹科、鼠兔科、河狸科、潜鸟科、松鸡科、攀雀科、洞螈科、大鲵科、鲈鱼科、刺鱼科、狗鱼科、鲟科及白鲑科等。其中变温动物特别是无脊椎动物种类少,恒温动物相对多些,并盛产一些大型种类。全北界的动物行为显著受季候影响,鸟类中候鸟占有相当的比例,两栖动物、爬行动物和大量低等动物都有冬眠的现象,不少哺乳动物也有冬眠现象或者有储藏食物越冬的习性(图5-14)。

古北界仍具有不少特产属动物,例如貂、鼬、獾、獐、狍、旅鼠以及山鹑、鸨、毛腿沙鸡、百灵、地鸦、岩鹨、沙雀等。古北界还有一些大型食肉动物,其中虎在东洋界和古北界分别有单独的亚种,古北界特有的东北虎(西伯利亚虎)是体形最大的猫科动物,而里海虎现在已经灭

图 5-14　一种广布于全北界的啮齿目动物红背䶄的全球分布
(据世界自然保护联盟 IUCN,2012)

绝。猞猁是古北界比较常见的猫科动物,也是分布最北的猫科动物之一,与新北界所共有。熊科和新北界的比较相似,共有北极熊和棕熊。犬科和鼬科是古北界最繁盛的食肉动物,狐、鼬、獾、貂等占据着中小型食肉类的地位,而狼则是与新北界共有的重要大型食肉动物。古北界的偶蹄目中以牛科和鹿科两个大科占优势,拥有一些大型种类。牛科的欧洲野牛和鹿科的驼鹿是古北界体形最大的动物,其中驼鹿为古北界和新北界共有,而欧洲野牛和新北界的美洲野牛是近亲。古北界啮齿目数量很多,盛产一些穴居的种类,田鼠是最繁盛的啮齿类,北极地区则以旅鼠占优势,内陆地区还有跳鼠类。河狸是古北界体形最大的啮齿类,松鼠科中除了树栖松鼠外,还盛产土拨鼠、黄鼠等地栖松鼠。兔形目比较繁盛,其中鼠兔以古北界为分布重心,是草原地区的优势动物。古北界的灵长目仅有猕猴类,猕猴是典型的东洋界类型,但东亚的古北界也有猕猴和日本猕猴分布。

古北界的鸟类中世界广布种比例比较大,候鸟比例也很大。游禽和涉禽种类较多,而攀禽种类较少。食虫鸟类比例大,以果实等为食的种类比较少。古北界鸣禽中莺类占优势,特别是东亚地区种类尤其丰富。涉禽和游禽与新北界非常相似,雁形目种类繁多,东亚是鹤类的分布中心。鸡形目除了和新北界共有的松鸡类之外,在东亚还有雉类,旧大陆很多地方都能见到的鹑类也较常见。猛禽中盛产一些大型雕类,以金雕、虎头海雕等最为著名,夜行性猛禽中也有些大型种类,如雕鸮、毛脚鱼鸮和褐林鸮等,有些猛禽为与新北界共有,如北极地区的雪鸮和矛隼。

古北界的爬行动物不丰富,是几个动物区系中种类最少的。古北界的两栖动物包括有尾目和无尾目两个目。有尾目的种类仅次于新北界,蝾螈科和小鲵科比较丰富。古北界的鱼类种类不多,盛产一些北方特色的类型,如鲑科、狗鱼科等,多与新北界共有。在古北界东部有不少与东洋界有一定联系的类型。古北界面积虽大,但大部分地区的气候条件较差,无脊椎动物种类很少,也缺少热带地区的大型种类。绢蝶等适应较寒冷气候的昆虫是古北界的代表性物种。

**6. 新北界**

新北界(Nearctic realm)区域包括墨西哥以北的北美洲。因为受冰期影响,新北界是现存物种最少的一个动物地理区。该区史前时期曾经物种丰富,并且是很多动物类群的发源地(例如前面提及的骆驼科,以及马科)。新北界的物种和古北界有很多相似之处,二者除气候条件相似外,也曾因为形成过陆桥使得物种存在交流,因此这两界也常被合称为全北界。在哺乳动物等高等类群方面,这两个界的相似性尤为显著。在新北界和古北界的共有物种中,有些是起源于旧大陆然后到达新北界的,也有新北界的土著物种后来进入了旧大陆。在与南美洲相连之后,北美洲和南美洲也有了物种交流,新热带界丰富的物种中有不少就是在北美洲起源演化的,比如现今南美洲的食肉目和所有有蹄类都是从北美洲到达南美洲的。但由于北美洲大部分地区和南美洲气候条件不同,物种仍存在较大区别。北美洲最南部的中美地峡等地,由于气候条件和南美洲相同,地理位置也接近南美洲,现在同南美洲一样属于新热带界而不属于新北界。

本界动物区系所含科别总数不及古北界,但具有一些特有科,例如叉角羚羊科、山河狸科、北美蛇蜥科、鳗螈科、弓鳍鱼科和雀鳝科等。此外,像美洲麝牛、美洲驼鹿和美洲河狸以及鸟类中的白头海雕等均为本区的特有种类。

新北界的哺乳动物中,有袋类和贫齿类两类新热带界的原始哺乳动物均有成员到达了新北界。北美负鼠到达了加拿大南部,是分布最北,也是新大陆现存体形最大的有袋类成员。贫齿类中现存分布于新北界的只有九绊犰狳一种,仅到达了新北界南部。食虫目只有鼩鼱科和鼹科成员,其中最有特色的是星鼻鼹,鼻子上有触觉敏锐的星状突起。奇蹄目在北美洲曾经非常繁盛,现在已于新北界消失。旧大陆的马科等就是北美洲起源的。冰期时北美洲的气候变冷,加拿大全境几乎都被冰盖所覆盖,马类等很多动物在北美洲消失了。马也曾到达南美,但后来也消失了。偶蹄目是新北界现代仅有的野生有蹄类。偶蹄目的叉角羚科是新北界特有科,在史前时期的北美洲曾经非常繁盛,现在仅存一种。牛科除了牛亚科的美洲野牛以外,其余种类都是羊亚科的成员,这些成员均和古北界有一些联系。鹿科是新北界最繁盛的有蹄类,新北界的鹿科包括一些体形较大的鹿科成员,如驼鹿和马鹿,这两种鹿均与古北界共有,但是新北界的体形更大一些。不反刍的偶蹄目成员只有西猯,这是和新热带界共有的类型,仅分布于新北界南部地区。

新北界的食肉目中以熊科成员最著名,其中棕熊和北极熊是现存体形最大的两种食肉目成员,其中阿拉斯加棕熊体形比欧亚大陆的棕熊要大很多。浣熊科是新北界和新热带界共有的科,在新热带界是比较常见的食肉目成员。猫科动物种类不多,其中和新热带界共有的美洲狮是世界上分布最广最常见的大型猫科动物。犬科动物种类比较多,特有类型中郊狼是比较繁盛的成员,而更有特色的是能爬树的灰狐。另外也有不少和古北界共有的类型,如狼和北极狐等。新北界的食肉目中以鼬科种类最丰富,其中最著名的是臭鼬。

新北界是各大动物区系中鸟种最少的,与古北界和新热带界均有一定的联系,总体特征和古北界接近,候鸟、水禽和世界广布种比例比较大,攀禽等种类较少。食虫鸟类比例大,以果实等为食的种类较少。新北界的猛禽种类不多,著名的有白头海雕和加州兀鹫。鸮形目猛禽中的雪鸮是北极地区的特色动物,是新北界和古北界所共有的。新北界的鸡形目中最著名的是吐绶鸡,即火鸡,这是北美的特有鸟类。松鸡类是新北界和古北界共有的类群,是北方的重要类型。

新北界的爬行动物比较有特色,与新热带界的联系比较多,其中新北界南部与新热带界北部接壤的地区爬行动物特别丰富。蛇类中以响尾蛇最为有名,这也是新北界的主要毒蛇,也有少数种类见于新热带界。新北界另一类著名的毒蛇是眼镜蛇科的珊瑚蛇,它们是色彩最艳丽的蛇之一,也是美洲毒性最大的蛇类之一,一些美洲的无毒蛇拟态成珊瑚蛇来保护自己。鳄类中最著名的是短吻鳄属的密西西比鳄,分布于美国东南部。密西西比鳄和其近亲——分布于中国长江流域的扬子鳄同为分布最北的两种鳄类,也是仅存的两种短吻鳄属成员。密西西比鳄体形大于扬子鳄,二者习性略有不同,数量也远多于扬子鳄。现代短吻鳄属大约是在晚始新世到早渐新世时起源于北美大陆,经由白令陆桥扩散至亚洲,曾广布于两个大陆的多个该属成员现只存化石记录(图 5-15)。

图 5-15 现代短吻鳄属(*Alligator*)的间断分布(据 Rio and Mannion,2021)

注:图中彩色圆点代表该属的化石种类记录。

新北界的两栖动物中以有尾目最具特色,新北界是有尾目的分布中心,种类和类群均比其他地区的总和还要多。有尾目现存的科中除了小鲵科以外,其余各科均能在新北界见到,而另外有 4 科是北美洲的特产。新北界的鱼类大部分和古北界相似,但也有一些特有的鱼类,其中最著名的是全骨鱼类,是恐龙时代的优势鱼类,如今仅存于北美洲的温暖地区,现存有弓鳍鱼和雀鳝两类。匙吻鲟是新北界另一种原始的鱼类,其近亲是中国已灭绝的白鲟。新北界其他的鱼类中有不少是和古北界所共有的,如狗鱼科、鲑鱼科、鲈科以及不少鲤形目鱼类等。新北界由于气候比较寒冷,无脊椎动物不丰富,具有种类少、体形小、需要冬眠的特征,和古北界的特征接近。

总体来看,上述六大陆地动物地理分区存在以下规律:不同类群的古老动物(例如肺鱼、喙头蜥、鸵鸟、鸭嘴兽和袋鼠等)现仅存于北回归线以南地区,但在此线以北有化石发现;现存于北回归线以北的动物,在此线以南未曾发现过化石;非洲、澳洲和南美洲最初曾共同属于冈瓦纳古陆,因此三大洲具有一定程度类似的动物区系;澳洲与泛大陆分离较早,故哺乳纲中的真兽亚纲动物未曾侵入;到新近纪末,南美洲与北美洲再次联结;欧亚大陆与北美洲在白令海峡地区也曾有过相连,所以这些地区之前也具有某些共同的特有动物;近年来的全球气候变暖使得很多生物的分布区发生了变化,势必会对世界动物地理区系产生深远的影响。

## 二、中国动物区系地理

我国现存陆生脊椎动物区系可以追溯到 12 Ma 前的新近纪。那时我国哺乳动物的科都已出现,动物群基本上都属于一个区系,这个区系被称为"三趾马动物区系"(或称为地中海动物区系),其分布范围包括欧亚大陆及非洲的大部分。当时动物区系的南北分化已经开始,北方属于亚热带—温带,有较广阔的草原。草原动物丰富,有各种羚羊、马、犀及鸵鸟等;南方属于热带,森林动物占优势,草原动物很少。新近纪后期到第四纪初期,中国西部以青藏高原为中心,地面迅速上升,地表开始剧烈抬升,形成大面积的高原,气候往高寒方向发展,并促使亚洲大陆中心荒漠化。这个变化对于动物区系的地区分化也产生了重大的影响。更新世以来,全球进入第四纪大冰期,气候发生了多次变动,冰期与间冰期的交替对动物区系的演化及动物分布区的变迁都有重要的影响。

更新世早期,我国动物区系的差别已初步显现。当时在南方生活的动物属于巨猿动物区系,区系组成已初步显示出东洋界的特色;在北方生活的动物属于泥河湾动物区系,其中已出现了与现代北方种类相近似的一些动物,但仍具有大量至今仅见于南方的动物。更新世的中期和晚期,巨猿动物区系发展为大熊猫-剑齿象动物区系,这一动物区系的性质与东洋界亦趋接近。该动物区系的分布范围甚广,除我国南方外,还包括华北一带,当时的有些属、种目前在我国已灭绝,如猩猩、鬣狗、犀等,而象、长臂猿及大熊猫等的分布区也已大为缩小或仅存于一隅之地,北方的泥河湾动物区系又发展为中国猿人动物区系,到更新世晚期更进一步发展成为沙拉乌苏动物区系。沙拉乌苏动物区系再一次于东北地区(包括内蒙古东部和华北北部)及华北一带分化为猛犸象-披毛犀动物区系和山顶洞动物区系。猛犸象-披毛犀区系中的河狸、鹿、驼鹿、狼、野马、野驴等一直生存至今,但分布情况已有很大变化。当时华北的气候比现在温暖潮湿,森林和草原的面积比较广阔,森林动物有猕猴、麝、多种鹿和牛属动物等;草原动物则有旱獭、鼢鼠、野马和野驴等,这个动物群向西一直延伸到新疆。全新世初期,我国陆地动物区系的区域分化,基本上已呈现代动物区系的轮廓。

我国动物区系分属于世界动物区系的古北界与东洋界两大区系。这两大区系的分界线西起横断山脉北端、经过川北岷山与陕西的秦岭,自秦岭—伏牛山—大别山一线向东,大致沿淮河流域南部,而终于长江以北的通扬运河一线(张荣祖,1999)。我国东部地区由于地势平坦,缺乏自然阻隔,呈现广阔的过渡地带。我国疆域广阔、自然条件多样,动物类群极为丰富,特别是古北界与东洋界均见于我国,这是其他国家和地区所不可比拟的,这为深入进行科学研究和广泛利用动物资源提供了优越条件。并且我国在第四纪以来,并未遭受像欧亚大陆北部那样广泛的大陆冰川覆盖,动物区系的变化不甚剧烈,保留了一些比较古老或珍稀的种类,例如大熊猫、金丝猴、褐马鸡、扬子鳄、鳄蜥和大鲵等。我国动物地理学家根据对自然地理区划、动物区系和生态动物地理群的综合分析,把我国分为属于古北界的东北区、华北区、蒙新区、青藏区及属于东洋界的西南区、华中区、华南区共7个区,并对亚区分类也做了探讨(图5-16)。我国动物地理区划与生态地理动物群的关系见表5-1。

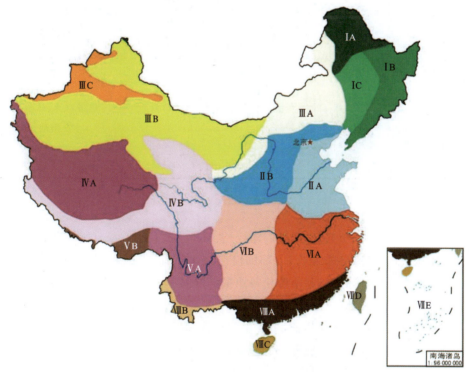

图 5-16　中国动物地理区划图(据张荣祖,1999)

注:文中字母代号含义见表5-1。

表 5-1　中国动物地理区划与生态地理动物群的关系(据张荣祖,1999)

| 界 | 亚界 | 区 | 亚区 | 生态地理动物群 |
|---|---|---|---|---|
| 古北界 | 东北亚界 | Ⅰ 东北区 | Ⅰ_A 大兴安岭亚区(含阿尔泰山地) | 寒温带针叶林动物群 |
| | | | Ⅰ_B 长白山地亚区 | 温带森林、草原、农田动物群 |
| | | | Ⅰ_C 松辽平原亚区 | |
| | | Ⅱ 华北区 | Ⅱ_A 黄淮平原亚区 | |
| | | | Ⅱ_B 黄土高原亚区 | |

续表 5-1

| 界 | 亚界 | 区 | 亚区 | 生态地理动物群 |
|---|---|---|---|---|
| 古北界 | 中亚亚界 | Ⅲ蒙新区 | ⅢA东部草原亚区 | 温带草原动物群 |
| | | | ⅢB西部荒漠亚区 | 温带荒漠、半荒漠动物群 |
| | | | ⅢC天山山地亚区 | 高山森林草原、草甸草原、寒漠动物群 |
| | | Ⅳ青藏区 | ⅣA羌塘高原亚区 | |
| | | | ⅣB青海藏南亚区 | |
| 东洋界 | 中印亚界 | Ⅴ西南区 | ⅤA西南山地亚区高山带 | 亚热带森林、林灌、草地、农田动物群 |
| | | | ⅤB西南山地亚区中、低山带 | |
| | | Ⅵ华中区 | ⅥA东部丘陵平原亚区 | |
| | | | ⅥB西部山地高原亚区 | |
| | | Ⅶ华南区 | ⅦA闽广沿海亚区 | 热带森林、林灌、草地、农田动物群 |
| | | | ⅦB滇南山地亚区 | |
| | | | ⅦC海南岛亚区 | |
| | | | ⅦD台湾亚区 | |
| | | | ⅦE南海诸岛亚区 | |

## Ⅰ 东北区

东北区包括大兴安岭、小兴安岭、张广才岭、老爷岭、长白山地、松辽平原和新疆北端的阿尔泰山地。本区气候寒冷，冬季漫长，北部的漠河地区素有"中国北极"之称，夏季短促而潮湿。植被主要有由云杉、冷杉、松和落叶松等组成针叶林带，或与桦树、山杨、蒙古栎、槭树及椴树等共同构成针阔混交林。林冠浓密郁闭，林下阴湿，遍布苔藓和地衣，层次结构简单。分布于东北区的为寒温带针叶林动物群，主要由耐寒性和适应林中生活的动物种类组成，典型的代表动物有哺乳纲的麝、马鹿、驼鹿、驯鹿、紫貂、猞猁和白鼬，鸟纲的黑琴鸡、花尾榛鸡、松鸡、雷鸟等。其中东北虎、驼鹿、驯鹿、河狸、雪兔、松鸡、榛鸡等为本区的特有动物。

寒温带针叶林动物群的生态特点是：在林内的分布很不均衡，常聚集于生有乔木的河岸、次生林灌和林间的沼泽地区。主要分布在树顶层和地面层内。小型鸟类和鼠类一般选择在枝叶茂的树上、树洞内营巢，大型松鸡科鸟类则筑巢于地面或在雪窝中栖身，地栖鼠类的挖掘活动能力不强，洞穴离地表很浅，甚至在雪下生活。林内食源单一，球果、浆果、真菌、树叶和嫩枝等是动物的主食或基本食物，这些食物来源尤其是球果具有周期性的丰歉变化规律，常是有关动物数量波动的直接原因。动物的昼夜相活动表现得不明显，典型的夜行性种类不多。冬季酷寒，地表积雪深，枝头覆冰厚，许多动物发展了各种特殊的适应结构，例如在春夏季换成深色或带斑的毛羽，冬季换成白色的毛羽（例如雪兔、白鼬、伶鼬和雷鸟等），有利隐匿自身或接近捕猎对象。驼鹿和驯鹿的腿长，脚蹄宽大，每个趾瓣均能张开与地面接触，可避免在冰雪上跑动时摔跤或陷入松软的雪中。榛鸡的趾缘镶有尖长的角刺，能有效地握牢树枝，也有利于在雪地奔驰。

Ⅱ 华北区

华北区北邻东北区和蒙新区,往南延伸至秦岭、淮河,东临渤海及黄海,西止甘肃的兰州盆地,包括西部的黄土高原、北部的冀北山地及东部的黄淮平原。华北区位于暖温带,气候特点是冬季寒冷,植物多落叶或枯萎,夏季高温多雨,植物生长繁盛。区内广大地区已被开垦为农田,仅残留部分森林,零星分布于太行山、燕山、秦岭、子午岭和陇山等地,植被主要为草地和灌丛。华北区的动物种类比较贫乏,特有种类少,分布于本区以及东北针叶林地带以南地区的是温带森林、草原、农田动物群。

华北区动物区系的特点是原有的森林动物群趋于贫乏化,且其生态习性也已发生不同程度地改变,以适应森林面积的不断缩小。因此,东北森林中常见的寒温带针叶林动物群在本区的山林地区罕见或只分布在局部地区;但出现了一些与南方共有的种类,例如岩松鼠、社鼠等。本区农业开发的历史极为悠久,具有大片农耕景观,野生麋鹿就是在这一背景下于19世纪中叶绝灭的。而栖息于农田、荒山沟谷和黄土之间的小型兽类却得到很大发展,尤其是啮齿类,最普遍的有麝鼹、大仓鼠、北方田鼠、黑线仓鼠、原鼢鼠等。许多鼠类不但以作物为食,还盗藏大量谷物越冬,对农业危害十分严重。四季分明的季节变化,对动物的生命活动产生了显著影响,每当春末夏初和秋季,许多广适性鸟类在本区常形成季节性高峰,到冬季则大多迁往南方越冬。

Ⅲ 蒙新区

蒙新区东起大兴安岭西麓,往西沿燕山、阴山山脉、黄土高原北部、甘肃祁连山、新疆昆仑山一线,直至新疆西缘国境线,包括内蒙古高原、鄂尔多斯高原、阿拉善沙漠、河西走廊、柴达木盆地、塔里木盆地、准噶尔盆地和天山山地等。境内大部分地区为典型的大陆性气候,属草原和荒漠生态环境。寒暑变化大,昼夜和季节温差剧烈,雨量少而干旱,土质贫瘠,致使森林不能生长,缺乏高大的乔木,耐干旱的草本植物十分繁盛。夏天和植物生长期短,动物的食物来源有周期性的丰歉变动;冬季漫长,积雪深厚,地表封冻期可长达5个月,绝对温度可降至－30℃以下。这些自然条件对本区动物区系的组成及其生态特征具有决定性的影响。

蒙新区分为东部草原和西部荒漠两个地带,两者大致以集(宁)二(连)铁路至鄂尔多斯西南部一线为分界线。本区东部为干草原及草甸草原,其动物区系由典型的温带草原动物群组成,代表动物有黄羊、达乌尔黄鼠、草原旱獭、五趾跳鼠、草原田鼠、草原鼢鼠、草原鼠兔、蒙古百灵、沙百灵、云雀、沙(即鸟)、穗(即鸟)、地鸦、毛腿沙鸡等。草原动物的生态特点是以草本植物绿色部分为食的啮齿动物特别繁盛,在开阔的草原上集群而居,在地下洞穴生活、储藏粮食或蛰眠越冬。地栖性的雀形目鸟类繁多,少数种类有利用鼠洞栖居的习性,出现"鸟鼠同穴"现象。

蒙新区的西部荒漠-半荒漠地带包括内蒙古高原和鄂尔多斯高原的西部、青海柴达木盆地、宁夏、甘肃北部的河西走廊及新疆地区。境内戈壁和沙丘广布,植被稀疏,主要生长着白刺、梭梭、骆驼刺、柽柳和沙拐枣等旱生植物。动物区系由温带荒漠-温带半荒漠动物群组成,在种类和数量上均占绝对优势的啮齿目、有蹄类动物、鸟类中的百灵科以及蜥蜴目中的沙蜥等种类是构成动物群的主体。

由于生活环境比草原差,动物的栖息地较分散,各种环境中往往只被少数种类所占据,只有在局部水草丰盛的"绿洲"才可能成为多种动物的聚集处;荒漠动物为适应极端干旱的自然条件,它们具有穴居生活、蛰眠、贮藏冬粮或善于奔驰的习性,与草原动物相比有进一步的发展。小型动物的耐旱力强,能从植物中直接摄取水分和依靠特殊的代谢方式获得所需的水分,并在节缩水分的消耗方面具有一系列生理生态适应机制。近年来,随着全球气候变化,我国西北很多地区开始表现出暖湿化,当地分布的动物群也随之发生相应变化。

### Ⅳ 青藏区

本区包括青海(柴达木盆地除外)、西藏和四川西北部。东起横断山脉、南至喜马拉雅山脉,北由昆仑山、阿尔金山和祁连山等所围绕的青藏高原是世界上最大的高原,平均海拔4500 m左右,被誉为地球的"第三极"和"世界屋脊"。这里孕育着许多特有物种,形成了地球上独一无二的高原动物区系。气候是冬季长而无夏天的高寒类型,原有的森林植被逐渐消失而代之以高山草甸、高山草原和高寒荒漠。动物区系主要由高山森林草原、草甸草原、寒漠动物群组成。最典型的代表有哺乳纲中的棕熊、藏狐、白唇鹿、野牦牛、藏原羚、藏羚羊、藏野驴、喜马拉雅旱獭等,青藏区尤其盛产鼠兔类,可认为是鼠兔种、鼠兔属的分布中心。鸟纲中的代表种类有黑颈鹤、藏马鸡、雪鹑、虹雉、雪鸡,以及经常出入于旱獭和鼠兔洞并形成高原上"鸟鼠同穴"现象的几种雪雀等。

### Ⅴ 西南区

西南区包括四川西部、贵州西缘和昌都地区东部。北起青海和甘肃的南缘,南抵云南北部的横断山脉部分,往西包括喜马拉雅山南坡针叶林以下的山地。境内多高山峡谷,横断山脉呈南北走向,地形起伏很大,海拔在1600~4000 m之间,自然条件的垂直差异显著。与此相适应的是,动物的分布也具有垂直变化特征。组成动物区系的动物群有两大类:一类是分布于横断山脉等高山带的高山森林草原、草甸草原、寒漠动物群,代表动物有鼠兔、林跳鼠等古北界种类。另一类是分布在喜马拉雅山南坡中、低山带的亚热带林灌、草地、农田动物群。这个动物群的种类几乎全是东洋界的成分,例如灵猫、竹鼠、猕猴、黑麂、鹦鹉、太阳鸟和啄花鸟等。最具代表性的哺乳动物有大熊猫、金丝猴、牛羚和小熊猫等。其中大熊猫和牛羚在华中区的西部也有分布,是哺乳动物中的孑遗种,在地质历史时期曾有过广泛的分布区(图5-17)。小熊猫曾被认为是浣熊科中唯一分布在东半球的种类,是由于地理隔离所保存至今的孑遗种,也是动物地理中动物不连续分布的一个例证,但现在已独立为小熊猫科。

横断山脉在更新世时,未曾发生过广泛的冰盖,自然景观的变迁相对地比较稳定,大致与现代类似。高山垂直带为各类动物提供了不同的栖息环境,纵向平行的峡谷既有利于古北界动物的南下和东洋界热带动物北上,也为动物创造了良好的相对隔离环境,这对大熊猫、牛羚等古老动物种的保存,以及一些动物科属在此地形成分化中心都是极其有利的,横断山区也是我国的生物多样性热点地区之一。

### Ⅵ 华中区

华中区为四川盆地以东的长江流域地区。西半部北起秦岭,南至西江上游,除四川盆地外,主要是山地和高原,海拔大多在1000 m以上,气候较干寒,森林、灌丛常与农田交错。东半部为长江中、下游流域,包括东南沿海丘陵地区的北部,主要是平原和丘陵,大别山、黄山、

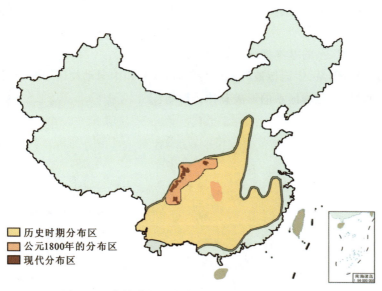

图 5-17　大熊猫的历史分布区（据 Loucks et al.,2001）

武夷山和武功山等散布其间,气候温和,雨量充沛,丘陵低缓,平原广阔,河道和湖泊密布,农业发达,素有"鱼米之乡"的称号。分布在本区的动物群与分布在西南区的中、低山带的动物群同属于亚热带林灌、草地、农田动物群。

总体来说,华中区的主体动物是东洋界的成分,但有部分古北界的种类参与组成动物区系。渗入本区的古北界动物大多是广布于我国东部的种类。本区的特有动物有獐、灰胸竹鸡、白颈长尾雉、扬子鳄等。因人类活动干扰严重,本区森林面积小,典型林栖动物种类少,有赤腹松鼠、小麂、毛冠鹿、林麝和野猪等。但具有众多适应居民点及广大农耕地区生境的常见种类。

Ⅶ　华南区

华南区地处我国的南部亚热带和热带地区,包括云南及两广的南部、福建东南沿海一带,以及台湾、海南岛和南海各群岛。自然环境复杂,气候炎热多雨,年均雨量一般在 1500 mm 以上。植物生长繁茂而多层次,属热带雨林和季雨林,但目前原始森林已所剩不多,大多成为次生林灌、草坡和农田,动物种类繁多而数量较少。组成动物区系的是热带森林、林灌、草地、农田动物群。华南区是我国动物区系中热带—亚热带动物最集中的区域,特别明显地表现在西部的滇南山地,具有亚洲象、长臂猿、懒猴、鹦鹉、犀鸟、阔嘴鸟、原鸡、绿孔雀等典型的热带动物,同时也是我国的生物多样性热点地区。尤其是海南岛和台湾岛因与大陆的隔离,具有很多岛屿特有物种。

近年来,伴随全球气候变化,很多物种的分布区在北扩,我国一些曾仅分布于东洋界华中区及华南区的物种分布区目前都已扩张到了古北界。例如一种广布于我国长江流域及其以南地区的常见城市鸟类白头鹎,其分布区近几十年来已经出现了明显的北扩现象。

**思考题：**

1. 简述生态地理区系的基本概念和划分依据。
2. 简述全球植被区系、中国植被区系、世界动物区系和中国动物区系的分区。
3. 人类活动对生态地理区系的形成有什么影响？

# 第六章 生态地理区划

## 第一节 生态地理区划的原则与方法

生态地理区划是自然系统研究引入生态系统理论后在新形势下的继承和发展,是在对生态系统客观认识和充分研究的基础上,应用生态学原理和方法,揭示自然生态区域的相似性和差异性规律以及人类活动对生态系统干扰的规律,从而进行整合和分区,划分生态环境的区域单元。

与植被区划、单要素的自然区划或综合自然区划不同,生态地理区划基于生态系统概念和理论,重视系统的整体性,关注具有相似生物潜力、相似结构特征和相似生态危机的生态单元,侧重于生态系统及其组合的功能特征,是单项生物要素地域划分的综合,突出生态过渡区及特殊地面组成物质区的独立,注重生态系统在空间场景上的同源性和相互联系性。

生态地理区划是根据一定区域内生态系统结构、功能和动态的空间分异性划分出具有相对一致生态因素综合特征与潜在生产力的地块,从而为自然资源合理开发、利用和保护,以及综合农业规划布局与可持续发展提供基础条件。区划的目的决定了区划的原则和分类单位系统。生态地理区划的目的是为区域资源开发与环境保护的地域分工、生态环境综合整治以及区域可持续发展战略提供理论和决策依据,从而为社会经济的可持续发展提供服务。

**1. 生态地理区划的基本原则**

(1)主导功能原则:生态功能的确定以生态系统的主导服务功能为主,例如生态安全、粮食生产和城市化是3类主要的地域功能。在具有多种生态服务功能的地域,以生态调节功能优先;在具有多种生态调节功能的地域,以主导调节功能优先。

(2)区域相关性原则:在区划过程中,综合考虑流域上下游的关系、区域间生态功能的互补作用,根据保障区域、流域与国家生态安全的要求,分析和确定区域的主导生态功能。

(3)协调原则:生态功能区的确定要与国家主体功能区规划、重大经济技术政策、社会发展规划、经济发展规划和其他各种专项规划相衔接。

(4)分级区划原则:不同层级区划具有不同区划目标及指标体系,并由此形成基础区划方案。按演绎法从地域分异的基本规律和整体特征逐步向下,分解形成小尺度分区方案。在此基础上,按归纳法从地域分异的微观构成和空间组合逐步向上,形成大尺度分区方案。

**2. 生态地理区划的主要方法**

目前运用较为成熟的方法包括地理相关法、空间叠置法、主导标志法、景观分类法、定量分析法以及 GIS 与模型方法等（郑度等，2012；蒙吉军，2020）。

(1)地理相关法。运用各种专业地图、文献资料和统计资料对区域各种生态要素之间的关系进行相关分析后进行区划。该方法要求将所选定的各种资料、图件等统一标注或转绘在具有坐标网格的工作底图上，然后进行相关分析，按相关紧密程度编制综合性的生态要素组合图，并在此基础上进行不同等级的区域划分或合并。

(2)空间叠置法。以各个区划要素或各个部门的综合区划，包括水文地质区划、地形地貌区划、土壤区划、植被区划、水土流失区划、地震灾害区划、综合自然区划、生态敏感性区划、生态服务功能区划等图件为基础，通过空间叠置，将相重合的界限或平均位置作为新区划的界线。在实际应用中，该方法多与地理相关法结合使用。随着地理信息系统技术的发展，空间叠置分析得到越来越广泛的应用。

(3)主导标志法。主导标志法是在生态功能区划时，通过综合分析确定并选取反映生态环境功能地域分异的主导因素的标志或指标，作为划分区域界限的依据。同一等级的区域单位按照这个主导标志或指标划分。用主导标志或指标划分区界时，还需用其他生态要素和指标对区界进行必要的订正。

(4)景观分类法。应用景观生态学的原理，编制景观类型图，在此基础上按照景观类型的空间分布及其组合，在不同尺度上划分景观区域。不同景观区域的生态要素组合、生态过程及人类干扰是有差别的，因而反映着不同的生态环境特征。景观既是一个类型，又是最小的分区单元，以景观图为基础，按一定的原则逐级合并，可进行生态功能区划。

(5)定量分析法。针对以定性为主的专家集成法在生态功能区划中存在的一些主观性、不够精确等缺陷，近年来数学分析的方法和手段逐步被引入生态功能区划中，包括主成分分析、聚类分析、相关分析、对应分析、逐步判别分析等一系列方法均在区划工作中得到广泛应用。

(6)GIS 与模型方法。近年来，伴随 GIS 技术的快速发展，空间自相关分析、冷热点分析、半方差分析、空间统计分析等方法为生态地理区划提供了有力的技术支撑，尤其是空间聚类分析、判别分析、回归分析等参数模型分析方法以及遗传算法、人工神经网络和分类与回归树等非参数模型分析方法，被广泛应用到自然区划中，增强了生态地理区划的客观性和边界划分的准确性。

## 第二节 生态地理区划的方案

我国生态地理分区始于 20 世纪 30 年代，其标志是竺可桢《中国气候区域论》的发表。1940 年，黄秉维首次对我国进行了植被区划研究。1954 年，罗开富和林超等分别提出了自然区划方案。1959 年，中国科学院自然区划工作委员会编写出版了《中国综合自然区划》，首次明确自然区划是为农林牧水等事业建设服务，全面系统地发展了自然区划的理论与方法，成为我国综合自然区划经典方法论的标志。而后至20世纪90年代，侯学煜、任美锷、赵松乔、席承藩、黄秉维、赵济等对区划方案进行了修订完善。总体而言，这一时期的工作主要集中在自然地理区划方面。

生态地理区划主要是在传统自然地理综合区划基础上加入生态要素和生态格局，是通过对自然地理的整体性和地域分异规律的综合认识，从生态学的角度对该区域进行系统地分类和区划。区划成果有助于揭示生态系统对全球环境变化的响应特征，同时为区域可持续发展战略提供科学依据（孙然好等，2018）。我国的生态地理区划，主要考虑南北方向纬度分异和东西方向经向分异，以及山地海拔、岩性、微地貌等引起的微地域分异等因素。以下简要介绍3种划分方案。

傅伯杰等（2001）应用生态学原理和方法，分别根据我国的气候和地势、温湿指标、地带性植被类型以及地貌类型、生态系统类型、人类活动指标等，采用自上而下逐级划分和专家集成与模型定量相结合的方法，将我国划分为3个生态大区、13个生态地区和57个生态区。

Ⅰ东部湿润、半湿润生态大区包括：$I_1$寒温带湿润针叶林生态地区，$I_2$温带湿润针阔混交林生态地区，$I_3$暖温带湿润、半湿润落叶阔叶林生态地区，$I_4$亚热带湿润常绿阔叶林生态地区，$I_5$热带湿润雨林、季雨林生态地区，$I_6$南亚季风湿润、半湿润常绿阔叶林生态地区。Ⅱ西北干旱、半干旱生态大区包括：$Ⅱ_1$半干旱草原生态地区，$Ⅱ_2$半干旱荒漠草原生态地区，$Ⅱ_3$干旱半荒漠生态地区，$Ⅱ_4$干旱荒漠生态地区。Ⅲ青藏高原高寒生态大区包括：$Ⅲ_1$青藏高原森林（高寒草甸生态地区），$Ⅲ_2$青藏高原高山草原（高寒草甸生态地区），$Ⅲ_3$青藏高原高寒荒漠（半荒漠生态地区）。

郑度（2008）依据综合自然地理区划的思想和方法，将中国生态地理依次划分为11个温度带，4类干湿地区，49个自然区，具有代表性。

孔艳等（2013）搜集全国地形、土壤、气候、植被及遥感植被指数等数据，基于Holdridge模型和CCA（全称为canonical correlation analysis）方法划分中国生态地理分区，建立了分区的指标体系，得到中国生态地理分区的大致界线（图6-1），初步总结了各生态地理分区的地形、植被、气候等综合自然地理特征。总体来看，中国青藏高原区域因为其特殊的地带性，单独成为一个生态地理分区。青藏高原东部和南部地区地形复杂，因而也是许多生态地理分区交错的地带。新疆地区大致沿天山山脉为界分为两大生态地理分区。东北地区的地表结构，略呈半环状的三带。山地和丘陵地带地理分区明显区别于东北平原和内蒙古平原的生态地理分区。华北平原和黄河中游地区以太行山为界，受降水和季风等因素影响，呈现为两个地理分区。从秦岭淮河流域到长江中下游平原、江西福建丘陵地区，空间上为东西带状分布。云贵高原因其特殊地势与前者区别开来。北回归线以南，以南亚热带和热带两个温度带为界分为两个生态地理分区。

## 第三节　生态功能区划与主体功能区划

生态功能区划是近年来发展较快的领域（刘焱序，2017）。生态地理区划是依据生态地理要素，包括气候、植被、土壤、生物等的地域相似性与差异性，把地表区划（划分和合并）为各级

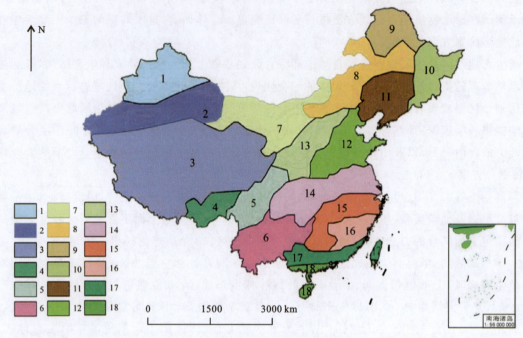

图 6-1　中国生态地理分区（据孔艳等，2013）

1.西北温带荒漠区；2.西北暖温带荒漠区；3.青藏高寒区；4.喜马拉雅山南翼山地热带-亚热带森林区；5.中亚热带常绿阔叶林地带；6.中亚热带云贵高原常绿阔叶林区；7.中温带荒漠区；8.中温带半干旱区；9.寒温带针叶林区；10.中温带针阔混交林区；11.中温带森林草原区；12.暖温带落叶阔叶林区；13.暖温带草原区；14.北亚热带落叶阔叶-常绿阔叶林区；15.中亚热带丘陵盆地常绿阔叶林区；16.中亚热带山地常绿阔叶林区；17.南亚热带岭南丘陵常绿阔叶林区；18.热带雨林—季雨林区

区域单位，以阐明研究对象的区域特征、结构及其发生、发展和分布的规律性。生态地理区划是科学认识客观存在的自然综合体，不考虑社会经济特征，尽管生态地理区划的目的是指导合理开发利用自然资源，以及工农业生产布局。生态功能区划以生态系统及其服务功能为研究对象，并从生态系统的观点，强调生态系统和生态过程的完整性。生态功能以人文因素为本，更多是强调人与自然的关系，不仅指生态系统结构，还与特定区域的社会经济、文化特征相联系。从经济学角度看，功能还强调生态系统的外部效应，不能脱离与周围环境的完整性。因此，生态功能区划着眼点在于协调资源开发与生态环境保护之间的关系，把人类作为生态系统的一部分，尊重生态系统作为自然演化的过程（燕乃玲和虞孝感，2003）。

目前国内已经开展了较多关于生态功能和服务的区划。针对全国的生态问题进行评估，如酸雨、荒漠化、石漠化、水土流失、盐渍化等不同生态环境问题构建了生态敏感性分区。在此基础上，对洪水调蓄、水源涵养、水土保持、生物多样性保护等重要生态服务功能进行评估，区分不同区域的重要性。例如目前已经完成了中国水土流失敏感性区划、中国生态环境胁迫过程区划、中国生态服务功能重要性分区、中国生态敏感性区划、中国水土保持区划等（孙然好等，2018）。

为保障生态功能区划落实，主体功能区划受到了越来越多的重视。主体功能区划是以服务国家自上而下的国土空间保护与利用的政府管制为宗旨,运用并创新陆地表层地理格局变化的理论,采用地理学综合区划的方法,通过确定每个地域单元在全国和省区市等不同空间尺度中开发和保护的核心功能定位,对未来国土空间合理开发利用和保护的总体蓝图进行设计与规划。因此,主体功能区划是具有应用性、创新性、前瞻性的一种综合地理区划,也是一幅规划未来国土空间的布局总图(樊杰,2015)。

　　樊杰(2015)配合国家编制主体功能区规划,研究地域功能基础理论和功能区划技术流程,提出国家和省区市尺度进行空间管制的地域功能区域类型可分为城市化区域类型、粮食安全区域类型、生态安全区域类型、文化和自然遗产区域类型4种类型,在此基础上转化为以县级行政区划为单元的优化开发、重点开发、限制开发和禁止开发4类主体功能区。提出由水资源、土地资源、生态重要性、生态脆弱性、环境容量、灾害危险性、经济发展水平、人口集聚度和交通优势度9项定量指标和1项定性指标(战略选择)构成的地域功能识别指标体系,开展单项指标评价,开发并运用地域功能适宜程度综合评价指数进行了综合评价,测算各省区市保护类区域下限、开发类区域上限以及开发强度等关键参数;研讨以规划为应用指向的主体功能区划分方法,形成中国首部主体功能区划方案(图6-2)。

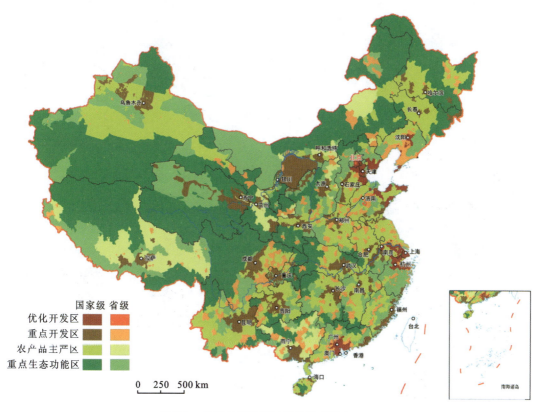

图6-2　中国主体功能区划方案(据樊杰,2015)

　　在主体功能区划的基础上,樊杰等(2023)针对不同区域履行生态安全、粮食安全和城市化等综合地域功能的分异特征,运用功能指向的系统分类原理,结合空间规划的组织原理,按照不同层级区划目标不同,但相互衔接、自上而下"分解"与自下而上"聚合"相结合的区划方法,适应区划边界柔性化和区划方案动态化的客观要求,构建了面向 2035 年和 2050 年的两套三级区域区划方案。

以我国陆域综合功能区划为例,一级区划的主要步骤包括:①确定一级区划主导因素及特征指标,选取地形构造(反映自然地理环境非地带性分异)、大于或等于 10 ℃积温(反映光热与水分条件地带性分异)、湿润指数、人口密度 4 项指标;②提取指标宏观特征线,建立判别矩阵,再导入人文类主导因素,形成一级区划 4 个分区单元的初步方案;③采用主体功能区升尺度聚合形成的二级区和三级区初步方案,确定一级区划边界,形成一级区划方案(樊杰等,2023)。

陆域综合功能区划的一级区包括东部北方区、东部南方区、西北内陆区和青藏高原区 4 个分区单元(图 6-3)。东部北方区位于秦岭、淮河以北,大兴安岭、乌鞘岭、六盘山以东,大于或等于 10 ℃的持续期一般为 100~218 d,积温通常小于 4500 ℃,湿润指数为 -0.3~0,是以温带季风气候为主,由东北平原、华北平原、黄土高原等地理单元构成的自然和人文地理综合体。其中东北森林带、黄土高原生态屏障、黄河中下游生态屏障是国家生态安全屏障区,东北平原、黄淮海平原、汾渭平原等是国家粮食安全保障区,京津冀、关中平原等城市群是国家人口经济集聚区。

图 6-3 我国综合功能区划(2035 年版)一级区和二级区分布图(据樊杰等,2023)

东部南方区位于秦岭—淮河线以南及横断山脉以东,大于或等于 10 ℃的持续期一般为 218~365 d,积温通常大于 4500 ℃,湿润指数大于 0,以亚热带季风气候为主,是由长江中下游平原、江南丘陵、东南丘陵、云贵高原、四川盆地区域等地理单元构成的自然和人文地理综合体。川滇生态安全屏障、南方丘陵山地带和海岸带是国家生态安全屏障区,长江流域主产区、华南主产区是国家粮食安全保障区,长三角、珠三角、成渝、长江中游、北部湾等城市群是国家人口经济集聚区。

西北内陆区位于昆仑山、阿尔金山、祁连山以北,大兴安岭、乌鞘岭、六盘山以西,大于或等于 10 ℃的持续期一般为 100~171 d,积温通常为 2000~4500 ℃,湿润指数小于-0.3,以温带大陆性气候为主,是由内蒙古高原、塔里木盆地、天山山脉、准噶尔盆地、帕米尔高原等干旱半干旱地理单元构成的自然和人文地理综合体。北方防沙带是国家生态安全屏障区,河套灌区和甘新主产区为国家粮食安全保障区,能源、矿产资源开发加工基地和兰西、宁夏沿黄、呼包鄂榆、天山北坡等城市群是城市化和工业化发展的走廊。

青藏高原区是全球面积最大、海拔最高的高原,大于或等于 10 ℃的持续期一般小于 100 d,积温通常为 2000~4500 ℃,湿润指数在-0.6~0.4 之间,并呈明显垂直变化,是以高山高原立体气候为主,由藏南谷地、藏北高原、柴达木盆地、青海高原、川藏高山峡谷区等地理单元构成的受自然地理格局主导的地理综合体。青藏高原亚洲水塔是国家生态安全屏障,河流谷地和湖盆地区是特色产业活动、低强度城乡生活活动区域。

**思考题:**

1. 简述生态地理区划的基本概念和原则。
2. 生态地区划的方法有那些?

# 第七章 微生物生态地理学

## 第一节 微生物的定义、特征和分类

### 一、微生物的定义和特征

微生物是人类肉眼无法看清楚的所有生命形态的总称。微生物个体一般小于 100 μm,最小的微生物——病毒尺寸仅有几十纳米。通过显微镜等放大设备,人类可以了解微生物的形态及生理习性。微生物一般为单细胞生物,能够在一个细胞内完成摄食、呼吸、排泄、运动、生殖等一系列生命活动。少部分微生物,如病毒,没有细胞形态。还有部分微生物,如真菌中的霉菌,属于多细胞生物。

微生物有众多区别于宏体生物的特征:①微生物种类和数量均异常庞大。例如,1g 土壤中所包含的微生物个数可以达到上亿个。②微生物由于个体较小,比表面积较大,新陈代谢速率较快。③微生物多采用无性繁殖方式产生后代,具有较短的世代周期。一些微生物世代周期可以短至几十分钟。④微生物很容易吸附在颗粒物质上,通过风力、水流等地表营力搬运至其他区域,因而较容易扩散至其他地理位置。⑤微生物几乎遍布地球有生命的各个角落,适应各种极端环境,如高温热泉、深海沉积物中。微生物也是地球上最早出现的生命形态,也是唯一见证了地球整个生命演化史的生物类群。

人类在真正见到微生物的形态面貌之前,已经开始利用微生物服务于生产生活。例如,公元前 3000 年左右,古埃及人就能够利用微生物发酵作用制作发酵面包、果酒。公元 6 世纪,我国北魏贾思勰所著的《齐民要术》中就已经记载了酿酒、酿醋、制酱等微生物发酵过程。这些都证明古代先民已经掌握了这些微生物发酵的相关技术。而直到 1676 年荷兰人列文虎克利用简单的显微镜观察到雨水和污水中的细菌后,人类才正式看到细菌的真正形态面貌,并开启了对微生物形态观察和研究的时代。微生物的产生在很长时间内都被认为是"自然发生"的,即通过无机或有机物自然合成的,而不是通过同类生物繁殖形成。1859 年"微生物学之父"法国科学家巴斯德利用曲颈瓶实验证实,加热杀菌后的曲颈瓶中肉汤能够保存较长时间,而加热杀菌后的直颈瓶中肉汤则很快腐败,证明了微生物不是凭空"自然发生"的。之后炭疽杆菌和青霉菌等的发现、分离培养及其在医学上的应用开启了人类认识和利用微生物功能的时代。微生物更多类型及其功能的逐步被发现,也催生了细菌学、真菌学、土壤微生物等相关分支学科的建立和迅速发展。

## 二、微生物分类依据

微生物一般根据其显微形态和遗传物质两种方式进行分类。

微生物个体较小,利用显微镜能够观察到不同微生物的形态特征及其差别,通过形态的差别从而对部分微生物进行分类,多数原生动物,如有壳变形虫、有孔虫壳体表面形态仍然是该类型微生物分类的重要依据。微型藻类之间形态差异也较为显著,因而硅藻、甲藻等也可以通过其显微形态进行分类。对于比原生动物和微型藻类个体更小的细菌、古菌和真菌来说,显微镜只能看到杆状、球状、螺旋状等形态,但要进一步详细辨别这些微生物更细微的形态结构差异难度极大,这为细菌、古菌和真菌等的分类带来了极大的挑战。

微生物基因为解决细菌、古菌和真菌等的分类提供了另外一种方法。在微生物物种遗传演化过程中,DNA 发生突变会导致新种的形成。1990 年美国生物学家卡尔·乌思等通过原核微生物的 16S rRNA(16S-核糖体 RNA)、真核生物的 18S rRNA 建立了"生命之树",将生物分为古菌、细菌和真核生物三个域,奠定了利用 DNA 进行微生物分类的基础(Woese et al.,1990)。与宏体生物不同的是,绝大多数环境中的微生物均未在实验室条件下获得培养,其形态和生理特征都是未知的。环境微生物 DNA 的提取可以获得这些未被培养的微生物的遗传信息,进而知晓它们的类群及遗传演化关系。环境中未被人类培养出来的微生物占绝大多数,其种属等分类学信息,以及这些微生物的生理生态功能均不清晰,这些微生物可以被称为环境微生物的"暗物质"。微生物生态地理学研究的主要对象就是这些"暗物质",因此基因手段在微生物的生态地理研究中能够起到关键性的作用。

## 三、微生物分类

当前,微生物主要分为细菌、古菌、真菌、原生动物、微型藻类(简称微藻)和病毒等几大类。这些微生物类群之间的形态和生理生态功能差异显著,通过显微设备基本可以辨别微生物大类群的差异。这些微生物类型中,仅病毒不具有细胞形态。一般来说,病毒的个体在微生物中最小,其次为细菌、古菌。真菌个体尺寸较大,原生动物和微藻尺寸最大。有细胞结构的微生物中细菌和古菌为原核微生物,没有细胞核,染色体仅为单个裸露的 DNA 分子,不进行有丝分裂,缺乏完整的细胞器;真菌、原生动物和微藻为真核生物,具有细胞核,能进行有丝分裂生殖,有多种细胞器。

### 1. 细菌

细菌是"生命之树"的一个域,是典型的原核微生物,是环境微生物最主要的微生物类群之一。细菌都为单细胞,有的具有鞭毛,细胞形态可以呈杆状、球状、弧形或螺旋状。细菌的营养代谢方式多样,有异养、自养或者兼性异养,对氧气的需求在不同种属间存在巨大差异,有专性好氧、专性厌氧,还有兼性好氧等。细菌除细胞膜、细胞壁、细胞质等基本结构外,还可能包含荚膜、鞭毛、菌毛、芽胞等特殊结构。细菌一般采用二分裂方式进行增殖。

细菌在生物学分类上可以分为多个门(phylum),常见的包括变形菌门(Proteobacteria)、酸杆菌门(Acidobacteria)、拟杆菌门(Bacteriodetetes)、厚壁菌门(Firmicutes)、放线菌门

（Actinobacteria）、浮霉菌门（Planctomycetes）、疣微菌门（Verrucomicrobia）等。变形菌门一般是环境中最重要的细菌类群。酸杆菌门则在酸性土壤等环境中占有主导地位。放线菌门呈菌丝状生长、以孢子繁殖，多生活在陆地弱碱性环境。

细菌无论在数量和种类上都是各种生态系统中最为主要的微生物类群，在生态系统的物质循环和能量流动中均起着关键性作用，如细菌参与的有机质的矿化作用、腐殖化作用、固氮作用、硝化作用、反硝化作用等。细菌是环境中碳、氮循环的重要驱动力。

### 2. 古菌

古菌是"生命之树"的另一个域，也为原核生物。在系统发育树上，相对于细菌，古菌与真核生物的亲缘关系更近。古菌具有独特的细胞膜结构，细胞膜脂以醚键连接，且很多古菌细胞膜为单层，显著区别于细菌的双层膜结构。古菌细胞壁不含肽聚糖，细胞壁结构也有别于细菌。

古菌在生物学分类上可以分为多个门，包括广古菌门、奇古菌门、深古菌门、泉古菌门、纳古菌门、阿斯加德古菌门等。在土壤、海洋水中，奇古菌门是最主要的的古菌类群，它们在氨氧化过程中起着关键性的作用。在有机质含量较高的缺氧环境，广古菌门中的产甲烷古菌及深古菌门一般是主要的古菌类群，是湿地沼泽等环境中最主要的甲烷源头。在高温热泉、海底热液喷口等环境，泉古菌是优势古菌类群。阿斯加德古菌是当前发现的亲缘关系与真核生物最接近的古菌，是真核生物起源和演化研究中的热点。

### 3. 真菌

真菌是一种真核生物，在"生命之树"中属于真核生物域。真菌几乎都以异养代谢方式生存，营腐生或者寄生。真菌个体尺寸差异较大，部分只能用显微镜才能观察清晰，属于本章中讨论的微生物，而有部分真菌体形较大，如日常生物中常见的蘑菇等。真菌细胞壁主要成分为几丁质，与细菌和古菌不同。霉菌等真菌能够形成气生菌丝，并交错在一起形成网状的菌丝体。真菌以有性和无性孢子进行繁殖。

常见的真菌包括霉菌、酵母、蘑菇等。真菌在不同生态系统中有非常广泛的分布，是陆地生态系统中最主要的分解者，在食物链和食物网中起着重要的作用，也是生物地球化学循环重要的参与者。菌根真菌与植物共生，对植物根系具有保护作用，并促进植物根系营养的吸收和代谢。

### 4. 原生动物

原生动物是真核生物中最低等、最原始的单细胞动物，少数为多细胞动物。原生动物细胞个体尺寸相对细菌、古菌等要大，许多原生动物以细菌为食，以自由方式生存，少部分营寄生和共生方式生存。少数原生动物能够进行光合作用，如眼虫。原生动物一般靠二分裂和复分裂方式增殖。原生动物包括鞭毛虫纲、肉足纲、孢子虫纲等，典型的原生动物包括草履虫、阿米巴虫、有孔虫等。草履虫和阿米巴虫在土壤和自然水体中广泛分布，而有孔虫主要生活在海洋环境中。

**5. 微型藻类**

藻类根据其个体的大小可以分为微型藻类和宏观藻类。微型藻类个体较小,通常为几微米到几百毫米,需要借助显微镜才能够观察其全貌。微型藻类为单细胞生物,但可以以单细胞、丝状多细胞或团状多细胞的形式存在,多作为浮游或底栖生物生活在水生生态系统中,栖息于表层至 250 m 水深的水柱或者沉积物表面,如海洋和淡水环境中。微型藻类多数为光合自养型微生物,利用 $CO_2$ 合成有机物,并释放出 $O_2$。在环境营养较充足的情况下,部分微型藻类能够以兼性营养或者异养的方式生存。微型藻类主要包括硅藻、甲藻、颗石藻等。

**6. 病毒**

病毒为一类由核酸和蛋白质等少数几种成分组成的"非细胞生物"。病毒主要结构为蛋白质衣壳以及核酸(DNA 或 RNA)。病毒一般需要寄生在其他生物体内才能生存,利用宿主细胞内的环境及原料完成复制和增殖。在非寄生状态时呈结晶状,不能进行独立的代谢活动。

## 第二节 微生物的生态功能和作用

生态系统的基本功能包括单向的能量流动、循环式物质流动和信息传递等。生态系统中不同营养级别的物质和能量流动构成了生态金字塔。这个金字塔中,无论从个体数量还是生物量来说,位于金字塔底座的微生物均占据了举足轻重的地位。据估算,全球生态系统中微生物的生物量达到 93.2 Gt 碳,占地球总生物量的 19.1%,约为陆地植物总碳量的 1/5,是动物总碳量的 45 倍(图 7-1)。在食物链中,一部分微生物是生产者,如蓝细菌、海洋和湖泊水体

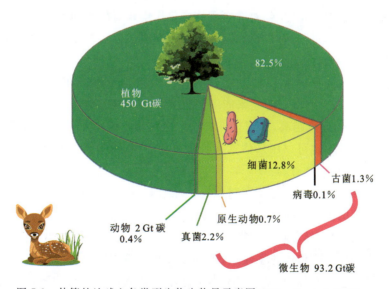

图 7-1 估算的地球上各类型生物生物量示意图(据 Bar-On et al., 2018)

中的真核藻类(硅藻、甲藻、颗石藻等)、氨氧化细菌和古菌,它们能够利用 $CO_2$ 合成有机质,是水生生态系统中初级生产力的主要组成部分,为其他营养级提供物质和能量。化能自养型微生物作为生产者时,驱动微生物固定 $CO_2$ 的能量来自于微生物参与的氧化还原反应,反应中的 C、N、S 元素等完成价态的转变,从而驱动了一些参与生命代谢关键元素的循环过程。在无光的黑暗生态系统中,如深海热液喷口附近,化能自养微生物同样作为初级生产力,为动物提供营养和能量;另一部分微生物是分解者,参与了生态系统中有机质的矿化和储存,有机质通过矿化作用分解为 $CO_2$ 或者小分子有机质。

## 一、微生物在有机质矿化中的作用

地球陆地上每一年都伴随着巨量的植物枯枝败叶的凋落,而水生生态系统中则有大量有机质的沉积。然而,这些有机物质并没有形成巨厚层的有机质堆积,而仅仅是在土壤或者沉积物表层残留一层薄薄的有机质,其原因是微生物在有机质堆积的过程中扮演着分解者的角色,将固态的有机质转变成了无机物(如 $CO_2$ 气体、$NH_4^+$、$CH_4$、$NO_3^-$ 等)或者小分子有机质,该过程被称为有机质的矿化过程。有机质的矿化过程不仅使得碳的物理形态发生改变,同时使得储存在有机物中的营养物质,如 C、N、P 等营养元素能够重新得以释放,大分子聚合态的有机物(如纤维素、蛋白质等)被微生物分解,变成可以溶于水的小分子有机物。这些营养元素和有机小分子都能够被生物直接利用,加速了整个生态系统中碳的周转过程。在有机质的矿化过程中,由于碳从土壤或者沉积物碳库中变成了气态的 $CO_2$ 或容易损失的可溶有机物,此时土壤或者沉积物碳库相对于大气来说是碳源,碳是净流出的,源源不断的向大气中释放 $CO_2$。对于微生物来说,有机质矿化过程中释放的小分子糖类、有机酸或者 $NH_4^+$、$NO_3^-$ 能够被微生物利用作为其异养代谢的碳源和氮源,维持微生物的生长和群落的扩大。

### 1. 有机质有氧矿化过程

在氧气充足的情况下,微生物对有机质的矿化作用相对较为彻底。微生物有氧代谢主要将有机碳变成 $CO_2$ 气体或溶解性有机碳,有机氮转变成 $NO_3^-$,含硫有机物转变成 $SO_4^{2-}$,其反应方程可以简单表示为:

$$有机物 + O_2 \longrightarrow CO_2 \text{气体或} DOM、NO_3^-、SO_4^{2-}$$

微生物异养呼吸产生 $CO_2$ 的速率能够用来衡量土壤等环境有机质的矿化速率的快慢。异养呼吸产生 $CO_2$ 的速率越高,土壤有机质矿化速率就越快。此外,在有机质矿化过程中溶解性有机碳浸出的速率也可以用来估算有机质矿化速率,溶解性有机碳浸出速度越快,有机质矿化也越快。

土壤微生物异养呼吸速率受温度和氧气状况影响较大。在一定范围内温度的增加能够增加土壤微生物酶的催化性能,增大微生物新陈代谢速率,明显提高呼吸作用速率。因此,在不同地理纬度带,微生物异养呼吸作用表现出显著差异。赤道附近的热带雨林和亚热带常绿阔叶林中微生物异养呼吸作用速率较快,植物枝叶和根系凋落物能够迅速降解,土壤中最终残存下来的有机质量相对较少,在红壤分布区土壤有机碳的含量均较低;而北极圈附近的冻土由于年均温度较低,极大地抑制了土壤微生物对有机质的矿化作用,植物的有机质能够大量保存。北极圈附近冻土因而成为陆地最大的碳库,其储存的有机碳占陆地碳库的近一半,是当前大气碳库中碳的2倍左右。同样,在我国寒温带针叶林和落叶阔叶林中发育的暗棕壤中,低温也降低了微生物对有机质的矿化作用,使得有机质能够得以大量保存,土壤颜色发黑。

影响生态系统有机质矿化作用的另外一个关键因素为生态系统中氧气含量的变化。好氧微生物生长迅速,代谢和增殖速度相较厌氧微生物明显要快。氧气较为充足时以好氧微生物为主的群落能够更快地降解有机物,有机质的矿化速度就明显加快。当环境缺氧时,厌氧微生物占据主导地位,微生物对有机质的矿化就不彻底,有机质往往发酵变成小分子有机酸或 $CH_4$ 等,矿化速度明显减缓,能够最终保存下来的有机质明显增多。在缺氧的土壤中,如水分饱和的土壤,以泥炭沼泽地为例,有机质在缺氧的环境下得以大量保存。

**2. 有机质厌氧矿化过程**

很多的生态系统由于微生物对氧气的消耗,水分对氧气的驱赶作用或者水体滞留分层氧气扩散速度较慢,导致生态系统中呈现缺氧的状态,如泡水的土壤、水体分层缺氧的黑海等。当植物等初级生产者产生的凋落物或者有机残体在这样的缺氧环境中时,微生物对有机质的矿化作用与有氧时完全不同。在有氧时,氧气作为矿化过程的氧化剂,使得有机质最终被氧化成 $CO_2$ 或者降解为可溶性有机质。在环境缺氧时,矿化过程的氧化剂被 $Fe^{3+}$、$Mn^{4+}$、$NO_3^-$、$SO_4^{2-}$、$CO_2$ 等所取代。一些细菌、真菌和古菌,如硫酸盐还原菌,能够利用这些氧化态的离子或化合物对有机质进行氧化,最终生成 $CO_2$ 和 $CH_4$ 等,或者直接通过有机质的发酵作用,生成小分子有机酸(如醋酸、乳酸)、醇(如乙醇),完成厌氧的呼吸作用,并产生能量维持微生物的生长和增殖,其反应方程式可以简单地表示为:

有机物+$Fe^{3+}$、$Mn^{4+}$、$NO_3^-$、$SO_4^{2-}$ 等 $\longrightarrow$ $CO_2$、$CH_4$ 气体或 DOM+$Fe^{2+}$、$Mn^{2+}$、$NO_2^-$、$H_2S$ 和有机物(厌氧发酵作用)$\longrightarrow$ 小分子有机酸、醇

在海洋沉积物中氧气一般都较为匮乏,由沉积物的表层往深部会出现一系列的有机质分解和矿化分带,包括硝酸盐还原带、铁锰还原带、硫酸盐还原带和产甲烷带,这一系列的有机质矿化分带对海洋沉积物中有机质的降解和消耗起到了关键作用。

有机质的厌氧矿化过程中的产甲烷作用能够产生甲烷气体。甲烷气体的温室作用效力约为 $CO_2$ 的25倍。因而,产甲烷作用及其产生的温室气体甲烷近些年来被广泛关注。产甲烷古菌是产生甲烷气体的主要微生物,它们能够在缺氧条件下利用乙酸、氢气和 $CO_2$ 以及含甲基类有机物(如甲醇和甲基胺)合成甲烷气体。产甲烷古菌在各类型生态系统中均广泛分布,但在相对缺氧且有机质较为丰富的环境,如泥炭沼泽、湖泊沉积物中含量相对较高。甲烷气体是全球碳循环中除 $CO_2$ 外的主要气体。甲烷的生成会加剧生态系统中的温室效应,部分的甲烷气体会被嗜甲烷的微生物进一步氧化成 $CO_2$。

与有氧的有机质矿化作用不同,有机质厌氧矿化作用产生的能量相对较少,其对有机质的矿化作用也不彻底,产生了一些小分子有机酸、醇或 $CH_4$ 气体,这抑制了缺氧环境中有机质的过快降解,有利于更多有机质最终在沉积物中得以保存下来。

## 二、微生物在生态系统有机质合成及储存中的作用

**1. 海洋微生物在有机质合成和存储中的作用**

海洋上层水体中的初级生产者,如硅藻、蓝藻、甲藻、颗石藻等微藻利用太阳能进行光合作用,固定 $CO_2$ 合成有机物,此时溶解态无机碳被转化成颗粒态有机碳或者溶解态有机碳(DOC)。这些有机碳转移到深海后,在几十年的时间内,绝大多数都会通过矿化作用等被消耗掉重新变成溶解态无机碳(DIC)。只有少部分颗粒态的有机碳形成悬浮颗粒物质并最终沉积下来形成海洋沉积物中的有机碳,这些碳与黏土矿物结合,并沉积在相对缺氧的沉积物中,保存时间大大延长,最高可以达亿年以上。据估算,全球海洋沉积物中有机碳储量约为 1000 Gt 碳,主要来自初级生产者光合作用的产物。深层海水中的溶解态无机碳可以通过温盐环流将这一部分碳重新释放到大气中。海洋表层溶解态无机碳经过初级生产者光合作用固定,形成颗粒态或溶解态有机碳以及无机碳被封存在微生物钙质壳体中,最终被转移至深层海水被暂时或永久储存的过程,被称为"生物泵"(biological pump)(Eppley and Peterson,1979)(图 7-2)。

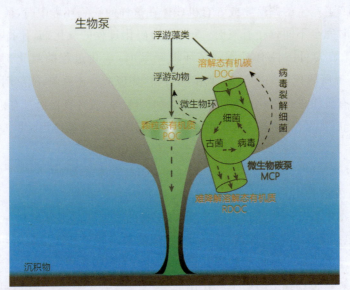

图 7-2 海洋生物泵和微生物碳泵将颗粒态有机碳、溶解态有机质转入深海形成较为稳定的难降解的有机碳库(据 Jiao et al.,2010)

注:微生物环为水生食物网,其中 DOC 被细菌和古菌所代谢,而细菌和古菌被原生动物捕食,原生动物又被后生动物捕食。灰色区域代表水柱中总的碳代谢流。病毒裂解细菌将颗粒态有机质(POC)重新转化成溶解态有机质。

海洋中约 3/4 的溶解态有机碳位于海水 1 km 水深以下。按照生物利用的难易程度,溶解态有机碳被分为 3 类:易分解的溶解态有机碳、稍难分解的溶解态有机碳和难分解的溶解态有机碳(recalcitrant DOC,简称 RDOC)。易分解的 DOC 在海水中驻留时间为几小时到几天的时间,稍难分解的 DOC 可以在海水中存在几个月至几年的时间,是真光层转移到深水层中的主要 DOC。而 RDOC 在海洋中驻留的时间可达上千年,基本不被微生物降解。

因此，海洋水体中 RDOC 的生成能够极大延长有机质的保存时间，以达到碳存储目的。微生物通过转化颗粒态有机碳、细胞生长和增殖过程中直接分泌或者病毒裂解微生物个体释放其细胞壁和细胞表层大分子有机物等方式生成 RDOC，使得有机碳更长时间、更稳定地储存在海洋中的过程，被称为"微生物碳泵"(Jiao et al., 2010)（图 7-2）。现代海洋中 RDOC 碳储量达 624 Gt 碳，与大气中的碳储量相当。这些 RDOC 的 $^{14}$C 年龄可达 4000~6000 年，远高于温盐环流的周转时间（500~2000 年）。

**2. 微生物参与的有机质腐殖化过程**

土壤中不同类型有机质由于降解难易程度不同，可以分为活性有机质库、惰性有机质库和缓效有机质库 3 类，它们共同组成了陆地生态系统中最大的碳库，其总储量达 1580 Gt 碳，是大气中储碳量的近 2 倍。绿色植物通过光合作用每年能够合成 120 Gt 碳，其中近一半能够进入到土壤圈，而每一年约 0.7% 的陆地净初级生产力最终通过微生物主导的腐殖化作用变成腐殖质(Schlesinger, 1990)。土壤中有机质通过微生物主导的生物作用和生物化学作用形成腐殖质的过程被称为腐殖化作用。土壤碳库的稳定是通过不断的腐殖化作用（有机质累积）、矿化作用和溶解态有机质的淋滤作用（有机质消耗）达到动态平衡实现的，而这些过程的完成都由微生物主导的。

土壤活性有机碳库包括微生物体和一些简单容易降解的有机质，如糖类、蛋白质、脂类、小分子有机酸等。惰性有机碳库是土壤有机质的主要组成部分，占有机碳库的 60%~90%，在土壤中长期稳定的存在，主要为以有机-无机复合体形式存在的并与矿物等紧密结合的腐殖质。

腐殖化过程非常复杂，目前认为腐殖化过程主要分为 3 个阶段：①微生物对植物及其根系凋落物进行降解，使其成为小分子有机物；②微生物对这些小分子有机物进行代谢，微生物进一步增殖生长；③微生物利用多酚、多醌或者来自于植物的类木质素作为原料进行缩合，形成网状的高分子聚合物——腐殖质。微生物在多酚、多醌或者类木质素的形成中都起了关键性的作用。腐殖质根据其羟基、羧基等官能团的多寡可以分为三大类：富里酸、胡敏酸和胡敏素。从富里酸—胡敏酸—胡敏素，化学惰性逐渐增强，官能团逐渐减少，水溶性变差，化学性质越来越稳定，越能长久保存在土壤中。

**3. 土壤微生物储碳作用**

传统观点认为，土壤中有机碳主要来自植物及其根系的凋落物，而土壤中主要有机物——腐殖质也是微生物在植物有机质（木质素等）基础上聚合形成的。近年来，很多研究证明，土壤细菌和真菌在土壤有机碳存储过程中也扮演着非常重要的角色。土壤中微生物有着巨大的生物量。据估算，全球 0~30 cm 表层土壤中微生物生物量高达 16.7 Gt 碳(Xu et al., 2013)，是地球上动物生物量的 8 倍左右（表 7-1）。微生物在体外通过生物酶对有机质进行加工改造后，来自植物的多糖、蛋白质、木质素等成分其中一部分变成腐殖质，成为土壤最为稳定的碳库组成部分；同时，微生物体内能够摄取大量来自植物的有机物，如碳水化合物、糖类、脂类等，并对这些有机物进行同化作用，合成其自身的有机物质，这些有机物质最终在微生物死亡以后以微生物残体碳的形式被保存在土壤中。这一部分碳抗降解能力较强,包括微生物细胞壁的氨基糖类、脂类等,与土壤中矿物结合紧密,有利于其长期保存在土壤中。微生物同化容易降解的植物来源有机质,并源源不断地将有机质转化成微生物残体碳和微生物代谢产物的作用过程被称为土壤的"微生物碳泵"(图 7-3)。微生物残体碳可以通过与矿物紧密结合的"埋藏作用"长期保存在土壤中(Liang et al.,2017)。

表 7-1　表层土壤(0～15 cm)微生物各类群数量及生物量统计表

| 微生物 | 数量(每克土壤) | 生物量/(g·m$^2$) |
| --- | --- | --- |
| 细菌 | $10^8 \sim 10^9$ | 40～500 |
| 放线菌 | $10^7 \sim 10^8$ | 40～500 |
| 真菌 | $10^5 \sim 10^6$ | 100～1500 |
| 藻类 | $10^4 \sim 10^5$ | 1～50 |
| 原生动物 | $10^3 \sim 10^4$ | 变化较大 |
| 线虫 | $10^2 \sim 10^3$ | 变化较大 |

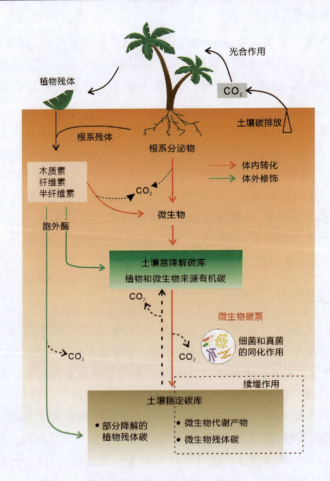

图 7-3　土壤微生物碳泵示意图(据 Liang et al.,2017)

大量的野外观察和实验能够证实微生物碳泵对土壤有机质的贡献。来自威斯康辛联合作物系统的野外观察实验表明,在2008—2014年6年时间内,随着草原生态系统中植物的多样性增加,土壤有机碳储量明显增加。新增加的土壤有机碳量中,92%来自微生物残体碳的贡献。在农田生态系统同时开展的实验观察中,作物轮作后土壤中有机碳的含量也在6年时间内显著提高,其中微生物碳对增加有机碳的贡献量也达到76%(Zhu et al.,2020)。

从全球尺度来看,在农田、草地、森林表层20 cm土壤中微生物残体碳对土壤总有机碳的贡献比例分别为51%、47%和35%。在自然土壤(草地和森林)中,微生物残体碳对土壤有机碳的贡献比例随着深度的增加而逐渐增加,这与随着土壤深度增加,植物凋落物对土壤有机碳的贡献比例逐渐减少相一致,而在人类干扰较大的农田土壤中,微生物残体碳对土壤有机碳的贡献比例随着土壤深度增加而逐渐减小。草地和农田土壤中从微生物活体有机物转变成残体碳的效率要高于森林土壤。真菌残体碳对土壤有机碳的贡献相对细菌残体碳来说明显更大,两者比例在2.4~2.9之间变动。较低的温度和酸性土壤环境都有利于微生物残体碳在土壤中的保存。

土壤碳库在没有外界环境干扰时一般处于动态平衡状态,碳库储碳量不会出现明显的增加或者减少,这主要是微生物的异化作用(异养呼吸矿化有机质)和微生物的同化作用(微生物泵存储有机质)两个过程平衡的结果(Liang et al.,2017)。当向土壤中添加新鲜有机质时,土壤中微生物降解有机质作用被激发,甚至会加速对原有稳定态的有机质的降解,有机质矿化产生的$CO_2$可以达到原来的400%,这个过程被称为有机质降解的"激发效应"。而同样是这些微生物会利用新添加的有机质合成其细胞体,并最终成为土壤中稳定态的有机质,该过程被称为"埋藏效应"。土壤中微生物的组成(如真菌和细菌比例等)和类型会对"激发效应"和"埋藏效应"产生明显的影响,最终导致土壤中有机质净损失、净增加或者基本保持动态平衡。

### 三、微生物在氮循环中的作用

在全球各类型生态系统中,氮往往是限制初级生产力的关键元素之一。微生物是驱动全球生态系统中氮循环的引擎,一些关键的氮循环过程都是在微生物酶的作用下发生的。微生物通过固氮作用将氮气转化成铵根,铵根在进一步氧化后最终形成硝态氮,被生物利用;而硝态氮会通过反硝化作用重新转变成氮气返回大气,造成生态系统中氮的损失。微生物固氮作用和反硝化作用控制着生态系统中氮的输入和输出,维系着生态系统中氮的收支平衡。

**1. 生态系统中氮的输入**

除大气沉降外,生态系统中氮的输入主要来自微生物的固氮作用。氮气是惰性气体,工业上需要高温高压和催化剂才能将氮气转化成铵根。然而,固氮微生物可以通过固氮酶的作用在常温常压下完成氮气向铵根的转化。微生物固氮作用的强弱往往受到环境中氮素含量影响,但环境中较缺氮时,微生物固氮作用得以加强,过多的氮的存在对固氮作用往往有抑制作用。

陆地生态系统中主要的固氮微生物为固氮细菌,根据与植物共生的关系可分为自生固氮菌、共生固氮菌和联合固氮菌。自生固氮菌可以独立固氮，不与植物共生，如圆褐固氮菌、蓝细菌（或称蓝藻）等；共生固氮菌是指与植物共生形成根瘤等的细菌，如根瘤菌；联合固氮菌与植物共生，但不形成根瘤，如巴西固氮螺菌等与 $C_4$ 植物形成互利共生。海洋中固氮微生物主要包括束毛藻属蓝细菌和一些单细胞蓝细菌，前者主要分布在温暖的热带和亚热带海区，后者在高纬度地区和深水中更为常见。

**2. 生态系统中氮的转化**

固氮微生物或生态系统内部通过有机氮矿化作用产生的铵根在环境中会被氨氧化细菌和氨氧化古菌氧化成亚硝酸根，而亚硝酸根则被硝化细菌进一步氧化为硝酸根，硝酸根易溶于水，容易迁移，能够被生物直接利用。在多数环境中，氨氧化古菌的含量要高于氨氧化细菌。氨氧化古菌更喜欢铵根浓度较低的环境。除此之外，一类细菌能够完成从铵根至硝酸根完整的硝化过程，这类细菌被称为全程氨氧化细菌，主要为硝化螺旋菌属中的一些细菌(Daims et al., 2015)。氨氧化细菌、氨氧化古菌和全程氨氧化细菌在各类生态系统中均广泛存在，它们在氨氧化作用和硝化作用中的贡献随着生境变化会发生较大的改变。氨氧化过程会伴随着温室气体 $N_2O$ 的释放，因而也成为氧气充足环境（陆地土壤、海水）中温室气体 $N_2O$ 排放的重要源头。

**3. 生态系统中氮的损失**

在缺氧的环境中，硝酸根会通过反硝化微生物被最终还原为 $N_2$，该过程被称为反硝化作用。参与反硝化过程的微生物包括细菌、古菌、真菌甚至某些原生动物。反硝化作用过程也伴随着 $N_2O$ 的释放。反硝化作用遍布在地球上各种生境中，反硝化过程使得生态系统中氮素变成生物无法再利用的氮气，造成生态系统中氮素的损失。现今海洋中氮素就处于亏损状态。

造成氮素损失的另外一个途径是氨的厌氧氧化作用。在缺氧环境中，氨厌氧氧化细菌能够利用亚硝酸根和铵根的反应获取能量，最终转化成 $N_2$，也能够造成 $N_2$ 的损失，海洋中30%～50%的氮素损失来自氨的厌氧氧化作用。在水体分层缺氧的黑海、海洋中的氧气最小带、淡水湖泊、农田生态系统中都存在氨厌氧氧化细菌，并造成这些生境中氮素损失。

## 第三节 微生物的生态地理分布

### 一、细菌和真菌的生物地理分布

微生物地理学是研究微生物多样性时空分布特征的学科，需要阐明微生物在什么地方生存以及含量或丰度的变化，为何在该地方生存等基础问题。微生物地理学的研究，可以为微生物多样性的产生和维持机制，尤其是对微生物成种、灭绝、扩散和微生物之间的相互作用提供了重要信息，也可以帮助人们更深入地了解并预测微生物在一些生态系统中的关键功能，如在元素循环、有机质降解和储存、植物生产力的提高以及公共健康等中所起的作用。

微生物(细菌、真菌、古菌及其他真核微型生物)在陆地和水生生态系统的生物地球化学循环中起着关键的作用,是驱动碳、氮等元素循环的引擎。微生物个体相较宏体生物明显较小,地球表层的各种营力,如风、水流等更容易使得微生物发生迁移。同时,微生物个体数量较多,代谢速率较快,能够通过无性或者单性生殖方式繁殖后代,且繁殖周期较短,并能够产生休眠体以抵御外界不良的环境,这些都使得微生物在被外营力搬运过程中更容易迁徙至更远的地理位置,使微生物能够分布在全球适宜的生存环境中。因而,1934年荷兰微生物学家Baas Becking首次提出微生物地理学假说:"Everything is everywhere, but, the environment selects"。微生物遍布全球,即所谓的"Everything is everywhere",也被称为"EiE"假说。假说认为,宏体生物由于地理阻隔有明显的生物地理分区,而微生物没有大尺度的空间分布模式,不存在生物地理分布,微生物的地理隔离是不存在,而是呈现一种全球性的随机分布。生物个体大小2 mm也被推测为微生物与宏体生物之间有无生物地理分区的一个临界值(Finlay,2002)。

微生物地理学主要关注两个核心的问题:①微生物群落是否存在地域的差异,即是否存在微生物地理分异;②如果微生物群落存在地域差异,这种差异是现在生态因子造成的,还是历史偶然因素造成的,亦或者是两者因素共同造成的。

当前,越来越多的研究表明,"EiE"假说是存在问题的,微生物是存在地理分布的。2010年,地球微生物组计划(earth microbiome project,简写为EMP)正式诞生。该计划旨在通过全球科学家的共同努力,对来自地球不同地理区域的各类样品进行微生物基因测序(包括扩增子测序、宏基因组测序和代谢组测序),并获得各类样品的物理化学参数,从全球尺度来观察地球微生物群落的地理分布特征及其控制因素。

地球微生物组计划以及之前的众多研究均发现,微生物像动物、植物一样具有大的地理尺度的分异。例如,海洋中的细菌、原生动物、浮游有孔虫的多样性等都随着纬度的增加呈现递减的变化趋势。陆地中微生物多样性的地理分布模式与海洋不同,往往与土壤pH、有机碳含量等因素相关,而土壤pH等大地理尺度上的变化也主要与年均降水量等气候因素有关,受到气候地理分带的直接影响。动植物的主要生活空间是空气,空气中变化最大的环境因子之一是温度,因而温度对动植物分布有显著的影响,大地理尺度上温度的空间差异性会导致动植物物种呈现空间分异。海洋中不同纬度带海水温度变化较大,而海水中pH和盐度等变化较小,不同纬度温度的巨大差异因而也成为海洋微生物多样性最主要的影响因素之一。对于土壤微生物来说,土壤微生物生存在土壤溶液及矿物-有机质-溶液界面附近,受周围生境微环境,尤其是溶液化学条件影响显著,pH是影响众多微生物生理代谢等的重要因素,不同微生物具有不同的pH适应范围,因而土壤pH无论是在局部地区、区域、大陆还是全球尺度的变化均能够显著影响土壤中微生物的多样性。

**1. 微生物"种"的定义**

微生物数量和种类繁多,识别环境中一个微生物的"种"具有一定的挑战性。例如,1 g土壤中有多达$10^4 \sim 10^7$种微生物,但能够在实验室条件下分离培养或富集的微生物菌株占地球上微生物的种类不足1‰,多数微生物不能像宏体生物一样看到其形态特征,并通过形态特征鉴定其属种,这对微生物多样性的定量造成较大的挑战。对于古菌和细菌等原核生物来说,讨论其生物地理最大的挑战和限制是原核生物"物种"的定义。传统"物种"(species)的概念是一群生物中的个体可以自由交配,并通过生殖隔离等方式与其他物种区分开。这个概念在无性生殖的原核生物中是不适用的。不同原核生物物种之间会发生基因的水平转移,即一个微生物较容易从其他类群的微生物中获得遗传物质,使得本没有亲缘关系的两类微生物之间在遗传上产生联系。高频率的基因流动将远远超过由于基因漂移、变异或者适应环境对微生物产生的影响。对于真核微生物来说,形态特征往往是鉴别微生物新"种"的关键。然而由于其个体较小,能够用于区别不同种的形态特征往往非常有限,这可能会导致一些遗传上本不是同一个物种的真核微生物被认为是同一物种,从而导致这种微生物到处分布的"错觉"。

当前,环境样品中细菌、古菌和真菌等的鉴定主要通过基因测序完成,在一定程度上解决了微生物"种"识别的问题。微生物"种"被定义为具有一定表型相似性,DNA-DNA杂交率大于70%,而核糖体RNA基因序列的相似度超过97%的一组微生物(Vandamme et al.,1996)。通过该标准定义的微生物物种与通过表型(外观)和形态建立的微生物物种基本吻合。以已经分离培养的微生物作为参照,环境中微生物可以通过线粒体DNA(rDNA)作为标志来构建未培养微生物之间的遗传演化关系,即系统发育树。高通量rDNA测序能够最大限度地获得环境样品中微生物的基因序列,更深更广地挖掘出环境微生物多样性的信息。将相似度超过97%的基因序列认为是同一个微生物物种,即一个操作分类单元(operational taxonomic unit,简称OTU)。OTU之间的遗传演化关系可以通过与已培养的微生物建立系统发育树。本质上,OTU是人为给微生物某个分类单元设置的一个标志,其分类单元可以是门、纲、目、科、属、种各个级别。对OTU的定义差别会明显影响微生物地理分布特征,当把OTU的定义标准从97%的基因相似度增加到99%的相似度时,微生物"物种"在地理空间上的差异性明显增加。这与动物和植物是类似的。

**2. 微生物多样性的定义及其维持机制**

环境体微生物在不同地理空间尺度上可以用3种多样性($\alpha$多样性、$\beta$多样性、$\gamma$多样性)来描述,从而实现对环境中多数未培养微生物多样性的调查。$\alpha$多样性主要用来描述局地(如单个样品)均匀生境中微生物物种的多样性,也被称为生境内微生物的多样性。它可以反映单个样品中微生物群落的丰富度和多样性,包含了多个用以度量和估算群落中微生物丰富度和多样性的指数,例如微生物菌群丰富度指数——Chao1丰富度指数,微生物多样性指数——香农-威纳指数和辛普森指数。Chao1丰富度指数可以用以估算样本中OTU的数量,Chao1越大,代表OTU的数量越多,样品中物种数也更丰富。香农-威纳指数的计算公式为:

$$H = -\sum_{i=1}^{S} \frac{n_i}{N} \ln\left(\frac{n_i}{N}\right)$$

式中,$S$为观测到的OTU数量;$n_i$为含有$i$条基因序列的OTU数量;$N$为所有的基因序列数量。香农-威纳指数越大,微生物群落的多样性就越高。

$\beta$多样性主要用来描述具有一定环境梯度的生境微生物群落之间物种组成的差异性或者物种沿着环境梯度改变的速率。$\beta$多样性一般可以指示生境中微生物物种隔离的程度,对不同生境的样品中微生物多样性具有很好的描述作用。

γ多样性则主要用来描述区域或者大陆尺度的微生物的多样性。

对微生物群落多样性维持机制的解释与动植物一样也存在两种理论：生态位分化理论和中性理论。生态位分化理论认为，微生物群落中各微生物共存的机制在于各微生物的生态位存在差异，环境因子对物种的成种作用具有选择性，物种的演化朝着特定的方向进行，这种过程一般也被称为"确定性过程"(deterministic process)。中性理论则认为，微生物群落中各微生物物种在生态学上是完全等同的，微生物物种的出生、死亡、迁移和物种成种作用概率是相同的，是随机的过程，物种基因漂变的方向是随机的，并不受具体的环境因子的影响，这种过程又称"随机过程"(stochastic process)。扩散和成种作用能够导致环境中微生物有较高的多样性。微生物群落多样性的维持对微生物地理分布有着至关重要的作用，而"确定性过程"和"随机过程"也决定了不同微生物群落的构建。

### 3. 微生物"种"-面积关系和距离-衰减关系

20世纪20年代，物种数量与地理面积之间的经验函数被提出来。

$$S=cA^z$$

式中，$S$ 为物种数量；$A$ 为采样区域面积的大小。

公式两边同取对数(log 或 ln)得

$$\log(S)=\log(c)+z\times\log(A)$$

该方程变为线性方程，$\log(c)$ 为该线性方程的截距，而 $z$ 为该线性方程的斜率，$z$ 值越大，区域面积越大增加物种数量的变化速率就越快(Gleason,1922)，群落的空间差异性越强，即表现出更强的地理分异特征。不同物种数量与面积的关系存在差异，对应的 $c$ 和 $z$ 两个参数也明显不同。对于多数动物和植物来说，物种数量-面积之间的关系都已经得到验证。微生物是否存在地理分布差异可以从"种"-面积关系上看出来。显然，如果微生物在地理空间上呈均一分布，那应该与采样面积之间没有直接的关系。

以新英格兰大盐沼为例，盐沼周边具有明显的环境梯度，植物物种具有明显的空间分布规律[图 7-4(a)]。对于微生物来说，可以通过采集间距为厘米级别到上百米级别的一系列沉积柱，利用 16S rRNA 基因测序获得这些沉积柱中的 DNA 序列。以 97% 基因相似度作为分类标准，近 1000 条基因序列被归类为 88 个 OTU。OTU 展示出来的细菌相似度的对数值与地理距离之间呈现明显的距离衰减关系。该盐沼植物的距离-衰减曲线的 $z$ 值和其他湿地的植物群落类似，但明显要比细菌 $z$ 值要高。如果只分析细菌中的 β-变形菌，以 99% 的基因相似度划分物种时，β-变形菌群落的 $z$ 值相对于整个细菌群落要明显低很多，说明 β-变形菌群落随地理距离的变化速率相对较小。如果改变划分物种的标准，把 99% 的基因相似度变成 95% 的基因相似度，距离衰减曲线的斜率 $z$ 值也会明显减小，微生物会更倾向于均一分布。过于宽松的微生物"物种"定义标准会明显高估物种的分布范围及其种群的大小。通过盐沼中细菌的丰富度与采样面积呈现正相关关系可以看出，微生物存在一定的空间和地理分布差异。对于本地物种来说，不同地理位置的两个本地物种之间的相互作用和联系会随着它们之间的距离增加而逐渐衰减(Horner-Devine et al.,2004)。

对于不同物种的 $z$ 值,其排序大致是:植物＞鸟类＞蝴蝶＞蚯蚓＞蚂蚁＞真菌＞硅藻＞纤毛虫＞细菌[图 7-4(c)]。不同生物在地理距离增加后其种群变化的程度,代表了其向周边环境扩散的难易程度。这种变化趋势表明个体越小的生物,其向周围环境扩散能力越强,地理隔离产生的作用就越弱。植物由于无法移动,向周围环境扩散能力较弱,而动物在遇到不适合生存的环境时可以较大范围的移动以寻找到合适的生境,微生物能够通过地表营力迅速扩散到较远的地理距离之外。

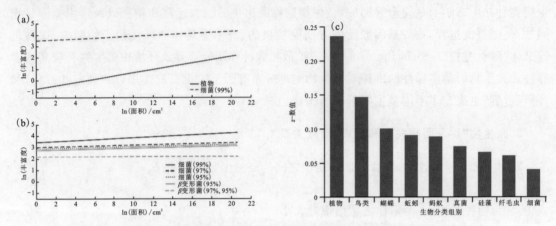

图 7-4 新英格兰大盐沼中不同类群生物种-面积之间的关系
(a)植物和细菌种丰富度与面积之间的关系;(b)在不同分类标准下,细菌和 $\beta$ 变形菌种丰富度与面积之间的关系;(c)不同生物类别 $z$ 值的差别

微生物具有地理分区的另外一个特征是应该符合距离-衰减关系。距离-衰减关系主要聚焦在微生物群落在不同地理空间上的变化速率,不同样品点群落组成(β 多样性)相似性如何随样点间地理距离的变化而变化。对中国 42 个不同的湖泊或水库中的丰富或者稀有的浮游细菌进行调查后发现,无论是丰度较高的浮游细菌,还是稀有浮游细菌都具有距离-衰减关系。浮游细菌丰度的变化基本都与占据的生态空间面积呈正相关关系。在细菌群落中丰度较高的微生物展示出的距离-衰减关系相对稀有细菌属种来说更弱,稀有细菌对局地环境因子的响应和反馈更加明显,而丰度较高的微生物类群则主要对大区域的环境变化有所反馈(Liu et al.,2015)。此外,通过对假单胞杆菌基因的相似度区域尺度(＜80 km)的研究发现,距离增加后基因的相似度是下降的,证明该类微生物在这种地理尺度上是具有地理分布差异的。

**4. 土壤微生物地理分布**

1)全球土壤细菌地理分布

土壤微生物在不同地理尺度的分布(包括局地、区域、大陆尺度和全球尺度)在近些年有了较多的研究结果和进展。与植物和动物从赤道地区向两极多样性逐渐递减的规律不同,土壤微生物多样性在目前的分类标准下并没有在全球尺度上表现出与地理纬度的关系。但是,在南半球,从赤道至南极土壤微生物的多样性确实出现了明显递减的趋势,而在北半球的土壤中却没有观察到类似的规律。Bahram 等(2018)对来自全球 189 个不同地点的 7000 余个表层土壤中细菌和真菌的基因数据进行研究发现,细菌种类多样性和功能多样性(在生态系统中所执行功能的多样性)在温带地区达到最大,在赤道和两极地区相对较低,与纬度之间呈现出"抛物线"的关系,而真菌种类多样性与地理纬度之间的关系不明显,功能多样性在中纬度温带地区最低,在赤道和极地地区却明显增加,与细菌功能多样性表现出的模式刚好相反。在全球尺度上,土壤pH、营养含量和其他一些气候因子(例如年平均降水量)是细菌种属多样性、丰富度、生物量和主要门类相对含量的控制因素。细菌功能基因多样性与年均降水量关系紧密,说明细菌具体的代谢功能是由大地理尺度的气候因素决定的,而非区域因素决定的。

2) 土壤细菌垂直地带性分布

细菌群落多样性同样表现出不同海拔垂直地带性分异特征。海拔变化往往能够引起年平均温度、年平均降水量的变化,进而导致土壤理化性质(如土壤pH值)、植被类型发生变化,由此,细菌群落的多样性和丰富度随着海拔变化而具有差异性。不同区域的山脉海拔断面上细菌群落多样性与海拔之间的关系在全球尺度上并没有统一的特征。例如,日本富士山海拔1000～3700 m之间所有门类细菌的多样性指数与海拔之间呈现抛物线的关系,即2500 m左右土壤细菌多样性最高,明显高于低海拔和3700 m以上的土壤。这些土壤中最为丰富的细菌门类——变形菌门多样性与海拔的关系和所有细菌总体的多样性类似。对于酸杆菌门,其多样性指数随海拔增加呈现出线性递减的趋势(Singh et al.,2012)。我国神农架北坡1000～2800 m海拔土壤中细菌丰富度随着海拔增加呈现单调递减的变化趋势。细菌$\beta$多样性指标Jaccard指数和Bray-Curtis指数均随着样品之间的地理距离增大而增加,代表细菌在神农架海拔断面上具有明显的地理分带性。环境因子中土壤pH值和植物多样性是造成细菌在神农架不同海拔断面上分异的主要原因(Zhang et al.,2015)。

3) 全球土壤真菌地理分布

与细菌不同的是,真菌基本都为异养微生物,它们在生态系统中主要以降解者、共生生物和动植物致病菌的角色出现,在全球森林有机质循环和植物矿质营养的调节等方面都扮演着重要作用。全球真菌的种类超过百万,其中主要的门类包括担子菌门(Basidiomycota)、子囊菌门(Ascomycota)、产孢菌门(Mortierellomycotina)和黏菌门(Mucoromycotina)等。土壤理化性质受气候影响,气候往往是全球土壤中真菌多样性的最主要的控制因素。年平均降水量和土壤中Ca离子含量对真菌丰富度均有影响,当年平均降水量和Ca离子含量增加时,土壤中真菌丰富度相应也增加。真菌中有部分类群与植物根系互利共生,形成菌根真菌。菌根真菌中的外生菌根真菌在植物根系表面形成一层菌套,能够保护植物根系,加速周围矿物质和有机物的分解和营养物质的吸收,在森林生态系统中对植物营养调节和碳循环起着非常重要的作用。外生菌根真菌宿主植物的相对比例及其丰富度决定了外生菌根真菌在大的地理尺度上的分布,其次是土壤pH值。对于腐生真菌来说,年平均降水量是影响其地理分布的关键因素,在降水量大的地区,腐生真菌的丰富度明显增加,植物生物量也相对较大,充足的食物有利于腐生真菌多样性的增多。子囊菌门(Ascomycota)及属于子囊菌门的古根菌纲(*Archaeorhizomycetes*)的丰富度均从赤道到两极表现出逐渐减小的趋势。此外,其他的真菌类群的丰富度均对不同的气候或者土壤理化因子有所响应。例如,子囊菌门座囊菌纲(Dothideomycetes)受温度影响显著,其丰富度随温度增加而增加。

可见,与动物、植物类似,土壤真菌的总体丰富度是从两极向赤道逐渐增加的(图7-5)。然而,不同真菌类群其多样性和丰富度由于受控的生态因子不同,其地理分布存在明显的差异。腐生真菌、病原菌和寄生真菌的多样性在低纬度地区明显增加,而外生菌根真菌丰富度在中纬度地区最高,在北半球40°—60°的温带森林和地中海生物区表现最为突出。子囊菌门真菌不同纲的丰富度及其地理分异特征差别迥异。例如,古根菌纲、座囊菌纲等的丰富度均在赤道附近达到最高,而茶渍纲(Lecanoromycetes)和锤舌菌纲(Leotiomycetes)多样性在北极苔原和北方森林均维持与赤道附近相似的水平(Tedersoo et al.,2014)。

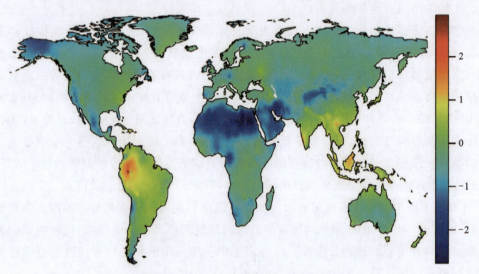

图 7-5　全球土壤真菌丰富度地理分布示意图(据 Tedersoo et al.,2014)

注:红色代表真菌 OTU 数量相对丰富,蓝色代表真菌 OTU 数量相对较少。

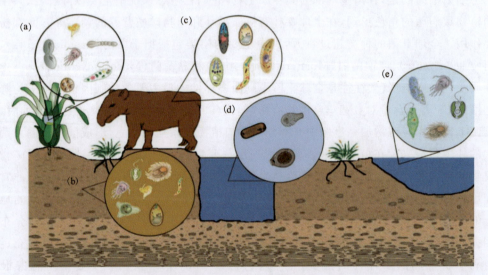

图 7-6　原生动物在新热带界的主要分布生境示意图(据 Ritter et al.,2021)

注:圆圈内表示各环境中的主要微型生物类群(a)凤梨科植物顶端的纤毛虫和鞭毛虫;(b)土壤中的囊泡虫(顶复动物等)、沟鞭藻、丝足虫和纤毛虫;(c)寄生在其他动物体内的顶复动物;(d)河流中的有壳变形虫;(e)湖泊中的古虫(眼虫等)、纤毛虫和色藻。

## 二、原生动物的生态地理分布

近年来,随着分子生物地理学的进一步发展,一些研究认为外界力量对微型生物的携带能力是有限的,特别是在一些地区发现微型生物存在地方种(土著种)。例如,Hillebrand(2001)指出,随着地理距离的增加,硅藻和纤毛虫在不同地区的群落结构上的相似性分别呈现逐渐降低的趋势。Smith(2008)认为,某些有壳变形虫如 *Apodera vas* 仅分布在冈瓦纳大陆,在北半球没有分布(图7-7)。著名原生生物学家 Foissner(2006)也认为,并非所有的微型生物都是世界广泛分布的。例如原生动物有壳变形虫中的 *Nebelidae*、*Distomatopyxidae* 和 *Lamtopyxidae* 等类群就存在严格的地域性分布,它们在冈瓦纳与劳伦斯古大陆、热带和温带大陆的分布差异很大。而显微镜技术和分子生物学研究也表明,十字梨壳虫(*Nebela ansata*)仅在北美东部泥炭沼泽有发现,属于北美地方种(Heger et al.,2011),凤蝶茄壳虫(*Hyalosphenia papilio*)仅分布在全北区(Singer et al.,2019)。在我国长江中下游湖泊和泥炭湿地发现的木兰砂壳虫(*Difflufia mulanensis*)、琵琶砂壳虫(*D. biwae*)、瘤棘奈氏虫(*Netzelia tuberculata*)、涨渡五角虫(*Pentagonia zhangduensis*)和九湖梨壳虫(*Nebela jiuhuensis*)等单细胞真核微型生物都被认为是亚洲特有种(Qin et al.,2023)。

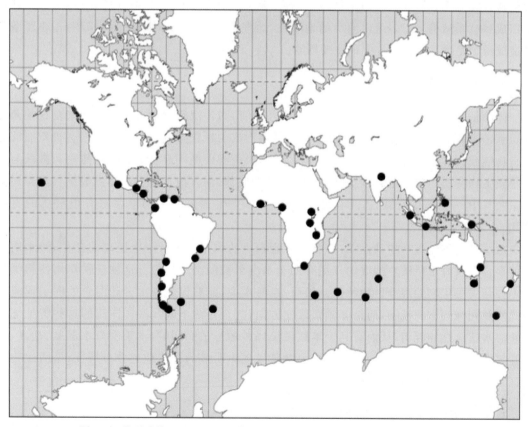

图7-7 微型动物 *Apodera vas* 在冈瓦纳大陆的分布示意图(据 Smith,2008)

Meisterfeld(2002)认为,不仅淡水微型生物存在一定的地理格局,生活在一些海滨空隙中的微型生物（有壳变形虫）也有地带性分布，例如 *Heteroglypha*、*Lamtopyxis*、*Lamtoquadrula*、*Moghrebia*、*Paracentropyxis*、*Pentagonia* 和 *Pseudonebela* 等属的种类仅在出现在非洲热带地区，*Alocodera*、*Ampullataria*、*Certesella*、*Cornuapyxis*、*Oopyxis*、*Pileolus* 和 *Suidifflugia* 等属只发现于南美中南部，而 *Wailesella*、*Deharvengia* 和 *Playfairina* 等属仅在印度尼西亚和澳大利亚滨海湿地有发现。近期对高山微型生物的生态地理学研究发现，微型生物群落结构和多样性在海拔梯度上差别很大，而且其个体大小随海拔的升高有变小的趋势(Qin et al.,2023)。这些观点都认为微型生物和高等动植物一样也存在着地理分布格局。

还有一些学者则持折中观点，认为微型生物既有世界广布的类群，也存在着具有一定地理分布格局的种类，如 Wilkinson(2010)认为个体小于 $100\sim150~\mu m$ 的种类是世界性分布的，大于这个范围的种类存在明显的地理分布区。当然，早期调查受样品采集区域等因素的限制，而误将一些物种列为特有种的情况，如五角虫属和霍简虫属一度被认为是非洲特有属(Smith et al.,2008)，后来在中国的神农架和长江中游湖泊中游发现(Qin et al.,2011)。显然，相关研究还需进一步深入。微型生物的分子生态地理学研究进一步表明，尽管因为它们个体小而"无处不在"，但这并不意味着它们类群都一样或者没有差别，相反，越来越多的证据表明这些貌似无处不在的微型生物差别巨大，除了上述提到的一些地方特有种外，它们在群落组成和谱系结构上也表现出明确的地域性，地理位置、温度、降水量、光照等生态地理条件是造成微型生物地理分布差异的主要因素。

### 三、微藻的生态地理分布

微藻是水生生态系统中最为主要的初级生产者，海洋沉积物中有机质主要来自这些藻类的贡献。微藻是海洋生物泵的主要参与者，微藻形成的颗粒态有机质和溶解性有机质能够通过食物链或自然沉降等方式进入到海洋深水中，对海洋碳循环起着关键性的作用。微藻与细菌等微生物一起构成了生态系统"能量金字塔"的底部，为其他各营养级提供能量。微藻还贡献了大气中一半左右的氧气，无论对陆地还是水生生态系统生物生存都有很重要的支撑作用。

微藻多数不能进行主动运动，只能在水流和风的作用下进行一定距离的迁移，淡水周期性的混合以及海水持续性的混匀作用有助于水生微藻的全球扩散。这种迁移作用使得微藻看上去会失去生物地理分区的特征。然而，在海洋中，能够保证海水全球混合的深层洋流不总是按照同样的方向流动，而是会频繁改变方向，甚至停滞下来。海洋洋流的这些特征能够阻止海水持续性的混匀，从而有利于本地微藻属种的形成。同时，由于受海水温度、盐度、营养盐等多种因素的影响，水生生态系统中微藻呈现出明显的全球地理分布特征，是微生物地理区系分析的一个典型代表。

#### 1. 微藻的主要类群及生态特征

微型藻类在分类上主要包括原核藻类蓝藻门以及真核藻类硅藻门、甲藻门、绿藻门、红藻门、金藻门等，超过几十万种，目前有多种能够在实验室条件下进行培养。

蓝藻门蓝藻为最简单,是地球上出现最早的绿色光合生物,形态主要为单细胞或者丝状。蓝藻实际为革兰氏阴性细菌,属于原核生物,细胞内没有细胞器和细胞核。蓝藻没有鞭毛,具有浮游型和底栖型两种生活方式,底栖型蓝藻能够形成微生物席(垫)。

蓝藻主要分为色球藻目(Chroococcales)、宽球藻目(Pleurocapsales)、管胞藻目(Chamaesiphonales)、念珠藻目(Nostocales)和真枝藻目(Stigonemales)5个目。如发生水华的微囊藻为色球藻目;地木耳中的蓝藻形态似一串佛珠,属于念珠藻目。蓝藻几乎遍布海洋、淡水和陆地环境,以单细胞或与其他生物共生的方式生存,如地衣和苔藓等,在极端环境中也普遍存在,包括高盐盐湖、干旱区土壤结皮和陆地热泉等。蓝藻门的聚球藻(*Synechococcus*)、原绿球藻(*Prochlorococcus*)、束毛藻对海洋初级生产力的贡献巨大,而丝状蓝藻鱼腥藻(*Anabaena*)、念珠藻(*Nostoc*)、颤藻(*Oscillatoria*)则是咸水中微生物席、热泉和半干旱-干旱区土壤和水稻田中主要的蓝藻。不同类群的蓝藻明显表现出生境对属种的选择性。

硅藻门为单细胞藻类,可以单独或以群落生存,呈带状、星形、扇形和"Z"字形,部分为放射性对称,部分为两侧对称,其细胞大小在 $2\sim200~\mu m$ 之间。现生硅藻超过2万种,其中12 000种已被命名。Medlin等根据基因序列系统发育的结果,将硅藻门分为圆筛藻亚门(Coscinodiscophytina)和硅藻亚门(Bacillariophytina)。其中,硅藻亚门又可以进一步分为间藻纲(Mediophyceae)和硅藻纲,而圆筛藻亚门包含圆筛藻纲。

硅藻一般没有鞭毛,随着洋流或波浪在水中移动,或以底栖、黏附在宏体藻类或其他固体表面的方式生存。硅藻具有叶绿体,能进行光合作用,是海水中最主要的吸收 $CO_2$ 的微生物,占全球海洋初级生产力的40%,也是多种其他营养级生物的主要食物来源;同时,每年地球上20%~50%的氧气是由硅藻光合作用产生的,其对光合作用的贡献占地球所有光合生物的1/5,与全球热带雨林相当。与其他浮游藻类不同,硅藻能够利用海水中溶解态的硅酸合成自身硅质的细胞壁,每年从水体中可以吸收约67亿吨的硅,消耗水体中巨量的硅,成为全球硅循环重要的驱动力。棒杆藻科(*Rhopalodiaceae*)硅藻体内含有与之共生的蓝藻,蓝藻能够进行固氮作用提供氮源。在当今海洋中,硅藻主要出现在上升流区或高纬度地区。在上升流区硅藻生物量可以达到浮游生物的70%以上。

除硅藻外,当今海洋中另外一种主要的初级生产者为甲藻(dinoflagellate)。甲藻属于甲藻门,为单细胞真核微型藻类,多数能够进行光合作用,含有叶绿体,部分属种也能通过混合营养(光合作用和捕食)的方式生存。甲藻细胞外壳由扁平的囊泡组成,细胞死亡以后囊泡沉积到沉积物中保存下来。甲藻捕食食物包括蓝藻、硅藻、细菌甚至其他甲藻。甲藻含有两根形态不同的鞭毛,通过鞭毛能够在水体中移动。甲藻在海洋中主要以浮游方式生存,部分也能够底栖固着与珊瑚共生甚至寄生生存。多数虫黄藻属于甲藻,能够为共生生物珊瑚、砗磲等提供光合作用的有机物质。虫黄藻喜欢生存在 $20\sim28~℃$ 的环境下,当温度超出这个范围时,虫黄藻就会从共生生物中脱离,珊瑚等就会出现白化的现象。

甲藻在海岸带水体中相对较多,其大量爆发时容易形成赤潮,赤潮水体呈红色或棕色,主要由较为单一属种的甲藻迅速增殖形成。部分甲藻能够产生荧光,夜晚受到扰动时在海滩周边会产生蓝色荧光带。有些甲藻能够分泌神经毒素,对水生生态系统造成毒害。甲藻能够生活在几乎所有的水生环境中,包括海洋、盐沼、淡水湖泊和河流,甚至雪和冰中。

海洋中第三种重要的初级生产者为颗石藻。颗石藻属于定鞭金藻门钙板金藻科钙板金藻属,也是浮游型的单细胞真核微型藻类,为圆球状,直径为 5~100 μm,外层具有钙板,在海洋和一些咸水湖泊中广泛存在。多数颗石藻都为光合自养型微藻,少部分缺乏色素只能进行异养代谢。颗石藻一般能忍受极为寡营养的条件,在营养条件极差的开阔大洋能够生存。定边金藻目中的赫氏颗石藻(*Emiliania huxleyi*)是海洋中最为丰富的一种颗石藻,在温带、亚热带和热带海洋中都有发现。

颗石藻在海洋生态中的重要性体现在以下几点:①颗石藻是开阔大洋中主要的初级生产者,成为其他营养级的主要食物,并产生大量氧气;②颗石藻除进行光合作用吸收 $CO_2$ 外,其钙板的形成还能够吸收水体中的 $HCO_3^-$ 和 $Ca^{2+}$,颗石藻是海洋中重要的碳汇。颗石藻死亡后形成钙质化石沉积在海洋沉积物中形成钙质软泥。颗石藻吸收海水中大量的无机碳最终通过海洋生物泵得以保存;③颗石藻大面积爆发其特殊的光学特性能够改变海水的反照率从而改变海水温度;④颗石藻还能够合成二甲基硫,这些二甲基硫释放到海水上方空气生成凝结核,进而形成云阻隔太阳的直射,降低海表面温度;⑤颗石藻能够形成有毒害的藻华。

红藻门包含了一些大型海藻,如紫菜,也包括一些与其他藻类差异迥异的微藻。这些微藻含有与蓝藻类似的藻胆色素和 β-胡萝卜素,红藻的红色主要来自藻红蛋白,其叶绿体具有单一的类囊体,主要包括红毛菜纲(Bangiophyceae)等。红藻门中的微藻生活的水层比较深,主要生活在海洋、淡水中甚至与赤道地区有孔虫共生在一起。

与前几类微藻不同,绿藻门主要生活在淡水中,有 9000~12 000 种,绿藻大小和形态差别巨大,常见的绿藻包括单细胞绿藻(衣藻属 *Chlamydomonas*、鼓藻类)、群体绿藻(水网藻属 *Hydrodictyon*、团藻属 *Volvox*)、丝状绿藻(水绵属 *Spirogyra*)和管状绿藻(伞藻属 *Actebaularia*、蕨藻属 *Caulerpa*)等。生活中常见的绿藻包括小球藻和水绵。绿藻中一些属种,如单细胞球形绿藻共球藻纲(Trebouxiophyceae)能够与真菌共生,形成地衣。绿藻在淡水环境中广泛分布,也是淡水生态系统中动物食物和氧气的主要来源。

**2. 微藻的生物地理分析方法**

与细菌、真菌等微生物等类似,微藻由于能够通过洋流或波浪实现较大地理范围的移动,早期也有部分观点认为微藻在海洋中是没有地理分区的,是广布在全球大洋中的。微藻细胞大小与细菌等微生物接近,它们在形态、细胞大小、生命周期和代谢活动等都展现出极大的多样性。在讨论微藻的生物多样性时,微藻准确"种"的划分也是困扰微藻生物地理学发展的一个问题。由于微藻一般为无性繁殖,动植物的传统"种"的定义——具有生殖隔离的不同生物,同样也不适用于微藻。微藻的"种"一般还是通过藻类形态来进行识别。然而,根据形态划分的"种"会人为降低微藻的多样性,更细微的差别还需要借助扫描电子显微镜或者采用分子生物学的手段来解决。例如,在分析南极蓝藻分布时,通过形态学鉴定只发现了 17 个"种",但通过分子生物学手段可以识别出 28 个 OTU,即基因分类意义上的"种"(Taton et al., 2006)。对于分子生物学手段来说,如果将分类标准从 80% 到 99.5% 以后,原绿球藻(*Prochlorococcus*)的多样性和生物地理分布会发生显著的变化,并表现出与环境因子之间的关系(Martiny et al., 2009)。绿藻(*Micromonas pusilla*)被认为是一个"种",但基因测序发现这个根据形态定义的"种"在基因上可以分为 5 个独立的"种",其中 2 种在陆地和海洋环境中广布,而其他种只出现在海洋环境中(Šlapeta et al.,2006)。

微藻的生物地理分析,与细菌等微生物相同,可以使用 3 种方法来验证:①距离-衰减曲线;②属种数量-面积关系曲线;③某类微藻本地和全球种数量的比值。微藻的本地土著属种越多,随着距离增加,其种属相似度衰减的速度就越快。微藻本地种越多,调查地域面积越大时,增加的新属种就越多,属种数量-面积关系越能呈现出正相关关系,属种数量-面积关系的斜率就越大。采用第三种方法,对于广布种来说,局地中某类微藻种的数量基本就涵盖全球该类微藻种的数量,会导致该类微藻本地和全球种数量的比值较大。例如,对于连续的生境,物种数量与地理面积之间的经验函数 $S=cA^z$ 对于海洋硅藻也成立,表示斜率的参数 $z$ 为 0.07,与土壤真菌的相当,但比植物和动物要小(Bell et al.,2005)。此外,来自南美洲巴西亚马孙河流一条支流(Negro 河)硅藻多样性的距离-衰减曲线表明,在 800 km 的地理距离上,不同河段中硅藻 $\beta$ 多样性发生了明显变化,表现出地理分异的特征,固着型硅藻群落距离-衰减的变化速率明显要高于浮游型硅藻(图 7-8),证明固着型硅藻扩散能力相对较弱(Wetzel et al.,2012)。

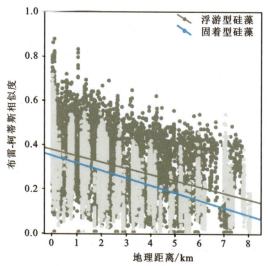

图 7-8 南美洲亚马孙河支流(Negro 河)固着型硅藻和浮游型硅藻群落布雷-柯蒂斯相似度与地理距离的关系(据 Wetzel et al.,2012)

### 3. 全球尺度微藻的生物地理分布

在全球大洋中,微藻也显示出一定的生物地理分布。这种生物地理分布首先体现在微藻不同的门级别分类单元(蓝藻、颗石藻和硅藻)上,且这种地理分布的变化会随着季节出现一定的波动。蓝藻门中的聚球藻(*Synechococcus*)和原绿球藻(*Prochlorococcus*)在赤道太平洋、大西洋和印度洋地区是主要的初级生产者。聚球藻在赤道附近海域丰度最高,分布纬度范围在南北纬 0°～30°之间;原绿球藻多位于聚球藻分布的外围地区,主要在中纬度 25°～35°N 和 20～35°S 的海域(图 7-9)。聚球藻和原绿球藻等浮游微藻细胞个体较小,具有较大的比表面积,相比其他细胞个体更大的真核藻类,它们对营养盐的限制敏感性相对较差。在夏季的北大西洋,聚球藻几乎也很少出现,该区域主要以原绿球藻和其他直径在 $2\sim20~\mu m$ 之间的微藻为主,这可能与原绿球藻和聚球藻适应于不同的表层海水温度、气溶胶携带的铁元素含量、河流输入和海水垂向混合有关。在南半球 $40°\sim50°$,当硅酸盐含量过低,不足以支撑硅藻生长时,聚球藻也在这个区域生长。

在南半球夏季,硅藻则相对集中在南大洋附近水域,而北半球冬季时硅藻则朝着北极海域移动。春季时,硅藻在北大西洋繁盛,5 月份主要分布在 $40°N$ 北大西洋洋盆东南,8 月份主要分布在 $60°N$ 附近。北太平洋硅藻也在类似地理纬度展现出相似规律,只是在时间上比北大西洋晚 1 个月左右。每年 10—翌年 4 月份,南半球 $40°S$ 硅藻也相对富集,在 11—2 月份覆盖南大洋。定鞭藻纲的棕囊藻属在 1—2 月份硅藻爆发后开始繁盛,主要在南印度洋和南巴塔哥尼亚。硅藻还喜欢上升流较为丰富的海区,如大西洋安哥拉和纳米比亚海域、太平洋秘鲁和赤道海域。在拉尼娜事件时期上升流相对较多时硅藻在赤道太平洋地区也会出现零星的分布(Alvain et al.,2008)。

颗石藻在大洋中主要爆发的区域出现在中高纬度的海域,如北大西洋、北太平洋、南半球南大洋南极绕极流覆盖的区域和在大陆边缘地区的海域,如墨西哥湾地区、地中海、南美大陆东部、澳洲大陆东部沿海等区域。在太平洋当中,颗石藻 90 个种分布在 6 片分离开的区域,太平洋不同的洋流拥有其独特的颗石藻类群。太平洋中颗石藻多样性最高的区域出现在 $30°N—5°N$ 之间,主要包括北赤道流和赤道逆流经过的区域,两个洋流流动方向相反,能够保证强烈的水混合作用,从而增加了该区域颗石藻物种的多样性。

2008 年,以 Eric Karsenti 为首席的一些科学家组织了一次环球航行,旨在了解全球不同海域中微藻等浮游生物所组成的生态系统,这次航行被命名为"Tara 海洋"。该航次耗时两年零八个月,采集了除北冰洋之外的世界不同洋盆水体中微型生物。之后又开展了第二次航行,被命名为"Tara 海洋北极圈",主要环绕北极圈航行,并采集样品。两次航行共获得 210 个站位的 35 000 件样品。全球大洋中甲藻、硅藻、绿藻和定鞭金藻的基因 OTU 数量多,而海洋中浮游型蓝藻的属种多样性非常低,远低于甲藻、硅藻等海洋藻类,也比陆地蓝藻低很多,主要包括聚球藻、原绿球藻、束毛藻和鳄球藻。两次航行发现了超微型微藻($0.2\sim2~\mu m$)原绿球藻和聚球藻等主要出现在温暖的热带和亚热带海域,微型藻类($2\sim20~\mu m$,主要为硅藻和甲藻)一年四季主要出现在温带区域,而个体尺寸较大的微藻($20\sim200~\mu m$,如链状硅藻)主要在初春和夏末爆发,或在上升流区相对较多。原绿球藻主要在南北纬 $40°$ 之间的温暖寡营养开阔大洋中,与温度表现出正相关关系,而与营养条件表现出负相关关系。与之不同的是,聚球藻在沿岸带水体和上升流较多的区域丰度较高,它的地理分布范围包括了高营养区域和极地地区。温度对原绿球藻和聚球藻的地理分布影响显著(Karlusich et al.,2020)。

从全球尺度上来看,无论是蓝藻还是硅藻、甲藻、颗石藻,$\alpha$-多样性指数香农指数($H'$)均在赤道高海温区相对较高,越靠近两极多样性越低,且多样性越高时,对应的净初级生产力越低。这与陆地植物在赤道附近热带雨林生物多样性最高相一致(图 7-9;Karlusich et al.,2020)。而对浮游型微藻 $\beta$ 多样性来说,温度也是决定其分异的最主要因素。浮游型微藻 $\beta$ 多样性沿着纬向温度的变化有一个明显的转折点:海水表面温度 14 ℃。当海水表面温度低于

14 ℃时,微藻 β 多样性与温度呈正相关关系,高于 14 ℃时,浮游型微藻 β 多样性基本稳定,随温度升高后没有显著的变化。该转折点对于浮游微藻产生的净初级生产力也有重要影响。当表层海水年平均温度低于 14 ℃时,海水中浮游微藻的净初级生产力明显要高,对应于高纬度地区海域低温、富营养的特点;而表层海水年平均温度超过 14 ℃时,净初级生产力下降,对应于低纬度高温、贫营养和分层的海水(Martin et al.,2021)。

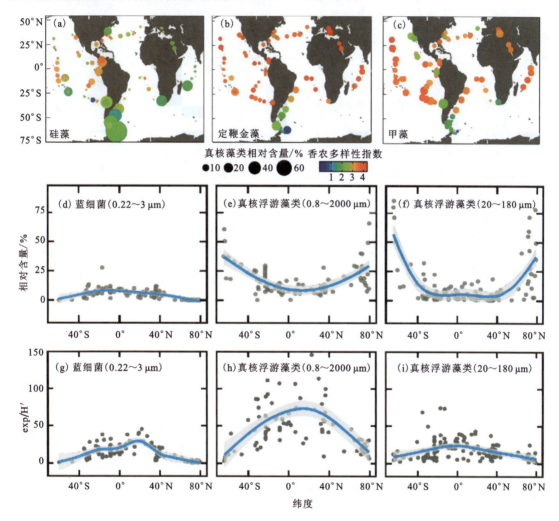

图 7-9 全球海洋主要浮游微藻含量和多样性随纬度变化图(据 Karlusich et al.,2020)
(a)硅藻相对含量及香农多样性指数;(b)定鞭金藻相对含量及香农多样性指数;(c)甲藻相对含量及香农多样性指数;(d)蓝细菌(0.22～3 μm)相对含量随纬度变化;(e)真核浮游藻类(0.8～2000 μm)相对含量随纬度变化;(f)真核浮游藻类(20～180 μm)相对含量随纬度变化;(g)蓝细菌多样性指数($H'$)的指数函数随纬度的变化;(h)真核浮游藻类(0.8～2000 μm)多样性指数($H'$)的指数函数随纬度的变化;(i)真核浮游藻类(20～180 μm)多样性指数($H'$)的指数函数随纬度的变化

根据"Tara 海洋"全球大洋航行获得的硅藻数据,硅藻更多分布在营养丰富的沿岸和高纬度地区(Malviya et al.,2016)。全球海洋硅藻中,角毛藻属(*Chaetoceros*)为最丰富且多样性最高的属,其次为拟脆杆藻属(*Fragilariopsis*)、海链藻属(*Thalassiosira*)、环毛藻属

(*Corethron*)。硅藻部分类群在全球都有分布，不具有地理分异特征。但是，其他硅藻在属分类级别展现出强烈的地理分布规律。例如，环毛藻属和脆杆藻属在南大洋含量较高，四棘藻属(*Attheya*)、漂流藻属(*Planktoniella*)等在南太平洋分布较多，细柱藻属(*Leptocylindrus*)主要分布在地中海。硅藻各属级别分类多样性在全球海洋差异较大。脆杆藻属的细长翼鼻状藻(*Proboscia*)、弯角藻属(*Eucampia*)在赤道附近多样性较低，而四棘藻属、几内亚藻属(*Guinardia*)等属在高纬度海域多样性较低。硅藻类群的多样性在厄加勒斯角（非洲大陆最南端）和德雷克海峡出现了明显的下降，这两个区域刚好分别分隔开印度洋和大西洋、大西洋和南大洋，说明了洋流的阻隔对硅藻多样性及其地理分布有一定的影响。硅藻同一属下不同种在各个海区中展现出不同的多样性特征。硅藻为进化相对成功的物种，能够在不同环境条件下分化，以适应完全不同的生境。

**思考题：**

1. 简述微生物的主要类群。
2. 简述微生物的生态地理格局。
3. 简述微生物与碳循环的关系。

# 第八章 应用生态地理学

## 第一节 植被和生态重建与修复

### 一、黄土高原生态破坏与恢复

**1. 黄土高原的生态破坏**

黄土高原是我国第二级阶梯上重要的地貌单元,也是华夏文明重要的发祥地之一。黄土高原由第四纪时期冬季风携带的粉尘堆积而成。在太行山以东、秦岭以北约 64 万 $km^2$ 的广大区域内形成了上百米厚的黄土和古土壤沉积序列。秦岭的阻挡使得北上的东亚夏季风到达黄土高原时减弱,黄土高原因此形成了温带半干旱—干旱的气候特征。黄土高原土壤以初育土黄绵土和黑垆土为主,土壤中含盐基离子较多,阳离子交换量大,呈弱碱性,较为肥沃,且土壤结构较为疏松,易于开垦,为黄土高原文明的孕育和发展提供了良好的条件。

黄土高原及所包围的关中盆地是我国多个朝代的权力核心地区。西汉晚期,黄土高原人口仅 1000 万;到明朝中期,人口达 1100 万左右,清代人口增至 4000 万,至 21 世纪,黄土高原总人口超过 1 亿。逐渐增加的人口对自然资源获取的增长,以及剧烈的人类活动严重影响了黄土高原的生态环境面貌,超越了黄土高原生态环境的承载力,原生植被被破坏,取而代之的是农作物和人类活动场所等。从西周、春秋时期至南北朝时期,黄土高原森林覆盖率从 50% 降低到 40% 左右。随着朝代更替,黄土高原森林覆盖率逐渐减少,明清时减少到 15%,到新中国成立之初森林覆盖率已低至 6%。这种千百年以来渐进式的生态破坏造成了黄土高原生态系统服务能力逐渐减弱(Fu et al.,2017)。

生态破坏根据程度可以分为 3 个不同的层级:生态损伤、生态退化和生态崩溃。生态损伤指的是短期内突然的破坏行动对生态系统造成了明显的有害影响,包括树木选择性砍伐、非法盗猎野生动物、新物种入侵等。例如,20 世纪八九十年代可可西里大量非法盗猎藏羚羊破坏了高原食物链,导致高原生物多样性降低。生态退化指的是长期人类活动的影响导致生物多样性降低,生态系统结构、组成和功能的慢性丧失或破坏,包括长期放牧、过度砍伐、物种长期持续侵入等。生态崩溃指的是人类活动等对生态系统产生的损伤或者退化造成植物和动物全部消失,生物生存环境完全被破坏,生态系统失去其自身物质和能量流动的基本属性,例如城市化过程、海岸带侵蚀、开矿等。

黄土高原的生态破坏属于生态退化,是几千年以来黄土高原日益增加的人类活动对黄土高原原生生态系统造成的慢性损伤。黄土高原植被的破坏产生了一系列不良的生态后果。首先,缺少植被和根系的黄土中养分更容易被淋溶掉,土壤逐渐贫瘠,土壤的持水性和生产力都下降,造成粮食减产。其次,黄土高原黄绵土和黑垆土的成土母质为粉尘物质,土质较为疏松,孔隙度较大,容易开垦,在植被稀少的情况下,集中的夏季季风降雨非常容易侵蚀地表的土壤,再加上坡度较陡,地表的河沟被逐渐侵蚀加深,形成如今沟壑纵横的景象。黄土高原被侵蚀面积占其总面积的70%左右,黄土高原因而成为全世界水土流失最严重的地区之一。最后,黄土高原的侵蚀也加大了黄河的泥沙含量,黄河泥沙中约90%来自黄土高原。黄河进入华北平原后形成了泥沙堆积,下切作用减弱,在华北平原很多地区形成"地上悬河"。古代水利工程建设能力较弱,汛期黄河决堤和改道都给黄河两岸人们造成了深重的灾难。

黄土高原生态破坏还会造成其生态系统服务功能减弱甚至丧失,生态经济效益明显降低,难以发展旅游等相关产业,经济作物种植受限,周边民众经济水平无法提升。要改善黄土高原生态破坏的局面,维持人类在黄土高原的可持续发展,减轻黄土高原对整个黄河中下游水土流失的影响,必须依据生态地理学原理,并通过合理的举措,实现黄土高原的生态恢复(图 8-1)。

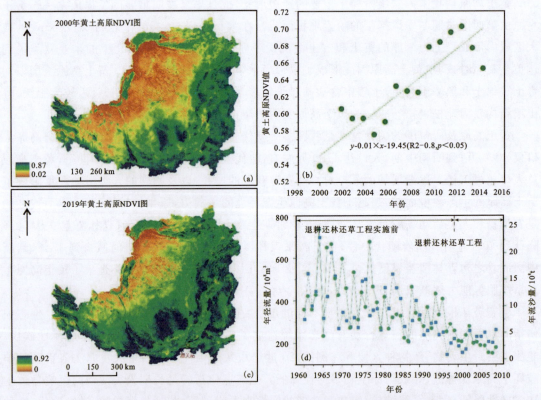

图 8-1　黄土高原潼关站退耕还林还草工程实施前后植被及泥沙变化

(a)退耕还林还草工程实施开始时(2000年)黄土高原归一化植被指数(NDVI)图;(b)退耕还林还草工程实施19年后(2019年)黄土高原归一化植被指数(NDVI)图;(c)黄土高原归一化植被指数(NDVI)在退耕还林还草工程实施后逐渐增加;(d)黄河潼关站年径流量和年泥沙量在退耕还林还草工程实施后逐渐减少。

**2. 黄土高原生态恢复举措**

生态恢复是指以生态演替规律为基础,通过人为干预的方式恢复和创造具有高生产力的,在一定的时间和空间尺度内具有稳定性和持续利用性能的自然、人工或自然-人工复合生态系统。生态修复的目标是使退化或遭到破坏的生态系统返回其没有受到人类干扰的正常历史演化轨迹上,而并非恢复成与历史状况一模一样。当今的气候环境条件与历史时期可能存在明显的区别,例如,黄土高原相对过去温度明显的增加,降水量也出现了增加的趋势。这会使生态系统为适应当今气候环境变化出现明显的改变。恢复后的生态系统必须能够在没有人为干预的情况下实现自我支撑和自我调节,并实现与周围环境协调发展。生态系统的恢复可能花费数年甚至数百年的时间,取决于该生态系统的复杂程度。演替级别越高的生态系统,其生态系统的复杂程度和成熟程度越高,生态修复所花费的时间也越长。

要改变黄土高原逐渐恶化的生态环境状况,并降低水土侵蚀对黄河中下游的影响,必须对黄土高原进行生态恢复和治理,践行"绿水青山就是金山银山"理念,实现黄土高原可持续发展的目标。黄土高原生态恢复的核心和关键是植被的恢复。然而,采用何种植物类型进行植被恢复,使用什么标准进行恢复是首先要解决的问题。这就要求所选用的植物符合生态地理学原理,植被能够适应黄土高原温带半干旱—干旱的大陆季风性气候特征,在后期没有人类干预的情况下,植物能够正常繁殖,形成一个稳定且具有一定自我修复能力的生态系统。

黄土高原过去近千年来社会-生态系统演变经历了4个阶段:耕种快速扩张阶段(1100—1750年)、耕种持续扩张阶段(1750—1950年)、农田工程以增加粮食生产阶段(1950—1970年)、从粮食生产向生态保护转型阶段(1980—1990年)。从20世纪70年代开始,国家在黄土高原开始推行多项水土保持工程,包括修建梯田、植树造林、自然植被恢复和淤地坝的修建。修建梯田能够有效减小早年黄土侵蚀形成的较大坡度,缓解夏季降雨对表层黄土的侵蚀作用。植树造林和自然植被的恢复增加了地表植被的覆盖面积,降雨经木本植物冠层和草本植物缓冲后落到地面的侵蚀能力大大减小。在边坡等区域种植草本植物能够在土壤浅层形成网状的网络,很好地保护表层土壤的稳定性,降低其被侵蚀的可能性。在黄土高原侵蚀作用较为强烈的河沟中,人工筑坝的方式使得泥沙在集中降雨季节被坝体阻挡,并淤积形成良田,这些坝被称为淤地坝。淤地坝的修建能够提高河沟中侵蚀基准面,减少水土流失,是黄土高原小流域治理中的一个重要措施。淤地坝的兴建能够极大降低入黄河泥沙量,并营造出平坦的人造平原,这些淤积形成的土地较坡地更加肥沃,抗旱能力更强,增产效果明显。

新中国成立之初,为减少沙尘暴和水土流失,国家组织人力在陕西榆林等沙漠荒地开展防护林建设。1978年,"三北"防护林体系工程正式启动,开启了中国大规模生态建设的时代。当时,我国东北西部、华北和西北(简称"三北")植被退化和沙漠化日趋严重,水土流失加剧。"三北"防护林体系工程拟通过73年时间,将"三北"地区森林覆盖率由5%提高到15%,使得水土流失和风沙灾害得到有效遏制,生态环境得到根本性改变。这其中包括在黄土高原使用生物与工程措施相结合,综合治理山、水、林、田、路,建设以水土保持林为主、农林牧协调发展的生态经济型防护林体系。

1999年以后,国家开始有计划地实行退耕还林还草等政策,即"退耕还林(草)、封山绿化、以粮代赈、个体承包"。2000年,国务院将退耕还林还草列入我国西部大开发的重要内容。2002年我国在全国全面启动退耕还林还草工程。经过20多年的退耕还林还草工程的实施,黄土高原大量的坡耕地已转变成草地或森林,目前黄土高原已经成为中国生态恢复治理最成功的案例之一,到处呈现出绿意盎然的景象。选用刺槐(Robinia pseudoacacia)、油松(Pinus tabuliformis)、山杨(Populus davidiana)、柠条(Caragana intermedia)、沙棘(Hippophae rhamnoides)、紫穗槐(Amorpha fruticosa)等相对耐旱的乔木和灌木在黄土高原种植,黄土高原逐渐形成了以刺槐、油松、山杨、柠条、沙棘等植物为建群种的植物种群。

多年的生态修复工程使得黄土高原生态、水文、水土流失状况和区域气候环境均发生了显著的变化。

(1)"三北"防护林体系工程和退耕还林还草工程实施以来,黄土高原植被的覆盖度增加了约一倍,植物多样性明显增高。根据统计数据,自2000年退耕还林还草开始实施以来,黄土高原归一化植被指数(NDVI值)每年平均增加1.06%左右。至2015年,NDVI值累计增加超过20%,且主要发生在黄土高原中部冲沟和丘陵发育的区域(图8-1)。黄土高原北部和西部沙漠区以及南部的农灌区增加的较少。其中,2000—2010年间,黄土高原净初级生产力增加了$(9.3\pm1.3)$ $g/m^2 \cdot a$,增长率达35%(Feng et al.,2016)。黄土高原土地覆盖变化主要发生在中部和南部,农田减少了28.3%,而草地和森林覆盖面积分别增加12.4%和5%。

(2)1982—2016年,NDVI值在黄河流域显著增加(图8-1),而黄河泥沙含量随NDVI值增加呈指数递减趋势(Wang and Sun,2021)。黄河泥沙量在1951—1979年间约为$(1.34\pm0.64)$ Gt/a,20世纪80—90年代降至$(0.73\pm0.28)$ Gt/a,21世纪初降至$(0.32\pm0.24)$ Gt/a,2013年以后更是减少至0.2 Gt/a,与公元740年唐代原始农业时期黄河泥沙量相当(Li et al.,2021)。

(3)黄土高原土壤营养水平(C、N、P等)、土壤抗侵蚀能力、土壤有机碳和无机碳含量提高。黄土高原植被恢复导致水分蒸腾作用加剧,增加了近地表湿度,降低近地表温度,减小地表反照率,也造成了区域降水量的增加。表层土壤有机碳也逐渐增加,植物残体和根系对表层和次表层土壤中有机碳贡献都相对退耕还林之前的农田有显著的增加,能够更好维持植物和土壤生态系统的稳定。据估算,黄土高原碳封存潜力从2000年的33.2Tg碳增加至2015年的45.2Tg碳。表层土壤中无机碳含量显著降低,但次表层土壤中无机碳含量却明显增加,生物呼吸作用更强,更多的无机碳被淋溶到土壤深层(Chang et al.,2012)。

(4)退耕还林还草工程虽然使得黄土高原的可耕地面积大幅减少,但退耕还林还草面积的增加并没有以粮食减产作为代价。从2000—2015年,山西、陕西和宁夏3个省(自治区)粮食产量反而增加了30.2%,对应的耕地面积减少了15%,这主要得益于现代化农业生产方式(包括农业机械、化肥的大规模使用,水利设施的兴修导致的农田灌溉面积增加等)能够极大提高粮食的亩产量(Wu et al.,2019)。此外,一些产量较低的大坡度坡耕地被还林还草,而冲沟被填平、淤地坝的兴建不仅增加了部分可耕作土地面积,而且可以极大缓解之前的水体流失的境况。

(5)生态工程的实施还极大提高了经济林的种植面积。据估算,"三北"防护林体系工程完成的营造林每年产生的生态效益总值达965亿元。核桃、苹果和花椒等经济树种的种植,将生态治理和民生工程有机结合,加快了生态林向生态经济林的转型,极大提高了民众参与生态建设的积极性和持续性。

**3. 黄土高原生态恢复中种草与种树之争**

黄土高原生态恢复中存在一个较大的争议是究竟种树还是种草,才能恢复成历史时期该区域典型的植被组合特征,以实现所种植物最大限度适应当地的气候环境条件,并形成具有一定抵抗不良环境干扰能力的生态系统。因而,在剧烈人类活动之前的黄土高原其自然植被的组成面貌可以作为重要的参考。

历史时期植被面貌的重建需要依靠一些第四纪地质学的手段和方法,包括植物孢粉分析和有机质碳同位素分析等。植物孢粉在繁殖期能够通过风和动物等方式搬运到地表并埋藏,孢粉外较耐降解的有机物能够保护孢粉,使其长时间保存在黄土地层中。通过黄土剖面不同层位的孢粉组合特征可以恢复过去该区域不同气候背景下的植被组合情况。此外,土壤中有机碳同位素($\delta^{13}C$)也能够反映植被的组成面貌,尤其是 $C_3$ 和 $C_4$ 植物的组成。由于 $C_3$ 植物和 $C_4$ 植物的有机碳同位素值 $\delta^{13}C$ 差异显著,前者约为 $-27‰$,后者约为 $-13‰$,通过这两个端元值可以计算出 $C_3$ 和 $C_4$ 植物的相对比例。黄土高原主要的乔木、灌木多为 $C_3$ 植物,组成的植被景观为森林;而 $C_4$ 植物几乎都为草本植物,如白羊草(*Bothriochloa ischaemum*)、马唐草(*Digitaria sanguinalis*)和狗尾草等,组成的植被景观为草原。两种植物所占比例大小可以反映出植被组合的面貌是以草本为主还是以森林为主。

通过对黄土高原从北至南的一系列黄土剖面——陕西省榆林市定边县姬塬剖面、甘肃省庆阳环县木钵剖面、庆阳剖面、平凉剖面、宁县剖面、陕西富县剖面、靖边剖面、彬州剖面、陕西蓝田剖面等末次间冰期以来孢粉组合特征进行研究,无论是冰期还是间冰期,从南至北的黄土剖面中孢粉均以蒿属(*Artemisia*)草本植物为主。这些区域现代为温带半干旱—半湿润季风气候特征。在最南边的陕西蓝田剖面中,哪怕是在这段时期最为暖湿的末次间冰期(黄土S1,对应于深海氧同位素 5 阶段),植被均以灌木、蕨类、乔木等为主,未出现所谓的"以乔木为主的森林"景观。在末次冰盛期,无论是在黄土高原西北还是东南地区,植被均以蒿属(*Artemisia*)、球蓟属(*Echinops*)、藜科(Chenopodiaceae)为主,东南地区的禾本科植物更多一些。在相对较为暖湿的早—中全新世,黄土高原西北植物以禾本科、藜科、球蓟属为主,而在东南以松属(*Pinus*)、榛属(*Corylus*)、禾本科、藜科、中华卷柏为主。在间冰期植物多样性要多于冰期,乔木、蕨类等在间冰期也相对较多(Jiang et al.,2013)。从南至北,黄土高原南部的植被多样性在同一时期相对北部明显要高,乔木、蕨类等植物比例逐渐递减(Jiang and Ding, 2005)。这与现今东亚夏季风对黄土高原的影响从南至北逐渐减弱,季风降雨变化趋势均是一致的。

黄土高原存在不同的地貌单元,包括黄土塬、黄土梁、黄土峁、冲沟、山地和沙漠等,光照、热量、水分的差别势必会使这些地貌单元植被组成出现明显的差别。通过不同地貌单元 41 个地点全新世时期的孢粉分析,并结合生物群区化分析,发现不同地貌单元植被组成在全新世确实差异明显:在山地,如秦岭、子午岭、吕梁山、六盘山等,植被以森林为主,在 $3\sim7$ ka.BP,山地的植被甚至可以占 80% 以上;在黄土冲沟中,全新世植被以草原为主,森林占比不及

30%,冲沟中一般水文条件较塬面更好,能够支撑高大乔木生长所需要的水分;在黄土塬面上,植被以草原为主。且晚更新世黄土-古土壤剖面有机物碳同位素值均显示黄土塬面上植被以草本植物为主,以 $C_3$ 植物为主的森林未大规模出现在塬面上,$C_4$ 草本植物在相对暖湿的间冰期相较冰期含量明显增加(Liu et al.,2005);在沙漠和黄土过渡区分布着沙漠植物(Sun et al.,2017)。

可见,黄土高原历史时期的植被是由东亚夏季风强度、地貌和人类活动3个因素共同影响的。根据地质历史时期不同地貌单元自然植被分布情况,在黄土塬区、黄土和沙漠过渡地带应最适宜种植草本植物,在山区和冲沟中种植乔木和灌木才能尽最大可能恢复黄土高原生态系统的原貌。

**4. 黄土高原生态恢复工程实施后产生的新问题**

黄土高原在实施多年退耕还林还草措施后取得了众多正向积极的成果,但同时,过去一些被忽视的问题也逐渐显现,成为下一阶段生态恢复工程需要重点关注的方向。

首先,在较短时间内大量种植人工林,使得土壤水资源出现严重匮乏,多处黄土深部出现了明显的干层。刺槐等人工林的大面积建设造成了之前一个预想不到的结果:这些乔木普遍扎根较深,需要大量吸收土壤中的水分才能维持其生长,其通过蒸腾作用还会消耗大量水分,使得黄土层深部出现所谓的土壤干层。植被对土壤湿度的影响巨大。通常,在草地、灌木、农田和乔木几种不同植被条件下,土壤湿度由大至小排列顺序为:农田>草地>乔木>浓密的灌木(Wang et al.,2013)。随着人工林种群密度增加,土壤干层还会不断加深,土壤持水量也逐渐下降,地下水水位持续下降,使得本地植物物种难以生存。例如,油松和刺槐人工林土壤的干层厚度达5 m左右,随着树木生长,土壤的干层厚度也逐渐加大。在1978年开始实施的三北防护林体系工程,涉及黄土高原近一半的面积。但由于种植树种多样性较低,忽略了地貌对植物分布的影响,所种植的树木消耗了过多的水分,且树木生长状况较差,很多树变成所谓的"小老头树",即树木生长发育不良、枝干弯曲、枝叶稀疏、根基不稳。可见,进一步扩种油松和刺槐等人工林,或加大人工林的密度都可能超过土壤的承载力,从而导致新的生态问题甚至灾难。干层的形成使得黄土中地表毛管水和地下水之间不能连通,缺水会成为限制人工林健康成长及其应对自然灾害时缺乏自我修复力的重要因子。

其次,人工林的种植使得地表径流减少,植物蒸腾作用耗水加强,流域内入河和入湖水量减少,流域内产水能力下降,而流域内日益增长的工农业和生产生活对用水量产生了更高的需求,这势必会造成植物和人竞争水的情景,加剧黄土高原地区水资源匮乏的格局。据估算,在2000—2010年期间,黄土高原蒸散量以 $(4.3\pm1.7)$ mm/a 的速率增加。黄土高原土壤水资源对植被的承载力阈值为 $(400\pm5)$ g碳/$(m^2 \cdot a)$,而黄土高原生态恢复导致植物盖度从1999年的32%增加到2017年的65%左右,植被的恢复已经接近植被水资源承载力的阈值(Feng et al.,2016)。

最后,以刺槐、油松、杨树、柠条、沙棘等植物为建群种的植物种群的大面积种植导致植物群落结构较为单一,容易遭受病虫害的侵袭,对植物群落造成巨大破坏。植物群落的单一造成对外界灾害的抵御能力较弱,生态系统中食物链相对较为简单。

为降低黄土高原前期生态治理过程造成的不良影响，需要对前期的生态恢复方法进行改进和优化。比如，针对人工林消耗水资源过多的问题，应该引进适合在干旱—半干旱区生长的乡土树种，如刺柏、侧柏、酸枣、沙棘等代替高耗水的物种，进一步优化人工林结构，并对高密度的人工林进行砍伐以降低其密度。这些引进的乡土树种应符合植物的生物地理学分布规律。针对已取得的成绩和面临的新问题，中国科学院地球环境研究所金钊研究员认为，过去20多年退耕还林还草的主要目标——增绿、控蚀、减泥沙已基本实现，下一阶段需要在未来的20～30年针对稳绿、增水和促发展等方面开展规划和研究。黄土高原不应有更大规模的退耕还林还草的实施，使得黄土高原生态质量进一步提高，老百姓能够进一步增产增收，真正实现区域的可持续发展。

## 二、华南地区末次冰盛期以来植被和古生态环境演化

### 1. 古生态重建的基本原理和方法

生态地理学另外一个很重要的应用为古生态的重建和反演。古生态研究主要聚焦古代生物和环境之间的相互作用，能够了解过去生物和环境相互作用、生物占地理分布特征，为当今生物多样性保护、植被的恢复、生物与环境相互作用和协同演化提供历史自然背景的参考资料。

古生态也包括生物的因素和非生物的因素，前者如植物群落面貌，后者包括温度、降水量、土壤 pH 等环境因素。古生态重建中一般是获得历史时期该地区的植被组成、某类动物群落组成、微生物组成面貌以及多种非生物因素，包括温度、降水量、土壤湿度、水深、盐度、大气 $CO_2$ 浓度等。由于生物组成面貌是适应当地气候环境条件的产物，因而可以通过生物面貌进一步推测古代的温度、降水量、大气 $CO_2$ 浓度等非生物因素的变化。这些生物和非生物因素的组合构成了古代生态系统的初步面貌。但是，与现代生态系统研究不同的是：①古代生态系统物质循环和能量流动过程通过古生态重建还无法完全得以呈现；②古生态研究中一般不能直接采集到生物个体的样品，无法在实验室条件下观察生物物种的生态特征，且非生物因素（如古温度、降水量）无法直接通过监测或现场测试的方式获取，只能通过生物个体在地层中保留下来的化石或者有机物等方法来获得古代生物群落的组成面貌。

古生态环境的重建和反演所使用的基本原理和方法与现代生态地理学相同。现生生物对某个生态因子都存在耐受上限和下限，即生态幅（例如温度区间）。生活在同一生境中的各类生物的生态幅必然有相互重叠的区间，即共存区间，这个共存区间即是该生境的实际环境条件。在假定过去这些生物类群对环境的适应与其对应的现存最近亲缘类群（the neareast living relative，NLR）具有相同或类似的生态幅的情况下，利用共存原理可以获得所有生物生长所需的气候环境范围。例如，物种 A 生存的温度范围为 10～25 ℃，物种 B 生存的温度范围为 15～27 ℃，物种 C 生存的温度范围为 20～28 ℃，根据共存因子法，3 个物种生长共同的温度区间为 20～25 ℃，即可代表当时的实际生存温度范围。

此外，由于古代的生物要素和非生物要素都不能在沉积物中直接检测获得，需要在现代环境中通过生物的组合特征建立这些非生物要素（如温度、降水量和大气 $CO_2$ 浓度等）的代用

指标(proxy)。例如,天然橡胶树和仙人掌在植物群落中的比例可以分别作为热带雨林和热带、亚热带沙漠重要的代用指标。这些代用指标与温度等非生物因子之间存在一定的函数关系,例如,一类喜欢高温的动物占该动物群落所有物种的百分比值。通过现代环境中代用指标与这些非生物因子之间建立转换函数(或叫转换方程),并将该转换函数应用到地层中,可以达到定量或者半定量重建古代温度等生态因子变化的目标。这些代用指标包括植物孢粉的组合特征、藻类群落的组合特征、摇蚊的组合特征、碳酸盐的氧同位素值($\delta^{18}O$)、有机物分子的相对比例、碳酸盐矿物的 Mg/Ca、Sr/Ca 值等。

可见,古生态反演和重建依托的是现代环境中现存最近亲缘类群与环境之间的关系。为此,现代植物分布与环境之间的关系数据库的建立显得尤为重要。对于古植被重建来说,Mosbrugger 和 Utescher 等(1997)建立了植物化石对应的现生最近亲缘种属气候参数数据库(PFDB/CLMBOT)。该数据库收集了北美和欧洲地区上千种植物化石的现生亲缘属种,以及其对应的非生物因素,包括年平均气温、年平均降水量、最热月平均气温、最冷月平均气温、气温年较差等。近年来,通过全世界科学家对全球范围表层土壤中孢粉组合及其对应气候条件的调查工作,已经形成了全球孢粉数据库、东亚表土孢粉数据库(Zheng et al.,2014)和欧洲孢粉数据库等。这些孢粉数据库可以为古植被重建、古植物区系分布的建立提供支持。并且,对古生态的恢复,使用现代区域或本地的孢粉数据库相较全球孢粉数据库具有更高的准确度和可信度。我国学者吴征镒和丁托娅编著的《中国种子植物》以及方精云等编著的《中国木本植物分布图集》都是重要的参考资料。

**2. 华南地区古生态演化重建**

华南地区是我国的经济文化中心,以长三角和粤港澳大湾区为代表的城市群是我国经济发展强有力的引擎。当前,生态文明建设是我国华南地区重要的任务之一。重建我国华南地区过去生态系统的演化过程及气候环境的变化,可以为当今华南地区生态文明建设提供植被和气候的自然背景资料。

古生态演化的重建,需要非常连续且稳定的沉积记录,才能较好地保存过去上万年连续的植被和气候变化信息,选择合适的古气候载体非常重要。例如,湖泊沉积物一般汇聚了湖盆或者流域内的环境信息。越大的湖泊流域,湖泊沉积物代表的植被和气候信号就越是大的地理范围的,对大区域环境演化的指示性就越强。未干涸过的湖泊中每年接受来自流域的陆源碎屑物质、流域中植物群落的孢粉等。不同的历史时期,由于植被的变化造成输入湖泊的孢粉组合的变化,这些孢粉组合特征最终在不同时代的沉积物中得以保存。当前,我国华南古生态演化的重建以广东湛江湖光岩玛珥湖最为典型。该湖泊位于我国雷州半岛南端,是雷琼火山群中最深的玛珥湖,受典型的亚热带季风性气候的影响,湖泊原为火山口,后火山作用停滞,火山口积水成湖,保存了自末次冰盛期(约 20 万年)以来的沉积记录。

此外,我国边缘海沉积物,如南海或东海沉积物,也是重建我国华南气候的重要载体。我国南方有珠江、闽江等众多河流入海,这些河流会携带其流域内孢粉等汇入海洋,并最终在这些边缘海中沉积下来,形成海洋沉积记录。海洋沉积物中的浮游有孔虫可以用来测定 $^{14}C$ 年龄,获得不同深度的沉积物的绝对年龄值。我国华南地区还拥有众多的沼泽湿地。相对湖泊和海洋沉积物,沼泽湿地地区的孢粉大多是本地的,更多代表的是沼泽湿地本地的植物信号,而非大的流域的植被状况。与我国华北和西北有巨厚层的黄土-古土壤沉积不同,华南的土壤主要为红壤,在更新世大多为网纹红土,风化淋溶作用和侵蚀作用都较为强烈。红壤沉积连续性较差,其年龄也难以准确确定,孢粉等古生态和古气候代用指标在红壤中难以得到较好的保存,因而较难作为一种气候载体应用于古生态环境的重建。

在华南地区古生态重建中,植被重建尤为关键,植被类型是现代生态系统中最宏观的组成部分,也是划分生态系统类型很重要的依据,常见的陆地生态系统名称都是以植被特征命名的,例如亚热带常绿阔叶林生态系统、热带雨林生态系统等。植被在古老的地层中能够保留下来的主要是孢粉和植硅石,而植物叶片或者树干残体在湖泊和海洋沉积物中非常罕见。一株植物能够产生数量众多的孢粉和植硅石,容易通过风和地表径流带到一定距离之外的湖泊或海洋沉积保存下来。孢粉能够识别植物到科或属的分类级别上,包括松属、藜科、蒿属、榆属、禾本科、冷杉等。然而,孢粉在识别草本植物上较为困难,多数草本植物的孢粉形态较为接近,难以分辨。草本植物能够产生植硅石,植硅石形状的差别有助于识别不同类的草本植物,尤其是禾本科植物,可以弥补孢粉在识别草本植物上的不足。

**广东湛江湖光岩玛珥湖沉积钻孔中孢粉组合特征** 为了解我国南方末次冰盛期(约2万年)至今的植被演替提供了很好的数据资料。对湖光岩玛珥湖沉积中心钻取的约10 m长的岩芯进行定年以后,逐层分析钻孔中孢粉的组合特征,可以了解不同历史时期中国南方植被的组合特征(Sheng et al.,2017)(图8-2)。

在末次冰盛期时期(20.4—18.7 ka),孢粉含量较低,代表植被生物量相对较低。草本植物孢粉可占54%~65%,其中耐旱的禾本科植物和蒿属可以分别占50%和2%左右。亚热带的常绿阔叶树种只占20%~30%,其中以常绿栎属(15%~26%)和覃树属(<4%)为典型代表。以莎草科为代表的水生和湿地物种、热带常绿阔叶林树种都不及4%。耐寒的常绿针叶林,如松属,可达11%左右。这种植物的组合特征反映的是典型的冷干型气候。

在末次冰消期开始的阶段(18.7—16.5 ka),孢粉总含量明显增加。草本植物仍然是最主要的植物类群,但相对于冰盛期明显降低,占43%~58%。亚热带常绿栎属和热带常绿阔叶林桑科植物相对冰盛期明显增加,而高山针叶林树种,如松属等显著降低,指示的是一种冰消期逐渐升温的气候特征。

在末次冰消期后期(16.5—11.5 ka),孢粉总数量急剧增加,代表陆地植物的生物量增加。亚热带常绿阔叶林树种,如栎属、栲属、石栎属、覃树属取代草本植物成为最主要的植物类群,占植物群落的35%~67%。热带常绿阔叶林树种,如桑科、大戟科、榕属相对于冰消期早期有所增加,所占比例为2%~8%。常绿针叶林树种,如松属、罗汉松等相对于冰消期早期有所降低。这种植物组合特征代表的是典型的暖湿的气候特征。

在早全新世阶段(11.5—8.2 ka),孢粉的总数量达到了整个沉积柱的最大值。亚热带常绿阔叶林树种,如栎属、栲属、石栎属、覃树属出现缓慢降低的变化趋势,占植物群落的19%~34%,相对冰消期后期明显降低。与之对应的是热带常绿阔叶林树种孢粉数量和比例都达到最大值,占植物总体的比例为11%~28%。以莎草科为代表的水生和湿地物种相对于冰消期也明显增加,而指示气候冷干的松属仅仅零星出现。综合这些植物的组合,该时期的气候是一种典型的暖湿型的热带气候特征。

在中全新世的早期(8.2—6.6 ka),孢粉含量相对早全新世明显下降,代表植物密度和生产力的降低。禾本科植物出现了明显的增加,可占植物群落的33%~51%。热带常绿阔叶林,如野桐属、榕属等相对于早全新世比例明显下降,只占植物群落的8%~20%。亚热带常绿阔叶林树种孢粉的含量也出现明显的降低。综合这些植被的组合特征,该时期气候相对于早全新世有明显降温和变干的趋势。

从中全新世的晚期到现代(6.6 ka至今),以禾本科植物为代表的草本植物孢粉成为最主要的植被孢粉,可占植物群落的34%~81%。与之对应,以栎属、覃树属为代表的亚热带常绿阔叶林树种却明显减少。热带常绿阔叶林树种也维持在一个较低的水平。该时期相对于早中全新世明显更为冷干一些。

若以亚热带植物所占百分比值和以草本植物百分比值作为气候代用指标,亚热带植物百分比值增多时代表相对暖湿的气候,而草本植物百分比值增多时代表相对干冷的气候特征。通过这两个代用指标可以推测出华南地区自末次冰盛期以来气候经历了干冷—逐渐暖湿—最为暖湿—渐趋冷干的变化过程。在早全新世时期气候最为暖湿,热带植物和亚热带植物所占比例达到最大值,而在6.6 ka以后,气候相对于早全新世气候适宜期明显变得更为干冷。华南地区末次冰盛期以来植被组成及气候的变化整体上与北半球中高纬度的夏季太阳辐射量有着密切的关系,因此华南地区植物和气候演化的驱动力为北半球的太阳辐射量的变化(图8-2)。

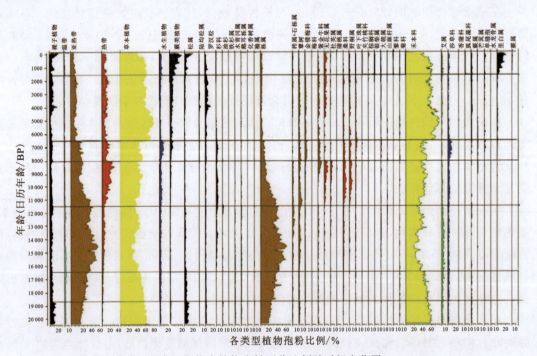

图8-2 华南湖光岩玛珥湖沉积柱中植物孢粉百分比例随时间变化图(据Sheng et al.,2017)

## 3. 末次冰盛期以来华南地区植物地理分布

古代植物现生最近亲缘种的生物地理分布特征及与生态因子的关系可以为古生态和古气候环境的重建提供现代数据的支撑。将在现代的生态系统中建立的生物与环境之间的关系应用到古代,可以恢复生物地理分布的变迁和演化。古代生物地理分布的重建需要集成大的地理范围内多个沉积剖面或沉积记录的数据,并对这些数据进行总结和分析。

我国华南地区拥有多种古生态和古气候重建的载体,包括湖泊沉积物和泥炭等。通过多年的研究和积累,可以对末次冰盛期以来的湖泊和泥炭沉积钻孔中孢粉组合进行数据的收集、整合和分析,从而绘制各个时间段我国华南地区的古植被地理分布图,并勾勒出植物地理分布随气候变化的演变图(图8-3)。通过现代表层土壤中孢粉组合特征建立一些可以识别植物分带的指标,将植被中最主要的种属认定为建群种,作为识别植被类型和特征的最重要的标志。

图 8-3 末次冰盛期以来华南地区植物地理分布随时间的变化(据 Wang et al.,2019)

在末次冰消期的初期(18 ka),我国华南植被分布与现今有较大的差别。长江中下游及以北地区主要为温带针-阔混交林带,包括落叶阔叶树桦属(*Betula*)、鹅耳枥属(*Carpinus*)、榛属(*Corylus*)、榆属(*Ulmus*)、落叶栎属(*Quercus*)及针叶松属(*Pinus*)。福建、江西、湖南、广东和广西的北部植被为暖温带落叶阔叶林,包括落叶阔叶树桤木属(*Alnus*)、落叶栎属(*Quercus*)、水青冈属(*Fagus*)、核桃属(*Juglans*)、榛属(*Corylus*)、榆属(*Ulmus*)及禾本科植物。而云南的南部、广东和广西南部、台湾岛、海南岛等则为北亚热带常绿和落叶混交林,主要植物包括青冈属(*Cyclobalanopsis*)、落叶栎属(*Quercus*)、栲属(*Castanopsis*)和柯属(*Lithocarpus*)。云南北部和四川东部主要植被为温带针阔混交林和暖温带落叶阔叶林,其中包括松属、冷杉、铁杉属（Tsuga）等。四川的西北山区则主要由寒温带针叶林和高山草甸组成。

在全新世大暖期（9 ka），中国南方植被地理分布格局与现代类似。北部主要为北亚热带常绿和落叶阔叶混交林，中部为中亚热带常绿阔叶林带，南部为南亚热带季风性常绿阔叶林带、热带季节性雨林和热带雨林带。由于当前能够获得的数据在地理空间上有限，目前还无法将热带季风性常绿阔叶林带和热带雨林带分开。在四川盆地西北高山地区仍主要分布山地温带针阔混交林，有较多的云杉和冷杉。

在中全新世时期（6 ka），中国南方植被地理分布与全新世大暖期较为接近。在四川盆地西北仍然分布着山地温带针叶阔叶混交林，主要包括寒温带针叶树种冷杉、云杉和铁杉属等。华南的北部基本被北亚热带常绿和落叶混交林占据，主要包括青冈属、常绿栎属和落叶栎属等；华南的中部依旧主要是中亚热带常绿阔叶林带，主要包括铁杉属、常绿栎属、青冈属和柯属等；而广东、广西南部、海南岛、台湾岛等基本被南亚热带季风性常绿阔叶林带、热带季节性雨林和热带雨林带所覆盖，主要包括栗属（Castanea）、柯属、棕榈科（Palmae）、山黄皮属（Randia）、冬青属（Ilex）、栎属（Quercus）、榕属等。

现今，我国华南的植被地理分带自北向南主要包括：①亚热带常绿阔叶林带，包含北亚热带常绿阔叶和落叶阔叶混交林亚带、中亚热带常绿阔叶林亚带、南亚热带季风性常绿阔叶林亚带；②热带季节性雨林和雨林带。北亚热带常绿阔叶和落叶阔叶混交林亚带中主要树种包括耐寒的常绿树种青冈栎（Cyclobalanopsis glauca）、润楠属（Machilus）、苦槠（Castanopsis sclerophylla）、栓皮栎（Quercus variabilis）、麻栎（Quercus acutissima）和落叶树水青冈属（Fagus）。中亚热带常绿阔叶林亚带主要分布在南岭一带，由常绿阔叶树南岭栲（Castanopsis fordii）、钩栲（C. tibetana）、米槠（C. carlesii）、甜槠（C. eyrei）、蕈树（Altingia chinensis）、红楠（Machilus thunbergii）、木荷（Schima superba）组成。南亚热带季风性常绿阔叶林亚带，主要包括壳斗科（Fagaceae）和樟科（Lauraceae）的属种、金缕梅科（Hamamelidaceae）和山茶科（Theaceae）。热带季节性雨林和雨林带主要由龙脑香科（Dipterocarpaceae），楝科（Meliaceae）、桑科（Moraceae）、无患子科（Sapindaceae）、野麻科（Datiscaceae）。在我国南方的西部地区，主要为四川盆地的西部，海拔较高，主要分布着一些高山植物。四川西部高山植被主要由寒温带高山云杉和冷杉等针叶林构成。

由植被地理分布的演替可以看出，气候变化显著影响了我国华南的植物地理分带。在末次冰盛期至今最为暖湿的全新世大暖期（约 9 ka），植物分带相对于末次冰消期早期（18 ka）出现明显的北移，热带和亚热带的常绿阔叶林生态系统取代了温带的针阔混交林生态系统。我国华南植被带的演替与全球冰消期升温、东亚夏季风逐渐增强、季风降雨逐渐增加、赤道辐合带北移有着密切关系。

### 4. 晚全新世时期人类活动对华南地区植被的改造

人地关系是生态地理学研究的重要内容。人类活动对自然合理和适度的改造是保护地球生物多样性、维持人类社会可持续发展的关键。全新世最为显著的特征之一就是人类活动加剧，人类活动成为改造地球表层系统的重要营力之一。要评估或者审视过去人类活动对生态系统的影响，可以从整个全新世的时间尺度来探究这个问题。我国华南地区由于植被稠密,气候湿热,早期并没有大规模城市的建立,随着我国古代经济中心的转移,生产力的提高,华南地区逐渐成为富庶之地,人口显著增加,贸易活动频繁,人类活动对华南生态系统的改造达到顶点。

全新世时期人类活动对生态系统的影响可以通过与没有人类活动影响的间冰期进行对比找到答案。珠江等河流将不同时期华南地区孢粉带入南海,中国南海海洋沉积钻孔可以跨越多个冰期—间冰期。获得不同历史时期的孢粉组合特征可以为重建华南地区不同时期的生态系统和植被组成提供关键的信息。将全新世(11.7—0 ka)孢粉组合特征与历次间冰期[如深海氧同位素五阶段(MIS5)、九阶段(MIS11)、十三阶段(MIS13)]进行对比。全新世之前历次间冰期自然生态系统受人类活动的影响较小,但气候非常接近,形成的生态系统结构,如主要植被的组成应该非常接近。人类活动的加剧会显著改造陆地表层的植被组成特征,使得全新世的植被组成与历次间冰期出现很显著的差异(Cheng et al.,2018)。

在过去的多次间冰期中,代表热带性气候的陆均松属(*Dacrydium*)、鸡毛松属(*Dacrycarpus*)、罗汉松属(*Podocarpus*)相对于冰期均明显增加。在全新世,植被的演替随着全球温度的变化与历次间冰期有着较明显的差别。在全新世初期(11.5 ka),当温度超过27 ℃以后,雨林松柏类植物稍有增加,对应松属稍微降低。在这之后的4000年处于全新世大暖期,蕈树属(*Altingia*)开始明显增加,这说明了热带雨林在冰消期后又重新占据我国华南地区的南部。

然而,在6 ka以后,陆均松属、鸡毛松属、罗汉松属、蕈树属所占比例都明显降低(<6%),且超出了历次间冰期这些植物比例的最低范围,而松属却显著增加。在大面积人为砍伐后的空旷地带,光照较为充足,蕨类植物芒萁(*Dicranopteris*)容易生长,因而芒萁占比可以作为森林砍伐的一个标志。芒萁占比在6 ka以后一直显著增加,而历次间冰期芒萁占比均稳定在15%左右,与晚全新世的80%对比显著。芒萁占比在2—1 ka之间急剧增加也与我国从汉代至宋代人口增加大概8倍相吻合,人口的大量增加导致森林被砍伐,植被的多样性锐减(Cheng et al.,2018)。人类活动对中国南方森林植被的影响在最近2000年变得尤其显著。来自珠江流域的多个剖面中孢粉数据显示,该区域在距今2000年以后森林发生了较大的转变,包括植被结构简单化、树的多样性降低、森林变得开放、禾本科植物的占比显著增加。这与2000年前我国南方水稻大规模种植有着密切的关系(Zheng et al.,2021)。

## 第二节 湿地保护与恢复

湿地是由陆地系统和水体系统相互作用形成的自然综合体,是全球三大生态系统(海洋、森林、湿地)之一。湿地不仅为人类的生产生活提供丰富的资源,而且具有巨大的生态服务功能,被誉为"地球之肾"。关于湿地的定义,国内外有多种不同的看法。目前广泛采用的定义来自《关于特别是作为水禽栖息地的国际重要湿地公约》(简称《拉姆萨公约》),公约定义湿地为:天然或人造、永久或暂时之死水或流水、淡水、微咸或咸水沼泽地、泥炭地或水域,包括低潮时水深不超过6 m的海水区。需要注意的是,该定义属于管理定义,主要出发点是湿地鸟类的生境。得到广泛认可的还包括美国鱼类及野生动物管理局的湿地定义:湿地是处于陆地生态系统和水生生态系统之间的过渡区,通常其地下水位达到或接近地表,或者处于薄层淹水状态,湿地至少具有以下3种特征之一:①至少是周期性地以水生植物为优势;②基底以排水不良的湿地土壤(hydric soil)为主;③基底不是土壤,并且在每年生长季的部分时间内处于水分饱和或水淹状况。该定义引入了水成土和水生植物的概念,和湿地水文构成了"湿地三要素"。根据上述定义,湿地包括自然湿地和人工湿地,自然湿地包括沼泽湿地、滨海湿地、河流湿地、湖泊湿地等。湿地的生态系统服务主要表现为供给服务(食物、水、木材、纤维等)、调节服务(调节气候、净化水质等)和文化服务(生态旅游、美学享受等)(Mitsch and Gosselink,2015)。

## 一、湿地生态系统面临的主要环境问题

影响湿地生态系统健康的因素主要包括水位、养分状况和自然扰动。人类活动引发其中任何一项的变化,都会直接或间接地改变湿地生态系统结构(图8-4)。例如,排水或填埋带来的水位降低可以引起湿地破坏,在河流下游建坝阻碍水流所引起的水位升高也会破坏湿地。控制河流上游的洪水水位会影响湿地的营养状况,进而会降低水分输入的频率,增加来自农业的营养负荷。最常见的湿地变化包括湿地的排水、疏浚和填埋,水文情势的改变,泥炭和其他资源开采,水污染(Mitsch and Gosselink,2015)。

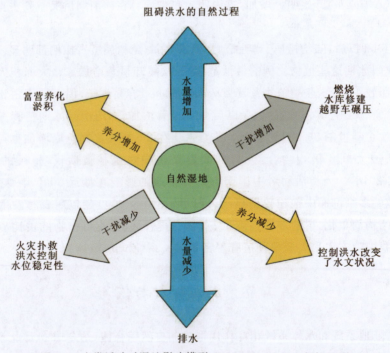

图8-4 人类活动对湿地影响模型(据 Mitsch and Gosselink,2015)

对于外界干扰,湿地生态系统在一定程度和阈值范围内具有自我调控能力,以达到生态平衡,并对外界干扰做出一定的反馈。由于全球气候变化的影响和人类对湿地的过度开发超越了湿地生态系统的自我调控能力,湿地环境遭到严重干扰和破坏,大多数湿地生态系统目前处于生态系统结构破坏和功能衰退的状态,即湿地退化(吕宪国和邹元春,2017)。湿地退

化首先表现为湿地生态系统组成成分和结构状态的衰退,其次是系统功能的降低。随着人口与资源、能源、粮食方面的矛盾日益突出,如果不采取必要的保护措施,湿地的退化程度会进一步加剧,湿地退化的比率会进一步增加。

**1. 湿地面积萎缩**

自工业革命以来,受自然环境变化和大范围人类活动的影响,全球超过 50% 的湿地已经遭到破坏。近几十年来,中国湿地面积急剧减少。对比首次全国湿地资源调查数据(2003 年)与第二次全国湿地资源调查数据(2014 年),近 10 年来我国湿地发生了显著变化,湿地面积减少了 $339.63×10^4$ $hm^2$,减少率为 8.82%,其中自然湿地面积减少了 $337.62×10^4$ $hm^2$,人工湿地面积减少了 $2.01×10^4$ $hm^2$,减少率分别为 9.33% 和 0.88%。其中,河流湿地面积减少了 $158.27×10^4$ $hm^2$,减少率为 19.28%;近海与海岸湿地面积减少了 $136.12×10^4$ $hm^2$,减少率为 22.91%;湖泊湿地面积减少了 $58.91×10^4$ $hm^2$,减少率为 7.05%;沼泽湿地面积增加了 $15.68×10^4$ $hm^2$,增加率为 1.14%(吕宪国和邹元春,2017)。

**2. 水文连通被阻断**

水文连通是指以水为介质的物质、能量及生物在水文循环各要素内或各要素之间进行传输的过程,通常表现为 4 个维度,即时间维度和 3 种空间维度(源头—河口的纵向连通,河漫滩、洪泛区—河道的横向连通,河流地表水—地下水的垂向连通)(崔保山等,2016)。水文连通是湿地生态过程的主要非生物驱动因子,对于维持湿地生态系统的稳定性极为重要。湿地生态系统水文连通具有尺度特征,从群落到生态系统,从局地到区域,其主导影响因素不同。水文连通被阻断,会导致沉积过程改变,进而改变湿地微地貌特征。水文连通可以改变生物生境进而影响生物定殖、扩繁及湿地的生物多样性功能。水文连通与生物地球化学连通的耦合,是驱动湿地生态系统能量与物质流转和功能发挥的主要营力(张仲胜等,2019)。

水文连通阻断在长江中下游地区表现尤为突出。在众多水利工程的综合影响下,长江中游江湖关系发生改变。水文连通性的降低,影响着河流行洪和湖泊调蓄功能的发挥,还削弱了江湖之间的物质和能量交换,降低了生物多样性,一定程度上降低了入湖水沙量,湖泊的冲淤规律也随之发生改变。此外,气候变化对长江流域水资源的影响也不容忽视,长江中游水资源总量与降水量、气温及蒸散发等气候因子存在显著的相关性,降水格局的变化改变了湿地水文状况,加剧了湿地生态的不稳定性。在人类活动和气候变化的双重作用下,河湖湿地面积萎缩、生物多样性降低,并且存在生物入侵影响加剧、水环境进一步恶化的风险。

**3. 湿地生物多样性衰减**

湿地是陆地与水体的过渡地带,具备了其他任何单一生态系统都无法比拟的天然基因库和独特的生境,造就了复杂且完备的动植物群落。以中国湿地为例,中国的湿地类型众多,湿地生物多样性丰富,不仅物种数量多,而且很多是中国特有物种。据初步统计,中国湿地植被约有 101 科,其中维管束植物约 94 科,中国湿地的高等植物中属濒危种类的有 100 多种。中国海岸带湿地生物种类约有 8200 种,其中植物约 5000 种,动物约 3200 种。中国内陆湿地高等植物约有1548种、高等动物约有1500多种。中国有淡水鱼类770多种或亚种,其中包括许多洄游鱼类,它们借助湿地系统提供的特殊环境产卵繁殖。中国湿地的鸟类种类繁多,在亚洲57种濒危鸟类中,中国湿地中就有31种,占54%;全世界雁鸭类有166种,中国湿地中就有50种,占30%;全世界鹤类有15种,中国仅记录到的就有9种,此外,还有许多属于跨国迁徙的鸟类。在中国湿地中,有一些是世界某些鸟类唯一的越冬地或迁徙的必经之地。

由于人口与资源、能源、粮食方面的矛盾日益突出,中国天然湿地被大面积开垦,破坏了流域天然水循环支撑的生态格局,导致河道断流、湿地缺水、生境破碎、栖息地丧失,水质污染,水华、赤潮频发,红树林面积下降,海洋生物栖息繁殖地减少,不仅严重抑制湿地资源潜力和环境功能的发挥,也造成了生物多样性的丧失和湿地环境的恶化。第二次全国湿地资源调查共记录湿地鸟类231种,与首次调查相比,减少了39种。两次调查均有记录的种类有203种,首次调查有记录而第二次调查未记录到的种类有67种,首次调查无记录第二次调查记录到的种类有28种。外来物种入侵导致湿地物种多样性丧失。入侵湿地的外来水生和湿生植物约10种,如凤眼莲(水葫芦)、互花米草和加拿大一枝黄花;湿地入侵动物有53种。

### 二、湿地生态系统恢复

湿地恢复(wetland restoration)是指通过生态技术或生态工程对退化或消失的湿地进行修复或重建,再现干扰前的结构和功能,以及相关的物理、化学和生物学特性,使其发挥应有的作用。湿地恢复的策略主要有两种,一是修复(repairing),二是重建(rebuilding)。修复是对必要生境条件的直接恢复,它适合于被干扰的小规模湿地,可以很快实现恢复的目的。重建是对适宜的生境条件进行重建,使湿地生态系统回到早期未受干扰阶段并重新发育,它适合于大规模且被严重破坏的湿地(吕宪国和邹元春,2017)。

湿地生态系统的恢复要求生态、经济和社会因素相平衡,必须考虑其生态学的合理性、公众的需求和政策的合理性。湿地生态恢复应遵循以下原则(吕宪国和邹元春,2017)。

(1)生态学原则:即根据生态系统自身的演替规律分步骤进行恢复,并根据生态位和生物多样性原则构建生态系统结构和生物群落,使物质循环和能量转化处于最大利用和最优循环状态,最终达到水文、土壤、植被、生物同步和谐演进。

(2)稀缺性和优先性原则:为了充分保护区域湿地的生物多样性及生态功能,在制订恢复计划时应明确恢复工作的轻重缓急。优先考虑濒临灭绝的动植物种、种群或稀有群落的恢复。

(3)主导性与综合性原则:对湿地的恢复应综合考虑到湿地的各个要素,包括水文、生物、土壤等,其中水文要素优先考虑。

(4)最小风险和最大效益原则:要求对被恢复对象进行系统综合的分析、论证,将湿地恢复工作风险降到最低限度,尽力做到在最小风险、最小投资的情况下获得最大恢复效益。在考虑生态效益的同时,还应考虑经济效益和社会效益,以实现生态效益、经济效益、社会效益相统一。

(5)可行性和可操作性原则:主要包括环境的可行性和技术的可操作性。湿地恢复在很大程度上由现有的环境条件所决定,只能在退化湿地基础上加以引导,才能使湿地恢复具有自然性和持续性。

(6)美学原则:主要包括最大绿色原则和健康原则,体现在湿地的清洁性、独特性、愉悦性、可观赏性等许多方面。

在退化湿地恢复重建时,应充分考虑区域的背景条件、自然生态特征、社会经济状况等,在查清湿地退化过程以及退化驱动力的前提下,根据相应的湿地恢复原则,建立适合本区域自然生态条件和气候条件的湿地恢复目标。湿地生态恢复的总体目标是采用适当的生物、生态及工程技术,逐步恢复退化湿地生态系统的结构和功能,最终达到湿地生态系统的自我持续健康演替状态(张明祥等,2009)。但对于不同退化程度的湿地生态系统,其恢复工作的侧重点和要求也会有所不同,可以从宏观和微观两个方面来综合考虑。

在宏观方面,主要考虑生态系统结构和功能的恢复。必须了解系统的组成,把握生态系统的结构特征,分析退化生态系统组分与结构的变化过程,找出系统变化的原因与机理,通过一定的措施与途径,逐步恢复生态系统原有的组分和结构,保持系统的稳定性。生态系统结构恢复的主要指标是乡土种的丰富度,即恢复本土物种的丰富度和群落结构,确认群落结构和功能间的连接形成。生态系统功能恢复就是要恢复并维持生态系统正常的能量流动,保持系统内部物质和营养成分的正常生物、化学和物理过程,恢复生态系统合理的信息传递,使生态系统内部的物理信息、化学信息、行为信息和营养信息能够有效地传递(吕宪国和邹元春,2017)。

在微观方面,主要考虑水文条件的恢复、地表基底的稳定性、濒危水禽的栖息地和生物多样性组成。恢复湿地良好的水文状况,一是使湿地恢复原有的或能够进行设计的水量、水位、淹水频率、时间等。二是通过污染控制,改善湿地的水环境质量。同时,在退化湿地的恢复中,实行对湿地水环境的监测,避免对湿地的二次污染。地表基底是生态系统发育和存在的载体,是构成生态系统最基本的环境因素。中国湿地所面临的主要威胁大都属于改变系统基底类型,这在很大程度上加剧了我国湿地的不可逆演替。因此,恢复必须保证其基底的稳定性。维持湿地生物多样性并保证各种湿地珍稀濒危水禽栖息地的完整性,是退化湿地恢复与重建成功的重要标志。保护和恢复湿地水鸟的栖息环境,避免各种湿地植被向干旱方向演替,提高湿地生态系统的生产力和自我维持力,是湿地恢复中的一个主要目标(吕宪国和邹元春,2017)。

### 三、湿地与碳中和

如何更加合理地实现"碳达峰"和"碳中和"是当前的热点科学问题。"碳中和"目标的实现,不仅需要在排放端通过节能减排和优化产业结构等措施减少碳排放,也需要在吸收端通过生态保护和人为管理等措施增加生态系统碳汇(方精云,2021)。生态系统碳汇是指陆地和海洋生态系统中的生物通过光合作用固定大气中的 $CO_2$。根据近十年来(2010—2019)全球碳收支的计算,陆地生态系统吸收了人为排放 $CO_2$ 的 31%,海洋吸收了 23%,剩余的则保留在大气中(Friedlingstein et al.,2020)。在所有陆地生态系统中,泥炭地(peatland)是单位面积碳储量最大、碳密度最高的生态系统(Temmink et al.,2022)。

泥炭地是湿地的一种,其地表被季节性或永久性的水体淹没。这种淹水缺氧的环境抑制了有机质的好氧分解,导致有机质积累速率超过分解速率,逐渐积累形成泥炭。一般来讲,泥炭层(有机质含量大于30%)厚度超过30 cm可以称为泥炭地。据统计,全球泥炭地只占陆地面积的3%,却储存了约6000亿吨碳(Yu et al.,2011),相当于全球土壤有机碳储存总量的1/3。在地质历史时期,泥炭地对大气温室气体浓度的变化也有重要影响,例如早全新世大气$CH_4$浓度的显著上升可能与北方泥炭地的广泛发育有关(McDonald et al.,2006)。当前全球泥炭地每年大约可以固定3.7亿t $CO_2$(IUCN,2021;Mickler,2021);同时,由于淹水缺氧的环境有利于产甲烷作用,泥炭地每年排放约0.3亿t $CH_4$(Frolking et al.,2011)。泥炭地的碳汇功能和对温室气体的调控作用均与微生物活动密切相关(图8-5)。泥炭好氧微生物通过异养呼吸将植物光合作用固定的碳分解为$CO_2$并排放到大气。泥炭地$CH_4$的生产和排放受到产甲烷菌和甲烷氧化菌活动的控制,这些微生物介导的温室气体排放也会对气候产生反馈作用(Dean et al.,2018)。

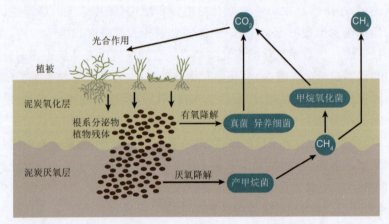

图8-5  泥炭地微生物对关键碳循环过程和温室气体排放的控制(据Thormann,2006)

当前,在气候变化和人类活动加剧的背景下,全球泥炭地正在面临着升温、干旱、水位下降、土地利用类型变化等影响,严重地威胁着泥炭地碳汇功能和碳库稳定性。水位是控制泥炭地一系列生物地球化学过程的关键因素。水位波动可以改变泥炭的氧化还原状态,影响微生物的活性以及有机质的好氧分解,进而影响泥炭地的固碳能力和温室气体排放量(Limpens et al.,2008;Fenner and Freeman,2011)。一项在印度尼西亚热带泥炭地开展的碳排放监测工作显示,泥炭地保育(conservation)可以显著减少热带泥炭地温室气体排放量(Deshmukh et al.,2021)。另外一项基于全球泥炭地温室气体排放观测的研究指出,将排水泥炭地的水位由原来的距离地表60~90 cm抬升至25~45 cm,预计可以使全球泥炭地每年向大气中排放的$CO_2$减少3.9~6.5亿t(Evans et al.,2021),相当于全球土地利用产生的$CO_2$总排放量的9%~15%。因此,泥炭地在实现"碳中和"上能够发挥重要作用且具有巨大的潜力,属于"基于自然的解决方案"(natural-based solution,NbS)。除了做好自然状态泥炭地的保育,还需要对退化泥炭地进行复湿(rewetting),减少退化泥炭地的温室气体排放量,逐步恢复其碳汇功能。

滨海湿地也能够在实现碳中和目标中发挥重要作用。相对于陆地生态系统的绿碳,滨海湿地被称为蓝碳(blue carbon),主要包括滨海盐沼、红树林和海草床。相比于陆地生态系统,滨海湿地的优势在于固碳速率较快、固碳能力较强、甲烷排放量较低(王法明等,2021)。与淡水湿地相比,海水中大量存在的硫酸根离子,能够有效抑制滨海湿地中的甲烷排放。滨海湿地单位面积的碳埋藏速率是陆地森林系统的几十到上千倍(McLeod et al.,2011)。滨海湿地固碳功能主要体现在垂直方向沉积物的碳埋藏速率,水平方向潮汐作用下海水中的无机碳(DIC)、溶解有机碳(DOC)和颗粒有机碳(POC)的交换。我国的滨海湿地以盐沼湿地为主,红树林面积较小。据保守估算,当前我国滨海湿地沉积物的碳埋藏速率为 $0.97 \text{Tg}$ 碳·$a^{-1}$,预计能持续增长,有望在 21 世纪末增加到 $1.82\sim3.64 \text{Tg}$ 碳·$a^{-1}$。为实现 2060 年"碳中和"目标,需要保护现存滨海湿地的生态系统结构与功能的完整性,停止破坏性的滨海湿地开发活动,恢复和新建滨海湿地生态系统,在保护生态功能的同时实现增汇固碳(王法明等,2021)。

### 四、湿地公园建设与保护立法

**1. 湿地公园定义及建设意义**

湿地公园具有生态、景观、游憩、科普教育、文化和物种及其栖息地保护等多种功能(陈克林,2005)。湿地公园是指利用自然湿地或人工湿地,运用湿地生态学原理和湿地恢复技术,借鉴自然湿地生态系统的结构、特征、景观和生态过程进行规划设计、建设和管理的公园绿地,是将保护和利用相统一,融合自然、园林景观、历史文化等要素的绿色空间(邢晓光等,2007)。湿地公园的概念类似于小型保护区,但又区别于自然保护区和一般意义上的公园。

湿地公园的建设意义重大。首先,湿地公园建设是生态文明建设的有力践行。湿地保护对于构建生态屏障、维护生态平衡、改善生存环境、促进人与自然和谐、实现我国生态文明建设战略具有十分重要的意义。其次,湿地公园的建设既解决生态环境保护又合理利用资源。可以通过科学的分类管理,对湿地公园区域中具有特殊的、重大价值的、受到威胁或濒危的生态系统和物种实施永久性保护。最后,可以通过与周边社区建立平等互利参与机制,吸引更为广泛的社区群众主动参与国家湿地公园的保护管理工作和资源开发、旅游发展等活动,并从中受益,缓解资源保护与经济利用间的矛盾,有利于在保护的前提下实现对湿地资源的高效利用,促进地方经济发展。湿地公园建设扩大了资源保护的范围,加大了资源保护力度,树立并提升了我国良好的湿地履约形象。

**2. 国家湿地公园与城市湿地公园比较**

在我国,湿地公园包括国家湿地公园和城市湿地公园两种重要的类别。它们在性质上同属湿地保护、科普教育、休闲娱乐的湿地公园,但定位上有着本质的区分。

国家湿地公园(national wetland park),是国家生态建设的重要组成部分,与自然保护区、保护小区、湿地野生动植物保护栖息地以及湿地多用途管理区等共同构成湿地保护管理体系。2017 年原国家林业局《国家湿地公园管理办法》中定义:国家湿地公园是指以保护湿地生态系统、合理利用湿地资源、开展湿地宣传教育和科学研究目的,经国家林业局批准设立,按照有关规定以保护和管理的特定区域。湿地公园是指以保护湿地生态系统、合理利用湿地资源为目的,可供开展湿地保护、恢复、宣传、教育、科研、监测、生态旅游等活动的特定区域。

国家湿地公园是在保护优先的前提下,以供公众游览、休闲或进行科学、文化和教育活动为重点,探索湿地保护与资源可持续利用有效途径的新型模式,强调人与自然和谐,突出湿地生态特征和自然风貌、保护栖息地、防止湿地及其生物多样性衰退的基本要求,遵循"保护优先、科学修复、适度开发、合理利用"的基本原则。国家湿地公园是我国履行《关于特别是作为水禽栖息地的国际重要湿地公约》,有效保护湿地生态系统和生物多样性,科学合理利用湿地资源的重要形式,是国家形象和国家文明的标志。

依据《国家湿地公园管理办法》的规定,以及国家湿地公园的性质定位和含义,国家湿地公园应满足和具备以下条件:①湿地生态系统在全国或者区域范围内具有典型性;或者湿地区域生态地位重要,或者湿地主体生态功能具有典型示范性;或者湿地生物多样性丰富;或者集中分布有珍贵、濒危的野生生物物种。②自然景观优美和(或者)具有较高的历史文化价值。③具有重要或者特殊科学研究、宣传教育和文化价值。

城市湿地公园是城市绿地系统的重要组成部分,定位为集保护、科普、休闲于一体的湿地公园,但城市湿地公园强调生态保护、科普教育、游览休憩功能同等重要。《国家城市湿地公园管理办法(试行)》(城建〔2005〕16号)对城市湿地公园的定义为:城市湿地公园,是指利用纳入城市绿地系统规划的适宜作为公园的天然湿地,通过合理的保护利用,形成集保护、科普、休闲等功能于一体的公园。与国家湿地公园不同,城市湿地公园的建设目标更强调休闲、游览、娱乐功能的打造。

**3. 我国湿地公园概况**

在我国,国家通过建立自然保护区对生物资源进行保护,面对我国湿地保护形式日益严峻的情况,国务院发布了《关于加强湿地保护管理的通知》(国办发〔2004〕50号),要求对不具备条件创建自然保护区的,要采取建立湿地保护小区、各种类型湿地公园、湿地多用途管理区域或划定野生动植物栖息地等多种形式加强保护管理。按照国务院通知精神,国家林业局2005年发布了《关于做好湿地公园发展建设工作的通知》(林护发〔2005〕118号)。在2005年和2006年批准建设了第一批共计6家国家湿地公园(2005年,浙江杭州西溪国家湿地公园、江苏姜堰溱湖国家湿地公园;2006年,北京野鸭湖国家湿地公园、内蒙古白狼洮儿河国家湿地公园、湖北神农架大九湖国家湿地公园、宁夏银川国家湿地公园)。由此掀开了中国国家湿地公园建设的序幕。截至2015年年底,全国林业部门共计批准建设了不同类型、不同级别的湿地公园1263处,保护湿地面积235.1万$hm^2$,占全国湿地总面积的4.4%,其中,国家湿地公园(含试点)共计705处。

湖北神农架大九湖国家湿地公园是中南地区第一处获批建设的国家湿地公园。湖北神农架大九湖湿地公园具有非常重要的意义,它是中纬度地区现存的最大的亚高山泥炭沼泽,以分布有中纬度地区罕见的大面积的泥炭藓泥炭地著称。大九湖国家湿地是丹江口水库的最大入库河流——堵河的源头。在2013年10月,大九湖被列入了国际重要湿地名录。地貌学家楼桐茂早在1941年就对大九湖进行了踏勘研究。在大九湖盆地内,聚集了多种湿地类型(沼泽、湖泊、河流),是开展湿地关键带研究的良好场所。偏碱性的湖泊(pH值约为8)和酸性的沼泽(pH值为4.5~6)共存,如此显著的pH值梯度为开展生物及生物地球化学循环对 pH 值等水化学条件的响应提供了理想的研究场所。

20 世纪 80 年代以来,当地政府在大九湖开展了多轮开发,特别是开挖深沟大渠来排水,对大九湖泥炭湿地造成了致命的影响。湿地公园的建设彻底改变了大九湖湿地的现状,涅槃重生。大九湖国家湿地公园通过不懈的努力,一手抓湿地资源的保护,一手抓湿地资源的利用。通过生态环境的保护恢复和旅游基础设施的并重建设,风光秀美的大九湖知名度和美誉度不断提升。2005—2011 年间,新增了湖泊(84.41 hm$^2$)这一湿地类型,主要由旱生草甸、林地和农田转化而来。面积减少最多的是农田,主要向旱生草甸和湿生草本沼泽转化。2011—2017 年间,新增了中生草甸(80.07 hm$^2$)这一湿地类型,主要由湿生泥炭沼泽、湿生草本沼泽和旱生草甸转化而来(图 8-6)。总之,研究时段内,大九湖湿地类型和面积均呈增加趋势,湿地景观得到一定恢复,湿地生态环境有所改善。湿地自然保护区的设立及一系列有效的湿地生态恢复工程是大九湖湿地土地利用变化的最主要驱动力(胡苏李扬等,2021)。

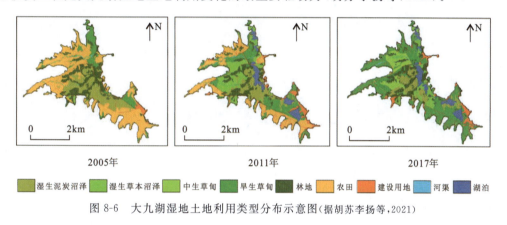

图 8-6 大九湖湿地土地利用类型分布示意图(据胡苏李扬等,2021)

**4. 湿地保护立法**

中国自 1992 年正式加入《拉姆萨尔公约》以来,湿地保护立法工作在探索中前行。在国家层面,国务院及其主管部门针对湿地保护颁布了《国家重点保护湿地名录》《湿地保护条例》《中国湿地保护行动计划》《全国湿地保护工程规划(2002—2030 年)》等政策。2013 年 3 月国家林业局出台了《湿地保护管理规定》,这是第一部专门对湿地保护进行详细规定的部门规章。2017 年该规定进行了修正,修正后的管理规定包括湿地定义、指导方针、保护内容、监督机制、禁止在湿地从事的活动、国家湿地公园申请条件等。2016 年,国务院办公厅印发了《湿地保护修复制度方案》,标志着我国湿地保护从"抢救性保护"转向"全面保护"。地方层面上,已经有很多省、自治区、直辖市针对湿地保护出台了法规和规章。2003 年,黑龙江省率先出台《黑龙江省湿地保护条例》。截至 2020 年 7 月底,全国共出台了 27 部省级湿地保护条例、19 部设区的市级湿地保护条例以及 5 部自治条例和单行条例。

2021 年 12 月 24 日,十三届全国人大常委会第三十二次会议表决通过《中华人民共和国湿地保护法》(以下简称《湿地法》),自 2022 年 6 月 1 日起施行。这是我国首次针对湿地保护进行的专门立法,标志着中国湿地保护开启历史新纪元,进入法治化发展新阶段。《湿地法》共 7 章 65 条,涵盖湿地资源管理、湿地保护与利用、湿地修复、监督检查、法律责任等方面的内容。该法明确了湿地的定义并将湿地分类和分级为重要湿地和一般湿地,重要湿地依法划入生态保护红线;在制度上实行湿地面积总量管控制度,建立湿地生态保护补偿制度;明确主管部门统筹协调与分部门管理的管理体制,建立了部门间湿地保护协作和信息通报机制;对湿地保护与利用做出了具体规定,提出了湿地利用的正面要求和负面清单,对建设项目占用国家重要湿地进行严格限制;对红树林湿地和泥炭沼泽湿地进行特别保护,全面禁止开采泥炭,维护湿地的重要生态功能;对湿地的监督检查和法律责任做出了具体规定。《湿地法》的一大亮点是对红树林湿地和泥炭沼泽制定了专门条款,突显这两类湿地在碳循环中的重要性。

**思考题:**

1. 简述生态修复的一般方法。
2. 简述湿地的作用与保护。

# 主要参考文献

敖贵艳,刘强,吴伟光,等,2021.基于 CiteSpace 的全球竹林碳汇研究回顾及展望[J].浙江农林大学学报,38(4):861-870.

BONAN G B,2009.气候生态学[M].延晓冬,等,译.北京:气象出版社.

曹凑贵,展铭,2015.生态学概论[M].北京:高等教育出版社.

陈方敏,徐明策,李俊祥,2010.中国东部地区常绿阔叶林景观破碎化[J].生态学杂志,29(10):1919-1924.

陈俊,张雷,王远飞,等,2012.基于北斗和 GPS 的森林防火人员调度指挥系统[J].软件,33(2):27-30.

陈克林,2005.湿地公园建设管理问题的探讨[J].湿地科学,3(4):298-3010.

陈利顶,傅伯杰,2004.干扰的类型、特征及其生态学意义[J].生态学报,20:581-586.

陈泮勤,黄耀,于贵瑞,等,2004.地球系统碳循环[M].北京:科学出版社.

陈效逑,2015.自然地理学原理[M].2版.北京:高等教育出版.

崔保山,蔡燕子,谢湉,等,2016.湿地水文连通的生态效应研究进展及发展趋势[J].北京师范大学学报:自然科学版,52(6):738-746.

董广辉,杜琳垚,杨柳,等,2022.欧亚大陆草原之路-绿洲之路史前农牧业扩散交流与生业模式时空变化[J].中国科学:地球科学,52(8):1476-1498.

董青青,张考萍,何敏艳,等,2022.植物竞争和昆虫取食调节入侵植物对土壤细菌群落和功能的影响[J].植物科学学报,40(2):155-168.

樊杰,2015.中国主体功能区划方案[J].地理学报,70(2):186-201.

樊杰,周侃,盛科荣,等,2023.中国陆域综合功能区及其划分方案[J].中国科学:地球科学,53(2):236-255.

方精云,2021.碳中和的生态学透视[J].植物生态学报,45(11):1-4.

方精云,朱江玲,王少鹏,等,2011.全球变暖、碳排放及不确定性[J].中国科学:地球科学,41(10):1385-1395.

傅伯杰,刘国华,陈利顶,等,2001.中国生态区划方案[J].生态学报,21(1):1-6.

傅声雷,傅伯杰,2019.生态地理学概念界定及其经典案例分析[J].地理科学,39(1):70-79.

高兰,2021.中国落叶阔叶林分布格局及控制因子分析[D].淄博:山东理工大学.

龚江,王腾,李霄,等,2018.长江天鹅洲故道鱼类群落结构特征及其年际变化[J].水生态学杂志,39(4):46-52.

顾延生,季雅斌,管硕,等,2019.植硅体形态测量学研究与应用概述[J].第四纪研究,39(1):12-23.

郭子武,李宪利,高东升,等,2004.植物低温胁迫响应的生化与分子生物学机制研究进展[J].中国生态农业学报,12(2):54-57.

侯学煜,1984.生态学与大农业发展[M].合肥:安徽科学技术出版社.

胡焕庸,1982.新兴的生态地理学[J].生态学杂志(4):59-60.

胡苏李扬,李辉,顾延生,等,2021.基于高分辨率遥感影像的神农架大九湖湿地土地利用类型变化及其驱动力分析——来自长时间尺度多源遥感信息的约束[J].国土资源遥感,31(1):221-230.

黄康有,2009.基于GIS的中国植被生态系统空间分布特征及生物群区分布模拟[D].广州:中山大学.

黄晓磊,乔格侠,2010.生物地理学的新认识及其方法在多样性保护中的应用[J].动物分类学报,35(1):158-164.

江源,2020.植物地理学[M].5版.北京:高等教育出版社.

蒋高明,吴光磊,程达,等,2016.生态草业的特色产业体系与设计:以正蓝旗为例[J].科学通报,61:224-230.

焦念志,刘纪化,石拓,等,2021.实施海洋负排放 践行碳中和战略[J].中国科学:地球科学,51(4):632-643.

解萌,黄小波,曹三杰,等,2011.四川泸州竹区兽类资源调查[J].四川农业大学学报,29(4):565-569.

孔艳,江洪,张秀英,等,2013.基于Holdridge和CCA分析的中国生态地理分区的比较[J].生态学报,33(12):3825-3836.

赖积保,康旭东,鲁绩坤,等,2022.新一代人工智能驱动的陆地观测卫星遥感应用技术综述[J].遥感学报,26(8):1530-1546.

赖旭龙,2001.古代生物分子与分子考古学[J].地球科学进展,16(2):9.

李博,杨持,林鹏,等,2000.生态学[M].北京:高等教育出版社.

李恒,何大明,BRUCE B,等,1999.再论板块位移的生物效应——掸邦-马来亚板块位移对高黎贡山生物区系的影响[J].云南植物研究,21(4):407-425.

李鸿凯,李微微,蒲有宝,等,2013.应用rioja软件包建立有壳变形虫-环境因子转换函数[J].地理科学,33(8):1022-1028.

李新,马瀚青,冉有华,等,2021.陆地碳循环模型-数据融合:前沿与挑战[J].中国科学:地球科学,51(10):1650-1663.

李兆元,2023.动物地理学[M].北京:科学出版社出版.

李周园,叶小洲,王少鹏,2021.生态系统稳定性及其与生物多样性的关系[J].植物生态学报,45:1127-1139.

梁顺林,2021.中国定量遥感发展的一些思考[J].遥感学报,25(9):1889-1895.

林鹏,1986.植物群落学[M].上海:上海科学技术出版社.

刘栋,李永明,陈胜林,等,2022.2014年黄骅港海域浮游动物群落结构季节变化及其影响因素研究[J].海洋科学,46(4):81-97.

刘飞虎,黄浪,刘环,等,2020.罗霄山脉兰科植物区系及其生态地理学特征[J].植物科学学报,38(4):467-475.

刘鸿雁,2020.植物地理学[M].北京:高等教育出版社.

刘纪化,郑强.2021.从海洋碳汇前沿理论到海洋负排放中国方案[J].中国科学:地球科学,51(4):644-652.

刘经伦,李洪潮,朱丽娟,等,2011.植物区系研究进展[J].云南师范大学学报,31(3):3-7.

刘凌云,郑光美,2009.普通动物学[M].4版.北京:高等教育出版社.

刘霞,2019.壶菌病出没,"听取蛙声一片"或成绝唱[N].科技日报,2019-04-04.

刘彦随,2020.中国乡村振兴规划的基础理论与方法论[J].地理学报,75(6):1120-1133.

刘焱序,傅伯杰,王帅,等,2017.从生物地理区划到生态功能区划——全球生态区划研究进展[J].生态学报,37(23):7761-7768.

刘月,濮毅涵,刘艳清,等,2022.基于Landsat影像研究全球气候变化对武夷山国家公园垂直带谱上各植被群落的影响[J].生态科学,41(5):152-162.

鲁芬,明庆忠,刘宏芳,2014.生态地理学发展历程及在中国的研究与展望[J].地球科学期刊,4(2):118-124.

吕厚远,贾继伟,王伟铭,等,2002."植硅体"含义和禾本科植硅体的分类[J].微体古生物学报,19(4):389-396.

吕宪国,邹元春,2017.中国湿地研究[M].长沙:湖南教育出版社.

骆世明,严斧,陈聿华,等,1987.农业生态学[M].长沙:湖南科学技术出版社.

马广仁,等,2016.中国湿地公园建设研究[M].北京:中国林业出版社.

马国强,肖剑平,周洪鑫,等,2021.云南异龙湖冬季水鸟群落多样性及年际变化[J].野生动物学报,42(4):1075-1084.

马敬能,2000.中国鸟类野外手册[M].湖南教育出版社.

马克平,2001.中国生物多样性热点地区(Hotspot)评估与优先保护重点的确定应该重视[J].植物生态学报,25(1):124-125.

马明哲,申国珍,熊高明,等,2017.神农架自然遗产地植被垂直带谱的特点和代表性[J].植物生态学报,41:1127-1139.

马沛勤,丁秀娟,2003.环境对基因的作用[J].生物学通报,38(4):17-18.

蒙吉军,2020.综合自然地理学[M].3版.北京:北京大学出版社.

南志标,王彦荣,贺金生,等,2022.我国草种业的成就、挑战与展望[J].草业学报,31(6):1-10.

内蒙古大学生物系,1986.植物生态学实验[M].北京:高等教育出版社.

倪健,宋永昌,1997.中国亚热带常绿阔叶林优势种及常见种分布与气候的相关分析[J].植物生态学报,21:114-129.

潘瑞炽,王小菁,李娘辉,2004.植物生理学[M].5版.北京:高等教育出版社.

庞丽峰,黄水生,李万里,等,2019.全球导航卫星系统在我国林业中的应用[J].世界林业研究,32(5):41-45.

祁新华,程煜,胡喜生,等,2010.大城市边缘区人居环境系统演变的生态-地理过程:以广州市为例[J].生态学报,30(16):4512-4520.

曲仲湘,吴玉树,王焕校,等,1984.植物生态学[M].2版.北京:高等教育出版社.

全秋梅,肖雅元,徐姗楠,等,2020.胶州湾大型底栖动物群落结构季节变化及其与环境因子的关系[J].生态学杂志,39(12):4110-4120.

任渭,陶胜利,胡天宇,等,2022.中国生物多样性核心监测指标遥感产品体系构建与思考[J].生物多样性,30(10):260-275.

尚玉昌,2011.普通生态学[M].北京:北京大学出版社.

施雅风,1992.中国全新世大暖期气候与环境[M].北京:海洋出版社.

史培军,宫鹏,李晓兵,等,2000.土地利用/覆盖变化研究的方法与实践[M].北京:科学出版社.

舒军武,黄小忠,徐德克,等,2018.新版Tilia软件:中文指南和使用技巧[J].古生物学报,57(2):260-272.

苏宏新,马克平,2010.生物多样性和生态系统功能对全球变化的响应与适应:进展与展望[J].自然杂志,32(6):1-6.

孙然好,李卓,陈利顶,2018.中国生态区划研究进展:从格局、功能到服务[J].生态学报,38(15):5271-5278.

塔赫他间,1988.世界植物区系区划[M].黄观程,译.北京:科学出版社.

万忠梅,宋长春,2009.土壤酶活性对生态环境的响应研究进展[J].土壤通报,40(4):951-956.

王昌博,李爱农,张晓荣,等,2021.基于遥感和GIS的中巴经济走廊多发展情景生态风险综合评价[J].遥感技术与应用,36(1):68-78.

王法明,唐剑武,叶思源,等,2021.中国滨海湿地的蓝色碳汇功能及碳中和对策[J].中国科学院院刊,36(3):241-251.

王荷生,1992.中国自然地理[M].北京:科学出版社.

王建林,2019.生态地理学[M].北京:科学出版社.

王将克,常弘,廖金凤,等,1999.生物地球化学[M].广州:广东科技出版社.

王舒,张骞,王子芳,等,2022.基于GIS的三峡库区生态风险评估及生态分区构建[J].生态学报,42(11):4654-4664.

王鑫,邓洪平,黄琴,等,2017.崖柏群落植物区系分析及其最优垂直结构搭配探究[J].西北植物学报,37(1),181-190.

王亚娟,张淑艳,于静辉,等,2022.放牧强度对榆树疏林草原草本层生物量及季节动态的影响[J].内蒙古民族大学学报(自然科学版),37(3):236-240.

王子今,2003.秦定都咸阳的生态地理学与经济地理学分析[J].人文杂志,(5):115-120.

# 主要参考文献

魏辅文,平晓鸽,胡义波,等,2022.中国生物多样性保护取得的主要成绩、面临的挑战与对策建议[J].中国科学院院刊,36(4):375-383.

魏继印,2022."边缘效应"与中原文明的连续发展[J].中国社会科学报,4:1-2.

魏娜,王中生,冷欣,等,2008.海洋岛屿生物多样性保育研究进展[J].生态学杂志,27(3):460-468.

吴征镒,孙航,周浙昆,等,2011.中国种子植物区系地理[M].北京:科学出版社.

吴征镒,王荷生,1983.中国自然地理,植物地理(上册)[M].北京:科学出版社.

伍光和,田连恕,胡双熙,等,2000.自然地理学[M].3版.北京:高等教育出版社.

武吉华,2004.植物地理学[M].4版.北京:高等教育出版社.

武素功,杨永平,费勇,1995.青藏高原高寒地区种子植物区系的研究[J].云南植物研究,17(3):233-250.

谢树成,2023.地球生物学[M].北京:高等教育出版社.

谢树成,焦念志,罗根明,等,2022.海洋生物碳泵的地质演化:微生物的碳汇作用[J].科学通报,67:1715-1726.

谢树成,朱宗敏,张宏斌,等,2023.小小地质微生物演绎跨圈层的相互作用[J].地学前缘,31(1):446-454.

邢晓光,刘存岐,王国江,2007.湿地公园的设计建设探讨[J].南水北调与水利科技,5(5):51-53,138.

许崇任,程红,2020.动物生物学[M].3版.北京:高等教育出版社.

燕乃玲,虞孝感,2003.我国生态功能区划的目标、原则与体系[J].长江流域资源与环境,12(6):579-585.

羊向东,王荣,董旭辉,等,2020.中国湖泊古生态研究进展[J].湖泊科学,32(5):1380-1395.

杨超振,方海东,苏艳,等,2022.云南稻种资源稻飞虱抗性多样性的生态地理分布研究[J].作物杂志(3):109-114.

姚永慧,张俊瑶,索南东主,2020.南北过渡带1∶5万植被类型图遥感制图案例研究[J].地理学报,75(3):620-630.

叶俊伟,张阳,王晓娟,2017.中国亚热带地区阔叶林植物的谱系地理历史[J].生态学报,37(17):5894-5904.

叶万辉,曹洪麟,黄忠良,等,2008.鼎湖山南亚热带常绿阔叶林20公顷样地群落特征研究[J].植物生态学报,32(2):274-286.

殷秀琴,2014.生物地理学[M].2版.北京:高等教育出版社.

于贵瑞,郝天象,杨萌,2023,中国区域生态恢复和环境治理的生态系统原理及若干学术问题[J].应用生态学报,34(2):289-304.

约翰,马敬能,卡伦·菲利普斯,2000.中国鸟类野外手册[M].长沙:湖南教育出版社.

翟皓,景德广,李黎,等,2019.基于WebGIS的河南省草地资源信息化系统的设计与实现[J].草地学报,27(5):1441-1447.

张贵花,王瑞燕,赵庚星,等,2018.基于物候参数和面向对象法的滨海生态脆弱区植被遥感提取[J].农业工程学报,34(4):209-216.

张明祥,刘国强,唐小平,2009.湿地恢复的技术与方法研究[J].湿地科学与管理,5(3):12-15.

张萍,张军,李佳玉,等,2022.大理苍山东西坡植被的垂直分布格局[J].浙江农林大学学报,39(1):68-75.

张荣祖,1992.生态动物地理学的近期趋势——岛屿生物均衡论的歧视[J].动物学杂志,27::1-18.

张荣祖,2011.中国动物地理[M].北京:科学出版社.

张润杰,何新凤,1997.昆虫生态地理学与入侵危险性害虫控制[J].生态科学,6:85-89.

张新时,1993.研究全球变化的植被-气候分类系统[J].第四纪研究(2):157-169.

张新时,杨奠安,倪文革,1993.植被的PE(可能蒸散)指标与植被-气候分类(三):几种主要方法与PEP程序介绍[J].植物生态学与地植物学学报,17:97-109.

张玉林,尹本丰,陶冶,等,2022.早春首次降雨时间及降雨量对古尔班通古特沙漠两种短命植物形态特征与叶绿素荧光的影响[J].植物生态学报,46(4):428-439.

张仲胜,于小娟,宋晓林,等,2019.水文连通对湿地生态系统关键过程及功能影响研究进展[J].湿地科学,17(1):1-8.

郑度,2008.中国生态地理区域系统研究[M].北京:商务印书馆.

郑度,周成虎,申元村,等,2012.地理区划与规划词典[M].北京:中国水利水电出版社.

中国科学院《中国自然地理》编辑委员会,1983.中国自然地理——植物地理(上册)[M].北京:科学出版社.

中国科学院新疆综合考察队,中国科学院植物研究所,1978.新疆植被及其利用[M].北京:科学出版社.

中国植被编辑委员会,1980.中国植被[M].北京:科学出版社.

周虹,吴波,高莹,等,2020.毛乌素沙地臭柏(Sabina vulgaris)群落生物土壤结皮细菌群落组成及其影响因素[J].中国沙漠,40(5):130-141.

朱富寿,廖昕荣,2009.物种多样性纬度梯度分布格局的形成机制[J].科技资讯(11):214-215.

朱华,闫丽春,2003.再论"田中线"和"滇西—滇东南生态地理(生物地理)对角线"的真实性和意义[J].地球科学进展,18(6):870-876.

庄辉,2022.生态环境监测发展与地理信息系统技术应用研究[J].长江技术经济,6(7):50-52.

《地理学词典》编委会,1983.地理学词典[M].上海:上海辞书出版社.

《中国生物多样性国情研究报告》编写组,1998.中国生物多样性国情研究报告[M].北京:中国环境科学出版社.

AGARRY S E, AYOBAMI O A, 2011. Evaluation of microbial systems for biotreatment of textile waste effluents in Nigeria: biodecolourization and biodegradation of textile dye[J].

Journal of Applied Sciences and Environmental Management,15(1):79-86.

AHEMAD M,2019. Remediation of metalliferous soils through the heavy metal resistant plant growth promoting bacteria:paradigms and prospects[J]. Arabian Journal of Chemistry,12(7):1365-1377.

ARABLOUEI R,WANG Z W,HURLEY G J,et al.,2022. Multimodal sensor data fusion for in-situ classification of animal behavior using accelerometry and GNSS data[J]. Smart Agricultural Technology,27,100163.

ARGUE D,GROVES C P,LEE M S Y,et al.,2017. The affinities of Homo floresiensis based on phylogenetic analyses of cranial,dental,and postcranial characters[J]. Journal of Human Evolution,107:107-133.

ASNER G P,MARTIN R E,2016. Spectranomics:emerging science and conservation opportunities at the interface of biodiversity and remote sensing[J]. Global Ecology and Conservation,8:212-219.

ATKINSON,1989. Introduced animals and extinction[M]//Western D., Pearl M. C. eds. Conservation for the Twenty- first century. New York:Oxford University press.

BARROWS H H,1923. Geography as human ecology[J]. Annals of the Association of American Geographers,13(1):1-14.

BARRY C,MOOREP D,2005. Biogeography an ecological and evolutionary approach [M]. Oxford:Seventh Edition.

BENNETT K D,1983. Postglacial population expansion of forest trees in Norfork[J]. Nature,303:164-167.

BENÍTEZ-LÓPEZ A,SANTINI L,GALLEGO-ZAMORANO J,et al.,2021. The island rule explains consistent patterns of body size evolution in terrestrial vertebrates[J]. Nature Ecology & Evolution(5):768-786.

BERGMAN J,PEDERSEN R Ø,LUNDGREN E K,et al.,2023. Worldwide Late Pleistocene and Early Holocene population declines in extant megafauna are associated with Homo sapiens expansion rather than climate change [J]. Nature Communications, 14 (1):7679.

BORCARD D,GILLET F,LEGENDRE P,2014. Numerical ecology with R[M]. New York:Springer.

BOSCARO V,HOLT C C,VAN STEENKISTE N W L,et al.,2022. Microbiomes of microscopic marine invertebrates do not reveal signatures of phylosymbiosis[J]. Nature Microbiology(6):810-819.

BUZAS M A,COLLINS L S,CULVER S J,2002. Latitudinal difference in biodiversity caused by higher tropical rate of increase[J]. Proceedings of the National Academy of Sciences,99:7841-7843.

CHANG R,FU B,LIU G,et al.,2012. The effects of afforestation on soil organic and inorganic carbon:a case study of the Loess Plateau of China[J]. Catena,95:145-152.

CHEN X,LIANG J,ZENG L,et al.,2022. Heterogeneity in diatom diversity response to decadal scale eutrophication in floodplain lakes of the middle Yangtze reaches[J]. Journal of Environmental Management,322,116164.

CHEN X, MCGOWAN S, BU Z J, et al., 2022. Diatom - inferred microtopography formation in peatlands[J]. Earth Surface Processes and Landforms,47(2),672-687.

CHENG Z,WENG C,STEINKE S,et al.,2018. Anthropogenic modification of vegetated landscapes in southern China from 6000 years ago[J]. Nature Geoscience,11(12):939-943.

CHOUDHARY P, SHAFAATI M, ABUSALAH M A H A, et al., 2024. Zoonotic diseases in a changing climate scenario: revisiting the interplay between environmental variables and infectious disease dynamics [J]. Travel Medicine and Infectious Disease, 58,102694.

CONNELL J C,1961. The influence of interspecific competition and other factors on the distribution of the barnacle Chthamalus stellatus[J]. Ecology,42:710-723.

CONTI L,MALAVASI M,GALLAND T,et al.,2021. The relationship between species and spectral diversity in grassland communities is mediated by their vertical complexity[J]. Applied Vegetation Science,24,12600.

CRAMER W, BONDEAU A, WOODWARD F I, et al., 2001. Global response of terrestrial ecosystem structure and function to $CO_2$ and climate change: results from six dynamic global vegetation models[J]. Global Change Biology,7:357-373.

DE SOUZA A A,BRANDAO H L,ZAMPORLINI I M,et al.,2008. Application of a fluidized bed bioreactor for cod reduction in textile industry effluents [J]. Resources Conservation and Recycling,52(3):511-521.

DEAN J F,MIDDELBURG J J,RÖCKMANN T,et al.,2018. Methane feedbacks to the global climate system in a warmer world[J]. Reviews of Geophysics,56:207-250.

DESHMUKH C S, JULIUS D, DESAI A R, et al., 2021. Conservation slows down emission increase from a tropical peatland in Indonesia [J]. Nature Geoscience, 14 (7): 484-490.

DILLON P J,RIGLER F H,1974. The phosphorus-chlorophyll relationship in lakes[J]. Limnology and Oceanography,19:767-773.

DIXIT R,MALAVIYA D,PANDIYAN K,et al.,2015. Bioremediation of heavy metals from soil and aquatic environment: an overview of principles and criteria of fundamental processes[J]. Sustainability,7(2):2189-2212.

DONG X, YANG X, CHEN X, et al., 2016. Using sedimentary diatoms to identify reference conditions and historical variability in shallow lake ecosystems in the Yangtze Floodplain[J]. Marine and Freshwater Research,67:803-815.

ELTON C S, 1958. The ecology of invasions by animals and plants [M]. London: Methuen.

EVANS C D, PEACOCK M, BAIRD A J, et al., 2021. Overriding water table control on managed peatland greenhouse gas emissions[J]. Nature, 593: 548-552.

FAIRFAX E, WHITTLE A, 2018. Using remote sensing to assess the impact of beaver damming on riparian evapotranspiration in an arid landscape[J]. Ecohydrology, 11, e1993.

FAIRFAX E, WHITTLE A, 2020. Smokey the Beaver: beaver-dammed riparian corridors stay green during wildfire throughout the western United States[J]. Ecological Applications, 30, e0225.

FENG X, FU B, PIAO S, et al., 2016. Revegetation in China's Loess Plateau is approaching sustainable water resource limits[J]. Nature Climate Change, 6(11): 1019-1022.

FENNER N, FREEMAN C, 2011. Drought-induced carbon loss in peatlands[J]. Nature Geoscience, 4(12): 895-900.

FLUET-CHOUINARD E, STOCKER B D, ZHANG Z, et al., 2023. Extensive global wetland loss over the past three centuries[J]. Nature, 614(7947): 281-286.

FRIEDLINGSTEIN P, O'SULLIVAN M, JONES M W, et al., 2020. Global carbon budget[J]. Earth System Science Data, 12(4): 3269-3340.

FRIJTERS C T, VOS R H, SCHEFFER G, et al., 2006. Decolorizing and detoxifying textile wastewater, containing both soluble and insoluble dyes, in a full scale combined anaerobic/aerobic system[J]. Water Research, 40(6): 1249-1257.

FROLKING S, TALBOT J, JONES M C, et al., 2011. Peatlands in the Earth's 21st century climate system[J]. Environmental Reviews, 19: 371-396.

FU B, WANG S, LIU Y, et al., 2017. Hydrogeomorphic Ecosystem Responses to Natural and Anthropogenic Changes in the Loess Plateau of China[J]. Annual Review of Earth and Planetary Sciences, 45(1): 223-243.

GAUSE G F, 1934. The struggle for existence[M]. Baltimore: The Williams & Wilkins Company. Reprinted by Hafner Publishing Company.

GOLENBERG E M, GIANNASI D E, CLEGG M T, et al., 1990. Chloroplast DNA sequence from a miocene Magnolia species[J]. Nature, 344: 656-658.

GU Y, LIU H, WANG H, et al., 2016. Phytolith as a method of identification for three genera of woody bamboos (Bambusoideae) in tropical southwest China[J]. Journal of Archaeological Science, 68: 46-53.

GUAN Z B, SHUI Y, SONG C M, et al., 2015. Efficient secretory production of CotA-laccase and its application in the decolorization and detoxification of industrial textile wastewater[J]. Environmental Science and Pollution Research, 22(12): 9515-9523.

GUPTA A, JOIA J, SOOD A, et al., 2016. Microbes as potential tool for remediation of heavy metals: a review[J]. Journal of Microbiology and Biotechnology, 8(4): 364-372.

HE J K, LIN S L, DING C C, et al., 2021. Geological and climatic histories likely shaped the origins of terrestrial vertebrates endemic to the Tibetan Plateau[J]. Global Ecology and

Biogeography, 30(5): 1116-1128.

HIGUCHI R, BOWMAN B, FREIBERGER M, et al., 1984. DNA sequences from the quagga, an extinct member of the horse family[J]. Nature, 312: 282-284.

HOLT B, LESSARD J P, BORREGAARD M K, et al., 2013. An update of Wallace's zoogeographic regions of the world[J]. Science, 339: 74-78.

HUANG J, SPICER R A, LI S-F, et al., 2022. Long-term floristic and climatic stability of northern Indochina: evidence from the Oligocene Ha Long flora, Vietnam [J]. Palaeogeography, Palaeoclimatology, Palaeoecology, 593: 110930.

HUANG Y, JACQUES F M B, SU T, et al., 2015. Distribution of cenozoic plant relicts in China explained by drought in dry season[J]. Scientific Reports, 5(1): 14212.

HUGUET C, HOPMANS E C, FEBO-AYALA W, et al., 2006. An improved method to determine the absolute abundance of glycerol dibiphytanyl glycerol tetraether lipids[J]. Organic Geochemistry, 37(9): 1036-1041.

IRL S D H, OBERMEIER A, BEIERKUHNLEIN C, et al., 2020. Climate controls plant life-form patterns on a high-elevation oceanic island[J]. Journal of Biogeography, 47: 2261-2273.

ISBELL F, BALVANERA P, MORI A S, et al., 2022. Expert perspectives on global biodiversity loss and its drivers and impacts on people[J]. Frontiers in Ecology and the Environment, 21(2): 94-103.

IUCN(International Union for Conservation of Nature), 2012. Clethrionomys rutilus (spatial data). The IUCN Red List of Threatened Species. Version 2022-2. https://www.iucnredlist.org.

IUCN(International Union for Conservation of Nature), 2015. Panthera tigris (spatial data). The IUCN Red List of Threatened Species. Version 2021-3. https://www.iucnredlist.org.

JIANG H, DING Z, 2005. Temporal and spatial changes of vegetation cover on the Chinese Loess Plateau through the last glacial cycle: evidence from spore-pollen records[J]. Review of Palaeobotany and Palynology, 133(1/2): 23-37.

JIANG W, CHENG Y, YANG X, et al., 2013. Chinese Loess Plateau vegetation since the Last Glacial Maximum and its implications for vegetation restoration[J]. Journal of Applied Ecology, 50(2): 440-448.

JIAO N Z, CHEN D K, LUO Y M, et al., 2015. Climate change and anthropogenic impacts on marine ecosystems and countermeasures in China[J]. Advances in Climate Change Research, 6: 118-125.

JONES B, MARTÍNSERRA A, RAYFELD L J, 2022. Distal humeral morphology indicates locomotory divergence in extinct giant kangaroos[J]. Journal of Mammalian Evolution, 29: 27-41.

## 主要参考文献

JUGGINS S, BIRKS H J B, 2012. Tracking environmental change using lake sediments: data handling and numerical techniques[M]. Dordrecht: Springer Netherlands, 431-494.

KIOUS W J, TILLING RI, 1996. This dynamic Earth: the story of plate tectonics[J], U. S. Geological. Survey.

KIRWAN M L, MEGONIGAL J P, NOYCE G L, et al., 2023. Geomorphic and ecological constraints on the coastal carbon sink[J]. Nature reviews earth and environment, 4: 393-06.

KIRWAN M L, MEGONIGAL J P, NOYCE G L, et al., 2023. Geomorphic and ecological constraints on the coastal carbon sink[J]. Nature reviews earth and environment, 4: 393-406.

KUEHL Y, LI Y, HENLEY G, 2013. Impacts of selective harvest on the carbon sequestration potential in Moso bamboo (Phyllostachys pubescence) plantations [J]. For Trees Livelihoods, 22(1): 1-18.

LAITINEN R A E, 2015. Molecular mechanisms in plant adaptation[M]. New Jersey: Wiley-Blackwell.

LI F, GAILLARD M J, CAO X, et al., 2020. Towards quantification of Holocene anthropogenic land-cover change in temperate China: a review in the light of pollen-based REVEALS reconstructions of regional plant cover[J]. Earth-Science Reviews. 203, 103119.

LI Y, ZHANG X, CAO Z, et al., 2021. Towards the progress of ecological restoration and economic development in China's Loess Plateau and strategy for more sustainable development[J]. Science of The Total Environment, 756: 143676.

LIMPENS J, BERENDSE F, BLODAU C, et al., 2008. Peatlands and the carbon cycle: from local processes to global implications-a synthesis[J]. Biogeosciences, 5(5): 1475-1491.

LIU P, WANG W, BAI Z, et al., 2021. Nutrient loads and ratios both explain the coexistence of dominant tree species in a boreal forest in Xinjiang, Northwest China[J]. Forest Ecology and Management, 491, 119198.

LIU W, YANG H, CAO Y, et al., 2005. Did an extensive forest ever develop on the Chinese Loess Plateau during the past 130 ka: a test using soil carbon isotopic signatures[J]. Applied Geochemistry, 20(3): 519-527.

LIU Y, WU T, WHITE J C, et al., 2021. A new strategy using nanoscale zero-valent iron to simultaneously promote remediation and safe crop production in contaminated soil[J]. Nature Nanotechnology, 16: 197-205.

LOUCKS C J, LÜ Z, DINERSTEIN E, et al., 2001. Giant pandas in a changing landscape [J]. Science, 294: 1465-1465.

LUO Z X, JI Q, WIBLE J R, et al., 2003. An early cretaceous tribosphenic mammal and metatherian evolution[J]. Science, 302(5652): 1934-1940.

LÜTHI D, LE FLOCH M, BEREITER B, et al., 2008. High-resolution carbon dioxide concentration record 650 000—800 000 years before present[J]. Nature, 453: 379-382.

MACARTHUR R H, WILSON E O, 1963. An equilibrium theory of island biogeography[J]. Evolution,17:373-387.

MACARTHUR R, 1955. Fluctuations of animal populations and a measure of community stability[J]. Ecology,36:533-536.

MACDONALD G M, BEILMAN D W, KREMENETSKI K V, et al., 2006. Rapid early development of circumarctic peatlands and atmospheric $CH_4$ and $CO_2$ variations[J]. Science, 314(5797):285-288.

MADERSPACHER F, 2017. Evolution: flight of the ratites[J]. Current Biology,27(3): 110-113.

MAHANTY S, CHATTERJEE S, GHOSH S, et al., 2020. Synergistic approach towards the sustainable management of heavy metals in wastewater using mycosynthesized iron oxide nanoparticles: biofabrication, adsorptive dynamics and chemometric modeling study[J]. Journal of Water Process Engineering,37:101426.

MAY R M, 1973. Stability and complexity in model ecosystems[M]. Princeton: Princeton University Press.

MELTON J R, CHAN E, MILLARD K, et al., 2022. A map of global peatland extent created using machine learning (Peat-ML)[J]. Geoscientific Model Development, 15: 4709-738.

MICKLER R A, 2021. Carbon emissions from a temperate coastal peatland wildfire: contributions from natural plant communities and organic soils[J]. Carbon Balance and Management,16(1):1-17.

MILAUER P, J LEPŠ, 2014. Multivariate analysis of ecological data using CANOCO 5 [M]. Cambridge: Cambridge University Press.

MITSCH W J, GOSSELINK J G, 2015. Wetlands[M]. New York: John Wiley & Sons.

MITTELBACH G G, MCGILL B J, 2019. Community Ecology[M]. New York: Oxford University Press.

MOLLES J M C, BARKER B W, 1999. Ecology: Concepts and Applications[M]. Hoboken: John Wiley & Sons.

MONCUNILL-SOL'E B, TUVERI C, ARCA M, et al., 2021. Tooth and long bone scaling in Sardinian ochotonids(Early Pleistocene-Holocene): evidence for megalodontia and its palaeoecological implications[J]. Palaeogeography, Palaeoclimatology, Palaeoecology, 382,110645.

MOSBRUGGER V, UTESCHER T, 1997. The coexistence approach——a method for quantitative reconstructions of Tertiary terrestrial palaeoclimate data using plant fossils[J]. Palaeogeography, Palaeoclimatology, Palaeoecology,134(1-4):61-86.

NAZ T, KHAN M D, AHMED I, et al., 2016. Biosorption of heavy metals by Pseudomonas species isolated from sugar industry[J]. Toxicology and Industrial Health, 32 (9):1619-1627.

PAVEL A D, BORIS L K, DENIS P K, et al., 2022. Identification of species of the genus Acer L. using vegetation indices calculated from the hyperspectral images of leaves[J]. Remote Sensing Applications: Society and Environment, 25: 100679.

PEDERSEN M W, RUTER A, SCHWEGER C, et al., 2016. Postglacial viability and colonization in North America's ice-free corridor[J]. Nature(7618): 45-49.

PIMM S L, 1984. The complexity and stability of ecosystems[J]. Nature, 307: 321-6.

PINTON D, CANESTRELLI A, WILKINSON B, et al., 2021. Estimating ground elevation and vegetation characteristicsin coastal salt marshes using UAV-based LiDAR and digital aerial photogrammetry[J]. Remote Sensing, 13(22): 4506.

POLLY P D, 2018. Marsupial responses to global aridification[J]. Science, 362(6410): 25-26.

POWELL M G, 2007. Latitudinal diversity gradients for brachiopod genera during late Palaeozoic time: Links between climate, biogeography and evolutionary rates[J]. Global Ecology and Biogeography, 16: 519-528.

PRILLAMAN M, 2022. Climate change is making hundreds of diseases much worse[J]. Nature. https://doi.org/10.1038/d41586-022-02167-1.

PÄÄBO S, 1985. Molecular cloning of Ancient Egyptian mummy DNA[J]. Nature, 314: 644-645.

QIN Y, LI H, MAZEI Y, et al., 2021b. Developing a continental-scale testate amoeba hydrological transfer function for Asian peatlands[J]. Quaternary Science Reviews, 258, 106868.

QIN Y, PUPPE D, ZHANG L, et al., 2021a. How does Sphagnum growing affect testate amoeba communities and corresponding protozoic Si pools? Results from field analyses in SW China[J]. Microbial Ecology, 82, 459-469.

QUINTANA J, HLER M, MOYAS, et al., 2011. An endemic insular giant rabbit from the neogene of minorca(Balearic Islands, Spain). Journal of Vertebrate Paleontology. 31(2): 231-240.

REX M A, CRAME J A, STUART C T, et al., 2005. Large-scale biogeographic patterns in marine mollusks: a confuence of history and productivity. [J]. Ecology, 86: 2288-2297.

RIO J P, MANNION P D, 2021. Phylogenetic analysis of a new morphological dataset elucidates the evolutionary history of Crocodylia and resolves the long-standing gharial problem[J]. Peerj, 9(6): e12094.

SAEED M, HUSSAIN N, SUMRIN A, et al., 2021. Microbial bioremediation strategies with wastewater treatment potentialities-a review[J]. The Science of the total environment, 151754.

SALA O E, CHAPIN III F S, ARMESTO J J, et al., 2019. Global biodiversity scenarios for the Year 2100[J]. Science, 2019, 287: 1770-1774.

SALA O E, PARTON W J, JOYCE L A, et al., 1988. Primary production of the central grassland regions of the United States[J]. Ecology, 69: 40-45.

SALVADOR A C, ADRIAN R, GONCALVES J E, 2019. Remotely sensed variables of ecosystem functioning support robust predictions of abundance patterns for rare species[J]. Remote Sensing, 11:2086.

SCHARLEMANN J P W, TANNER E V J, HIEDERER R, et al., 2014. Global soil carbon: understanding and managing the largest terrestrial carbon pool [J]. Carbon Management, 5(1):81-91.

SCHERER C S, 2013. The Camelidae(Mammalia, Artiodactyla)from the Quaternary of South America: cladistic and biogeographic hypotheses[J]. Journal of Mammal Evolution, 20:45-56.

SCHILLING A M, RöSSNER G E, 2021. New skull material of Pleistocene dwarf deer from Crete(Greece)[J]. Comptes Rendus Palevol, 20(9):141-164.

SCHWARTZ M D, 1996. Examining the spring discontinuity in daily temperature ranges[J]. Journal of Climate, 9:803-808.

SCHWARTZ M D, KARL T R, 1990. Spring phenology: nature's experiment to detect the effect of "greenup" on surface maximum temperatures[J]. Monthly Weather Review, 118:883-890.

SCHWEIZER M, LIU Y, 2018. Chapter 8 Avian Diversity and Distributions and Their Evolution Through Space and Time[M]. In: Tietze, D. (eds) Bird Species. Fascinating Life Sciences. Springer, Cham.

SEERSHOLM F V, WERNDLY D J, GREALY A, et al., 2020. Rapid range shifts and megafaunal extinctions associated with late Pleistocene climate change[J]. Nature Communications, 11:2770.

SHENG G L, BARLOW A, COOPER A, et al., 2018. Ancient DNA from giant panda (Ailuropoda melanoleuca)of South-Western China reveals genetic Diversity loss during the holocene[J]. Genes, 9(4):198.

SHENG M, WANG X, ZHANG S, et al., 2017. A 20,000-year high-resolution pollen record from Huguangyan Maar Lake in tropical-subtropical South China[J]. Palaeogeography, Palaeoclimatology, Palaeoecology, 472:83-92.

SHUMAN J K, 2010. Russian forest dynamics and response to changing climate: a simulation study[J]. Diss: University of Virginia.

SIKKEMA J, DE BONT J A, POOLMAN B, 1995. Mechanisms of membrane toxicity of hydrocarbons[J]. Microbiology Reviews, 59(2):201-222.

SILVESTRO D, BACON C, DING W N, et al., 2021. Fossil data support a pre-Cretaceous origin of flowering plants[J]. Nature Ecology and Evolution, 5(4):449-457.

SMITH V H, 1979. Nutrient dependence of primary productivity in lakes[J]. Limnology and Oceangraphy, 24:1051-1064.

SONG H, HUANG S, JIA E, et al., 2020. Flat latitudinal diversity gradient caused by the Permian-Triassic mass extinction[J]. Proceedings of the National Academy of Sciences, 117(30):17578-17583.

STRAHLER A,2013. Introducing physical geography[M]. 6th edition. Hoboken:John Wiley & Sons,Inc.

SU T,SPICER R A,WU F,et al.,2020. A Middle Eocene lowland humid subtropical "Shangri-La" ecosystem in central Tibet[J]. Proceedings of the National Academy of Sciences,117(52)32989-32995.

SUN A,GUO Z,WU H,et al.,2017. Reconstruction of the vegetation distribution of different topographic units of the Chinese Loess Plateau during the Holocene[J]. Quaternary Science Reviews,173:236-247.

SWIFT T P, KENNEDY L M, 2021. Beaver-Driven peatland ecotone dynamics: impoundment detection using lidar and geomorphon analysis[J]. Land,10,1333.

TEMMINK R J M,LAMERS L P M,ANGELINI C,et al.,2002. Recovering wetland biogeomorphic feedbacks to restore the world's biotic carbon hotspots[J]. Science, 376: cabn1479.

TIAN Y-M,HUANG J,SU T,et al.,2021. Early Oligocene Itea(Iteaceae)leaves from East Asia and their biogeographic implications[J]. Plant Diversity,43(2):142-151.

TIAN Y-M,HUANG J,SU T,et al.,2021. Early Oligocene Itea(Iteaceae)leaves from East Asia and their biogeographic implications[J]. Plant Diversity,43(2):142-151.

VALENTE L, PHILLIMORE A B, MELO M, et al., 2020. A simple dynamic model explains the diversity of island birds worldwide[J]. Nature,579:92-96.

Wallace, Alfred R, 1866. The Scientific Aspect of the Supernatural [M]. London: Frontiers.

WALLACE, ALFRED R, 1869. The Malay Archipelago[M]. New York: Harper & Brothers.

WALTER H, LIETH H, 1967. Klimma diagramm-weltatlas [M]. Jena: VEB Gustav Fischer-Verlag.

WANG H,SUN F,2021. Variability of annual sediment load and runoff in the Yellow River for the last 100 years(1919-2018)[J]. Science of the Total Environment,758:143715.

WANG R,YANG X D,LANGDON,et al.,2011. Limnological responses to warming on the Xizang Plateau,Tibet,over the past 200 years[J]. Journal of Paleolimnology,45(2):257-271.

WANG S,FU B,GAO G,et al.,2013. Responses of soil moisture in different land cover types to rainfall events in a re-vegetation catchment area of the Loess Plateau,China[J]. Catena,101:122-128.

WANG X, 2021. The currently earliest angiosperm fruit from the Jurassic of North America[J]. Biosys:Biological Systems,2(4):416-422.

WASILKOWSKI D,SWEDZIOL Z,MROZIK A,2012. The applicability of genetically modified microorganisms in bioremediation of contaminated environments[J]. Chemik, 66(8):822-826.

WHITTAKER R H, 1956. Vegetation of the Great Smoky Mountain[J]. Ecologiucal Monographs, 26:1-80.

WHITTAKER R H, 1975. Communities and ecosystems (2nd edition)[M]. New York: MacMillan Publishing Company.

WILSON G, EKDALE E, HOGANSON J, et al., 2016. A large carnivorous mammal from the Late Cretaceous and the North American origin of marsupials[J]. Nature Communications, 7:13734.

WU X, WANG S, FU B, et al., 2019. Socio-ecological changes on the loess plateau of China after grain to green program[J]. Science of the Total Environment, 678:565-573.

XIE S, EVERSHED R P, HUANG X, et al., 2013. Concordant monsoon-driven postglacial hydrological changes in peat and stalagmite records and their impacts on prehistoric cultures in central China[J]. Geology, 41(8), 827-830.

XU M, LIU R, CHEN J M, et al., 2022. A 21-year time-series of global leaf chlorophyll content maps from MODIS imagery[J]. IEEE Transactions on Geoscience and Remote Sensing, 60:1-13.

XU M, LIU R, CHEN J M, et al., 2022. Retrieving global leaf chlorophyll content from MERIS data using a neural network method[J]. ISPRS Journal of Photogrammetry and Remote Sensing, 192:66-82.

YANG H, LÜ X, DING W, et al., 2015. The 6-methyl branched tetraethers significantly affect the performance of the methylation index(MBT')in soils from an altitudinal transect at Mount Shennongjia[J]. Organic Geochemistry, 82:42-53.

YU Z, LOISEL J, BROSSEAU D P, et al., 2011. Global peatland dynamics since the Last Glacial Maximum[J]. Geophysical Research Letters, 37:L13402.

ZHANG J, NIELSEN S E, CHEN Y, et al., 2017. Extinction risk of North American seed plants elevated by climate and land-use change[J]. Journal of Applied Ecology, 54:303-312.

ZHANG Y, SONG Y G, ZHANG C Y, et al., 2022a. Latitudinal diversity gradient in the changing world: retrospectives and perspectives[J]. Diversity, 14(5):334.

ZHANG Q, BENDIF E M, ZHOU Y, et al., 2022b. Declining metal availability in the Mesozoic seawater reflected in phytoplankton succession[J]. Nature Geoscience, 15:932-941.

ZHAO L, WANG S, LOU F, et al., 2021. Phylogenomics based on transcriptome data provides evidence for the internal phylogenetic relationships and potential terrestrial evolutionary genes of lungfish[J]. Frontiers in Marine Science, 8:724977.

ZHAO Y J, ZENG Y, ZHENG Z J, 2018. Forest species diversity mapping using airborne LiDAR and hyperspectral data in a subtropical forest in China[J]. Remote Sensing of Environment,213:104-114.

ZHENG Z,MA T,ROBERTS P,et al.,2021. Anthropogenic impacts on Late Holocene land-cover change and floristic biodiversity loss in tropical southeastern Asia[J]. Proceedings of the National Academy of Sciences,118(40):e2022210118.

ZHENG Z,WEI J,HUANG K,et al.,2014. East Asian pollen database:modern pollen distribution and its quantitative relationship with vegetation and climate[J]. Journal of Biogeography,41(10):1819-1832.

# 名词索引

## A
| 阿伦定律 | Allen's rule |
| 氨化作用 | Ammonification |
| 暗针叶林 | Closed-canopy fores |
| 澳洲界 | Australian realm |

## B
| 板根 | Plank buttresses root |
| 伴生种 | Companion species |
| 北方针叶林 | Boreal coniferous forest |
| 贝格曼法则 | Bergman's rule |
| 边缘效应 | Margin effects |

## C
| 操作分类单元 | Operationaltaxonomic units |
| 草地 | Grassland |
| 草甸 | Meadow |
| 草原 | Steppe |
| 常绿阔叶林 | Evergreen broad-leaved forest |
| 常绿硬叶林 | Evergreen sclerophyllous forest |
| 沉积型循环 | Sedimentary cycle |
| 抽彩式竞争 | Lottery competitive |
| 储藏库 | Storage pool |
| 垂直带谱 | Vertical vegetation zonation |
| 垂直结构 | Vertical structure |
| 次生演替 | Secondary succession |

## D
| 大陆漂移假说 | Continental drift hypothesis |
| 大气气溶胶负荷 | Atmosphericaerosol loading |
| 地层约束聚类 | Stratigraphically constrained cluster Analysis |
| 地带性生物群 | Zonobiome |
| 地理成分 | Geographic floristic element |
| 地理信息系统技术 | Geographicinformation system |
| 地面芽植物 | Hemicryptophytes |
| 地上芽植物 | Chamaephytes |
| 典范对应分析 | Canonical correspondence analysis |
| 顶极群落 | Climax community |
| 东洋界 | Oriental realm |
| 动物区系 | Fauna |
| 多度 | Abundance |

## F
| 发生成分 | Original floristic element |
| 反硝化作用 | Denitrification |
| 非地带性生物群 | Azonobiome |
| 分解者 | Decomposer |
| 丰度分布曲线 | Rank abundance curve |

## G
| 盖度 | Coverage |
| 干扰 | Disturbance |
| 干扰氮和磷循环 | Nitrogencycle & phosphorus cycle |
| 高度 | Height |
| 高位芽植物 | Phanerophytes |
| 个体论学派 | Individualistic model |
| 古北界 | Palearctic realm |
| 古地磁学 | Paleomagnetism |
| 国家湿地公园 | National wetland park |

## H
| 海洋酸化 | Oceanacidification |
| 寒温性针叶林 | Cold temperate coniferous forest |
| 核心脂类 | Core lipid |
| 红树林 | Mangrove |
| 化学污染 | Chemical pollution |
| 荒漠 | Desert |
| 汇 | Sink |
| 活性库 | Active pool |

# 名词索引

## J
| | |
|---|---|
| 机体论学派 | Clements model |
| 建群种 | Constructive species |
| 交换库 | Exchange pool |
| 经度地带性 | Longitudinal zonality |
| 净初级生产量 | Net primary production |
| 聚合酶链式反应 | Polymerasechain reaction |

## K
| | |
|---|---|
| 空间信息技术 | Geoinformatics |
| 空间异质性 | Heterogeneity |
| 库 | Pool |

## L
| | |
|---|---|
| 历史成分 | Historical floristic element |
| 利比希最小因子定律 | Liebig's law |
| 邻体矩阵主坐标分析 | Principal coordinates of neighbour Matrices |
| 鳞木蕨植物区系 | Lepidodendropsis flora |
| 流 | Flow |
| 落叶阔叶林 | Deciduous broad-leaved forest |
| 蓝碳 | Blue carbon |

## M
| | |
|---|---|
| 密度 | Density |
| 模糊划分 | Fuzzy partition |

## N
| | |
|---|---|
| 年实际蒸散量 | Actual evapotranspiration |

## O
| | |
|---|---|
| 欧美植物区 | Euramerican flora province |
| 偶见种 | Rare species |

## P
| | |
|---|---|
| 频度 | Frequency |
| 平流层臭氧消耗 | Stratosphericozone depletion |
| 普通种 | Common species |

## Q
| | |
|---|---|
| 气候变化 | Climatechange |
| 气体型循环 | Gaseous cycle |
| 迁移成分 | Migrational floristic element |
| 嵌合体序列 | Chimera sequenc |
| 区系成分 | Floristic elements |
| 去趋势对应分析 | Detrended correspondence analysis |
| 全球淡水使用 | Globalfreshwater use |
| 全球导航卫星系统 | Globalnavigation satellite system |
| 群落 | Community |
| 群落交错区 | Ecotone |
| 群落生态学 | Community ecology |
| 群落演替 | Community succession |

## R
| | |
|---|---|
| 热带季雨林 | Monsoon forest |
| 热带雨林 | Tropical rain fores |

## S
| | |
|---|---|
| 萨瓦纳 | Savanna |
| 沙巴拉群落 | Chapparal |
| 生产者 | Producer |
| 生活型 | Life form |
| 生态成分 | Ecological floristic element |
| 生态地理学 | Ecogeography |
| 生态系统 | Ecosystem |
| 生态学 | Ecology |
| 生物地球化学循环 | Biogeochemical cycle |
| 生物多样性 | Biodiversity |
| 生物多样性丧失 | Biodiversityloss |
| 生物区系 | Biome |
| 生物圈完整性 | Biosphere integrity |
| 湿地恢复 | Wetland restoration |
| 湿地土壤 | Hydric soil |
| 食物链 | Food chain |
| 适应 | Adaption |
| 水平地带性 | Horizontal zonality |
| 水平结构 | Horizontal pattern |

## T
| | |
|---|---|
| 苔原 | Tundra |
| 泰加林 | Taiga |
| 体积 | Volume |
| 通量 | Flux |
| 土地用途的变化 | Change in Landuse |

## W
| | |
|---|---|
| 完整极性脂类 | Intact polar lipid |

|  |  |  |  |
|---|---|---|---|
| 纬度地带性 | Zonality | 厌氧氨氧化 | Anaerobic ammonium oxidation |
| 纬度多样性梯度格局 | Latitudinal diversity gradient | 遥感技术 | Remote Sensing |
| 温带 | Temperate zone | 一年生植物 | Therophytes |
| 物种丰富度 | Species richness | 隐芽(或地下芽)植物 | Cryptophytes |
| 物种更替标准差单位 | Standard deviation units of species Turnover | 硬划分 | Hard partition |
| | | 优势种 | Dominant species |
| 物种均匀度 | Species evenness | 原生演替 | Primary succession |
| | | 源 | Source |

## X

| | | | |
|---|---|---|---|
| 稀释曲线 | Rarefaction curve | | |
| 夏绿阔叶林 | Summer-green broad-leaved forest | | |

## Z

| | | | |
|---|---|---|---|
| | | 照叶林 | Laurilignosa |
| 先锋群落 | Pioneer community | 蒸散量 | Evapotranspiration |
| 先锋种 | Pioneer species | 植硅体 | Phytolith |
| 限制因子定律 | Law of limiting factors | 植物区系 | Flora |
| 线性模型-冗余分析 | Redundancy analysis | 中度干扰假说 | Intermediate disturbance hypothesis |
| 镶嵌性 | Mosiac | | |
| 消费者 | Consumer | 种群 | Population |
| 硝化反应 | Nitrification | 重量 | Weight |
| 协同进化 | Co-evolution | 重要值 | Important value |
| 谢尔福德耐受性定律 | Shelford's tolerance law | 周转率 | Turnover rate |
| 新北界 | Nearctic realm | 周转期 | Turnover time |
| 新热带界 | Neotropical realm | 竹林 | Bamboo forest |
| 行星边界 | Planetaryboundaries | 主成分分析 | Principal component analysis |
| | | 贮存库 | Reservoir pool |

## Y

| | |
|---|---|
| 亚优势种 | Sub-dominate species |

# 名词索引

## A

| | |
|---|---|
| Abundance | 多度 |
| Active pool | 活性库 |
| Actual evapotranspiration | 年实际蒸散量 |
| Adaption | 适应 |
| Allen's rule | 阿伦定律 |
| Ammonification | 氨化作用 |
| Anaerobic ammonium oxidation | 厌氧氨氧化 |
| Atmospheric aerosol loading | 大气气溶胶负荷 |
| Australian realm | 澳洲界 |
| Azonobiome | 非地带性生物群 |

## B

| | |
|---|---|
| Bamboo forest | 竹林 |
| Bergman's rule | 贝格曼法则 |
| Biodiversityloss | 生物多样性丧失 |
| Biodiversity | 生物多样性 |
| Biogeochemical cycle | 生物地球化学循环 |
| Biome | 生物区系 |
| Biosphere integrity | 生物圈完整性 |
| Blue carbon | 蓝碳 |
| Boreal coniferous forest | 北方针叶林 |

## C

| | |
|---|---|
| Canonical correspondence analysis | 典范对应分析 |
| Chamaephytes | 地上芽植物 |
| Change in Landuse | 土地用途的变化 |
| Chapparal | 沙巴拉群落 |
| Chemical pollution | 化学污染 |
| Chimera sequenc | 嵌合体序列 |
| Clements model | 机体论学派 |
| Climatechange | 气候变化 |
| Climax community | 顶极群落 |
| Closed-canopy fores | 暗针叶林 |
| Cold temperate coniferous forest | 寒温性针叶林 |
| Common species | 普通种 |
| Community ecology | 群落生态学 |
| Community succession | 群落演替 |
| Community | 群落 |
| Companion species | 伴生种 |
| Constructive species | 建群种 |
| Consumer | 消费者 |

| | |
|---|---|
| Continental drift hypothesis | 大陆漂移假说 |
| Core lipid | 核心脂类 |
| Coverage | 盖度 |
| Co-evolution | 协同进化 |
| Cryptophytes | 隐芽（或地下芽）植物 |

## D

| | |
|---|---|
| Deciduous broad-leaved forest | 落叶阔叶林 |
| Decomposer | 分解者 |
| Denitrification | 反硝化作用 |
| Density | 密度 |
| Desert | 荒漠 |
| Detrended correspondence analysis | 去趋势对应分析 |
| Disturbance | 干扰 |
| Dominant species | 优势种 |

## E

| | |
|---|---|
| Ecogeography | 生态地理学 |
| Ecological floristic element | 生态成分 |
| Ecology | 生态学 |
| Ecosystem | 生态系统 |
| Ecotone | 群落交错区 |
| Euramerican flora province | 欧美植物区 |
| Evapotranspiration | 蒸散量 |
| Evergreen broad-leaved forest | 常绿阔叶林 |
| Evergreen sclerophyllous forest | 常绿硬叶林 |
| Exchange pool | 交换库 |

## F

| | |
|---|---|
| Fauna | 动物区系 |
| Flora | 植物区系 |
| Floristic elements | 区系成分 |
| Flow | 流 |
| Flux | 通量 |
| Food chain | 食物链 |
| Frequency | 频度 |
| Fuzzy partition | 模糊划分 |

## G

| | |
|---|---|
| Gaseous cycle | 气体型循环 |
| Geographic floristic element | 地理成分 |
| Geographic information system | 地理信息系统技术 |

| | | | |
|---|---|---|---|
| Geoinformatics | 空间信息技术 | Neotropical realm | 新热带界 |
| Globalfreshwater use | 全球淡水使用 | Net primary production | 净初级生产量 |
| Globalnavigation satellite system | 全球导航卫星系统 | Nitrification | 硝化反应 |
| Grassland | 草地 | Nitrogencycle & phosphorus cycle | 干扰氮和磷循环 |

## H

| | | | |
|---|---|---|---|
| Hard partition | 硬划分 | | |
| Height | 高度 | | |
| Hemicryptophytes | 地面芽植物 | | |
| Heterogeneity | 空间异质性 | | |
| Historical floristic element | 历史成分 | | |
| Horizontal pattern | 水平结构 | | |
| Horizontal zonality | 水平地带性 | | |
| Hydric soil | 湿地土壤 | | |

## O

| | |
|---|---|
| Oceanacidification | 海洋酸化 |
| Operationaltaxonomic units | 操作分类单元 |
| Oriental realm | 东洋界 |
| Original floristic element | 发生成分 |

## I

| | |
|---|---|
| Important value | 重要值 |
| Individualistic model | 个体论学派 |
| Intact polar lipid | 完整极性脂类 |
| Intermediate disturbance hypothesis | 中度干扰假说 |

## P

| | |
|---|---|
| Palearctic realm | 古北界 |
| Paleomagnetism | 古地磁学 |
| Phanerophytes | 高位芽植物 |
| Phytolith | 植硅体 |
| Pioneer community | 先锋群落 |
| Pioneer species | 先锋种 |
| Planetaryboundaries | 行星边界 |
| Plank buttresses root | 板根 |
| Polymerasechain reaction | 聚合酶链式反应 |
| Pool | 库 |

## L

| | |
|---|---|
| Latitudinal diversity gradient | 纬度多样性梯度格局 |
| Laurilignosa | 照叶林 |
| Law of limiting factors | 限制因子定律 |
| Lepidodendropsis flora | 鳞木蕨植物区系 |
| Liebig's law | 利比希最小因子定律 |
| Life form | 生活型 |
| Longitudinal zonality | 经度地带性 |
| Lottery competitive | 抽彩式竞争 |

| | |
|---|---|
| Population | 种群 |
| Primary succession | 原生演替 |
| Principal component analysis | 主成分分析 |
| Principal coordinates of neighbour Matrices | 邻体矩阵主坐标分析 |
| Producer | 生产者 |

## R

| | |
|---|---|
| Rank abundance curve | 丰度分布曲线 |
| Rare species | 偶见种 |
| Rarefaction curve | 稀释曲线 |
| Redundancy analysis | 线性模型-冗余分析 |
| Remote Sensing | 遥感技术 |
| Reservoir pool | 贮存库 |

## M

| | |
|---|---|
| Mangrove | 红树林 |
| Margin effects | 边缘效应 |
| Meadow | 草甸 |
| Migrational floristic element | 迁移成分 |
| Monsoon forest | 热带季雨林 |
| Mosiac | 镶嵌性 |

## S

| | |
|---|---|
| Savanna | 萨瓦纳 |
| Secondary succession | 次生演替 |
| Sedimentary cycle | 沉积型循环 |
| Shelford's tolerance law | 谢尔福德耐受性定律 |

## N

| | |
|---|---|
| National wetland park | 国家湿地公园 |
| Nearctic realm | 新北界 |

|  |  |
|---|---|
| Sink | 汇 |
| Source | 源 |
| Species evenness | 物种均匀度 |
| Species richness | 物种丰富度 |
| Standard deviation units of species Turnover | 物种更替标准差单位 |
| Steppe | 草原 |
| Storage pool | 储藏库 |
| Stratigraphically constrained cluster Analysis | 地层约束聚类 |
| Stratosphericozone depletion | 平流层臭氧消耗 |
| Sub-dominate species | 亚优势种 |
| Summer-green broad-leaved forest | 夏绿阔叶林 |

## T

|  |  |
|---|---|
| Taiga | 泰加林 |
| Temperate zone | 温带 |
| Therophytes | 一年生植物 |
| Tropical rain fores | 热带雨林 |
| Tundra | 苔原 |
| Turnover rate | 周转率 |
| Turnover time | 周转期 |

## V

|  |  |
|---|---|
| Vertical structure | 垂直结构 |
| Vertical vegetation zonation | 垂直带谱 |
| Volume | 体积 |

## W

|  |  |
|---|---|
| Weight | 重量 |
| Wetland restoration | 湿地恢复 |

## Z

|  |  |
|---|---|
| Zonality | 纬度地带性 |
| Zonobiome | 地带性生物群 |